BETON
Lexikon

BETON Lexikon

Herausgeber

Heinz-Otto Lamprecht
Friedbert Kind-Barkauskas
Heinrich Wolf

Beton-Verlag

CIP-Titelaufnahme der Deutschen Bibliothek

Beton-Lexikon / Hrsg. Heinz-Otto Lamprecht...
[Die Autoren: Hannes Baumann...]. —
Düsseldorf: Beton-Verlag, 1990
ISBN 3-7640-0275-1
NE: Lamprecht, Heinz-Otto [Hrsg.]

© by Beton-Verlag GmbH, Düsseldorf 1990
Satz: tgr — typo-grafik-repro GmbH, Remscheid
Druck: Bercker, Grafischer Betrieb GmbH, Kevelaer

Vorwort

Im Jahre 1966 erschien im Beton-Verlag ein „Kleines Beton-Lexikon" von Fritz Schwanda, das schon nach kurzer Zeit vergriffen war und seither auch keine Neuauflage erlebte. Zu schwierig erschien die Aufgabe einer Neubearbeitung durch einen einzelnen Autor, auch wenn Verlag und Leser das Fehlen eines handlichen Nachschlagewerkes über Beton als bedauerliche Lücke in der sonst reichhaltigen Betonliteratur empfinden mußten. (Der für die erste Ausgabe des „Beton-Atlas" 1980 zusammengestellte Lexikon-Teil mit rund 500 Stichwörtern sollte das Thema Beton speziell für Architekten aufbereiten.)

Diesem Mangel hat nun ein Expertenteam unter Führung der Herausgeber abgeholfen. Nach jahrelangen Vorarbeiten erscheint ein völlig neues Beton-Lexikon, das nicht nur vom Umfang her weit über seinen frühen Vorläufer hinausgeht. Die zu bewältigenden Schwierigkeiten waren enorm. Schließlich mußten nicht nur Tausende von Stichwörtern zusammengetragen werden, es war auch sorgfältig abzuwägen, ob überhaupt und wenn ja in welcher Ausführlichkeit der einzelne Begriff aufgenommen werden sollte.

Eine absolute Abdeckung, darüber waren sich Verlag und Herausgeber einig, konnte nicht erreicht werden. Immerhin blieben rund 2600 Stichwörter zu bearbeiten. Ihre Erörterung erfolgt so objektiv wie möglich, ist aber nicht frei von subjektiven Einschätzungen. So gibt es sicherlich Unterschiede in der Darstellung je nachdem, ob die Bearbeitung mehr aus wissenschaftlicher oder mehr aus praxisbezogener Sicht erfolgte. Insbesondere die Autoren aus der Bauberatung Zement brachten hier ihre Erfahrungen aus der Praxis ein.

Einigkeit bestand darüber, daß das Informationsbedürfnis des Benutzers wichtigstes Kriterium sein müsse. Da ein Lexikon immer nur kurz und summarisch informieren kann, sei für intensive Beschäftigung mit Einzelaspekten auf die weiterführende Literatur verwiesen.

Der Verlag dankt allen Beteiligten für ihre intensive Mitarbeit; vom Leser nehmen wir gerne Verbesserungsvorschläge entgegen.

Düsseldorf, im April 1990   Beton-Verlag

Die Autoren:

Dipl.-Ing. Hannes Baumann, München
Dr. Jörg Brandt, Köln
Dr.-Ing. Bernhard Dartsch, Düsseldorf
Dipl.-Ing. Thilo Deichsel, Stuttgart
Dipl.-Ing. Wolfgang Dietsch, Beckum
Dr.-Ing. Helmut Fritz, Wiesbaden
Dipl.-Ing. Otmar Hersel, Wiesbaden
Dipl.-Ing. Rolf Kampen, Köln
Dr.-Ing. Friedbert Kind-Barkauskas, Köln
Dipl.-Ing. Norbert Klose, Hamburg
Dipl.-Ing. Wolfgang Knopp, Nürnberg
Dipl.-Ing. Rudolf Krieger, Nürnberg
Prof. Dr.-Ing. Heinz-Otto Lamprecht, Köln
Dipl.-Ing. Gottfried Lohmeyer, Hannover
Dipl.-Ing. Hanspeter Luley, Wiesbaden
Dipl.-Ing. Horst Otto, Stuttgart
Dipl.-Ing. Joachim Schäfer, Düsseldorf
Dipl.-Ing. Peter Schmincke, Hannover
Dr.-Ing. Manfred Stiller, Wiesbaden
Bau-Ing. Rudolf-Arthur Tegelaar, Düsseldorf
Dr. Walter Unger, München
Dr.-Ing. Alf Vollpracht, Köln
Dr.-Ing. Heinrich Wolf, Köln

Einführung

„Beton ist der Baustoff unseres Jahrhunderts", stellte Bundespräsident Theodor Heuss in der Zeit des Wiederaufbaus fest, und für den wohl prominentesten Architekten und Ingenieur unserer Zeit, Pier Luigi Nervi, war der Stahlbeton „...der beste Baustoff, den der Mensch bisher erfunden hat". Heute liegt der Betonanteil bei mehr als 50 Prozent aller verwendeten Baustoffe. Nach einer ersten Blütezeit in der römischen Antike – das Pantheon in Rom und andere hervorragende Bauten sind rund 2000 Jahre alt – geriet er im Mittelalter fast vollständig in Vergessenheit. Erst mit der Erfindung des Zements vor rund 200 Jahren setzte die Entwicklung neu ein. Die ältesten noch vollständig erhaltenen Betonbauten in Deutschland, ein Gartentempel und eine Brücke, wurden anläßlich einer Gartenbauausstellung 1879 in Offenbach bei Frankfurt errichtet.

Durch die Erfindung des Stahlbetons – die ersten Patente stammen aus der Mitte des 19. Jahrhunderts – erfuhr die Betonbauweise eine enorme Entwicklung bis hin zum modernen Spannbeton zum Beispiel für Großbrücken. Die Hauptgründe: Er ist dauerhaft, beliebig formbar und wirtschaftlich. Trotzdem haben unsachgemäße Planung und Herstellung zu Bauschäden geführt und die Betonbauweise in Verruf gebracht. Inzwischen ist unbestritten, daß nur einwandfreie Konstruktionen und gute Gestaltung zu einem positiven Image des Baustoffs beitragen. Die Zementhersteller sagen mit Recht: Beton – Es kommt drauf an, was man draus macht.

Der heutige Wissensstand über den Baustoff Beton und das Bauen mit Beton ist sehr hoch. Er umfaßt neben den Standardbereichen auch viele Sondergebiete. Doch neben vielen allgemeinen Fachinformationen findet der Praktiker zu wenig kurzgefaßte Arbeitshilfen. Hier will die Bauberatung Zement mit dem vorliegenden Beton-Lexikon helfen. Allen Autoren gilt unser Dank für ihre sachkundige Mitarbeit und ihr Engagement. Für fachliche Unterstützung danken wir außerdem dem deutschen Beton-Verein und dem Forschungsinstitut der Zementindustrie.

Das Beton-Lexikon wendet sich an Baufachleute in den Bereichen Planung, Ausführung und Beratung, an Lehrende und Lernende, aber auch an interessierte Laien (zum Beispiel Bauherren) und nicht zuletzt an Fachjournalisten und Entscheidungsträger. Wir hoffen, daß das vorliegende Buch vorhandene Wissenslücken schließt und so auch einen Beitrag zur Verringerung von Bauschäden leisten kann.

Die Herausgeber

Hinweise zur Benutzung

Die Stichwörter des Buches sind alphabetisch geordnet. Zur Erleichterung des Aufsuchens einzelner Begriffe sind das erste und letzte Stichwort jeweils zweier gegenüberliegender Seiten in der Kopfzeile genannt. Bei aus Platzgründen den zugehörigen Textabschnitten nachgestellten ganzseitigen Abbildungen und Tabellen erscheinen die entsprechenden Stichwörter der inhaltlichen Zuordnung als „Anrufe" außerhalb der Reihe und deshalb in dünnerer Schrift. Die alphabetische Reihenfolge lehnt sich an den Duden an (ä ist gleich a usw., ß gleich ss). Sie entspricht der Buchstabenfolge der Stichwörter bzw. der Wortkombinationen, wobei das Komma als Trennzeichen zu den grundsätzlich nachgestellten Erläuterungen zusammengesetzter Begriffe (z.B.: Beton, dauerhafter) unberücksichtigt bleibt. Bei feststehenden Begriffen, die aus mehreren Wörtern bestehen (z.B.: Römischer Beton), blieb die Wortfolge erhalten. Ergänzungen sind in runde Klammern gesetzt, z.B.: Betondeckung (der Bewehrung). Ein Begriff mit unterschiedlichen Ergänzungen ist nach diesen Klammerausdrücken geordnet. Hinweise auf weiterführende Erläuterungen bei einem anderen Stichwort sind mit Pfeilen gekennzeichnet.

Folgende allgemeine Abkürzungen wurden in den Texten verwendet:

allg.	allgemein		
bzw.	beziehungsweise	n.Chr.	nach Christus
ca.	zirka	o.a.	oder andere / es
d.h.	das heißt	o.ä.	oder ähnliches / em / en
dgl.	dergleichen	rd.	rund
evtl.	eventuell	rel.	relativ / e / es
gem.	gemäß	Sek.	Sekunde / en
Gew.-%	Gewichtsprozent	sog.	sogenannte / em / en / es
ggf.	gegebenenfalls	St.	Stück
i.a.	im allgemeinen	Std.	Stunde / en
i.d.R.	in der Regel	u.a.	unter anderm
i.e.	im einzelnen	u.ä.	und ähnliche / em / en / es
insbes.	insbesondere / s	usw.	und so weiter
i.w.	im wesentlichen	u.U.	unter Umständen
krit.	kritisch / e / er / es	v.a.	vor allem
max.	maximal / e / er / es	v.Chr.	vor Christus
Min.	Minute / en	Vol.-%	Volumenprozent
min.	minimal / e / er / es	z.B.	zum Beispiel
mind.	mindestens	z.T.	zum Teil
M.-%	Masseprozent	z.Zt.	zur Zeit

A

AASHO → American Association of State Highway Officials.

AASHO-Road-Test. 1962 abgeschlossener Großversuch der → American Association of State Highway Officials (AASHO) zur Ermittlung des Einflusses, den Fahrzeug-Einzelachsen und Fahrzeug-Tandemachsen von unterschiedlichem Gewicht auf das „Verhalten" von Fahrbahnbefestigungen und Tragschichten unterschiedlicher Art und Dicke ausüben.

Abbiegen (der Bewehrung). Für einen günstigen Bauablauf vorübergehendes Umbiegen von bereits einbetonierten Bewehrungsstäben. Der festgelegte Einbauzustand wird durch späteres Rückbiegen wieder hergestellt.

Abbindebeschleuniger → Erstarrungsbeschleuniger.

Abbinden → Erstarren.

Abbindeverzögerer → Erstarrungsverzögerer.

Abbindewärme → Hydratationswärme.

Abblättern. 1. Von Anstrichen: Ablösen dünner, mehr oder weniger zusammenhängender (Farb-) Schichten vom Untergrund infolge Rißbildung im Anstrichfilm. Mögliche Ursachen sind schlechte Anstrichhaftung auf mürbem oder stark saugendem Untergrund, unangepaßtes Verformungsverhalten von Anstrich und Untergrund, Unterwanderung einzelner Fehlstellen durch Feuchtigkeit, Witterungseinflüsse, Dampfdiffusion von innen nach außen. 2. Von Beton: Ablösen dünner Schichten von der Betonoberfläche durch Einwirkung von Frost, Tausalz o.ä. Mögliche Ursachen sind hoher Wassergehalt der Mischung, Sedimentation des Frischbetons in der Erstarrungsphase, mangelhafte Vorbehandlung der Schalungsoberfläche oder zu frühes Entschalen.

Abbrennen → Flammstrahlen.

Abbrennstumpfschweißen. Bei der Herstellung einer festen Verbindung zweier Bewehrungsstäbe ist die Anwendung des A. möglich. Dabei werden beide Stäbe unter Strom gesetzt. Bei Annäherung zündet der Lichtbogen, bei Berührung gehen die gegenseitigen Flächen in einen teigigen Zustand über, sie werden dann aufeinander gepreßt und dabei lokal gestaucht.

Abdichtung. 1. Maßnahmen, um zu verhindern, daß Wasser, andere Flüssigkeiten, Luft oder Feuchtigkeit in Bauteile oder Bauwerke eindringen oder aus ihnen herausgelangen können. 2. Beton mit dichtem Gefüge ist wasserundurchlässig. An Fugen, Durchlässen, sowie an Stößen von Fertigteilen werden zur A. besondere Dichtungen eingebaut. → Fugenbänder, → Dichtungsmasse.

Abdichtungsschleier. Tiefbautechnische Maßnahme, um Bauwerke nachträglich durch → Injektionen von → Zementleim oder Kunststoffen grund- bzw. druckwasserfrei zu halten oder Undichtigkeiten nach Herstellen der Betonbauwerke auszuschalten.

Abflamm-Methode

Abflamm-Methode. Prüfung zur Ermittlung der → Oberflächenfeuchte von Zuschlaggemischen mit beliebigem Größtkorn. Der feuchte Zuschlag wird gewogen, mit einer brennbaren Flüssigkeit übergossen und diese angezündet. Durch die freiwerdende Wärme verdunstet die Feuchte. Die Differenz zwischen dem Feucht- und Trockengewicht ergibt bezogen auf das Trockengewicht des Zuschlags die Oberflächenfeuchte in M.-%.

Abgleichen (von → Probekörpern). Bei Probekörpern, die z.B. bei der Prüfung auf Druck beansprucht werden sollen, müssen mind. zwei einander gegenüberliegende Flächen, gegen die die Stahlplatten der Prüfmaschine wirken, eben und parallel sein, damit die Druckkraft richtig in den Probekörper eingeleitet wird. Bei Probewürfeln, die in Stahlformen hergestellt werden, ist diese Bedingung meistens erfüllt. Bei zylindrischen Proben, aber auch bei fehlerhaft hergestellten Würfeln müssen einwandfreie Auflagerflächen häufig erst durch A. geschaffen werden. Das geschieht i.a. mit Zementmörtel, gelegentlich mit geschmolzenem Schwefel oder mit Gips. Die Abgleichschicht muß bis zur Prüfung ausreichend erhärtet sein. Die vorgeschriebenen Lagerungsbedingungen sind während des ganzen Arbeitsvorganges einzuhalten. Prüfvorschrift ist die DIN 1048.

Abmaße. Differenz zwischen dem Istmaß und dem Nennmaß. Das Istmaß ist das tatsächliche, durch Nachmessung festgestellte Maß eines Bauteils. Das Nennmaß oder auch Sollmaß ist das Maß, das zur Kennzeichnung von Größe und Lage eines Bauteils angegeben und in Zeichnungen eingetragen wird. → Bautoleranzen.

Abmessen. Die Bestandteile einer Betonmischung — Zement, Zuschlag, Wasser und ggf. Betonzusätze — müssen abgemessen werden. In der Regel ist ein A. nach Gewicht vorgeschrieben, das auf 3% genau einzuhalten ist. Betonzuschlag darf in bestimmten Fällen und unter bestimmten Bedingungen auch nach Raumteilen abgemessen werden.

Abmeßvorrichtung. Bauteil einer Betonmisch- oder Dosieranlage zum gewichts- oder raummäßigen Abmessen eines Betonbestandteils. In der Regel werden die verschiedenen Betonausgangsstoffe einzeln abgemessen. Dazu werden verschiedene Waagen (Zementwaage, Flüssigkeitswaage) benutzt, aber auch Wasseruhr und Meßgefäße. Beim Betonzuschlag kann jede Korngruppe mit einer eigenen Waage (Einzelwägung) verwogen werden oder nacheinander mit einer Waage (Summenwägung). Die A. arbeiten in modernen Anlagen automatisch. Sie müssen eichfähig sein und eine Nachprüfung der abgemessenen Mengen auf einfache Weise zuverlässig gestatten.

Abnutzwiderstand. Der Widerstand von Beton gegen Abrieb durch starke mechanische Beanspruchung, wie starken Verkehr, rutschendes Schüttgut oder strömendes und Feststoffe führendes Wasser. Der Zuschlag muß besonders fest und hart sein. Hierfür eignen sich sog. Hartgesteine, wie → Granit, → Diorit, → Porphyr, → Basalt und → Quarz. Die Härte von Gestein kann nach der Härteskala von MOHS (Ritzhärte) festgelegt werden. Abgestimmt auf den Verwendungszweck kann man den Widerstand des Betons gegen Abnutzung nach BÖHM durch Schleifen mit der sog. → Böhmschen Scheibe (DIN 52 108) oder durch rollenden Kugeldruck nach EBENER mit dem sog. → Ebenergerät prüfen. → Ebener-Verfahren.

Abplatzen. Ablösung oberflächennaher Betonschichten durch Expansionsdruck von innen (z. b. durch rostende Bewehrung, gefrierendes Wasser, quellfähige Zuschläge) oder durch äußerliche Schlag- bzw. Stoßeinwirkung auf die Betonoberfläche.

Abreißbewehrung. Stäbe zur Sicherung gegen das Abreißen zeitlich nacheinander betonierter Teile in der dadurch bedingten Fuge. A. wird angeordnet in Arbeitsfugen und auch bei nicht statischen Verbindungen von Fertigteilen.

Abrieb (im Straßenbau). Durch Verkehrsbeanspruchung eingetretener feinkörniger Substanzverlust an der Fahrbahnoberfläche. → Verschleißwiderstand.

Abriebfestigkeit → Abnutzwiderstand.

Abriebwiderstand → Abnutzwiderstand.

Absanden. Ablösung feiner Zuschlagkörner von einer Betonoberfläche infolge zu geringer Gefügebindung. Die betroffenen Flächen wirken aufgerauht. Mögliche Ursachen sind zu niedriger Zementgehalt, vorzeitige Austrocknung der Betonoberfläche durch ungenügende Nachbehandlung oder stark saugende Schalung.

Absäuern. 1. Zum Entfernen von Kalkablagerungen, Ausblühungen, Ölflecken o. a. Verunreinigungen von Betonflächen können → Säuren, z. b. verdünnte Salzsäure, verwendet werden. Ein ausreichendes Vornässen der zu bearbeitenden Flächen und ein besonders gründliches Abwaschen der Säure (Säurereste greifen die Bewehrung an!) ist unbedingt erforderlich. 2. Verfahren zur werksmäßigen Herstellung von Sichtbetonoberflächen bei Betonfertigteilen. Hierbei wird die oberste Zementsteinschicht vom Beton entfernt, die Zuschläge werden in ihrer Farbe und Struktur sichtbar und die bearbeitete Fläche erhält ein sandsteinartiges Aussehen. Die Oberflächenwirkung kommt leichtem → Sandstrahlen nahe. Es gelten die gleichen Vorsichtsmaßnahmen wie unter 1.

Absetzen → Absetzversuch, → Bluten.

Absetzmaß. Ein Maß für das Absinken des → Einpreßmörtels beim → Absetzversuch nach DIN 4227, Teil 5.

Absetzversuch. 1. Prüfung zur ungefähren Ermittlung der → abschlämmbaren Bestandteile des Zuschlags in → Korngruppen bis 4 mm nach DIN 4226, Teil 3. Werden die angegebenen Grenzwerte überschritten oder sollen Korngruppen mit Größtkorn über 4 mm geprüft werden, so ist der → Auswaschversuch durchzuführen. 2. Prüfung nach DIN 4227, Teil 5 zur Ermittlung der Raumänderung (→ Absetzmaß bzw. Quellmaß) von → Einpreßmörtel.

11

Absieben

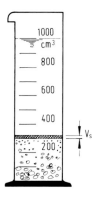

Nachweis von abschlämmbaren Bestandteilen durch den Absetzversuch

Absieben → Sieben.

Absorber. Einrichtung zum Entzug von Wärme aus einer Wärmequelle. Solche Energie- oder Wärmesammler lassen sich nach ihrem internen → Wärmespeichervermögen in Leicht- und → Massivabsorber einteilen. Durch sein hohes → Wärmespeichervermögen ist Beton ein idealer Baustoff zur Herstellung von Massivabsorbern.

Absorption → Sorption.

Abstandhalter. Verschieden geformte Kleinteile aus unterschiedlichem Material, z. B. Beton oder Kunststoff, zum Anbringen an die Bewehrung. Sie haben die Aufgabe, zwischen der → Bewehrung und der → Schalung Raum zu schaffen, so daß frisch verdichteter Beton die Stahleinlagen satt umhüllen kann und die nach DIN 1045 vorgeschriebene → Betondeckung gewährleistet ist.

Abstandsfaktor. Ein aus einem idealisierten Porensystem abgeleiteter Kennwert für den größten Abstand eines beliebigen Punktes des Zementsteins von der Mikropore. → Beton mit hohem Frost- und Frost-Tausalzwiderstand.

Abwasser. Durch Gebrauch verändertes abfließendes Wasser und jedes in die Kanalisation gelangendes Wasser. Man unterscheidet z. B. Schmutz-, Regen-, Fremd-, Misch- und Kühlwasser, aber auch gewerbliches, häusliches, industrielles und kommunales A.

Abwasserrohre. Rohre aus Beton, Stahlbeton, Spannbeton oder Faser-Zement nach DIN 4032, DIN 4035 und DIN 19 850 mit unterschiedlichen Querschnitten (z. B. Kreis-, Ei-, Maulquerschnitt) zur ordnungsgemäßen Ableitung von Abwasser in der Kanalisation zur Kläranlage.

Abziehbohle. Gerät oder Vorrichtung, um Frischbeton-Oberflächen eben und mit → Deckenschluß herzustellen. Es gibt Einfach- oder Doppelbohlen, die durch Pendelbewegungen oder Vibration den Frischbeton ebnen.

Abziehen. Tätigkeit, um die Frischbetonoberfläche eben herzustellen. → Abziehbohle.

Abzüge. Bei Nichteinhaltung von Anforderungen aus dem Bauvertrag werden nach fast allen Straßenbauvorschriften A. finanzieller Art vorgenommen wie z. B. nach der → ZTV Beton bei Unterschreitung der vereinbarten Betondruckfestigkeit, der vereinbarten Einbaudicke, Überschreitung der zulässigen Abweichungen für die Ebenheit der Deckenoberfläche.

Achsfahrmasse → Achslast.

Achslast (Achsfahrmasse). Durch eine Achse mit zwei Rädern an die Verkehrsfläche abgegebene Belastung aus Eigengewicht und Nutzmasse (Nutzlast) des Fahrzeugs. Die höchstzulässige A. in Deutschland nach der Straßenverkehrs-Zulassungsordnung (StVZO) beträgt bei Einzelachsen 11 t (ab 1992 11,5 t) und bei Doppelachsen 18 t (ab 1992 19 t).

ACI → American Concrete Institute.

Acryl → Acrylharze.

Acrylharze. Sammelname für → Polymerisate der → Acrylsäure und → Methacrylsäure sowie der entsprechenden → Ester. Sie werden sowohl in → Lösungsmitteln gelöst als auch in Wasser dispergiert als Bindemittel für physikalisch trocknende → Anstriche eingesetzt, die sich durch besonders gute Witterungsbeständigkeit auszeichnen. Der bekannteste Acrylharztyp ist das thermoplastische → Polymethylmethacrylat (PMMA).

Acrylsäure. Farblose Flüssigkeit, die leicht polymerisiert. Wird durch Verseifen von Acrylestern oder durch Reaktion von Acetylen mit Kohlenoxid und Wasser hergestellt. Ausgangsstoff für die Herstellung von → Acrylharzen und Acrylaten.

Adiabatisch. Die Hydratationswärme von Zement kann mit einer adiabatischen Methode (ohne Wärmeaustausch) bestimmt werden, indem man durch gute Isolation die erzeugte Wärme nahezu vollständig zusammenzuhalten sucht.

Aggressivität. 1. Böden können betonangreifende Stoffe (treibender Angriff, lösender Angriff) enthalten, die bei längerer Einwirkungsdauer zur Betonzerstörung führen. Nach DIN 4030 sind dies insbesondere sulfathaltige Böden, Moorböden und Torfe sowie Aufschüttungen industrieller Abfallprodukte. 2. Wässer vorwiegend natürlicher Zusammensetzung sind bei Berührung mit Betonbauteilen schon in der Planungsphase che-

Untersuchung	Angriffsgrad[1]			Grenzwerte zur Beurteilung des Angriffsgrades von Wässern vorwiegend natürlicher Zusammensetzung nach DIN 4030
	schwach angreifend	stark angreifend	sehr stark angreifend	
pH-Wert	6,5…5,5	5,5…4,5	unter 4,5	
kalklösende Kohlensäure (CO_2) mg/l	15…40	40…100	über 100	
Ammonium (NH_4^+) mg/l	15…30	30…60	über 60	
Magnesium (Mg^{2+}) mg/l	300…1000	1000…3000	über 3000	
Sulfat[2] (SO_4^{2-}) mg/l	200…600	600…3000	über 3000	

[1]) Für die Beurteilung des Wassers ist der aus der Tabelle entnommene höchste Angriffsgrad maßgebend, auch wenn er nur von einem der Werte der Tabelle erreicht wird. Liegen 2 oder mehr Werte im oberen Viertel eines Bereiches (bei pH im unteren Viertel), so erhöht sich der Angriffsgrad um eine Stufe. Diese Erhöhung gilt nicht für Meerwasser.

[2]) Bei Sulfatgehalten über 600 mg SO_4^{2-} je Liter Wasser, ausgenommen Meerwasser, ist ein Zement mit hohem Sulfatwiderstand (HS) zu verwenden.

Agitatoren

Grenzwerte zur Beurteilung des Angriffsgrades von Böden nach DIN 4030

	Untersuchung	Angriffsgrade	
		schwach angreifend	stark angreifend
1	Säuregrad nach Baumann-Gully	über 20	–
2	Sulfat⁴) (SO_4^{2-}) in mg je kg lufttrockenen Bodens	2000 bis 5000	über 5000

misch zu analysieren. Dabei sind pH-Wert, kalklösende Kohlensäure (CO_2), Ammonium (NH_4), Magnesium (Mg^{2+}) und Sulfat (SO_4^{2-}) von besonderer Bedeutung. Der Betonangriff wird nach DIN 4030 entsprechend beurteilt. → Angriff, chemischer.

Agitatoren → Fahrzeuge (mit Rührwerk).

Algenbewuchs. Gelegentlich siedeln sich auf Beton Organismen an, die jedoch nicht zerstörend wirken. Eine Einwirkung kann sich höchstens als Anätzung der Oberfläche äußern.

Alit. Bezeichnung für Tricalciumsilicat ($3CaO \times SiO_2$) durch TÖRNEBOHM (1897), der die mikroskopisch als einen der Hauptbestandteile zu erkennende → Klinkerphase nach dem ersten Buchstaben des Alphabetes benannt hat, da er ihre Zusammensetzung noch nicht kannte. Die Bezeichnung wird auch heute noch verwendet. → Belit.

Alkaliempfindlichkeit (des Zuschlags) → Alkalireaktion.

Alkaligehalt (des Zements). Gegenüber dem Gesamtalkaligehalt, der sich aus der Summe der Oxide (oder Hydroxide) aller Alkalimetalle ergibt, errechnet man den für die Alkalireaktion wirksamen Alkaligehalt als Na_2O-Äquivalent in M.-%: $Na_2O + 0{,}658 \, K_2O$.

Alkalireaktion. Zuschläge mit alkalilöslicher Kieselsäure können in feuchter Umgebung mit den Alkalien im Beton reagieren, was unter ungünstigen Umständen zu einer Volumenvermehrung im Beton und zu Schäden in Form von Ausscheidungen, Abplatzungen und Rissen führen kann. Ein wichtiges reaktionsfähiges Mineral im Zuschlag kann der Opal sein. In der Bundesrepublik Deutschland gelten der in bestimmten Gebieten Norddeutschlands vorkommende Opalsandstein und der dort ebenfalls, aber selten vorkommende poröse Flint als alkaliempfindlich. Für die Reaktion mit empfindlichen Zuschlags-Bestandteilen im Beton ist vom Gesamtalkaligehalt des Zements nur dessen wirksamer Anteil maßgebend. Der wirksame Alkaligehalt des Betons kann durch Verwendung von Zement mit niedrigem wirksamen Alkaligehalt (→ NA-Zement) und durch Begrenzung des Zementgehalts vermindert werden.

Alkalitreiben → Alkalireaktion.

Alkydanstriche. Den Ölfarben ähnliche Anstrichmittel (Bindemittelbasis sind modifizierte → Polyester), die sowohl für Innenräume als auch im Freien verwendet werden können. Sie sind gegen Kalk und Feuchtigkeit weitgehend beständig. Je nach Art des Auftrags können durchlässige oder undurchlässige Anstriche erzielt werden.

Aluminat. Kurzform für die Bezeichnung der → Klinkerphase → Tricalciumaluminat.

Aluminatferrit. → Klinkermineral, das bei hohem Gehalt des Zementrohgutes an → Eisenoxid entsteht. Chemische Formel 2CaO (AL$_2$O$_3$, Fe$_2$O$_3$) kurz C$_2$ (A, F). Zur Anfangserhärtung trägt es nur wenig bei, ist aber sehr widerstandsfähig gegen → Sulfatangriffe.

Aluminium (Al). Leichtmetall mit einer Dichte von 2,7 g/cm^3. A. und seine Legierungen überziehen sich an der Luft mit einer Oxidschicht, die vor weiterer Korrosion schützt. Diese Schutzschicht wird häufig auf elektrochemischem Weg durch Eloxieren künstlich erzeugt. Im Bauwesen werden sowohl Reinaluminium (Reinheit bei Korrosionsbeanspruchung mind. 99,5%) als auch Legierungen mit bis 5% Zusatz von Magnesium sowie weiteren Legierungselementen verwendet. A. reagiert in pulvriger Form lebhaft mit den alkalischen Bestandteilen des Zementes, wobei Wasserstoff frei wird. Dies ist eine wichtige Grundlage für die Herstellung von → Gasbeton.

Aluminiumoxid (Al$_2$O$_3$). Rohstoff für die Zementherstellung. Es ist ein Bestandteil von Ton und Feldspat. → Tonerde.

American Association of State Highway Officials (AASHO). Amerikanische Vereinigung staatlicher Straßenbauämter.

American Concrete Institute (ACI). Forschungsinstitut der amerikanischen Zementindustrie.

American Society for Testing Materials (ASTM). Amerikanische Gesellschaft für Materialprüfung, von der ein Großteil der für die USA gültigen Standards (Normen) und Richtlinien für das Bauwesen herausgegeben wird.

AM-Gerät. Gerät zur Ermittlung der Oberflächenfeuchte von Zuschlaggemischen mit beliebigem Größtkorn. → Abflamm- Methode.

Anbetonieren (an bestehende Bauteile). Es wird erforderlich, wenn aus arbeitstechnischen oder zeitlichen Gründen das Weiterbetonieren an einem Bauteil über mehrere Tage oder Wochen unterbrochen werden muß. → Arbeitsfugen.

Anfangsfestigkeit → Frühfestigkeit, → Frühhochfestigkeit.

Anfangsgriffigkeit. Bei Betonstraßen wird die A. durch den → Besenstrich oder durch Abziehen mit einem Jutetuch hergestellt, da die hinter dem → Glätter befindliche Fläche oft nur wenig Grob- und Feinrauhheit aufweist und damit einen zu geringen → Gleitbeiwert besitzt. → Griffigkeit.

Angriff, chemischer (auf Beton). Von außen auf erhärteten Beton chemisch angreifende Stoffe können lösend oder treibend wirken. Ein lösender Angriff

Angriff, mechanischer

Anforderungen an Beton mit hohem Widerstand gegen chemische Angriffe nach DIN 1045

Angriffsgrad	Herstellung als	Sieblinienbereich	Mindestzementgehalt [kg/m³]	Wasser-Zement-Wert[1]	Zusätzliche Anforderungen
schwach	B I	A16/B16 A32/B32	370 350	– –	Wassereindringtiefe $e_w \leq 50$ mm
	B II	–	–	w/z $\leq$ 0,60	
stark	B II	–	–	w/z $\leq$ 0,50	Wassereindringtiefe $e_w \leq 30$ mm
sehr stark	B II	–	–	w/z $\leq$ 0,50	Wassereindringtiefe $e_w \leq 30$ mm und Schutz des Betons, z. B. nach Merkblatt

[1] Zur Berücksichtigung der Streuungen während der Bauausführung ist bei der Eignungsprüfung der w/z-Wert um etwa 0,05 niedriger einzustellen.

wird durch Säuren und bestimmte austauschfähige Salze hervorgerufen. Dieser Vorgang schreitet von außen nach innen fort, der Zementstein wird aufgelöst, die Zuschlagkörner verlieren ihre Bindung mit dem Zementstein. Ein treibender Angriff wird meist durch eindringende Sulfate bewirkt. Die Reaktion mit bestimmten Hydratphasen des Zementsteins führt zur Ettringit-Bildung („Zementbazillus"), es entstehen im Inneren große Kristallisationsdrücke, die zum Zertreiben des Gefüges führen können. Der Angriffsgrad wird nach DIN 4030 festgelegt (→ Aggressivität). Die Widerstandsfähigkeit gegen ch.A. hängt im wesentlichen von den Eigenschaften des Betons ab. Die Anforderungen sind in DIN 1045 festgelegt.

Angriff, mechanischer (auf Beton). Der wesentliche m.A. tritt bei besonders schwerem und starkem Verkehr, wie z.B. bei Böden in bestimmten Industriebetrieben, auf. Sind Bauteile starkem m.A. z.B. durch starken Verkehr, rutschendes Schüttgut, Eis, Sandabrieb oder stark strömendes und Feststoffe führendes Wasser ausgesetzt, so sind die beanspruchten Oberflächen durch einen besonders widerstandsfähigen Beton (→ Betoneigenschaften, besondere, → Industrieböden) oder einen Belag oder Estrich gegen Abnutzung zu schützen.

Angriff, physikalischer (auf Beton). Zu den wesentlichen ph.A. auf Beton gehören dauernde Angriffe bzw. Einwirkungen durch höhere Temperaturen, Frost und Frost-Tausalz. Ausreichenden Widerstand gegenüber höheren Temperaturen (über 250 °C) müssen z.B. bestimmte Bauteile in Hütten- und Wärmekraftwerken sowie Bauteile für den Betrieb von Düsenflugzeugen aufweisen (→ Beton, hitzebeständiger). Einem Frostangriff werden Bauteile ausgesetzt, die im durchfeuchteten Zustand häufigen und/oder schroffen Frost-Tau-Wechseln unterliegen, wie z.B. bestimmte Bauteile des Wasser- und Brückenbaues (→ Betoneigenschaften, besondere). Frost- und Tausalz-Angriff finden in erster Linie im Straßenbau und bei ähnlich beanspruchten Bauteilen (Betriebswege, Räumerbahnen) statt.

Ansteifen

Angriffsgrad → Aggressivität.

Anhydrit. Kristallwasserfreier → Gips ($CaSO_4$) kommt als natürliches Mineral vor und wird auch durch Brennen von Gips hergestellt. Anhydrit und/oder Gips werden dem → Zement bei der Herstellung zugesetzt, um die → Erstarrungszeit zu regeln.

Anker. Bei Betonfahrbahndecken der → Bauklassen SV, I bis III verbinden A. die Fahrstreifen bzw. die Fahr- und Standstreifen untereinander, um ein Öffnen der → Längsfugen und Abwandern der Platten zu verhindern. Sie haben einen Durchmesser von 20 mm und eine Länge von 80 cm (bei den übrigen Bauklassen 16 mm / 60 cm), liegen in Plattenmitte bzw. im unteren Drittelpunkt und haben i.a. einen Abstand von 1,5 m.

Ankerkörper. Bei → Spannbeton mit Vorspannung ohne Verbund müssen die → Spannglieder endverankert werden. Für die Endverankerung am A. ist eine Zulassung vom Institut für Bautechnik erforderlich.

Ankerschienen. Profilstahl zur Befestigung von Lüftungskanälen, Rohrleitungen sowie Heiz- und Kabelkanälen. Sie werden in ein Bauteil derart einbetoniert, daß an dessen Oberfläche in den A. verschiebbare Haken zur Befestigung angebracht werden können.

Anlauf. Aus optischen und/oder statischen Gründen angeordnete Querschnittsverringerung an hohen Pfeilern und Stützen, z.B. bei Brücken.

Anmachwasser. Wasser, das zur Herstellung des Betons benötigt wird, um die chemischen und physikalischen Vorgänge ablaufen zu lassen und um dem Beton eine gewisse Verarbeitbarkeit zu verleihen. Es besteht aus der → Oberflächenfeuchte des Zuschlags und dem → Zugabewasser. Die für 1 m³ Beton erforderliche Wassermenge ergibt sich aus deren Abhängigkeit vom → Kornaufbau und von der → Konsistenz.

Annahmekennlinie. Grenze, die mit Hilfe von Stichproben und unter Zugrundelegung eines bestimmten Prüfplanes für die Annahme bzw. Ablehnung einer bestimmten Fertigung entscheidend ist.

Anreger. → Latent hydraulische Stoffe werden durch A. in hydraulische Bindemittel verwandelt. Bekanntes Beispiel ist die Anregung der → Hochofenschlacke durch → Kalkhydrat, vor allem durch das Kalkhydrat des → Portlandzements. → Hüttenzemente.

Anregerstoffe → Anreger.

Anschluß, biegesteifer. Kraftschlüssige Verbindung im Bereich der → Arbeitsfugen oder von → Betonfertigteilen zur Übertragung von Normal- und Querkräften sowie Momenten.

Anschlußbewehrung. Übergreifende → Bewehrung im Bereich der → Arbeitsfugen, bei Betonierabschnitten oder bei → Betonfertigteilen zum späteren kraftschlüssigen Verbinden mit Ortbeton.

Ansteifen. Die nach dem Herstellen eines Frischbetons bzw. Zementmörtels bis

Ansteifen, frühes

zum Ende seiner → Verarbeitbarkeit ablaufende Konsistenzänderung in Richtung steiferer Konsistenz. → Ansteifen, frühes.

Ansteifen, frühes. Eine vom erfahrungsmäßigen Verhalten von Frischbeton und Zementmörtel deutlich abweichende, beschleunigte Konsistenzänderung in Richtung steiferer Konsistenz.

Anstett-Probe. Verfahren zur Prüfung der Sulfatbeständigkeit des Zementes. Hydratisierter Zement (→ Hydratation) wird zu einem feinen Pulver vermahlen, mit einer gleichen Menge Gipspulver vermischt und mit Wasser angerührt. Diese Masse wird unter einem Druck von 2 N/mm^2 zu einem zylindrischen Körper zusammengepreßt und anschließend feucht gelagert. Bleibt der Körper unverändert, so ist der Zement sulfatbeständig (→ HS-Zement).

Anstrich. Eine aus → Anstrichstoffen hergestellte → Beschichtung auf einem Untergrund, z.B. der Oberfläche eines Bauteils. Der A. kann mehr oder weniger in den Untergrund eingedrungen sein und aus einer oder mehreren Schichten bestehen. Bei mehrschichtigen A. spricht man auch von einem Anstrichaufbau oder „Anstrichsystem". Hat der Anstrichstoff eine zusammenhängende Schicht gebildet, spricht man auch von einem Anstrichfilm. Das Wort A. kann gebraucht werden für Beschichtungen, die durch Streichen, Spritzen o.a. Verfahren hergestellt worden sind. Zur näheren Kennzeichnung des A. sind z.B. folgende Benennungen gebräuchlich:

– nach der Art des Bindemittels (z.B. Alkydharzanstrich),
– nach der Art des Untergrundes (z.B. Betonanstrich),
– nach der Lage im Anstrichaufbau (z.B. Grund- oder Deckanstrich),
– nach der Art des Objekts (z.B. Brückenanstrich),
– nach der Funktion des Anstrichs (z.B. Korrosionsschutzanstrich).

Für A. auf Beton gelten nach DIN 55 945 folgende Anforderungen:

– Beständigkeit gegen alkalische Einwirkungen aus dem Beton,
– gute Haftung auf dem Beton,
– guter Verbund innerhalb des Anstrichsystems,
– Überstreichbarkeit mit dem gleichen A.,
– Beständigkeit gegen Witterungseinflüsse,
– u.U. Beständigkeit gegen Industrieatmosphäre und/oder gegen im Wasser gelöste Stoffe,
– Licht- bzw. UV-Beständigkeit,
– geringe Neigung zu Verschmutzung,
– ausreichende Wasserdampfdurchlässigkeit,
– u.U. Widerstand gegen flüssiges Wasser,
– u.U. Wasch- oder Scheuerbeständigkeit.

Anstriche, wasserlösliche. Anstriche aus Emulsionen verschiedenartiger Zusammensetzung. Sie lassen sich sowohl im Freien als auch im Inneren von Gebäuden für Betonflächen anwenden und können schon aufgebracht werden, wenn der Beton noch ganz frisch ist. W.A. lassen sich auch porös ausführen, so daß der Beton nach Herstellung des Anstrichs immer noch austrocknen kann.

Arbeitsfugen

Anstrichstoffe. Flüssige bis pastenförmige, physikalisch und/oder chemisch trocknende Stoffe oder Stoffgemische, die durch Streichen, Spritzen, Tauchen, Fluten und andere Verfahren auf Oberflächen aufgebracht werden und einen Anstrich ergeben. Sie bestehen im Normalfall aus Bindemitteln, Lösemitteln, Farbstoffen und Zusatzstoffen, die zur Erzielung bestimmter Verarbeitungs- oder Gebrauchseigenschaften dienen. A., die nach dem Bindemittel benannt sind, müssen soviel von diesem Bindemittel enthalten, daß dessen charakteristische Eigenschaften im A. und im Anstrich vorhanden sind.

Anteil, nichtflüchtiger → Festkörpergehalt.

Anziehen → Ansteifen, → Erstarren.

Arbeitsanweisung. Bei Bauten, die nach den bauaufsichtlichen Vorschriften genehmigungspflichtig sind und bei denen → Baustellenbeton verwendet werden soll, ist der bauüberwachenden Behörde oder dem von ihr mit der Bauüberwachung Beauftragten anzuzeigen, daß eine schriftliche A. mit allen erforderlichen Angaben für die Betonherstellung auf der Baustelle vorliegt.

Arbeitsfugen. In Beton-, Stahlbeton- oder Spannbeton-Bauteilen entstehen A., wenn frischer Beton gegen eine mehr oder weniger erhärtete Betonlage, also nicht „frisch auf frisch" eingebracht wird. Diese Fugen sind in der Standsicherheitsberechnung normalerweise nicht berücksichtigt. Daher muß ein möglichst guter Verbund zwischen den beiden angrenzenden Betonabschnitten hergestellt werden. In den häufigsten

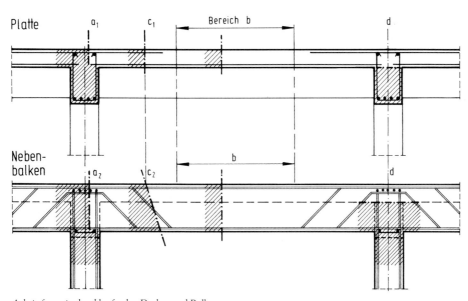

Arbeitsfugen in durchlaufenden Decken und Balken

Arbeitsgerüste

Arbeitsfugen in durchlaufenden Decken und Balken

Lage	statische Wirkung	Ausführungs-möglichkeit
a_1	gut	normal
a_2	gut	schwierig
b	gut	leicht
c_1	umstritten	normal
c_2	umstritten	schwierig
d	gut	leicht

Fällen werden A. aus betrieblichen Gründen angeordnet, die sich aus der Organisation des Bauablaufs ergeben (Leistung der Geräte und Arbeitskräfte, Schalungstechnik). Sie können jedoch auch durch nicht vorherzusehende Störungen (Wetter, Maschinenschäden, Lieferverzögerungen von Baustoffen) verursacht sein. Fugen zwischen Fertigteilen und Ortbeton (Vergußbeton), Montagefugen, z.B. zwischen Fertigteilen, zählen i.a. nicht zu den A.; für sie gelten besondere Vorschriften.

Arbeitsgerüste. A. und Schutzgerüste dienen der sicheren Ausführung von Arbeiten an hohen Bauteilen. Ab 2 m Höhe sind A. mit 3-teiligem Seitenschutz und geeignetem Leiteraufstieg erforderlich. Die Gerüste sind so zu bemessen, daß die auftretenden Lasten sicher in den Baugrund abgeleitet werden. Besonderer Wert ist auf ausreichende Verstrebung und sichere Verankerung zu legen. Die genauen Anforderungen sind in DIN 4420 geregelt.

Arbeitsschutz. Auf der Baustelle sind geeignete Einrichtungen herzustellen und Vorkehrungen zu treffen, um Unfälle von Personen zu verhüten. Einzelheiten regeln die Unfallverhütungsvorschriften der Berufsgenossenschaften und die Arbeitsschutzvorschriften, deren Einhaltung von den Gewerbeaufsichtsämtern überwacht wird. Die Vorschriften sind allgemein verbindlich und insbesondere die Unfallverhütungsvorschriften gelten als anerkannte Regeln der Technik.

Armierung. Umgangssprachliche Bezeichnung für → Bewehrung.

Asbest. Natürlich vorkommendes feinstes Fasermaterial (Faserdurchmesser etwa 0,00002 mm, dabei röhrenförmig) Magnesium-Silikat-Hydrat, durch Witterungsvorgänge aus Serpentin oder Hornblende entstanden. Es ist durch den hohen Schmelzpunkt von 1550 °C sehr feuerbeständig, gegen aggressive Lösungen außer Mineralsäuren sehr widerstandsfähig, hat eine hohe Zugfestigkeit und ein gutes Isoliervermögen gegen Elektrizität. Durch ihren geringen Durchmesser ist die Asbestfaser „lungengängig", und kann Krebs hervorrufen, wenn über Jahre große Mengen eingeatmet werden. In vielen Bereichen (Kfz-Bremsbeläge, Hoch- und Tiefbau) werden deshalb zunehmend andere Fasern verwendet.

Asbestzement. Gemisch aus fein aufgeschlossenem → Asbest, Portlandzement und der für die → Hydratation des Zements notwendigen Wassermenge. Der Werkstoff A. enthält i.d.R. 80 bis 90% Zement. Bauteile aus A. werden je nach → Konsistenz der A.-Mischung nach dem Naß-, Halbtrocken- und Trockenverfahren hergestellt. Das übliche Mischungsverhältnis Asbest zu Zement beträgt 1 : 6 (Gewichtsteile). Verwendet wird Asbestzement u.a. für Dachplatten, Dachrinnen, Abflußrohre, Behälter, Abgasrohre, Luftkanäle oder Kabelschutzrohre. Seine mechanischen Eigenschaften sind hervorragend. Die Zug- und Biegefestigkeit entsprechen etwa denen von Holz, während die Druckfestigkeit die von Beton wesentlich übertrifft. Der E-Modul liegt etwa in der Größenordnung desjenigen von Beton. Zu beachten ist das rel. hohe Schwinden, das bei nicht dampfgehärtetem Material mehr als 1,0 mm/m betragen kann. A. ist sehr widerstandsfähig gegen chemische Angriffe, Frost-Tauwechsel und Feuer. Wegen des gesundheitlichen Risikos (Lungengängigkeit von Asbestfaserfeinstaub) wird Asbest seit Anfang der 80er Jahre mehr und mehr durch andere Fasern ersetzt.

Asbestzementrohre. Rohre aus → Asbestzement, die zum Wasser-, Abwasser- und Schlammtransport Verwendung finden. Sie sind rel. leicht und widerstandsfähig gegen → aggressive Wässer. A. bestehen aus einer Mischung von Fasern des Minerals → Asbest (natürliche Silikatfaser), Zement und Wasser. Der Anteil von Asbest in der Gesamtmischung beträgt etwa 12%.

Äste. Die Äste eines Baumes sind im Stammholz eingeschlossen und mindern – je nach Anzahl, Größe und Beschaffenheit – die Verwendbarkeit des Holzes (Festigkeit, Haltbarkeit, Aussehen, Holzgüte). Die Güteklasse von Bauschnittholz (DIN 4074) wird u.a. nach der Summe der Astdurchmesser auf 150 mm Länge an der ungünstigsten Stelle ermittelt.

ASTM → American Society for Testing Materials.

Aufbereitung → Zuschlag.

Aufbeton. Auf ein bereits vorhandenes Bauteil aufgebrachter Frischbeton beliebiger Dicke.

Aufbiegungen. Mehrere Längsstäbe der Bewehrung werden im Stahlbeton durch Änderung ihrer Richtung zur Schubabtragung herangezogen, dadurch ist eine Stahlersparnis möglich.

Auflager → Auflagermauerwerk, → Betonfertigteile.

Auflagermauerwerk. Es wird durch Decken, Balken, Stützen auf Druck belastet. Unter bestimmten Voraussetzungen (DIN 1053) kann A. bis zum 1,5fachen der sonst zulässigen Druckspannungen belastet werden. → Wände, tragende.

Auflagerung (von Betonfertigteilen) → Betonfertigteile.

Auflockerung. Wird ein fester Körper zerkleinert, so nehmen die kleineren Teile einen größeren Raum ein als vorher der zusammenhängende Körper, weil zu dem → Festraum noch die zahlreichen Hohlräume zwischen den Körnern kommen. Das Verhältnis der Summe von Festraum und Hohlraum zum Festraum ist die A. In einer losen Schüttung läßt sie sich durch Verdichtung vermindern, aber niemals ganz beseitigen (→ Hohlraumgehalt und Hohlraumverhältnis). Die A. ist auch von der Oberflächenfeuchtigkeit des Stoffes abhängig, die sich um so stärker auswirkt, je kleiner das

Aufstauchung

Korn ist. Wegen der A. ist die Zugabe von Zuschlägen nach Raumteilen sehr ungenau.

Aufstauchung. Zerstörung einer Betonfahrbahn im Fugenbereich, die durch nach oben gerichtete Umlenkung von Druckkräften als Folge von Fehlstellen im Betongefüge, durch untere Fugeneinlage oder verschmutzte Raumfugen entsteht (→ blow up).

Auftausalz → Tausalz.

Aufzeichnungen. Bei genehmigungspflichtigen Arbeiten sind entsprechend ihrer Art und ihrem Umfang auf der Baustelle fortlaufend A. über alle für die Güte und Standsicherheit der baulichen Anlage und ihrer Teile wichtigen Angaben in nachweisbarer Form, z.B. auf Vordrucken (→ Bautagebuch), vom → Bauleiter oder seinem Vertreter zu machen. Die A. müssen während der Bauzeit auf der Baustelle bereitliegen und sind den mit der Bauüberwachung Beauftragten vorzulegen und mind. fünf Jahre vom Unternehmen aufzubewahren.

Ausbessern (von Betonfahrbahnen). Bei Plattenbrüchen durch Setzungen oder auch bei Oberflächenschäden durch Abwitterung bzw. Frost- und Tausalzschäden wird das A. notwendig. Es kann durch Plattenersatz z.B. unter Verwendung von → frühhochfestem Straßenbeton mit Fließmittel oder durch Oberflächenbeschichtung erfolgen.

Ausblühungen. Helle schleierartige Verfärbungen auf Betonoberflächen, die als Schönheitsfehler zu bewerten sind und i.d.R. keinen Einfluß auf die Güte des Betons haben. A. entstehen, wenn mit Kalkhydrat angereichertes Wasser an der Betonoberfläche verdunstet. Das Kalkhydrat wandelt sich bei Luftzutritt in Kalziumkarbonat um, das praktisch wasserunlöslich ist. A. werden unter Witterungseinfluß i.a. schwächer und verschwinden im Laufe der Zeit oft vollständig.

Ausbreitmaß (nach GRAF). Eine Information über die → Konsistenz des → Frischbetons, die mit dem Ausbreitversuch nach DIN 1048 bestimmt wird. → Konsistenzbereiche, → Konsistenzprüfverfahren.

Ausdehnungskoeffizient, linearer (α_T). Er gibt die Ausdehnung eines Bauteils (in m/m) bei einer Temperaturänderung von 1 K an. Der Rechenwert beträgt für Normalbeton nach DIN 1045 10×10^{-6}/K, für Leichtbeton nach DIN 4219 8×10^{-6}/K.

Ausfachungswände → Wände, nichttragende.

Ausfallkörnung. Fehlen in einem → Korngemisch eine oder mehrere → Korngruppen zwischen der feinsten und der gröbsten Gruppe, so bezeichnet man das Gemisch als Ausfallkörnung. Die → Sieblinie ist unstetig. Sie würde im Bereich der fehlenden Gruppen dann waagerecht verlaufen, wenn kein entsprechendes → Über- und → Unterkorn vorhanden ist. A. können vorteilhaft sein; es muß jedoch geprüft werden, ob ein gut verarbeitbarer Beton entsteht.

Ausfallwahrscheinlichkeit → Fraktile.

Ausgußbeton

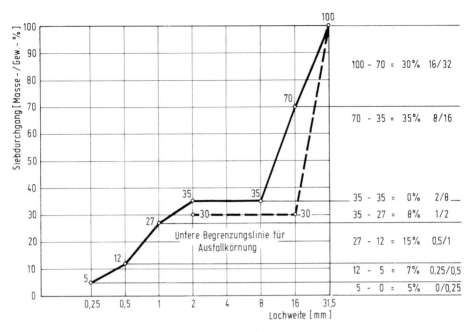

Beispiel einer Ausfallkörnung mit einem Größtkorn von 32 mm und Aufteilung auf die einzelnen Korngruppen

Ausfugen (→ Verfugen). Schließen von Fugen zwischen Mauersteinen mit → Fugenmörtel aus optischen und bauphysikalischen Gründen, z.B. bei → Sichtmauerwerk.

Ausgangsstoffe. Stoffe, aus denen Beton oder Mörtel hergestellt wird: → Zement, → Zuschlag, Wasser (→ Zugabewasser) und ggf. → Betonzusätze.

Ausgleichbeton. Wird auf bereits vorhandenen Beton aufgebracht, um eine bestimmte Höhenlage der Oberkante genau zu erreichen, ein gewünschtes Gefälle zu erzeugen oder Unebenheiten auszugleichen.

Ausgleichestrich. Dünne Mörtel- oder Betonschicht, die vor der Herstellung des eigentlichen Estrichs auf den tragenden Untergrund aufgebracht wird, um größere Unebenheiten, als nach DIN 18 202, Teil 5 zulässig, auszugleichen.

Ausgleichschicht → Ausgleichbeton, → Ausgleichestrich.

Ausgußbeton. Beton, z.B. → Colcrete- oder → Prepakt-Beton, bei dessen Herstellung zuerst die → Schalung mit dem → Zuschlag gefüllt wird, und die verbleibenden Hohlräume später mit Zementmörtel ausgefüllt oder verpreßt werden. Der A. eignet sich besonders als Unterwasserbeton. Besondere Eigenschaften sind geringes Schwindmaß (→ Schwinden) und große Dichtigkeit. Für schwierige Uferschutzmaßnahmen, Buhnenabdeckungen, Sohlbefestigungen bei

Ausknicken

Schleusen und dgl. wird Colcrete-Mörtel unter Wasser in vorher ausgelegte große Matten aus Kunststoffgewebe gepumpt. Durch eingenähte Schotten wird die Größe der Betonkörper begrenzt, wobei benachbarte Betonkörper durch das Gewebe in Verbindung bleiben. Da der Mörtel fließfähig sein muß, aber nur schwer mit Wasser mischbar sein soll und Grobkorn nicht verwendet werden kann, sind Zementgehalte von 500 bis 600 kg je m^3 Mörtel erforderlich. Der fertige A. enthält dann rd. 250 kg Zement je m^3. Zemente mit niedriger Wärmeentwicklung werden bevorzugt.

Ausknicken. Sehr schlanke Bauglieder (Rahmen, Säulen, Stützen) neigen bei zu hohen Belastungen zum seitlichen Ausweichen im mittleren Bereich. Zusätzlich zur Bemessung für die Schnittgrößen ist deshalb für Druckglieder die Tragfähigkeit unter Berücksichtigung der Stabauslenkung zu ermitteln. → Knicksicherheit, → Schlankheit.

Auspressen → Verpressen.

Ausrollgrenze. Als Maß der Zustandsgrenze von bindigen Böden ist nach DIN 18 196 der Wassergehalt am Übergang von der bildsamen zur halbfesten Zustandsform definiert. Die A. (w$_p$) wird nach DIN 18 122, Teil 1 bestimmt.

Ausrüsten → Ausschalen.

Ausschalen. Ein Bauteil darf erst dann ausgerüstet oder ausgeschalt werden, wenn der Beton ausreichend erhärtet ist. Dies ist dann der Fall, wenn die Festigkeit des Bauteils so weit angestiegen ist,

daß alle z.Zt. des Ausrüstens oder A. angreifenden Lasten mit Sicherheit getragen werden können. War die → Betontemperatur seit dem Einbringen immer über +5 °C, gelten Anhaltswerte für die → Ausschalfristen. Bei niedrigen Erhärtungstemperaturen zwischen 0 und +5 °C empfiehlt es sich, durch zerstörungsfreies Prüfen mit dem Prüfhammer oder durch → Erhärtungsprüfung an Würfeln festzustellen, ob das A. möglich ist; ggf. sind die Ausschalfristen entsprechend zu vergrößern. Tritt während des Erhärtens Frost ein, so sind die Ausschalfristen mind. um die Frostdauer zu verlängern. Das A. kann durch das Ankleben des Zementmörtels (→ Mörtel) an der Schalung, sowohl bei Holz als auch bei Stahlblechen, erschwert werden. Bei frühzeitigem A. besteht stets die Gefahr der Beschädigung der Betonoberflächen und -kanten. Eine Besserung kann durch die Benutzung von → Trennmitteln (z.B. Schalungsöle, Emulsionen) erzielt werden. Nach dem A. sind → Hilfsstützen möglichst lange unter den Bauteilen zu belassen oder aufzustellen. Besondere Umsicht beim A. und Ausrüsten sowie bei der Anordnung der Hilfsstützen ist anzuraten, wenn auf frisch betonierten Decken schwere Baumaterialien gelagert werden oder wenn die darüberliegende Decke sich auf sie abstützt.

Ausschalfristen. Notwendige Zeitspannen zwischen dem → Betonieren und dem Entfernen der → Schalung gemessen in Tagen. DIN 1045 gibt Anhaltswerte. Ein Bauteil darf erst dann ausgerüstet oder ausgeschalt werden, wenn der Beton ausreichend erhärtet ist, bei Frost nicht etwa nur hartgefroren ist, und

Außenputz

Anhaltswerte für Ausschalfristen nach DIN 1045

	1 Festigkeitsklasse des Zements	2 Für die seitliche Schalung der Balken und für die Schalung der Wände und Stützen	3 Für die Schalung der Deckenplatten	4 Für die Rüstung (Stützung) der Balken, Rahmen und weitgespannten Platten
		Tage	Tage	Tage
1	Z 25	4	10	28
2	Z 35 L	3	8	20
3	Z 35 F Z 45 L	2	5	10
4	Z 45 F Z 55	1	3	6

wenn der Bauleiter des Unternehmens das Ausrüsten oder Ausschalen angeordnet hat. Der Bauleiter darf das Ausrüsten oder Ausschalen nur anordnen, wenn er sich von der ausreichenden Festigkeit des Betons überzeugt hat.

Ausschreibung. Der A. sollte stets die → VOB (Teile A, B und C) zugrunde liegen. Ferner sollten die einschlägigen Normen bzw. Arbeitsblätter in der zum Zeitpunkt der Angebotsabgabe gültigen Fassung Vertragsbestandteil sein. Um für eine ordnungsgemäße Herstellung und Güteüberwachung die notwendigen Voraussetzungen zu schaffen, muß die A. einwandfrei und vollständig sein.

Außenputz. Auf Außenflächen aufgebrachter → Putz. Er muß witterungsbeständig sein, d.h. insbesondere der Einwirkung von Feuchtigkeit und wechselnden Temperaturen widerstehen. Bei den Anforderungen an den A. wird unterschieden in:

– Außenwandputz über dem Sockel,
– Außensockelputz,
– Kellerwand-A.,
– Außendeckenputz.

Für diese Anforderungen sind in DIN 18 550 bewährte Putzsysteme aufgelistet. Werden davon abweichende Putzsysteme gewählt, ist ein besonderer Eignungsnachweis erforderlich. Hinsichtlich des Regenschutzes wird entsprechend den Beanspruchungsgruppen nach DIN 4108, Teil 3 zusätzlich zwischen „wasserhemmenden" und „wasserabweisenden" Putzsystemen unterschieden. Die Wasserdampfdurchlässigkeit der Putze muß auf den Wandaufbau abgestimmt sein, damit keine Kondensation im Bauteilinnern auftritt. Auf → Mauerwerk nach DIN 1053, Teil 1 und auf Wänden aus Beton mit dichtem Gefüge ist kein besonderer Nachweis der Wasserdampfdurchlässigkeit erforderlich, wenn Putz nach DIN 18 550 aufgebracht wird. In anderen Fällen ist ein Nachweis nach DIN 4108 zu führen. Ein Sonderfall

Außenrüttler

Regenschutz nach DIN 4108 und zusätzliche Anforderungen an Putz nach DIN 18550

Beanspruchungsgruppe I Geringe Schlagregenbeanspruchung z. B. windarme Gebiete mit Jahresniederschlagsmengen < 600 mm, in geschützten Lagen auch > 600 mm	keine zusätzlichen Anforderungen	
Beanspruchungsgruppe II Mittlere Schlagregenbeanspruchung z. B. Jahresniederschlagsmengen[1]): im allgemeinen < 800 mm in geschützten Lagen auch > 800 mm	wasserhemmender Putz	DIN 18550
Beanspruchungsgruppe III Starke Schlagregenbeanspruchung z. B. Jahresniederschlagsmengen[1]): im allgemeinen > 800 mm in windreichen Gebieten auch < 800 mm	wasserabweisender Putz	$w \leq 0{,}5 \text{ kg/m}^2 \text{ h}^{0,5}$ [2]) $s_d \leq 2{,}0 \text{ m}$ $w \cdot s_d \leq 0{,}2 \text{ kg/m h}^{0,5}$

[1]) Hochhäuser und Häuser in exponierter Lage, die aufgrund der regionalen Regen- und Windverhältnisse eigentlich einer geringeren Beanspruchungsgruppe zugeordnet werden könnten.
[2]) Bei mineralischen Putzen darf bei der Prüfung nach 28 Tagen der Wasseraufnahmekoeffizient w bis um den Faktor 2 größer sein (Einzelheiten s. DIN 18550).

der Außenputze sind → Wärmedämmputze.

Außenrüttler. Gerät zum → Verdichten von → Frischbeton durch Rütteln. Die mechanischen Schwingungen werden von außen über die → Schalung auf den Beton übertragen. Die Schalung sollte so elastisch gelagert sein, daß die Schwingungen möglichst wenig behindert werden. → Schalungsrüttler, → Rütteltisch.

Außentemperatur. Wird → junger Beton der A. ungeschützt ausgesetzt, so hat sie entscheidenden Einfluß auf das → Erstarren und → Erhärten. Niedrige A. verzögert und hohe A. beschleunigt diese Vorgänge.

Außenwände. Wände von Gebäuden, die umbaute Räume gegen Außenluft, Erdreich o.a. Gebäude, z.B. → Haustrennwände abschließen. Die Umfassungswände eines Bauwerks sind aus frostbeständigen und gegen Niederschläge widerstandsfähigen Baustoffen herzustellen oder mit einem Wetterschutz zu versehen (Art. 16 BayBO). Außenwände von Aufenthaltsräumen müssen wärmedämmend sein; Schallschutzmaßnahmen können verlangt werden (Art. 27 BayBO). Der Wärmeschutz hat eine Bedeutung für die Gesundheit der Bewohner (→ Wohnhygiene), für die Einsparung von Heizenergie (Verordnung über einen energiesparenden Wärmeschutz bei Gebäuden) und für den Feuchteschutz der Wand selbst (Mindestanforderungen nach DIN 4108, Teil 2). Schallschutzmaßnahmen werden in DIN 4109 Schallschutz im Hochbau, gefordert. An tragende/aussteifende (Art. 26) und nicht tragende A. (Art. 27 BayBO) werden besondere Anforderungen an den Brandschutz gestellt.

Außenwände

Wände, Anforderungen und Empfehlungen

Bauteil	Wärmeschutz				Schallschutz					Brandschutz			
	Bauweise	$m_{l.l}$ $\left[\frac{kg}{m^2}\right]$	$1/\Lambda$ $\left[\frac{m^2 K}{W}\right]$	k_w $\left[\frac{W}{m^2 K}\right]$	Lärmpegelbereich	Krankenhäuser	Wohnungen	Büros	Gebäudeart	Wohngebäude geringer Höhe mit ≤ 2 Wohnungen	Gebäude geringer Höhe	Sonstige Gebäude außer Hochhäuser
						R'_w in dB						
Außenwände (AW)	erhöhter Wärmeschutz nach WVO 82				erhöhter Schallschutz gegen Fluglärm				tragend oder aussteifend nach BauONW			
	25% Fensterflächenanteil mit $k_F = 2,6$ W/m²K	—	≧ 1,20	≦ 0,73	Zone 1	58	58	58	Wohngebäude	F 30 – B	F 30 – AB	F 90 – AB
	15,0 m	—	≧ 0,71	≦ 1,13	Zone 2	47	47	47	in Kellergeschossen	F 30 – AB	F 90 – AB	F 90 – AB
	Mindestwerte an Wärmebrücken nach DIN 4108 Teil 2	0 20 50 100 150 200 ≧ 300	1,75 1,40 1,10 0,80 0,65 0,60 0,55	0,52 0,64 0,79 1,03 1,22 1,30 1,39	I II III IV V VI VII	35 35 40 45 50 ¹) ¹)	30 30 35 40 45 50 ¹)	— 30 30 35 40 45 50	nicht tragend bzw. Teile davon nach BauONW			
									alle Gebäude	—	—	A oder F 30
Wohnungstrennwände (IW)	—	—	≧ 0,25	≦ 1,96	erhöht mind.	55 53	55 53	55 53	—	F 30 – B	F 60 – AB	F 90 – AB
Treppenraumwände (IW)	erhöht mindestens	—	≧ 1,56 ≧ 0,25	≦ 0,55 ≦ 1,96	erhöht mind.	55 47	55 52	55 52	alle Gebäude	F 90 – AB	F 90 – AB	Bauart von Brandwänden
Gebäudeabschlußwände, Gebäudetrennwände (IW)	—	—	—	—	erhöht mind.	67 57	67 57	67 57		F 90 – AB	Brandwand oder F 90 – AB	Brandwand

¹) Anforderungen sind nach örtlichen Gegebenheiten festzulegen

Aussintern

Aussintern. Sickert Wasser durch einen Betonkörper, so nimmt es auf seinem Weg aus dem Zement, manchmal auch aus den Zuschlägen lösliche Bestandteile auf. Kommt dieses Wasser dann an die Oberfläche und verdunstet, so bleiben die Bestandteile, die darin gelöst waren, zurück und bilden Flecken. A. kann auf Mängel in der Ausführung, auf undichten Beton, auf unsachgemäß ausgeführte Arbeitsfugen und auf Zerstörungen im Inneren eines Betonbauteils zurückgeführt werden. Kalkarme Zemente neigen weniger zum A. Durch Zugabe von Traß o. ä. läßt es sich einschränken und ggf. verhindern.

Aussparungen (Schlitze). 1. Planmäßig hergestellte Öffnungen in einem Stahlbetonbauteil z. B. für Rohrdurchführungen oder Kabelinstallationen. 2. A. sind im → Mauerwerk im gemauerten Verband herzustellen. Nachträglich dürfen sie nur gefräst werden. Stemmen sowie horizontale A. und Schlitze sind unzulässig. In DIN 1053, Teil 1 werden die Abmessungen und Abstände angegeben, für die rechnerische Nachweise entfallen können.

Ausstechzylinder. Gerät, das bei der Bestimmung der Dichte eines Bodens verwendet wird. Es ist anwendbar bei bindigen Böden mit und ohne Grobkorn, sowie bei nichtbindigem Boden ohne Grobkorn. Die Prüfung erfolgt nach DIN 18 125, Teil 2.

Aussteifungen. Sie haben insbesondere bei der → Schalung die Aufgabe, diese zu stabilisieren und eine völlige Unverschieblichkeit zu garantieren.

Auswaschen. Aus einem i. a. frischen Beton-Werkstück wird der Feinmörtel der Betonoberfläche durch A. entfernt (→ Waschbeton). Es soll nicht mehr als die Hälfte des Grobkorndurchmessers freigelegt werden. Verfahren des A. sind:
1. Positivverfahren − A. der frischen Betonoberflächen,

Ohne Nachweis zulässige lotrechte Aussparungen und Schlitze in auszusteifenden oder aussteifenden Wänden nach DIN 1053

	1	2	3	4	5	6	7	8
	Dicke der Wand	Aussparungen in gemauertem Verband		gefräste Schlitze		Mindestabstand der Aussparungen und Schlitze	Abstand von Öffnungen	Abstand von Wandverbindungen
		Breite	Restwanddicke	Breite	Tiefe			
	cm	cm	cm	cm	cm	cm	cm	cm
1	11,5	−	−	≦ Wanddicke VII	≦ 2	199	≧ 36,5	≧ 24
2	17,5	≦ 51	≧ 11,5		≦ 3			
3	24	≦ 51	≧ 11,5		≦ 4			
4	30	≦ 63,5	≧ 17,5		≦ 5			
5	≧ 36,5	≦ 76	≧ 24		≦ 6			

Autobahnquerschnitte

2. **Negativverfahren** – A. der im Erhärtungsprozeß verzögerten Betonoberfläche,
3. **Sandbettverfahren** – Auswaschmethode nach dem Erhärten des Betons bei groben Zuschlägen.

Auswaschversuch. Mit dem A. wird von Zuschlaggemischen und Korngruppen mit beliebigem Größtkorn der Gehalt an abschlämmbaren Bestandteilen bis zur Korngröße 0,063 mm ermittelt.

Auswechslung. Als A. oder Wechsel (Wechselbalken) bezeichnet man meist rechtwinklig zur Spannweite eines Trägers (Balkens) verlaufende kurze Trägerstücke (Balkenstücke). Sie werden dann erforderlich, wenn ein Träger (Balken) wegen notwendiger Öffnungen nicht von einem zum anderen Auflager durchgeführt werden kann.

Teil der Balkenlage eines Gebäudes

① Ort- oder Giebelbalken
② ganze Balken, auch durchgehende Balken
③ gestoßene Balken
④ Wechselbalken
⑤ Stichbalken
⑥ Streichbalken
⑦ Wandbalken

Auswertung (von statistischen Prüfergebnissen). Statistische Auswertungsverfahren werden in der Industrie sowohl für die Steuerung von Produktionsprozessen als auch bei der Prüfung von Produktionsgütern angewendet. Im Betonbau werden dadurch höhere Sicherheiten gegen das Unterschreiten von Mindesteigenschaften (z. B. Mindestfestigkeit) und eine gleichmäßigere und wirtschaftlichere Herstellung des Betons und Stahlbetons erreicht.

Ausziehversuch. Prüfung des → Baustahls auf Zug zur näheren Charakterisierung seiner Haftungseigenschaften im Beton.

Ausziehwiderstand. Widerstand gegen das Herausziehen von → Dübeln. Er muß z. B. im Betonstraßenbau möglichst gering sein.

Autobahnpapier. Um einen Feuchtigkeitsentzug des Frischbetons einer Betondecke nach unten zu verhindern,

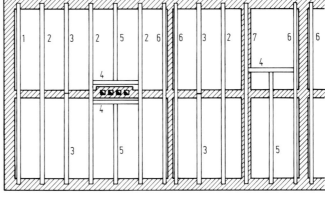

wird A. gelegentlich auf der ungebundenen Tragschicht verlegt.

Autobahnquerschnitte. Anordnung der Stand-, Fahr-, Überhol- und Grün-

Autobahnquerschnitte

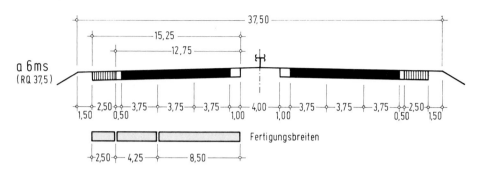

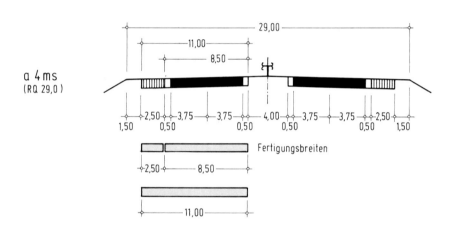

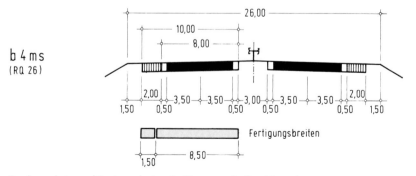

Regelquerschnitte und Fertigungsbreiten (in Klammern alte Bezeichnung)

streifen zueinander (→ Regelquerschnitt). Man unterscheidet in a4ms (4 Fahrstreifen), a6ms (6 Fahrstreifen) und a8ms (8 Fahrstreifen).

Auto-Betonpumpe → Betonpumpe.

Autoklav. Reaktionsgefäß für chemische Vorgänge, die bei hohen Drücken und Temperaturen ablaufen. → Gasbeton.

Autoklavprüfung. Verfahren zur Bestimmung der → Raumbeständigkeit von Zement. → Autoklav.

B

Balken. Waagerechte Träger, die senkrecht auf ihre Auflager drücken. Ihr Querschnitt ist rechteckig und sie werden vorwiegend auf Biegung beansprucht. Ein Grundsystem der Statik ist der Balken (Träger) auf zwei Stützen. In einem Stahlbetonbalken werden die Zugkräfte durch die Stahlbewehrung und die Druckkräfte durch den Betonquerschnitt aufgenommen. Der rechteckige Querschnitt eines B. entspricht dem Wesen des → Stahlbetons nur schlecht. Die → Druckfestigkeit des Betons und die Zugfestigkeit des Stahls werden mit einem T-förmigen Querschnitt, z. B. dem eines → Plattenbalkens besser ausgenützt. Im Holzbau bezeichnet man mit B. Schnitthölzer mit rechteckigem Querschnitt, deren größere Querschnittseite 20 cm oder mehr beträgt.

Balken, durchlaufende

Balkendecken. Man unterscheidet B. ohne und mit Zwischenbauteilen. 1. B. ohne Zwischenbauteile: Dieses Deckensystem gehört mit zu den ersten → Fertigteildecken überhaupt. Stahl- oder Spannbetonbalken werden dabei dicht an dicht verlegt und zur Lastverteilung mit einem Überbeton versehen. Die Bauart verlor in den letzten Jahren erheblich an Bedeutung und wird kaum noch angewendet. 2. B. mit Zwischenbauteilen: Diese Deckenbauart besteht aus Trägern, Zwischenbauteilen und Ortbeton. Die vorgefertigten Träger bestanden früher hauptsächlich aus Stahlbeton oder Spannbeton. Seit Jahren kommen jedoch überwiegend Gitterträger mit Betonfuß zum Einsatz. Der Betonfuß dient zum Auflegen der Zwischenbauteile und zum Korrosionsschutz der Bewehrung. Die Zwischenbauteile bestehen meist aus Beton oder Leichtbeton und müssen DIN 4158 entsprechen. Wegen der geringen Einzelgewichte eignen sich diese Decken besonders für die Verlegung von Hand. Die B. können auch einen unbewehrten Überbeton bis 5 cm Dicke erhalten.

Balkendiagramm → Balkenplan.

Balken, durchlaufende. Träger, die über mehrere Stützen (Auflager) durchlaufen. Diese Trägerart zählt in der Baustatik zu den statisch unbestimmten Systemen. Bei Durchlaufbalken ergeben sich bei gleichen Querschnitten und Spannweiten günstigere statische Verhältnisse als bei Einzelbalken. Zur Berechnung der Schnitt- und Lagergrößen für die im Hochbau wichtigsten Lastfälle gibt es entsprechende Tafeln. → Durchlaufwirkung.

Balkenplan

Balkenplan (Balkendiagramm). Darstellungsform der → Bauzeitenplanung. Im B. wird die Zeitachse üblich horizontal aufgetragen und mit einem Zeitmaßstab versehen. In vertikaler Richtung werden die einzelnen Abschnitte des Projektes, die einzelnen Arbeiten oder Gewerke oder auch Bauteile untereinander aufgeschrieben. Die Ausführungszeit für die einzelnen Arbeiten wird durch einen waagerechten Balken angegeben, dessen Länge der Dauer entspricht, dessen Anfang den Beginn und dessen Ende die Beendigung der Arbeit darstellt. Neben der Darstellung des Bauablaufs können auch wichtige Termine eingetragen werden.

Balkenprüfung. Verfahren zur Bestimmung der → Biegezugfestigkeit von Beton nach DIN 1048 an Balken mit den Abmessungen 700 mm x 150 mm x 150 mm.

Baryt → Schwerspat.

Basalt. Ergußgestein, dunkelgrau bis schwarz mit bläulichem Einschlag. Wird vorwiegend als Schotter im Gleis- und Straßenbau und als Betonzuschlag verwendet. Druckfestigkeit bis 400 N/mm², Dichte etwa 3 g/cm³.

Basaltlava. Blasiger Oberflächenbasalt ohne zusammenhängende Poren, oberflächenrauh, Druckfestigkeit 80 bis 150 N/mm²; Verwendung für Treppenstufen und Fußbodenplatten sowie als Leichtbetonzuschlag.

Batterieschalungen. Sie werden für die Herstellung von tafelartigen Beton-Fertigteilen eingesetzt. Sie gehören eher in das Gebiet des Formenbaus als in das des Schalungsbaus. Auf Grund der angestrebten hohen Stückzahlen werden im Formenbau ausschließlich Stahlschalungen (-formen) verwendet.

Bauaufsicht. Die Erstellung von größeren Bauwerken ist behördlicherseits genehmigungspflichtig. Je nach Zuständigkeitsbereich wird die Baugenehmigung von der Baubehörde (z. B.: Hochbauamt, Tiefbauamt, Autobahnamt) erteilt, die auch die → Bauüberwachung durchführt.

Bauaufsichtsbehörde, Oberste. In den Bundesländern regelt sie die Einführung von Normen und Richtlinien im Bauwesen. Die O.B. untersteht jeweils direkt einem Landesministerium - in Baden-Württemberg z. B. dem Innenministerium.

Bauberatung Zement. Service-Einrichtung der deutschen Zementindustrie, die 1911 als eine nicht firmen- und produktgebundene Institution gegründet wurde. Sie arbeitet im Rahmen des → Bundesverbandes der Deutschen Zementindustrie (BDZ) heute mit 24 Fachleuten aus den Bereichen Ingenieurbau, Architektur und Landwirtschaftliches Bauen in der Kölner Zentrale sowie in neun Außenstellen und handelt nach dem Grundsatz: Die besten Argumente für Zement sind architektonisch ansprechende, technisch einwandfreie und kostengünstige Bauwerke aus Beton. Als Bindeglied zwischen den Bereichen Wissenschaft, Baubestimmungen und Baupraxis sorgt sie dafür, daß Forschungsergebnisse rasch in die Praxis gelangen —

Bauelemente

aber auch Probleme der Baustelle an die Forschung herangetragen werden. Die B.Z. berät Ingenieure, Architekten, Baubehörden, Bauunternehmen und Bauherren und steht in engem Kontakt zum → Forschungsinstitut der Zementindustrie. Sie bildet weiter durch Lehrgänge, Seminare, Vortragsveranstaltungen und Fachtagungen, wirkt mit in Normenausschüssen und zahlreichen technischen Organisationen, informiert durch Fachaufsätze, Broschüren, Bücher, Merkblätter und andere Veröffentlichungen sowie durch eigene Dia-Serien und Filme. Sie beteiligt sich an der Ingenieur-Ausbildung in Hochschulen, Universitäten und Fachhochschulen. Sie stellt ein umfangreiches Fachwissen auf den Gebieten Betonherstellung, Betonanwendung und Gestaltung bereit, berät in allen Fragen der Betonherstellung und -verwendung, fördert das qualitätvolle Bauen und trägt so dazu bei, daß Baufehler vermieden werden.

Baubestimmungen. → Normen, Richtlinien, Erlasse und Vorschriften, die von offiziellen Stellen für den Baubereich herausgegeben und i.d.R. bauaufsichtlich eingeführt werden. Sie werden regelmäßig dem Stand der Technik angepaßt.

Baubiologie. Phantasiebegriff ohne fachliche Basis, unter dem sehr verschiedene Strömungen ein Programm zur „Bewahrung und Entwicklung der ganzheitlichen Beziehung zwischen Mensch-Natur-Bauen mit einem evolutionären Naturverständnis in einem kosmischen Zeitalter" zu entwickeln versuchen. Entsprechend der Vieldeutigkeit dieser Begriffe werden sehr gegensätzliche Behauptungen aufgestellt, die wegen der emotionalen, ideologischen Bindung mancher baubiologischer Ratgeber oft unwahr, unbewiesen oder auch unbeweisbar sind. Ein „Baubiologe" braucht weder Kenntnisse im Bauwesen noch in der Biologie zu besitzen. Die Berufsbezeichnungen „Baubiologe", „Biotekt" u.ä. sind deshalb irreführend. Die Sache selbst umfaßt viele Fachgebiete wie Baukonstruktion, → Bauphysik, Gestaltung, Ökologie, Psychologie, Wetterkunde und Wohnhygiene, um deren zusammenfassende Berücksichtigung es beim Bauen von Aufenthaltsräumen geht. → Gesundes Bauen und Wohnen.

Bauchemie. Kurzbezeichnung für die Angewandte Chemie des Bauwesens. Die B. vermittelt u.a. Kenntnisse von den Erhärtungsabläufen der im Bauwesen verwendeten Bindemittel, behandelt Schädigungsreaktionen durch etwaige in Luft, Wasser und Baugrund enthaltene Schadstoffe auf Bauwerke und Bauteile sowie die Wirkungsweise von chemischen Bautenschutz- und Bauhilfsstoffen (z.B. Betonzusatzmitteln). Auch auf dem Gebiet der Baustoffprüfung verdanken wir der B. eine Reihe wichtiger, z.T. zur Durchführung auf der Baustelle geeigneter Untersuchungsmethoden.

Bauelemente. Sie werden in → Fertigteilwerken hergestellt, auf die Baustelle transportiert und dort montiert. Durch typisierte Bauteile wird der Bauablauf rationalisiert. Insbesondere im Industriebau hat sich die Montagebauweise mit typisierten Tragelementen wie Pfetten, Bindern, Riegeln, Decken, Fassaden und Stützen durchgesetzt.

Bauen, gesundes

Bauen, gesundes. Bestreben, ein Gebäude so zu errichten und zu betreiben, daß darin weitgehend gesundes Leben und Wohnen gewährleistet wird. Dies ist seit eh und je das originäre Ziel jeden Wohnungsbaus. G.B. bedeutet heute nicht nur die bloße Vermeidung krankmachender Bauweisen und Baustoffe, es muß auch die Ziele des Umweltschutzes und der Naturerhaltung berücksichtigen, also das allgemeine Wohlbefinden sicherstellen.

Baufeuchte. Wassergehalt von Bauteilen, der durch den Bauvorgang bedingt ist − wie Anmachwasser von Beton und

Praktische Feuchtegehalte von Baustoffen

Zeile		Stoffe	Praktischer Feuchtegehalt[1])	
			volumenbezogen[2]) u_v %	massebezogen u_m %
1		Ziegel	1,5	−
2		Kalksandsteine	5	−
3		Beton mit geschlossenem Gefüge mit dichten oder porigen Zuschlägen	5	−
4	4.1	Leichtbeton mit haufwerksporigem Gefüge mit dichten Zuschlägen nach DIN 4226 Teil 1	5	−
	4.2	Leichtbeton mit haufwerksporigem Gefüge mit porigen Zuschlägen nach DIN 4226 Teil 2	4	−
5		Gasbeton	3,5	−
6		Gips, Anhydrit	2	−
7		Gußasphalt, Asphaltmastix	≈ 0	≈ 0
8		Anorganische Stoffe in loser Schüttung; Expandiertes Gesteinsglas (z. B. Blähperlit)	−	5
9		Mineralische Faserdämmstoffe aus Glas-, Stein-, Hochofenschlacken-(Hütten-)Fasern	−	5
10		Schaumglas	≈ 0	≈ 0
11		Holz, Sperrholz, Spanplatten, Holzfaserplatten, Holzwolle-Leichtbauplatten, Schilfrohrplatten und -matten, Organische Faserdämmstoffe	−	15
12		Pflanzliche Faserdämmstoffe aus Seegras, Holz-, Torf- und Kokosfasern und sonstigen Fasern	−	15
13		Korkdämmstoffe	−	10
14		Schaumkunststoffe aus Polystyrol, Polyurethan (hart)	−	5

[1]) Unter praktischem Feuchtegehalt versteht man den Feuchtegehalt, der bei der Untersuchung genügend ausgetrockneter Bauten, die zum dauernden Aufenthalt von Menschen dienen, in 90% aller Fälle nicht überschritten wurde.
[2]) Der volumenbezogene Feuchtegehalt bezieht sich auch bei Lochsteinen, Hohldielen oder sonstigen Bauelementen mit Lufthohlräumen immer auf das Material allein ohne die Hohlräume.

Mörtel – und während der Bauzeit entsteht, z. B. Regen. Mit der Nutzung der Gebäude verringert sich die B., bis sich der praktische → Feuchtegehalt einstellt. Alle Baustoffe haben einen bestimmten Porenraum. Dieser Porenraum kann durch Luft oder Wasser ausgefüllt sein. Die Porenluft enthält Wasserdampf, der bei Abkühlen unter den → Taupunkt als flüssiges Wasser ausfällt. Alles flüssige Wasser im Porenraum eines Baustoffes und in den Spalten zwischen den Schichten eines Bauteils wird als B. bezeichnet. Eine schädliche Feuchtekonzentration muß vermieden werden, weil sie zu Korrosion, Verrotten, Frostabsprengungen, Erhöhung der → Wärmeleitfähigkeit und Schimmelpilzbildung führen kann. In DIN 4108, Teil 4, Wärmeschutz im Hochbau, wärme- und feuchteschutztechnische Kennwerte, ist der praktische Feuchtegehalt von Baustoffen angegeben.

Baufeuchtigkeit → Baufeuchte.

Bauklassen. Einteilung der Verkehrsbelastung von Straßen gemäß → RStO. Für die Einstufung in die Bauklassen I bis VI ist – unabhängig von der Zahl der Fahrstreifen des Straßenquerschnitts – die Verkehrsbelastungszahl maßgebend, d.h. die Anzahl der Lkw mit mehr als 2,8 t zulässigem Gesamtgewicht und der Busse mit mehr als neun Sitzplätzen im durchschnittlichen täglichen Verkehr (DTV), zum Zeitpunkt der Verkehrsübergabe unter Berücksichtigung der Änderung dieses Verkehrs im vorgesehenen Nutzungszeitraum.

Bauleiter. Der verantwortliche Vertreter der bauausführenden Firma auf der → Baustelle. Er oder ein fachkundiger Vertreter muß während der Arbeiten auf der Baustelle anwesend sein. Er hat für die ordnungsgemäße Ausführung der Arbeiten nach den bautechnischen Unterlagen zu sorgen. Außerdem hat er den Beginn der Bauarbeiten rechtzeitig der bauüberwachenden Behörde anzuzeigen und das → Bautagebuch zu führen. Näheres regelt DIN 1045, Abschnitt 4.

Baumischverfahren (im Straßenbau). Herstellung von Bodenverfestigungen nach ZTVV-StB, bei der das → Boden-Bindemittel-Gemisch an Ort und Stelle und nicht im → Zentralmischverfahren hergestellt wird; andere Bezeichnung: mixed in place – gemischt am Ort.

Bauphysik. Wissensgebiet, das sich mit physikalischen Phänomenen an und in Gebäuden befaßt. Die wichtigsten Teilgebiete sind: → Brandschutz, → Feuchteschutz, → Schallschutz und → Wärmeschutz. Eine für den energiesparenden Wärmeschutz günstige Maßnahme kann u. U. den klimabedingten Feuchteschutz, den Wärmeschutz im Sommer, den Schall- oder Brandschutz ungünstig beeinflussen. Deshalb ist eine fachübergreifende Denkweise, die die Anforderungen der → Wohnhygiene einschließt, notwendig, um einwandfreie, baukonstruktive Lösungen zu erreichen.

Baustahl. Stähle, die ausschließlich im Bauwesen eingesetzt werden, im Gegensatz zur Anwendung im Bereich des Werkzeug- oder Fahrzeugbaus. Maßgebende Norm ist die DIN 17 100, Ausgabe 1/1980.

Baustahlgewebe → Betonstahlmatten.

Baustahlmatten

Baustahlmatten → Betonstahlmatten.

Baustahlsorten. Nach DIN 17 100 werden die Baustahlsorten entsprechend ihrer Zugfestigkeit eingeteilt. Der Kurzname besteht i. a. aus den Kennbuchstaben St, der Kennzahl für die Sorte sowie der Kennziffer für die Gütegruppe, z. B. St 52 − 3.

Baustelle. Platz, auf dem bauliche Anlagen errichtet, geändert (z. B. Umbau) oder abgebrochen oder auf denen an baulichen Anlagen Unterhaltungsarbeiten (Instandsetzungen) durchgeführt werden. Als Baustellen gelten auch Zimmerplätze, Werkplätze, Bauhöfe, in Betrieb befindliche Sand- und Kiesgruben, Steinbrüche und dgl., nicht aber Betriebs- und Werkstätten, in denen Baustoffe und Bauteile hergestellt werden.

Baustellenanforderungen. Allgemeine Anforderungen an die Bauausführung

Mechanische und technologische Eigenschaften der Stähle nach DIN 17 100 (Auszug)

Stahlsorte	Mechanische und technologische Eigenschaften[1]								
	Zugfestigkeit R_m für Erzeugnisdicken in mm			Obere Streckgrenze R_{eH} für Erzeugnisdicken in mm					
Kurzname	< 3	≥ 3 ≤ 100 N/mm²	> 100	≤ 16	> 16 ≤ 40	> 40 ≤ 63	> 63 ≤ 80	> 80 ≤ 100 N/mm²/min.	> 100
St 33	310 bis 540	290	−	185	175[5]	−	−	−	−
St 37-2 USt 37-2 RSt 37-2 St 37-3	360 bis 510	340 bis 470	nach Vereinbarung	235 235	225 225	215 215	205 215	195 215	nach Vereinbarung
St 44-2 St 44-3	430 bis 580	410 bis 540		275	265	255	245	235	
St 52-3	510 bis 680	490 bis 630		355	345	335	325	315	
St 50-2	490 bis 660	470 bis 610		295	285	275	265	255	
St 60-2	590 bis 770	570 bis 710		335	325	315	305	295	
St 70-2	690 bis 900	670 bis 830		365	355	345	335	325	

[1] Die Werte des Zugversuchs und des Faltversuchs gelten für Längsproben außer bei Flachzeug ≥ 600 mm Breite, die aus den Querproben zu entnehmen sind.
[2] U warmgeformt, unbehandelt, N normalgeglüht. Zusätzlich gilt Abschn. 8.4.1.2.
[3] Für Kerbschlagproben mit einer Breite unter 10 mm gelten die Festlegungen nach Abschn. 8.4.1.4 und Bild 1.
[4] Als Prüfergebnis gilt der Mittelwert aus drei Versuchen. Der Mindestmittelwert von 23 oder 27 J darf dabei nur von einem Einzelwert, und zwar höchstens um 30% unterschritten werden.
[5] Dieser Wert gilt nur für Dicken bis 25 mm.

Baustellenmörtel

sind in der Musterbauordnung bzw. in den Bauordnungen der Länder geregelt. Dort steht, daß jede Baustelle ordungsgemäß und betriebssicher einzurichten ist. Auch muß sie so beschaffen sein, daß bauliche Anlagen vorschriftsmäßig errichtet, geändert, unterhalten oder abgebrochen werden können. Außerdem dürfen von dem Baubetrieb keine Gefahren sowie vermeidbare Nachteile oder Belästigungen ausgehen, und die Sicherheit der Baustelle muß während der gesamten Bauzeit gewährleistet sein. Um die Verantwortlichkeit der am Bau Beteiligten feststellen zu können, ist an jeder genehmigungspflichtigen Baustelle eine Bautafel mit den entsprechenden Namen und Anschriften anzubringen. Bei Betonbaustellen gelten besondere Anforderungen an das Unternehmen, an die Geräteausstattung für Herstellung, Verarbeitung und Prüfung von Beton, an das Personal und an die Überwachung. Die Anforderungen für die → Betongruppe B I mit den Festigkeitsklassen B 5 bis B 25 sind geringer als die für die → Betongruppe B II mit den Festigkeitsklassen B 35 bis B 55. Näheres regelt DIN 1045, Absatz 5.2.

Baustellenbeton. Beton, dessen Bestandteile auf der Baustelle zugegeben und gemischt werden. Als B. gilt auch Beton, der von einer Baustelle (nicht Bauhof) eines Unternehmens oder einer Arbeitsgemeinschaft an eine bis drei benachbarte Baustellen desselben Unternehmens oder derselben Arbeitsgemeinschaft übergeben wird. Als benachbart gelten Baustellen mit einer Luftlinienentfernung bis etwa 5 km von der Mischstelle.

Baustelleneinrichtung. Zur B. gehören Gerüste aller Art mit Zubehör, Maschinen und Geräte, wie Aufzüge und andere Hebezeuge, Rammen, Bagger, Seil- und Kettenbahnen, elektrische Anlagen, Werkzeuge, Leitern, Tritte, Fahrzeuge, Stein- und Schüttrutschen, Feuerstätten, Baubüros, Mannschaftsbaracken, Magazine, Unterkünfte (Bauwagen), Zufahrten, Umzäunungen, Beleuchtungseinrichtungen, Brandbekämpfungsvorrichtungen, ferner Aufbereitungsanlagen, Mischanlagen, Silos, usw. Das Aufstellen, Ändern und Abbauen von B. ist genehmigungsfrei. Für ortsgebundene Krananlagen und Gerüste gelten jedoch Sonderregelungen. Für die Betriebssicherheit sind in erster Linie die Gerüste und maschinellen und elektrischen Anlagen von Bedeutung. Ein weiterer wichtiger Punkt ist der Schutz öffentlicher Anlagen. Dazu gehören der Schutz von Verkehrsflächen durch Aufstellen von Bauzäunen und Verkehrsschildern, Anbringen und Betreiben von Lichtzeichenanlagen, Kennzeichnung der Absperrungen bei Nacht durch Warnleuchten, Sicherung des Fußgängerverkehrs (z.B. durch Geländer, Schutzdächer usw.) sowie der Schutz der Ver- und Entsorgungsleitungen und der Vermessungs- und Grenzzeichen.

Baustellenestrich. Aus den → Ausgangsstoffen auf der Baustelle unmittelbar vor dem Einbau gemischter → Estrich. → Fertigestrich, → Fließestrich, → Trockenestrich.

Baustellenmörtel. Bei B. werden im Gegensatz zum → Werkmörtel die Ausgangsstoffe des Mörtels auf der Baustelle

Baustellenversuche

zusammengesetzt und gemischt. Für das Abmessen der Ausgangsstoffe sind bei den → Mörtelgruppen II, IIa und III Waagen oder Zumeßbehälter zu verwenden, die eine gleichmäßige Mörtelzusammensetzung erlauben. Eine Mischanweisung ist deutlich sichtbar am Mischer anzubringen.

Baustellenversuche. 1. Versuche zur Überprüfung z. B. des Erhärtungsverlaufs und der Güte von Beton unter Baustellenbedingungen mit baustellenmäßigen Mitteln. 2. Zerstörungsfreie oder zerstörende Prüfungen am Bauwerk, um z. B. festzustellen, wie die Erhärtung verläuft oder ob ausgeschalt werden kann.

Baustoffgemische (im Straßenbau). Boden-Bindemittel-Wasser-Gemische zur Herstellung von → Tragschichten mit hydraulischen Bindemitteln nach → ZTVV-StB bzw. → ZTVT-StB. Durch spezielle Zusammensetzung werden die geforderten Eigenschaften der Tragschicht erreicht.

Baustoffklassen. Einteilung der Baustoffe nach ihrem Brandverhalten (A1, A2, B1, B2, B3). Baustoffe der Klasse A1 sind nicht brennbar - zu ihnen gehören Beton, Leichtbeton und Gasbeton. Baustoffe der Klasse A2 enthalten brennbare Bestandteile in geringem Umfang, wie Gipskartonplatten, organisch gebundene Mineralfaserplatten oder Polystyrol-Beton. Ist ein Baustoff nicht bereits nach DIN 4102, Teil 4 klassifiziert, so muß die B. durch Prüfzeugnis oder → Prüfzeichen nachgewiesen werden. Leicht entflammbare Baustoffe dürfen nicht verwendet werden. → Brandschutz.

Baustoffklassen nach DIN 4102, Teil 1

Baustoffklasse	Bauaufsichtliche Benennung
A A1 A2	nichtbrennbare Baustoffe
B B1 B2 B3	brennbare Baustoffe schwerentflammbare Baustoffe normalentflammbare Baustoffe leichtentflammbare Baustoffe

Baustraße. Provisorisch befestigter Fahrweg zur besseren Durchführung von Bauarbeiten. Zur Befestigung von B. eignen sich mit Zement gebundene → Tragschichten nach → ZTVV-StB bzw. → ZTVT-StB, → Betonfahrbahnen nach → ZTV Beton oder → Betonplatten aus Betonfertigteilen.

Bautagebuch. Der Bauleiter hat täglich ein sog. B. zu führen. Alle Eintragungen sind der Wahrheit entsprechend und mit großer Sorgfalt vorzunehmen. Sehr oft wird das B. später zur Klärung von Abrechnungsfragen und Streitigkeiten herangezogen und bekommt somit eine besondere Bedeutung. Ein Doppel ist dem Vertreter des Auftraggebers auszuhändigen. Auf Verlangen ist das B. der behördlichen Bauaufsicht vorzuzeigen. Bei genehmigungspflichtigen Arbeiten schreibt DIN 1045 in Abschnitt 4.3 detailliert vor, welche Angaben die schriftlichen Aufzeichnungen im B. enthalten müssen. Zur Arbeitserleichterung gibt es entsprechende Vordrucke.

Bauteile (im Freien) → Beton für Außenbauteile.

Bautenschutz. Maßnahmen zum Schutz von Bauwerken gegen chemische und physikalische Angriffe. Zum Schutz

Bauverfahren

des Betons werden in erster Linie verwendet: Hydrophobierende oder verfestigende → Imprägnierungen der Oberfläche mit Silanen, Silikonen, Silikaten sowie Acryl- und Epoxidharzen; → Anstriche und → Beschichtungen auf Bitumen- oder Kunstharzbasis; Verkleidungen mit Folien, keramischen Baustoffen oder vorgemauerte Klinkerschalen. Die wichtigste Art des B. für Beton besteht in der Herstellung eines besonders widerstandsfähigen und dichten Betongefüges. Maßgeblich hierfür ist neben der Auswahl geeigneter Ausgangsstoffe vor allem ein niedriger → Wasserzementwert und eine sorgfältige → Nachbehandlung des Betons. Der Schutz kann sich dann meist darauf beschränken, schädliche Einwirkungen vom jungen Beton so lange fernzuhalten, bis er eine hinreichende → Reife und Beständigkeit gegen chemische und physikalische Angriffe erreicht hat.

Bautoleranzen. In DIN 18 202 sind drei Genauigkeitsgruppen (A, B, C) aufgeführt. Gruppe A betrifft zulässige Maßabweichungen, die bei Bauteilen in jedem Fall eingehalten werden können, weil sie den allgemein üblichen Tätigkeitsmerkmalen entsprechen. Die Gruppen B und C für erhöhte Anforderungen sind meist mit besonderen Aufwendungen verbunden. Sie sind immer in der Planung zu rechtfertigen und im Vertrag festzulegen. Zulässige → Abmaße und → Toleranzen im Hochbau sind in DIN 18 202, Blatt 1 und 4, die Ebenheitstoleranzen in Blatt 5 beschrieben. → Maßordnung.

Bauüberwachung. Kontrolle bei der Errichtung eines Bauwerkes.

Bauverfahren. Sammelbegriff für die bei der Erstellung eines Bauwerks angewandten Techniken, die i.d.R. eine Reihe von Einzeltechniken und Arbeitsschritten einschließen:

— Errichten der Schalung,
— Verlegen der Bewehrung,
— Herstellen des Betons,
— Fördern des Betons zur Einbaustelle,
— Einbau des Betons,
— Erhärten des Betons,
— Ausschalen des Bauteils,
— Nachbehandlung des Betons,
— Nacharbeiten.

Bei Fertigteilen kommen noch hinzu:

— Transport des Bauteils,
— Verlegen des Bauteils,
— Verbindung des Bauteils mit dem Bauwerk,
— Nacharbeiten.

Da alle Arbeitsschritte ineinandergreifen und mehrere Verfahren auch kombiniert eingesetzt werden können, ist die Palette der möglichen Varianten von B. gerade im Betonbau sehr groß. Die praktische Anwendung muß sich an den Erfahrungen der ausführenden Firmen und den jeweiligen Randbedingungen orientieren, was zu speziellen Verfahrensvarianten führen kann. Besondere B. und damit auch Rationalisierungsmöglichkeiten lassen sich auf allen Stufen der Betonherstellung und -verarbeitung finden — von der Betonbereitung (→ Trockenbeton, → computergesteuerte Mischanlagen) über die Förderung (→ Transportbeton) bis zum Einbau (→ Pumpbeton, → Hydroventilverfahren, → Spritzbeton, → Verteilermaste), von der Arbeitsvorbereitung (→ Schalungsverfahren) bis zur Verwendung von → Fertigteilen, von der Art des Baufortschritts

Bauweise

(→ Freivorbau, → Taktschiebeverfahren) über das Versetzen ganzer Bauwerke (Schubverfahren, → Einschwimmen) bis zur Berücksichtigung bestimmter Randbedingungen (→ Deckelbauweise). Da die möglichen Verfahren zur Errichtung von Betonbauwerken i.d.R. bei Ausschreibung und Vergabe von Bauleistungen nicht vorgegeben werden, wird ein Unternehmer versuchen, seine Konkurrenzfähigkeit durch Einsatz gut durchdachter Verfahren zu verbessern. Bestimmte Verfahren oder Konstruktionsprinzipien haben eigene Namen (→ Hubdeckenverfahren, → Freivorbau usw.), andere tragen firmen- oder produktbezogene Bezeichnungen (→ Colcrete-Beton, → Torkret-Beton usw.).

Bauweise. 1. Nach der Bauordnung unterscheidet man die geschlossene, halboffene und offene Bauweise, je nach gefordertem seitlichen Grenzabstand. 2. Speziell im Betonbau unterscheidet man im wesentlichen die → Ortbetonbauweise und die → Fertigteilbauweise. Die Grenzen zwischen diesen beiden Gebieten sind fließend, weil Kombinationen möglich sind und auch als → Mischbauweise praktiziert werden.

Bauwerksfestigkeit → Standsicherheit.

Bauwerksfeuchtigkeit. Bei der Herstellung eines Bauwerks wird mit dem Mörtel, Beton, Anstrich usw. Wasser eingebaut. Dieses Wasser trocknet zum größeren Teil aus, bis der praktische Feuchtegehalt der Baustoffe erreicht wird. Bei Zementmörtel oder Zementbeton werden mehr als 60% des Anmachwassers für den Erhärtungsvorgang verbraucht, der Rest trocknet durch → Diffusion aus. Bei Kalkmörtel oder Kalkbeton nimmt dagegen der Wassergehalt während des Erhärtungsvorganges aufgrund der andersartigen chemischen Reaktion um etwa 20% zu. Der Ausgangswassergehalt wird aber von der Kornzusammensetzung der Zuschläge und der für die Verarbeitung erforderlichen Konsistenz bestimmt und ist damit nur wenig vom Bindemittel abhängig. → Baufeuchte.

Bauzeitenplanung. Teil der Arbeitsvorbereitung (AV) sowie Teil und Hilfsinstrument der Bauausführung. Ziel der B. im Rahmen der AV ist es, den zeitlichen Ablauf der Bauausführung unter Berücksichtigung des Fertigstellungstermins des Bauobjektes und der notwendigen Reihenfolge der Arbeitsvorgänge festzulegen. Bei der Bauausführung dient die B. der Steuerung des Bauablaufs sowie der Kontrolle des Baufortschritts (Soll-Ist-Vergleich). Der zeitliche Ablauf kann in einer Liste, im → Balkenplan, im → Liniendiagramm (Zeit-Weg-Diagramm) und im → Netzplan dargestellt werden.

BDB → Bund Deutscher Baumeister, Architekten und Ingenieure, → Bundesverband des Deutschen Baustoffhandels, → Bundesverband Deutsche Beton- und Fertigteilindustrie.

BDZ → Bundesverband der Deutschen Zementindustrie.

BE → Erstarrungsbeschleuniger.

Beanspruchung, mechanische. Von außen einwirkende Kräfte führen zu → Schnittkräften im Querschnitt eines Tragwerks und damit zu einer m.B. des betreffenden Baustoffs bzw. Bauteils.

Beanspruchung, mehraxiale. Die in einem Bauwerk von außen einwirkenden Kräfte (Wind, Verkehr, Eigengewicht) verursachen einen inneren Kräftefluß. In einem betrachteten Querschnitt entstehen dadurch Kräftebeanspruchungen in mehreren Richtungen.

Bearbeitung, nachträgliche. Bei → Sichtbeton wird gelegentlich eine n.B. der Oberfläche des Festbetons gewünscht, um verschiedene Oberflächenstrukturen zu erzeugen. Man unterscheidet z.B. → Auswaschen, → Feinwaschen, → Flammstrahlen, → Sandstrahlen, → Scharrieren, → Spitzen und → Stocken. → Bearbeitung, steinmetzmäßige.

Bearbeitung, steinmetzmäßige. Um besondere gestalterische Wirkungen zu erzielen, kann die Betonfläche des → Festbetons durch → Kröneln oder Prellen, → Scharrieren, → Spitzen und → Stocken steinmetzmäßig bearbeitet werden. Bei Stahlbeton, der so behandelt werden soll, muß die → Betondeckung der Bewehrung um die Bearbeitungstiefe jedoch mind. um 1 cm dicker ausgebildet werden als bei unbehandeltem Beton. Wichtig ist der richtige Bearbeitungszeitpunkt, der immer vor dem Erreichen der endgültigen Festigkeit liegen soll.

Befahrbarkeit. Der Zeitpunkt und die Art, wann und wie eine hydraulisch gebundene Verkehrsfläche belastet werden darf.

Befahrbarkeitsziffer. Maßstab für die Beurteilung von Verkehrsflächen auf ihre Nutzungstauglichkeit.

Beförderungszustand. Der Anlieferungszustand des Frischbetons, z.B. bei Anlieferung vom Transportbetonwerk. Im B. ist der Beton vor schädlichen Witterungseinflüssen – Hitze, Kälte, Niederschläge, Wind – zu schützen. Er kann mit beliebigen Fahrzeugen befördert werden. Es muß jedoch gewährleistet sein, daß keine Bestandteile, insbesondere kein Zementleim, verloren gehen. Wird Baustellenbeton von einer benachbarten Baustelle nicht in Fahrzeugen mit Rührwerk oder → Mischfahrzeugen zur Verwendungsstelle befördert, muß Beton der Konsistenzbereiche KP, KR und KF spätestens 20 Min., Beton der Konsistenz KS spätestens 45 Min. nach dem Mischen vollständig entladen sein. Letztes gilt auch für Transportbeton. Fahrzeuge mit Rührwerk oder Mischfahrzeuge sollen nach spätestens 90 Min. entladen sein. Warme Witterung oder starke Sonneneinstrahlung können kürzere Zeiten erforderlich machen.

Behaglichkeit. Zustand körperlichen, geistigen und sozialen Wohlbefindens. Von der Vielzahl der Einflußfaktoren auf die B. sind nur einige aus dem Bereich der → thermischen B. durch bauliche Maßnahmen zu beeinflussen.

Behaglichkeit, thermische. Das körperliche und geistige Leistungsvermögen des Menschen ist i.d.R. am größten, wenn er sich thermisch wohl fühlt. Da-

Behälterfahrzeuge

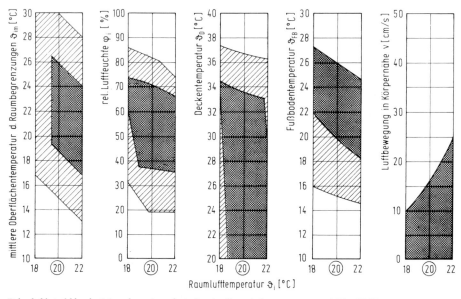

Behaglichkeitsfelder des Menschen, Ausschnitt für eine Raumlufttemperatur von 18 bis 22 °C

bei befindet sich der Wärmehaushalt des Körpers im Gleichgewicht bei einer konstanten Körperkerntemperatur von etwa 37 °C. Bisher sind 21 verschiedene Einflußgrößen auf die thermische Behaglichkeit bekannt, davon dominieren einige physikalische Faktoren. Wichtig für die Bemessung der raumumschließenden Bauteile sowie der Heizungs-, Lüftungs- und Klimatechnik sind die Faktoren:

- Raumlufttemperatur,
- mittlere Oberflächentemperatur der raumumschließenden Bauteile,
- relative Raumluftfeuchte,
- Deckentemperatur,
- Fußbodentemperatur,
- relative Luftbewegung in Körpernähe.

Th. B. kann also teilweise durch meßbare Größen beschrieben werden, die je nach Bekleidung und Tätigkeitsgrad sowie nach individueller Veranlagung in bestimmten Grenzen schwanken. In sog. Behaglichkeitsfeldern werden diese Größen mit der Raumlufttemperatur in Beziehung gesetzt.

Behälterfahrzeuge. Fahrzeuge, mit denen Güter der verschiedensten Art in Behältern z. B. Containern, Tanks und Silos transportiert werden. Die wichtigsten B. für den Baustellenbetrieb sind Tankwagen, Zementsilofahrzeuge und als typische Fahrzeugart für den Betonbau die sog. Transportmischer. Alle Transportbetonfahrzeuge müssen so beschaffen sein, daß beim Entleeren auf der Baustelle stets ein gleichmäßig durchgemischter Beton übergeben wird. Beton der Konsistenzbereiche KP und KR muß entweder während der Fahrt durch ein Rührwerk ständig mit Rührgeschwindigkeit in Bewegung gehalten oder vor der

Übergabe auf der Baustelle nochmals durchgemischt werden. Im ersten Falle genügen Fahrzeuge mit Rührwerk, im zweiten Falle müssen Mischfahrzeuge verwendet werden. Beton der Konsistenz KS darf auch in Fahrzeugen ohne Mischer oder Rührwerk angeliefert werden, wenn deren Behälter innen glatt und so ausgestattet sind, daß sie eine ausreichend langsame und gleichmäßige Entleerung ermöglichen. Weitere Einzelheiten für das Befördern (→ Beförderungszustand) vom Beton zur Baustelle regelt DIN 1045, Abschnitt 9.4.

Beheizen → Beheizungsverfahren, Erwärmen (von Beton).

Beheizungsverfahren. Verfahren, bei denen durch Wärmezufuhr ein Schnellerhärten des Betons erreicht wird: → Dampfbehandlung, Heißluftbehandlung, Heizbehandlung (Schalungsheizen), Vorerwärmen des → Frischbetons (→ Warmbeton, → Heißbeton), → Infrarot-Beheizung sowie → Elektrobeheizung.

Behörde, bauüberwachende. Die Erstellung von Bauwerken der öffentlichen Hand (Gemeinde, Kreis, Land, Bund) erfordert eine b.B., die die Kontrolle sicherheitsrelevanter Belange ausübt (z.B. Brandschutz). Für private Bauherren ist das Baurechtsamt zuständig.

Belastung. Alle auf ein Bauwerk einwirkenden Kräfte wie z.B. Windlast, Schneelast, Verkehrslast und das Eigengewicht.

Belastungsalter. Zeitraum nach dem Herstellungsdatum eines Bauteils, der eine schadensfreie Belastung zuläßt. Bei Beton ist das B. im wesentlichen abhängig von der → Zementfestigkeitsklasse und der Erhärtungstemperatur. Bei der zerstörenden Druckfestigkeitsprüfung von Beton spielt das B. eine wesentliche Rolle.

Belastungsgeschwindigkeit. Bei der Druckfestigkeitsprüfung von Betonwürfeln ist für das Ergebnis die B. von großer Bedeutung. Mit zunehmender B. nimmt die Festigkeit der Würfel ab. Daher darf bei der Würfelprüfung die Laststeigerung max. $0,5$ N/mm^2 je Sek. betragen.

Belit. Bezeichnung für → Dicalciumsilicat ($2CaO \times SiO_2$) durch TÖRNEBOHM, der 1897 die, mikroskopisch als einen der Hauptbestandteile zu erkennende, → Klinkerphase nach dem zweiten Buchstaben des Alphabets benannt hat, da er ihre Zusammensetzung noch nicht kannte. Die Bezeichnung wird auch heute noch verwendet. → Alit.

Bemessung. Durch Theorie und Praxis in ihrer Richtigkeit bestätigte (anerkannte Regeln der Technik) Rechenverfahren für Stahlbeton, um für bekannte Kräftebeanspruchungen einen wirtschaftlich vertretbaren Verbundquerschnitt festzulegen. Bei der B. im Stahlbetonbau nach DIN 1045 wird mit Sicherheiten zwischen 1,75 (Versagen des Querschnitts mit Vorankündigung) und 2,10 (Versagen ohne Vorankündigung) gerechnet.

Bentonit. Stark quellfähiger Ton, der aufgrund seiner → thixotropen Eigenschaften eingesetzt wird. B. findet Anwendung bei der Herstellung von →

Berechnungsgrundlagen

Schlitz- und → Dichtungswänden, → Rohrverpressungen, → Schachtabsenkungen und → Senkkästen. Werden größere Festigkeiten der Suspension verlangt, so kann Zement zwischen 100 und 200 kg/m^3 zugemischt werden.

Berechnungsgrundlagen. Durch Erfahrungswerte oder aus Modellversuchen festgelegte Kenngrößen, um eine → statische Berechnung bzw. eine → Bemessung von Stahlbetonbauteilen durchführen zu können.

Berechnung, statische. Sie dient dazu, die Standsicherheit eines Bauwerkes unter Anwendung von anerkannten Rechenverfahren und DIN-Vorschriften zu gewährleisten.

Bereich → Sieblinienbereich.

Berliner Verbau. Beim Aushub von innerstädtischen Baugruben muß das anstehende Erdmaterial vor Einsturz gesichert werden. Hierzu werden i.d.R. Stahlträger in Abständen von 2−3 m in den Boden gerammt. Danach kann mit dem Aushub der Baugrube begonnen werden. Mit zunehmender Tiefe werden Holzbohlen zwischen die Stahlträger eingeschoben, um ein Nachrutschen des Bodens zu verhindern. Der B.V. war die typische U-Bahnbauweise in Berlin.

Berwilit. Handelsbezeichnung für Blähschiefermaterial.

Beschichten. Herstellen einer → Beschichtung aus flüssigen, pastösen oder pulverförmigen Stoffen auf einem Untergrund, z.B. Betonoberflächen, durch Streichen, Spritzen, Tauchen, Gießen, Spachteln usw.

Beschichtung. Sammelbegriff für eine oder mehrere in sich zusammenhängende, aus → Beschichtungsstoffen hergestellte Schicht(en) auf einem Untergrund, z.B. Betonoberflächen. Im Betonbau wird eine B. als Oberflächenschutzmaßnahme definiert, die durch entsprechenden Materialeinsatz zu einer geschlossenen Schicht von 0,3 bis 5 mm Dicke führt. Poren und Hohlräume des Untergrundes werden ausgefüllt und Unebenheiten weitgehend oder vollständig ausgeglichen. Man unterscheidet zwischen Dünnbeschichtungen (0,3 − 1 mm) und Dickbeschichtungen (1 − 5 mm). B. können, je nach Formulierung des Ausgangsmaterials, in spröder oder elastischer Einstellung angewendet werden.

Beschichtungsstoffe. Oberbegriff für Stoffe, die eine Beschichtung ergeben. Hierzu gehören u.a. Lacke, Anstrichstoffe, Füller und Spachtelmassen. Beschichtungsstoffe auf Basis hydraulischer Bindemittel kommen in Form von Spachtel- und Feinputzüberzügen vorwiegend im Betonbau zur Anwendung.

Beschleuniger → Erstarrungsbeschleuniger, → Betonzusatzmittel.

Besenstrich. Zur Verbesserung der Anfangsgriffigkeit einer Betonfahrbahn mit einem bestimmten Besen; führt zur Vergrößerung der Grobrauhigkeit.

Bestandteile (von Zement). Wesentliche Bestandteile der in der Bundesrepublik Deutschland hergestellten, genorm-

Beton

ten → Zemente sind → Portlandzementklinker, → Hüttensand sowie → Traß und gebrannter → Ölschiefer. → Klinkerphasen, → Zementherstellung.

Bestandteile, abschlämmbare. Fein verteilt, als Knollen oder an den Körnern haftend, im Zuschlag vorkommende tonige Substanzen und/oder feines Gesteinsmehl. Sie wirken schädlich auf den Beton, wenn sie in großer Menge vorhanden sind, am Gesteinskorn fest anhaften und sich nicht abreiben lassen oder als Knollen bei der Betonaufbereitung nicht völlig zerrieben werden. Der Gehalt an abschlämmbaren Bestandteilen wird nach DIN 4226 als Durchgang durch das Sieb mit 0,063 mm → Maschenweite bestimmt. Anhaltswerte für den Gehalt an abschlämmbaren Bestandteilen liefert der → Absetzversuch.

Bestandteile, feine → Mehlkorn.

Bestandteile, organische. Im Zuschlag, nach DIN 4226, oder im Boden, nach DIN 18 196, können o. B. die → Hydratation des hydraulischen Bindemittels beeinträchtigen. Stoffe organischen Ursprungs können sein: Torf, Mutterboden, Faulschlamm, pflanzliche Bestandteile.

Bestandteile, schädliche. Stoffe im Zuschlagmaterial, die das → Erstarren oder das → Erhärten des Betons oder des Mörtels stören, die Festigkeit oder die Dichtigkeit des Betons herabsetzen, zu Absprengungen führen oder den Korrosionsschutz der Bewehrung beeinträchtigen. Schädliche Bestandteile können sein: → abschlämmbare Bestandteile, → organische Bestandteile, zuckerähnliche Stoffe, lösliche Salze, Schwefelverbindungen, Chloride usw.

Bestätigungsprüfung → Gütenachweis (bei Zementestrich).

Bestimmungen → Vorschriften.

Beton. Gezielt hergestellter Stein, der aus einem Gemisch von Zement (ggf. auch → Mischbinder), Betonzuschlag und Wasser — ggf. auch → Betonzusatzmitteln und → Betonzusatzstoffen (Betonzusätze) — durch → Erhärten des → Zementleims (Zement-Wasser-Gemisch) entsteht. Für die Herstellung sind Normen und Bauvorschriften maßgebend. Als nicht genormte Bezeichnungen sind Asphaltbeton (Bindemittel: Bitumen), Kunststoffbeton und Mineralbeton im Gebrauch.

Nach der → Trockenrohdichte werden unterschieden → Leicht-, → Normal- und → Schwerbeton.

Nach der → Festigkeit werden unterschieden → Beton B I für Beton der Festigkeitsklassen B 5 bis B 25 und → Beton B II für Beton der Festigkeitsklassen B 35 und höher und i. d. R. für → Beton mit besonderen Eigenschaften. Zu den besonderen Eigenschaften gehören → Wasserundurchlässigkeit, hoher → Frostwiderstand, hoher → Frost- und Tausalzwiderstand, hoher → Widerstand gegen chemische Angriffe, hoher → Verschleißwiderstand, → Beton für hohe Gebrauchstemperaturen und für → Unterwasserschüttungen.

Nach dem Ort der Herstellung oder der Verwendung oder nach dem Erhärtungszustand werden Baustellen-, → Transport- und → Ortbeton, → Frisch- und

Beton für Außenbauteile

→ Festbeton und → Beton für Außenbauteile unterschieden.
Nach der → Konsistenz werden unterschieden → steifer, → plastischer und → fließfähiger Beton. → Geschichte (des Betons).

Beton für Außenbauteile. Beton, der so zusammengesetzt, fest und dicht ist, daß er im oberflächennahen Bereich gegen Witterungseinflüsse einen ausreichend hohen Widerstand aufweist und bei dem der → Betonstahl während der gesamten vorausgesetzten Nutzungsdauer in einem korrosionsschützenden, alkalischen Milieu verbleibt.

Betonarten. Sie werden unterschieden:
1. nach der Trockenrohdichte
   → Leichtbeton, → Normalbeton, → Schwerbeton,
2. nach dem Herstellverfahren
   → Beton B I, → Beton B II,
3. nach dem Erhärtungszustand
   → Frischbeton, → Junger Beton, → Festbeton,
4. nach dem Ort des Herstellens
   → Baustellenbeton, → Transportbeton werkgemischt oder fahrzeuggemischt,
5. nach dem Ort des Einbringens
   → Ortbeton, → Betonfertigteile, → Betonwaren, → Betonwerksteine,
6. nach dem Einfluß der Witterung
   Beton für Innenbauteile, Beton für Bauteile mit Zugang zur Außenluft,
   → Beton für Außenbauteile.

Betonaufbereitung → Betonbereitung.

Betonbau. 1. Bauwerk aus → Beton. 2. Sammelbezeichnung für das Bauen mit Beton. 3. Sammelbezeichnung für die mit dem Betonbau verbundenen Wirtschaftsbereiche.

Beton-Bausteine. Zementgebundene Mauersteine aus → Normalbeton, Leichtbeton mit einem Gefüge aus → Haufwerksporen oder → Gasbeton. Sie werden als genormte und nicht genormte → Mauersteine sowie in Sonderbauarten hergestellt. Bei den genormten B.-B. handelt es sich um → Hohlblocksteine, → Hohlwandplatten, → Vollblöcke, → Vollsteine, → Wandbauplatten sowie um → Gasbetonsteine, → Hüttensteine und → Vormauersteine. Nicht genormte B.-B. bedürfen einer bauaufsichtlichen Zulassung. Es handelt sich zumeist um Varianten der genormten Steine, die in den Abmessungen oder ihrer Hohlraumeinteilung und -füllung von der Norm abweichen. → Schalungssteine sind B.-B. für Sonderbauarten des Mauerwerksbaus. Die Wärmeleitfähigkeit von Beton-Bausteinen ist abhängig von der → Trockenrohdichte, dem Steintyp, der Zuschlagart und der → Mörtelsorte des Mauerwerks.

Betonbaustelle. Für fast alle Bauvorhaben wird in irgendeiner Weise auch Beton verwendet, z.B. für → Fundamente, → Decken, → Balken, → Stützen, → Treppen. Der Beton kann als → Ortbeton oder in Form von → Fertigteilen eingesetzt werden. Häufig werden auch Fertigteile mit Ortbeton kombiniert. Aus dieser Sicht betrachtet ist nahezu jede → Baustelle auch eine B. Zur Herstellung eines einwandfreien Bauwerks müssen die einzelnen Arbeitsvorgänge sorgfältig ausgeführt werden und gut aufeinander abgestimmt sein. Zunächst werden die → Schalung aufgebaut, die → Beweh-

Beton-Bausteine

Arten zementgebundener Steine

1	2	3	4	5	6	7	8
Steinart	DIN	Zeichen	Festigkeitsklassen N/mm²				Rohdichteklassen kg/dm³
Hohlwandplatten aus Leichtbeton	18 148	Hpl	2	–	–	–	0,60 bis 1,40
Lochsteine aus Leichtbeton	18 149	Llb	–	4	6	12	0,60 bis 1,60
Hohlblocksteine aus Leichtbeton	18 151	Hbl	2	4	6	–	0,50 bis 1,40
Vollsteine und Vollblöcke aus Leichtbeton	18 152	V Vbl	2	4	6	12	0,50 bis 2,00
Hohlblocksteine aus Beton	18 153	Hbn	–	4	6	12	1,20 bis 1,80
Wandbauplatten aus Leichtbeton	18 162	Wpl	Biegezugfestigkeit $\beta_{BZ} \geq 0,8$ N/mm²				0,80 bis 1,40
Hüttensteine	398	HHbl	–	–	6	12[1]	1,00 bis 2,00
Gasbeton Blocksteine	4 165	G	2	4	6	–	0,50 bis 0,80
Gasbeton-Bauplatten	4 166		Biegezugfestigkeit $\beta_{BZ} \geq 0,4$ N/mm²				0,50 bis 0,80

[1]) Hüttensteine auch Festigkeitsklassen 20 und 28

Wärmeleitfähigkeit von Leichtbeton-Blöcken in Abhängigkeit vom Steintyp

1	2	3	4	5	6
Steintyp	Zuschlagart	Sandart und Anteil	Zeichen	für: $\varrho_d = 600$ kg/m³ b = 300 mm Normalmörtel	
				λ_R W/m K	k W/m² K
Hohlblocksteine mit 2 Kammern 3 Kammern 2 Kammern 3 Kammern	Leichtzuschlag Leichtzuschlag Leichtzuschlag Leichtzuschlag	quarzitisch ≤ 15 Vol.-% karbonatisch ≤ 15 Vol.-%	3 K Hbl – Q 2 K Hbl – Q 2 K Hbl 3 K Hbl	0,41 0,37 0,34 0,32	1,06 0,98 0,92 0,87
Vollsteine Vollblöcke	Leichtzuschlag Leichtzuschlag	quarzitisch ≤ 15 Vol.-%	V Vbl	0,34 0,32	0,92 0,87
Vollblöcke mit Schlitzen und geringem Fugenanteil	Blähton Naturbims	Leichtsand	Vbl – SW Vbl – SW	0,24 0,22	0,68 0,64
Gasbeton-Blocksteine	–	quarzitisch	G	0,24	0,68

Beton-Bausteine

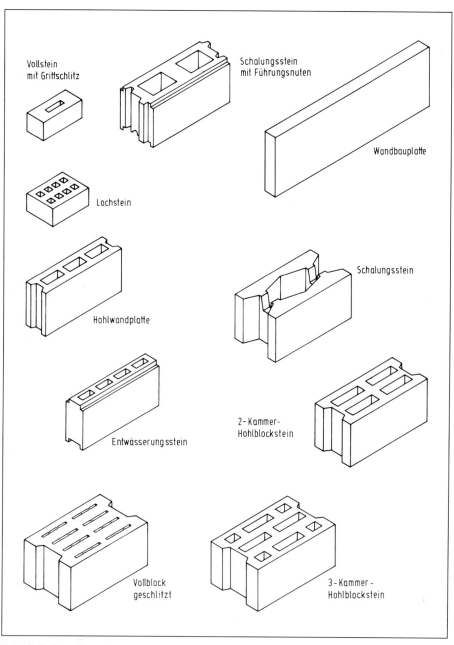

Beispiele für Beton-Bausteine

rung verlegt und der Beton bestellt. Danach beginnen die eigentlichen Betonierarbeiten: Der Beton wird zur Einbaustelle gefördert, eingebracht, verdichtet und nachbehandelt. Für die Ausführung der Betonarbeiten ist die DIN 1045 „Beton und Stahlbeton" mit den dazugehörigen Richtlinien und Merkblättern maßgebend.

Der Bauleiter des Unternehmens oder ein fachkundiger Vertreter des Bauleiters (z.b. der Polier) hat während der Arbeiten mit Beton und Stahlbetonbauteilen auf der Baustelle anwesend zu sein. Er hat für die ordnungsgemäße Ausführung der Arbeiten nach den bautechnischen Unterlagen zu sorgen. Das sind insbesondere: planmäßige Maße der Bauteile; sichere Ausführung und räumliche Aussteifung der → Schalungen und Schalungsgerüste; Vermeiden der Überlastung von Schalungen, z.B. beim → Fördern des Betons oder durch Lagern von Baustoffen; ausreichende Güte der verwendeten Baustoffe, namentlich des Betons; Übereinstimmung der Bewehrung mit den genehmigten Zeichnungen; richtige Wahl des Zeitpunktes für das → Ausschalen; ausreichend lange Nachbehandlung; Vermeiden der Überlastung fertiger Bauteile; Aussonderung von Fertigteilen mit Beschädigungen; richtiger Einbau etwa notwendiger Montagestützen. Das Unternehmen oder der Bauleiter haben der bauüberwachenden Behörde möglichst 48 Std. vor Beginn der betreffenden Arbeiten anzuzeigen: bei Baustellenbeton das Vorliegen einer schriftlichen Anweisung für das Herstellen des Betons; den beabsichtigten Beginn des erstmaligen → Betonierens; bei mehrgeschossigen Bauten auf Verlangen den Betonierbeginn für jedes einzelne Geschoß; den Wiederbeginn des Betonierens bei längerer Unterbrechung, besonders nach längeren Frostzeiten; bei Verwendung von → Beton B II die fremdüberwachende → Prüfstelle.

Betonbauteile. Alle Bauteile, die aus dem Baustoff Beton hergestellt werden. Im neueren Sprachgebrauch wird der Begriff teilweise auch für → Betonfertigteile benutzt.

Betonbereitung. Teilbereich der → Betonherstellung, der alle Arbeiten vom Entladen, Lagern und Abmessen der → Ausgangsstoffe über das Mischen des Betons bis zum → Befördern des → Frischbetons zur → Baustelle beinhaltet. Die B. erfolgt in Betonbereitungsanlagen (Mischanlagen). Man unterscheidet entsprechend dem Herstellungsort Transportbeton und Baustellenbeton. Betonbereitungsanlagen umfassen Lagereinrichtungen für Zement, Zuschlag und ggf. Zusatzstoffe, Wasserversorgung, Dosiereinrichtungen und → Mischmaschinen. Der wichtigste Punkt der B. ist das → Mischen des Betons. Betonmischer sind von erfahrenen und zuverlässigen Leuten zu bedienen. Um ein gleichmäßiges Gemisch zu erhalten, ist i.d.R. eine Mischzeit von mind. einer Min. nach Zugabe aller Stoffe erforderlich. Die Zusammensetzung der Mischung soll an der Mischstelle deutlich lesbar auf einer Tafel (→ Mischtafel) angeschrieben sein. Da Mischen von Hand keine gleichmäßige Qualität gewährleistet, ist es nur in Ausnahmefällen bei B 5 und B 10 für geringe Mengen zulässig. Generelle Anforderung an → Betonzusammensetzung, Abmessen der Betonbestandteile (Zement, Zuschlag, Zugabe-

Betonbereitungsanlage

wasser) und Mischen des Betons sind in DIN 1045, Abschnitt 9.1 bis 9.3 festgelegt.

Betonbereitungsanlage. Sie dient dem Lagern, Abmessen und Mischen der Ausgangsstoffe für Beton auf der Baustelle, im Transportbetonwerk oder im Betonfertigteilwerk. Die Anlage besteht im wesentlichen aus dem Zuschlaglager, dem Zementsilo, den Abzugs- und Dosiereinrichtungen für die gewichts- oder raummäßige Zugabe der Ausgangsstoffe, dem Betonmischer und dem Steuerstand. Moderne Anlagen arbeiten automatisch und werden elektronisch gesteuert, so daß ein von Mischung zu Mischung gleichmäßiger Beton hergestellt wird.

Beton B I. Kurzbezeichnung für Beton der → Festigkeitsklassen B 5 bis B 25. Vereinfachte Güteüberwachung und Rezeptbeton nach DIN 1045.

Beton B II. Kurzbezeichnung für Beton der → Festigkeitsklassen B 35 und höher sowie i.d.R. für → Beton mit besonderen Eigenschaften. Güteüberwachung nach DIN 1084 (Eigen- und Fremdüberwachung).

Betondachsteine. Aus Beton hergestellte groß- oder kleinformatige Dachplatten, die für alle geneigten Dächer geeignet sind und in allen Klimazonen und Höhenlagen verwendet werden können. Durch ihr vielfältiges Angebot an Farben, Steinformen und Oberflächenstrukturen lassen sie sich gut in die jeweilige Umgebung einfügen. B. weisen bei guter Wirtschaftlichkeit hohe Witterungsbeständigkeit, leichten und ungestörten Wasserablauf, geringe Verlegekosten und ein gefälliges Aussehen auf. Die einzelnen Anforderungen an B. sind durch die DIN 1115 festgelegt. Sie werden nach ihrer Form und Größe unterschieden in großformatige B. und Betonpfannen. Es gibt Steine mit gleichmäßigen Wellen, mit symmetrischen Wellen aus gleich breiten ebenen und kreisförmigen Abschnitten[1]) oder mit schmalerer ebener Mulde und breiterer Wölbung[2]), Steine mit schräg liegenden asymmetrischen Wellen[3]) sowie völlig ebene Steine[4]). Sie werden ergänzt durch formgerechte Zubehörteile, wie z.B. Halb- und Firststeine, Lüftersteine und -elemente, Lichtpfannen, Standbrettsteine mit Gitterrosten, Durchgangssteine mit Dunstrohr- und Antennenaufsätzen. Die Gewichte (Massen) der B. liegen in der Größenordnung von 4,4 bis 4,7 kg pro Stück. Für 1m² Dachfläche werden rd. 10 Dachsteine benötigt. Die Lastannahmen für → Dacheindeckungen richten sich nach DIN 1055.

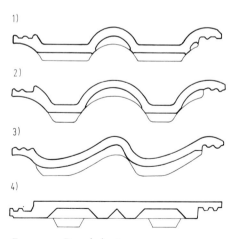

Formen von Betondachsteinen

Beton, dauerhafter. Beton, der während einer am vorgesehenen Verwendungszweck orientierten definierten Nutzungsdauer allen planmäßig einwirkenden Beanspruchungen mängelfrei standhält.

Betondeckendicke (für Fahrbahnen). Sie ist nach RStO von der maßgebenden Verkehrsbelastungszahl (VB), die die Bauklasse bestimmt, und von der Art der Tragschicht (gebunden / ungebunden) abhängig:

Bauklasse	VB*)	Dicke der Betondecke [cm]
SV	>3200	26
I	>1800−3200	24
II	>900−1800	22
III	>300−900	22
IV	>60−300	18/20+)
V	>10−60	16/18/20+)
VI	<10	16/18+)

+) abhängig von der Art der Tragschicht
*) Die maßgebende Verkehrsbelastungszahl (VB) ergibt sich aus der durchschnittlichen täglichen Verkehrsstärke der Fahrzeugarten des Schwerverkehrs DTV(SV) zum Zeitpunkt der Verkehrsübergabe, der durchschnittlichen Änderung dieses Verkehrs im vorgesehenen Nutzungszeitraum, und wird berechnet für den Fahrstreifen mit der höchsten Verkehrsbelastung durch Schwerverkehr. Sie entspricht damit gewichteten Fahrzeugübergängen in 24 Std., die in der Mitte des vorgesehenen Nutzungszeitraumes in einem Fahrstreifen zu erwarten sind.

Betondecke, raumfugenlose (im Straßenbau). Sind nach ZTV Beton zwischen den einzelnen Betonplatten einer Betonfahrbahn keine Einlagen zur Aufnahme der Temperaturdehnungen eingebaut, spricht man von einer r.b. Die Betonplatten sind in der Lage, die infolge Temperaturdehnungen entstehenden Druckspannungen aufzunehmen. → Raumfugen werden nur vor Brücken vorgesehen.

Betondeckung (der Bewehrung). Abstand zwischen der Außenkante eines vom Beton umhüllten Bewehrungsstahls und der Betonoberfläche. Eine ausreichende B. ist erforderlich, um die Bewehrung vor Korrosion und Brandeinwirkung zu schützen und um die Einleitung von Zugkräften aus dem Beton in den Bewehrungsstahl sicherzustellen. Mindestmaße für die B. sind in den Normen DIN 1045 und DIN 4102 verbindlich vorgeschrieben. Sie richten sich nach den Umweltbedingungen, nach dem Stabdurchmesser der Bewehrung sowie nach der geforderten Feuerwiderstandsdauer.

Betondehnung → Dehnung.

Betondichtungsmittel (DM). → Betonzusatzmittel, die die Wasseraufnahme bzw. das Eindringen von Wasser in den Beton vermindern sollen. Sie können begrenzt quellfähige Substanzen, die die Poren des Betons verengen, oder Stoffe mit wasserabweisender Wirkung enthalten. Einige B. verhalten sich auch wie → Betonverflüssiger. Ihre Wirkung ist im wesentlichen auf den geringeren Wassergehalt und den bei sonst gleicher Betonzusammensetzung geringeren → w/z-

Betondeckung

Maße der Betondeckung in cm, bezogen auf die Umweltbedingungen (Korrosionsschutz) und die Sicherung des Verbundes nach DIN 1045

	1	2	3	4
	Umweltbedingungen	Stabdurchmesser d_s mm	Mindestmaße für $\geq$ B 25 min c cm	Nennmaße für $\geq$ B 25 nom c cm
1	Bauteile in geschlossenen Räumen, z. B. in Wohnungen (einschließlich Küche, Bad und Waschküche), Büroräumen, Schulen, Krankenhäusern, Verkaufsstätten – soweit nicht im folgenden etwas anderes gesagt ist. Bauteile, die ständig trocken sind.	bis 12 14, 16 20 25 28	1,0 1,5 2,0 2,5 3,0	2,0 2,5 3,0 3,5 4,0
2	Bauteile, zu denen die Außenluft häufig oder ständig Zugang hat, z. B. offene Hallen und Garagen. Bauteile, die ständig unter Wasser oder im Boden verbleiben, soweit nicht Zeile 3 oder Zeile 4 oder andere Gründe maßgebend sind. Dächer mit einer wasserdichten Dachhaut für die Seite, auf der die Dachhaut liegt.	bis 20 25 28	2,0 2,5 3,0	3,0 3,5 4,0
3	Bauteile im Freien. Bauteile in geschlossenen Räumen mit oft auftretender, sehr hoher Luftfeuchte bei üblicher Raumtemperatur, z. B. in gewerblichen Küchen, Bädern, Wäschereien, in Feuchträumen von Hallenbädern und in Viehställen. Bauteile, die wechselnder Durchfeuchtung ausgesetzt sind, z. B. durch häufige starke Tauwasserbildung oder in der Wasserwechselzone. Bauteile, die „schwachem" chemischen Angriff nach DIN 4030 ausgesetzt sind.	bis 25 28	2,5 3,0	3,5 4,0
4	Bauteile, die besonders korrosionsfördernden Einflüssen auf Stahl oder Beton ausgesetzt sind, z. B. durch häufige Einwirkung angreifender Gase oder Tausalze (Sprühnebel- oder Spritzwasserbereich) oder durch „starken" chemischen Angriff nach DIN 4030.	bis 28	4,0	5,0

Beton, farbiger

Wert zurückzuführen. In der Vergangenheit wurde die technologische Bedeutung der B. i.a. überschätzt. Sie erwiesen sich besonders nach längerer Zeit als wenig wirksam. Nach den bisherigen Erfahrungen können die Wasserundurchlässigkeit und Wasseraufnahme eines sachgerecht zusammengesetzten, hergestellten und eingebauten Betons durch die Zugabe von Dichtungsmitteln meist nicht wesentlich oder dauerhaft verbessert werden. Durch einen Dichtungsmittelzusatz kann die Festigkeit beeinträchtigt werden und können Lufteinführung und Schwinden des Betons größer ausfallen.

Betondruck → Frischbetondruck, → Schalungsdruck.

Betoneigenschaften. Die → Druckfestigkeit, die → besonderen Eigenschaften und die von der → Bauphysik beschriebenen Eigenschaften machen Beton zu einem vielseitigen Baustoff. Bei vielen dieser B. kann aus einem breiten Spektrum ausgewählt werden, wie die Palette der → Festigkeitsklassen zeigt. Im erweiterten Sinn kann auch die beliebige Formbarkeit von Beton zu den B. gezählt werden.

Betoneigenschaften, besondere. Als Betone mit besonderen Eigenschaften werden nach DIN 1045 bezeichnet:
- Wasserundurchlässiger Beton,
- Beton mit hohem Frostwiderstand,
- Beton mit hohem Frost- und Tausalzwiderstand,
- Beton mit hohem Widerstand gegen chemische Angriffe,
- Beton mit hohem Verschleißwiderstand,
- Beton für hohe Gebrauchstemperaturen bis 250 °C,
- Beton für Unterwasserschüttungen (Unterwasserbeton).

Beton, entworfener. Beton, dessen Zusammensetzung auf Grund der Anforderungen vom Hersteller festgelegt wird.

Beton-Erwärmung. Anheben der Betontemperatur durch → Wärmebehandlung, → Warmbehandlung, → Beheizen, sowie → Hydratationswärme.

Betonerzeugnisse. → Betonfertigteile, → Betonwaren und → Betonwerksteine, die als erhärtete Bauteile eingebaut werden.

Betonfahrbahnen. Verkehrsflächen aus Ortbeton oder Betonfertigteilen, die i.a. ohne Baustahleinlagen mit → Fertigern oder von Hand erstellt und durch → Schein-, → Press- oder → Raumfugen unterteilt werden. Ihre Oberfläche ist hell und → griffig. Der Verformungswiderstand und der → Abnutzwiderstand sind groß und von der Temperatur unabhängig.

Beton, fahrzeuggemischter → Transportbeton, fahrzeuggemischter.

Beton, farbiger. Er wird z.B. bei der Herstellung von großformatigen Fassaden- und Brüstungselementen, Bodenplatten, Treppenbelägen und Betonpflastersteinen (häufig als 3 bis 8 cm dicke Vorsatzschicht) verwendet. Die Farbigkeit wird durch Zumischen von → Farbpigmenten zum Frischbeton und/oder die Verwendung farbiger Zuschläge und besondere → Oberflächenbehandlung wie

53

Betoneigenschaften, besondere

Anforderungen an Beton mit besonderen Eigenschaften

Betoneigenschaft Angriffsgrad		Herstellung als	Sieblinienbereich	Zementgehalt [kg/m^3]	Wasser-Zement-Wert[1])	Zusätzliche Anforderungen
Wasserundurchlässigkeit		B I	A 16/B 16 A 32/B 32	≥ 370 ≥ 350	– –	Wassereindringtiefe e_w ≤ 50 mm
		B II[2])	–	–	d ≤ 40 cm; w/z ≤ 0,60[6])	
			–	–	d > 40 cm; w/z ≤ 0,70[6])	
Hoher Frostwiderstand		B I	A 16/B 16 A 32/B 32	≥ 370 ≥ 350	– –	Zuschläge eF e_w ≤ 50 mm
		B II	–	–	w/z ≤ 0,60[6])	
			–	–	massige Bauteile w/z ≤ 0,70[6])	Zuschläge eF bzw. eFT e_w ≤ 50 mm mittlerer LP-Gehalt[3]) bei 8 mm Größtkorn[4]) bei ≥ 5,5 Vol.-%
Hoher Frost- und Tausalzwiderstand		B II	–	Zementart bei starkem Angriff: PZ/EPZ/ PÖZ 35 oder höher, HOZ 45 L	w/z ≤ 0,50	16 mm Größtkorn[4]) ≥ 4,5 Vol.-% 32 mm Größtkorn[4]) ≥ 4,0 Vol.-% 63 mm Größtkorn[4]) ≥ 3,5 Vol.-%
Hoher Verschleißwiderstand		B II	nahe A oder B/U	(≤ 350 bei Zuschlag 0/32)	–	Beton ≥ B 35; Zuschlag bis 4 mm Quarz o. ä., > 4 mm mit hohem Verschleißwiderstand
Hoher Widerstand gegen chemischen Angriff	schwach	B I	A 16/B 16 A 32/B 32	≥ 370 ≥ 350	– –	Wassereindringtiefe e_w ≤ 50 mm
		B II	–	–	w/z ≤ 0,60[6])	
	stark	B II	–	–	w/z ≤ 0,50[6])	Wassereindringtiefe e_w ≤ 30 mm
	sehr stark	B II	–	–	w/z ≤ 0,50[6])	Wassereindringtiefe e_w ≤ 30 mm und Schutz des Betons[5])

[1]) Zur Berücksichtigung der Streuungen bei der Bauausführung ist bei der Eignungsprüfung der w/z-Wert um etwa 0,05 niedriger einzustellen.
[2]) Bei Transportkosten und mit Zustimmung des Auftraggebers auch als B I zulässig.
[3]) Bei Betonwaren aus sehr steifem Beton, w/z < 0,40, nicht erforderlich.
[4]) Zur Berücksichtigung der Streuungen bei der Bauausführung ist bei der Eignungsprüfung der LP-Gehalt um 0,5 Vol.-% höher einzustellen. Einzelwerte dürfen den mittleren LP-Gehalt um höchstens 0,5 Vol.-% unterschreiten.
[5]) Merkblatt Schutzüberzüge auf Beton bei sehr starken Angriffen nach DIN 4030.
[6]) Bei Anrechnung von Steinkohlenflugasche mit Prüfzeichen $\frac{w}{z + 0,3f}$ ≤ 0,60 wobei f ≤ 0,25 z.

Betonfertigteile

→ Absäuern, → Auswaschen, → Flammstrahlen oder → Sandstrahlen sowie durch Aufbringen pigmentierter Anstriche erreicht. Um die tatsächliche Farbwirkung beurteilen zu können, empfiehlt sich die Anfertigung größerer Probeelemente. Für f. B. gelten die für Sichtbeton festgelegten Regeln. Als Farbstoffe kommen nur licht-, wetter- und alkalibeständige, anorganische Pigmente in Frage, meist Eisenoxidgelb, -rot, -braun, -schwarz, daneben auch Chromoxidgrün und gelegentlich Kobaltblau oder Manganblau, zur Aufhellung Titanoxidweiß. Als Zement kann jeder Normzement verwendet werden. Besonders bewährt hat sich weißer Zement PZ 45 F. Als farbige Zuschläge kommen i.d.R. Hartgesteine, wie Quarz, Quarzit, Diabas, Granit, Porphyr, Kalkstein und Marmor zur Anwendung. Die üblichen Verfahren der nachträglichen Oberflächenbehandlung sind das Waschen, Feinwaschen sowie die steinmetzmäßige Bearbeitung, das Sand- und das Flammstrahlen.

Betonfertiger (im Straßenbau). Gerät zur Herstellung von Verkehrsflächen aus Ortbeton. Er arbeitet entweder schienengeführt innerhalb eines → Deckenzuges mit anderen Geräten zusammen oder einzeln als → Gleitschalungsfertiger ohne Schienen. Durch den B. wird der Frischbeton (→ Betonkonsistenz KS bis KP) verdichtet und abgezogen, er fährt i.a. mit eigenem Antrieb.

Betonfertigteile. Fertigteile aus → unbewehrtem Beton, → Stahl- oder → Spannbeton, die in → Betonwerken hergestellt werden. So können z.B. → Fundamente, → Treppen und Treppenstufen, Deckenbalken, Balkon-, Wand-, Fußboden- und → Deckenplatten, Installationswände und -zellen sowie Stützen, Rahmen, Fenster und Fassadenteile aus → Normalbeton oder → Leichtbeton, auch unter Verwendung → farbiger Betonmischungen als Fertigteile hergestellt werden. Die Güte von → B. wird durch die Güteschutzvereinigung der Beton- und Fertigteilindustrie und durch die amtlichen Materialprüfanstalten überwacht. Wirtschaftliche Überlegungen beim Bauen mit B. lassen es geraten erscheinen, die Anzahl der für die tragende Konstruktion denkbaren Querschnitte auf ein vertretbares Maß zu beschränken. Vom Arbeitskreis Typisierung der Fachvereinigung Betonfertigteilbau im Bundesverband Deutsche Beton- und Fertigteilindustrie wurde in Zusammenarbeit mit der Bundesfachabteilung Fertigteilbau im Hauptverband der Deutschen Bauindustrie ein „Typenprogramm Skelettbau" mit standardisierten Betonfertigteilquerschnitten und Knotenpunkten für die Planung und Herstellung von Skelettbauten erarbeitet.

a)

b)

Güteschutz Beton- und Fertigteilwerke e.V. a) und Amtliche Materialprüfungsanstalten b)

Betonfertigteile

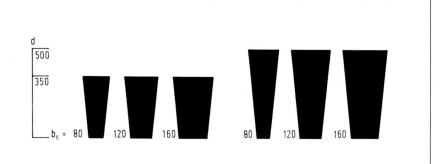

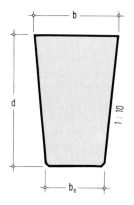

Abfasungen:
Ausgerundet oder gebrochen,
Katheten je 10 mm für untere Kanten

			Maße in mm	
d	b_o	b	Feuerwiderstandsklasse nach DIN 4102 bei	
			T_{krit} > 450°C	T_{krit} 350–450°C
350	80	150	F 30-A*)	
	120	190	F 60-A	F 30-A
	160	230	F 90-A	F 60-A
500	80	180	F 30-A*)	
	120	220	F 60-A	F 30-A
	160	260	F 90-A	F 60-A

*) Beachte Bestimmungskriterien für Druckbereiche

Pfetten

Betonfertigteile

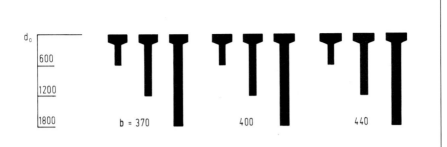

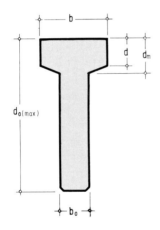

Ausführungen als Parallel-Binder oder als Satteldach-Binder bei $d_o = d_{o\,max}$ mit 5% Neigung, im Normalfall ohne Auflagervouten

Abfasungen:
Ausgerundet oder gebrochen, Katheten je 10 mm für untere Stegkanten

Maße in mm			
b	370	400	440
b_o	120	150*)	190**)
d	150	150	150
d_m	200	200	200
d_o	600–1800 (in 200 mm-Staffelung)		

*) bei $T_{krit} > 450\,°C$: Ausreichend für Feuerwiderstandsklasse F 90-A nach DIN 4102

**) bei T_{krit} 350–450 °C: Ausreichend für Feuerwiderstandsklasse F 90-A nach DIN 4102

Binder, T-Profil

Betonfertigteile

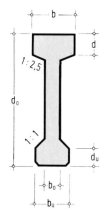

Ausführung als Parallel-Binder oder Satteldach-Binder bei $d_o = d_{o\,max}$ mit 5% Neigung, im Normalfall ohne Auflagervouten

Maße in mm			
b	300	400	500
b_u	300	300	400
do (p)	900	1200	1500
do (s)	1200	1500	1800
b_o*)	120	120	120
d	150	150	150
Voute oben:		Neigung 1 : 2,5	
d_u	120	120	120
Voute unten:		Neigung 1 : 1	

Alle Abmessungen ermöglichen eine Einstufung der Bauteile in die Feuerwiderstandsklasse F 90-A nach DIN 4102

*) Beachte Bestimmungskriterien im Druckbereich

Abfasungen:
Ausgerundet oder gebrochen, Katheten je
10 mm für untere Untergurtkanten

Binder, I-Profil

Betonfertigteile

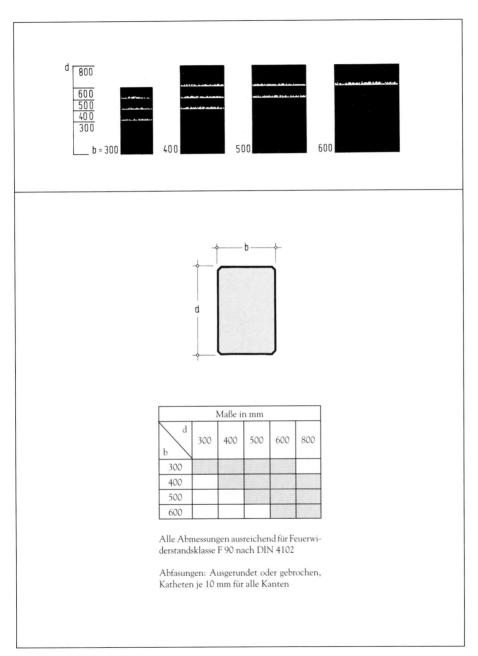

b \ d	300	400	500	600	800
300					
400					
500					
600					

Alle Abmessungen ausreichend für Feuerwiderstandsklasse F 90 nach DIN 4102

Abfasungen: Ausgerundet oder gebrochen, Katheten je 10 mm für alle Kanten

Stützen

Betonfertigteile

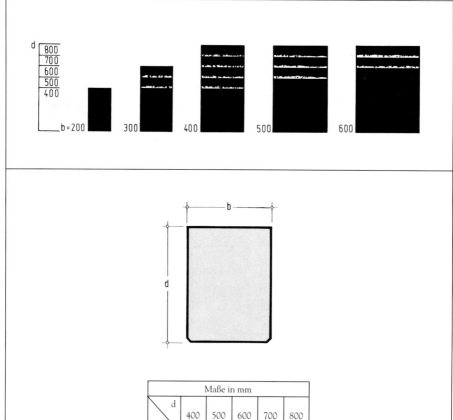

Maße in mm					
d b	400	500	600	700	800
200					
300					
400					
500					
600					

Alle Abmessungen ausreichend für Feuerwiderstandsklasse F 90 nach DIN 4102

Abfasungen: Ausgerundet oder gebrochen, Katheten je 10 mm für untere Kanten

Unterzüge/Riegel, Rechteckquerschnitt

Betonfertigteile

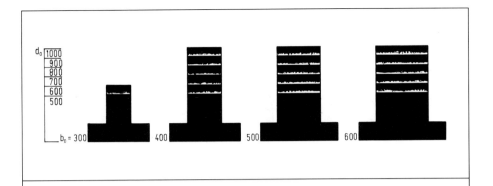

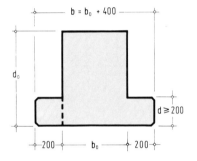

Abfasungen:
Ausgerundet oder gebrochen,
Katheten je 10 mm für alle
Gurtaußenkanten

	Maße in mm					
d_o / b_o	500	600	700	800	900	1000
300						
400						
500						
600						

Alle Abmessungen ausreichend für Feuerwiderstandsklasse F 90 nach DIN 4102

Unterzüge, L- und ⊥-Profil

Betonfertigteile

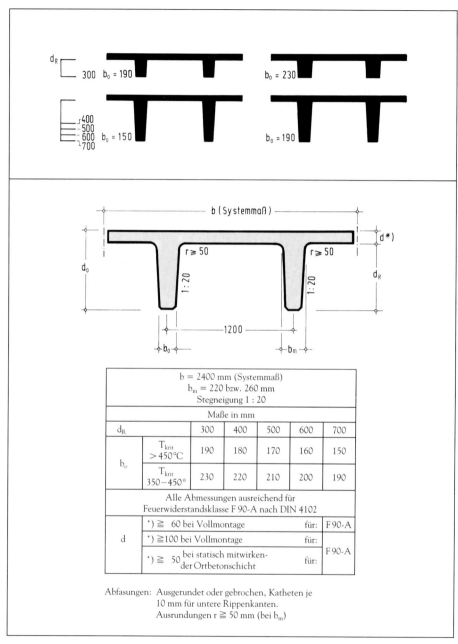

Deckenplatten, TT-Profil

Betonfertigteile

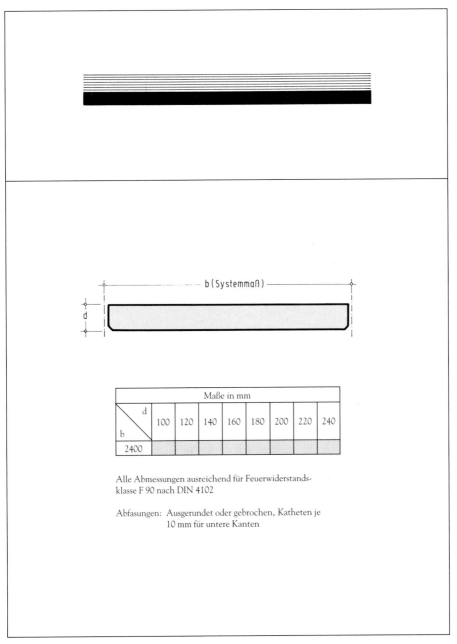

Maße in mm								
d / b	100	120	140	160	180	200	220	240
2400								

Alle Abmessungen ausreichend für Feuerwiderstandsklasse F 90 nach DIN 4102

Abfasungen: Ausgerundet oder gebrochen, Katheten je 10 mm für untere Kanten

Deckenplatten, Vollplatte

Betonfertigteile

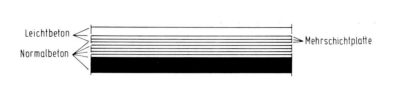

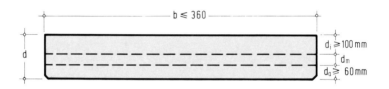

	Maße in mm			
	Breiten b $\leq$ 3600			
Normalbeton		100 bis 200 in 20 mm-Staffelung		
Leichtbeton	d	200	240	300
Mehrschichtplatte		200	220	240

Hinweis: Für die maximalen Abmessungen der Tafeln sind statische, betontechnologische und bauphysikalische Gesichtspunkte maßgebend. Zur Festlegung der Abmessungen werden Rückfragen beim Hersteller erbeten.

Alle Amessungen ausreichend für Feuerwiderstandsklasse F 90 nach DIN 4102, mit Ausnahme der planmäßig ausmittig belasteten tragenden Wand (c = $d/6$), bei der d_{min} = 140 mm für F 90 ist.

Abfasungen: Ausgerundet oder gebrochen, Katheten je 10 mm für äußere Kanten (bei d_a)

Wandtafeln

Beton, fetter

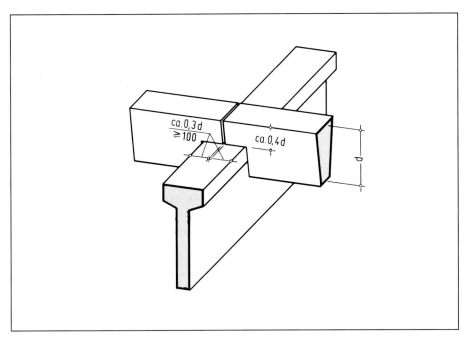

Pfetten-Auflager

Betonfestigkeit. Die B. von → Normalbeton wird hauptsächlich durch den → Wasserzementwert bestimmt. Die Festigkeit des Betons wird umso größer, je kleiner bei praktisch vollständiger Verdichtung der → Wasserzementwert ist. Die B. von → Leichtbeton wird maßgeblich durch die Eigenfestigkeit des → Leichtzuschlags bestimmt.

Betonfestigkeitsklassen. Der Beton wird nach den Ergebnissen der → Güteprüfung im Alter von 28 Tagen gemäß der an Würfeln mit 200 mm Kantenlänge ermittelten → Druckfestigkeit in Festigkeitsklassen B 5 bis B 55 eingeteilt. Die den Buchstaben B folgenden Ziffern geben dabei die Würfeldruckfestigkeit in N/mm² an.

Festigkeitsklassen von Beton nach DIN 1045

Beton-gruppe	Beton-festig-keits-klasse	Nenn-festig-keit β_{WN} [N/mm²]	Serien-festig-keit β_{WS} [N/mm²]
Beton B I	B 5	5,0	8,0
	B 10	10	15
	B 15	15	20
	B 25	25	30
Beton B II	B 35	35	40
	B 45	45	50
	B 55	55	60

Beton, fetter. Beton, der einen hohen Zementgehalt aufweist, wird gelegentlich auch als f. B. bezeichnet.

Betonfertigteile

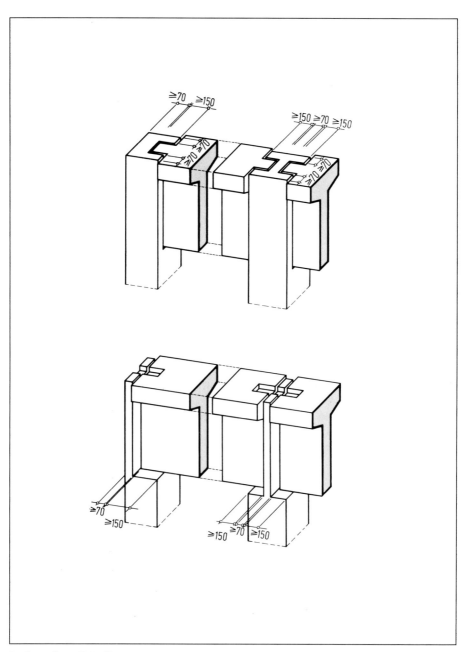

Binder-Auflager, T-Profil

Betonfertigteile

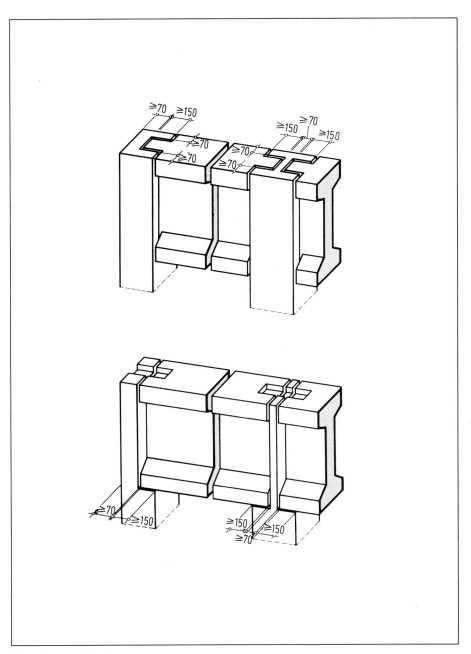

Binder-Auflager, I-Profil

Betonfertigteile

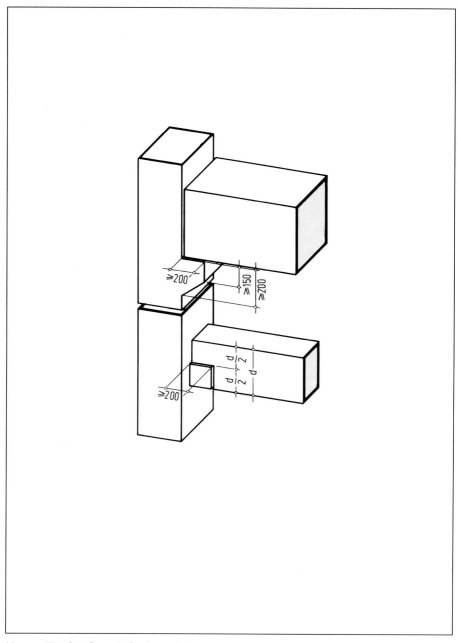

Unterzug / Riegel-Auflager, Rechteckquerschnitt

Betonfertigteile

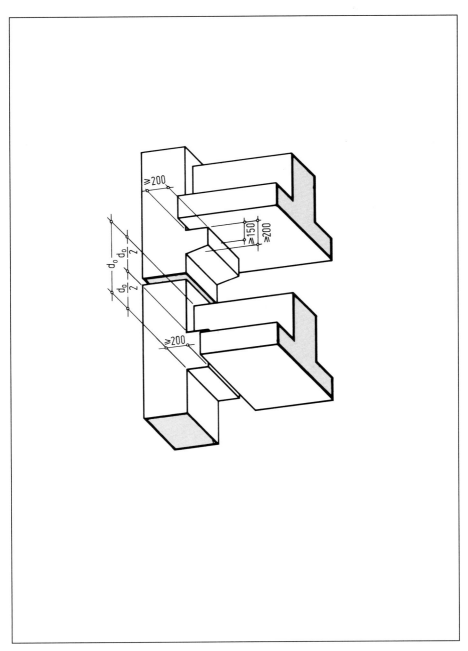

Unterzug-Auflager, ⊥-Profil

Betonfertigteile

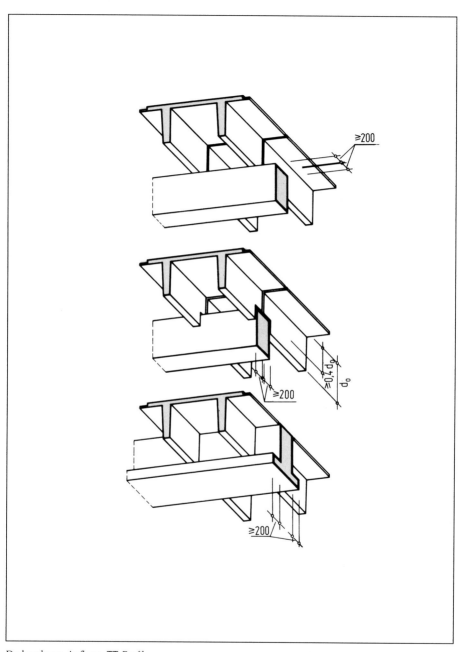

Deckenplatten-Auflager, TT-Profil

Betongefüge

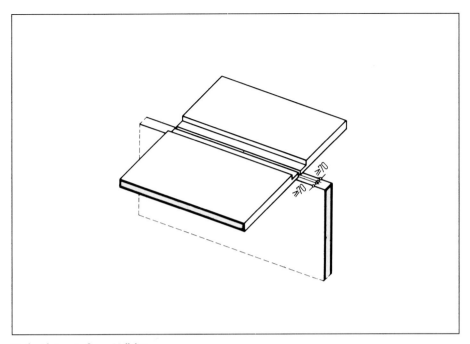

Deckenplatten-Auflager, Vollplatte

Beton, feuerfester (hitzebeständiger). Bei Gebrauchstemperaturen $\geq 250\ °C$ muß f.B. eingesetzt werden. Er kann Temperaturen bis ca. 1200 °C bei → Portlandzement und bis 1700 °C bei → Tonerdeschmelzzement längere Zeit ausgesetzt werden und findet daher im Feuerungs- und Hochofenbau Anwendung. Die Wärmedehnung der Zuschläge muß derjenigen des → Zementsteines entsprechen. Dabei soll kein Kalkstein verwendet werden. Quarze wandeln sich bei ca. 600 °C um und vergrößern ihr Volumen. Für f.B. haben sich als Zuschlag u.a. Chromerze, Hochofenschlacke, Korunde, Magnesit, Schamotte, Siliziumkarbid und Ziegelsplitt bewährt.

Beton, fließfähiger. Frischbeton mit einem Ausbreitmaß von mehr als 49 cm und höchstens 60 cm. → Fließbeton.

Betonformstahl. → Betonstahl mit profilierter Oberfläche, um eine bessere Verbundwirkung zwischen Beton und Stahl zu schaffen.

Beton, frühhochfester → Frühfestigkeit.

Betongefüge → Betongefüge, haufwerksporiges; → Gefüge, geschlossenes; → Gefüge, poriges.

Betonfertigteile

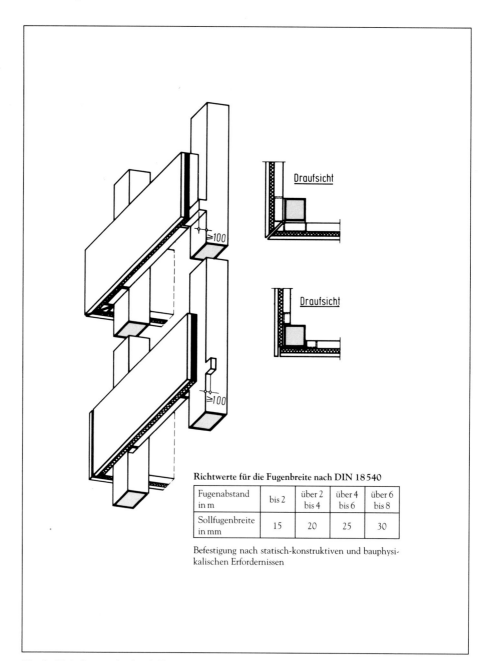

Richtwerte für die Fugenbreite nach DIN 18540

Fugenabstand in m	bis 2	über 2 bis 4	über 4 bis 6	über 6 bis 8
Sollfugenbreite in mm	15	20	25	30

Befestigung nach statisch-konstruktiven und bauphysikalischen Erfordernissen

Wandtafel-Auflager und Eckausbildung/1

Betonfertigteile

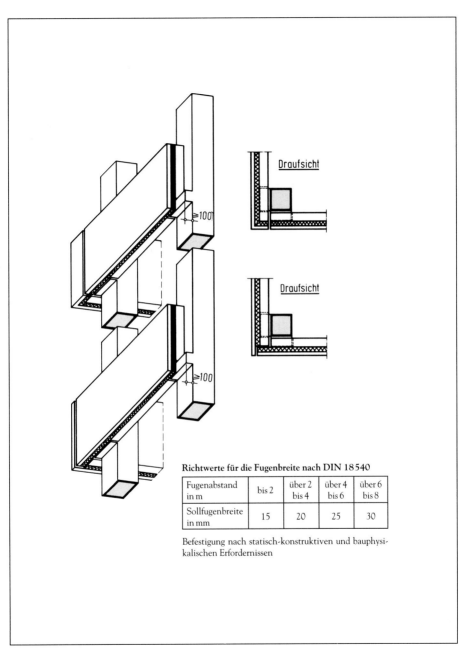

Richtwerte für die Fugenbreite nach DIN 18540

Fugenabstand in m	bis 2	über 2 bis 4	über 4 bis 6	über 6 bis 8
Sollfugenbreite in mm	15	20	25	30

Befestigung nach statisch-konstruktiven und bauphysikalischen Erfordernissen

Wandtafel-Auflager und Eckausbildung/2

Betonfertigteile

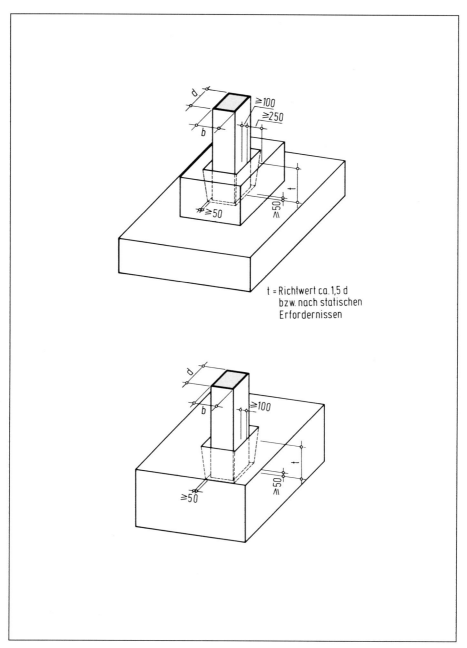

Stützen-Auflager im Fundament

Betongefüge, haufwerksporiges. Es entsteht, wenn man die → Korngruppen unter 4 mm wegläßt oder nur eine Korngruppe (→ Einkornbeton) verwendet und den Anteil des → Zementleims so verringert, daß dieser nur die Körner überzieht und die Zwickel zwischen diesen frei läßt. Eine gleichmäßige Umhüllung und damit Verkittung der Körner ist für die → Druckfestigkeit wichtiger als der → Wasserzementwert. Haufwerksporiges Gefüge wird z.B. bei Werkstoffen mit guter → Wärmedämmung (Hohlblocksteine) oder bei → Filterbetonen hergestellt.

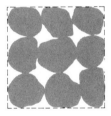 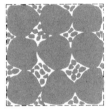

Beton mit haufwerksporigem Gefüge

Betongefüge, poriges → Gefüge, poriges.

Betongläser. Gläser nach DIN 4243, die zur Herstellung von → Glasstahlbeton verwendet werden.

Beton, grüner. Der eingebaute und fertig verdichtete → Frischbeton wird als g.B. bezeichnet, solange das → Erstarren des Zementes nicht merklich eingesetzt hat. Durch Adhäsion des Wasserfilms an den festen Bestandteilen des Betons setzt der frisch entformte Beton einer Belastung oder Verformung einen Widerstand entgegen, der als → Grünstand- oder → Gründruckfestigkeit bezeichnet

wird. Sie ist für die Produktion von Betonerzeugnissen von Bedeutung, bei denen die → Schalung möglichst oft umgeschlagen werden soll und die entformten Produkte durch ihr Eigengewicht und durch Erschütterungen beim Transport beansprucht werden (z.B. → Hohlblocksteine, → Betonrohre).

Betongruppen B I und B II. Beton B I umfaßt die Festigkeitsklassen B 5 bis 25, Beton B II die Festigkeitsklassen B 35 bis 55 und die Betone mit besonderen Eigenschaften. Für Beton B II gilt ein erweitertes Güteüberwachungssystem (DIN 1084).

Betongüte → Betonfestigkeitsklassen.

Betongüteklassen → Betonfestigkeitsklassen.

Betonherstellung → Betonbereitung, → Betonverarbeitung, → Fördern (von Beton), → Nachbehandlung.

Beton, hitzebeständiger → Beton, feuerfester.

Beton, hochfeuerfester → Beton, feuerfester.

Beton, homogener. Beton ist infolge seiner Zusammensetzung aus hydratisiertem und nicht hydratisiertem Zement, Zuschlag verschiedener Art und Zusammensetzung, Wasser und Luft ein heterogener Stoff. Der Begriff homogen wird deshalb auf Beton nur in übertragenem Sinne angewendet. Als h.B. wird ein Beton bezeichnet, der keine Neigung zum Entmischen aufweist und dessen Bestandteile, wie Zementstein und Zu-

Betonierabschnitte

schläge (grobe, mittlere, feine) sowie Luft, gleichmäßig verteilt sind und nicht stellenweise angereichert vorkommen.

Betonierabschnitte. Aus herstellungstechnischen, aber auch zeitlichen Gründen (Arbeitszeit) werden Konstruktionen aus Ortbeton nach DIN 1045 vor Beginn des Betonierens in einzelne B. unterteilt. Die entstehenden → Arbeitsfugen sind so auszubilden, daß alle auftretenden Beanspruchungen aufgenommen werden können.

Betonieren. → Fördern und → Verarbeiten des Betons auf der Baustelle oder im Fertigteilwerk.

Betonierfugen. Kontaktfläche zwischen → Schüttlagen aufgrund einer längeren Betonierpause. Kann bei → Sichtbeton als optischer Mangel in der Oberfläche sichtbar sein.

Betonierzeit. Zeit, die verwendet wird, um den → Frischbeton einzubringen (→ Einbringen) und zu verdichten (→ Verdichtungsarten).

Betoningenieur. Fachmann, der in der Betontechnologie und Betonherstellung besondere Erfahrung besitzt. Er muß seine für diese Tätigkeit notwendigen erweiterten betontechnischen Kenntnisse durch eine Bescheinigung (Zeugnis, Prüfungsurkunde) einer hierfür anerkannten Stelle nachweisen können.

Beton, junger. Erstarrter Beton, der sich in der Anfangsphase seiner → Erhärtung befindet. Nach dem → Ansteifen des Betons steigt mit zunehmender Erhärtung die → Festigkeit anfangs langsam, dann schneller werden an. In dieser Zeit besteht die Gefahr, daß die → Zwängungsspannungen größer als die Festigkeit des Betons sind. Der kritische Zeitraum beginnt gewöhnlich nach 2 Std. und endet nach 16 Std. Größere Zwängungsspannungen in j. B. und damit die Gefahr von → Rissen sind im wesentlichen auf Formänderungen der → Schalung, rasche Änderung der Umwelttemperatur und Wasserentzug durch schnelles Austrocknen zurückzuführen.

Betonkübel. Gefäße zum Fördern des Betons zur Einbaustelle. Es sind meist konisch geformte Behälter, zum Füllen oben offen und zum Entleeren unten mit einem Verschluß versehen. Sie werden an ein Hebezeug angeschlagen, auf der Baustelle zumeist an einen Turmdrehkran.

Betonkühlung → Kühlen.

Betonlabor. Einrichtung zum → Prüfen von → Beton.

Betonlage (im Straßenbau). Die mit einem Fertigerübergang hergestellte Schicht gleicher Betonzusammensetzung. Jede → Schicht kann ein- oder mehrlagig eingebaut werden (Mindestdicke 5 cm). Die obere Schicht bzw. Lage wird als → Oberbeton, die untere als → Unterbeton bezeichnet.

Betonmischanlage → Betonbereitungsanlage.

Betonmischer → Mischer für Beton und Mörtel.

Betonmischungen (Entwurf von). Bei der Bestimmung der → Betonzusammensetzung besteht die Aufgabe, diejenige Mischung aus Zement, Zuschlag, Wasser und ggf. Zusätzen zu finden, die den Anforderungen, denen der Beton ausgesetzt ist, am besten entspricht und die den Normen und Richtlinien genügt (→ Festraum, → Stoffraumrechnung). Zwischen den Eigenschaften des Betons einerseits und denen seiner Ausgangsstoffe und deren → Mischungsverhältnis sowie dem Alter und den Umweltbedingungen andererseits bestehen Abhängigkeiten, die es ermöglichen, die Bedingungen für die → Herstellung von Beton bestimmter Eigenschaft anzugeben.

Beton (mit besonderen Eigenschaften) → Betoneigenschaften, besondere.

Betonoberbau (im Straßenbau). Betondecke und darunter angeordnete Tragschicht mit hydraulischen Bindemitteln, die unmittelbar auf dem Planum des vorhandenen, ggf. verbesserten oder verfestigten Untergrundes bzw. Unterbaues verlegt wird. Eine Frostschutzschicht entfällt bei dieser Bauweise.

Betonoberfläche → Sichtbeton.

Betonpflaster → Betonsteinpflaster.

Beton-Pflastersteine → Pflastersteine.

Beton, plastischer. Beim → Frischbeton werden vier → Konsistenzbereiche unterschieden (steif, plastisch, weich, Fließbeton). Beim Beton mit plastischer Konsistenz (KP) ist der → Feinmörtel weich, der Frischbeton ist beim Schütten scholli g bis knapp zusammenhängend.

Das → Verdichtungsmaß (v) liegt zwischen 1,19 und 1,08, das → Ausbreitmaß beträgt 35 bis 41 cm. P.B. wird durch Rütteln oder → Stochern oder → Stampfen verdichtet.

Beton mit plastischer Konsistenz

Betonplatten. Sammelbegriff der in Ortbeton oder als Betonfertigteile hergestellten Einzelelemente, z.B. für Beläge von Verkehrsflächen. 1. Kleinformatige Fertigteile aus Beton nach DIN 485 „Gehwegplatten aus Beton". Es gibt rechteckige und quadratische Formen mit unterschiedlichen Formaten, Verbundmöglichkeiten sowie eine Vielfalt von Oberflächen und Farben. Als Radwegplatten haben sich rot eingefärbte Formate gut bewährt. 2. Großformatige Stahlbetonplatten aus Beton B 45 oder B 55 mit den Vorzugsmaßen 2 x 2 m und einer Dicke je nach Beanspruchung von 12, 14 oder 16 cm. Sie dienen zur dauernden oder zeitweisen Befestigung befahrener und stark beanspruchter Flächen. In Gleisbereichen finden auch Gleistragplatten Anwendung. → Spurwege.

Betonplattenabdeckung. Die Dachhaut begehbarer Flachdächer wird mechanischer Beanspruchung ausgesetzt. Sie kann beispielsweise durch eine B. vor Verletzungen geschützt werden. Verletzungen können u.a. durch einzelne Kör-

Betonprüfstelle E

ner einer Kiesschüttung entstehen, die durch die Dachhaut hindurchgetreten werden.

Betonprüfstelle E. Ständige Prüfstelle für die → Eigenüberwachung von → Beton B II auf Baustellen, von → Beton- und → Stahlbetonfertigteilen und von → Transportbeton.

Betonprüfstelle F. Anerkannte Prüfstelle für die → Fremdüberwachung von → Baustellenbeton der → Betongruppe B II, von → Beton- und → Stahlbetonfertigteilen und von → Transportbeton, die die im Rahmen der → Güteüberwachung vorgesehene Fremdüberwachung an Stelle einer anerkannten → Güteüberwachungs-Gemeinschaft durchführen kann.

Betonprüfstelle, ständige → Betonprüfstelle E.

Betonprüfstelle W. Prüfstelle zur Prüfung der → Druckfestigkeit und der → Wasserundurchlässigkeit an in Formen hergestellten → Probekörpern.

Betonprüfstellen. 1. E: Ständige B. für die → Eigenüberwachung von → Beton B II auf Baustellen, von Beton- und Stahlbetonfertigteilen und von Transportbeton. 2. F: Anerkannte B. für die → Fremdüberwachung von Baustellenbeton B II, von Beton- und Stahlbetonfertigteilen und von Transportbeton, die die im Rahmen der → Güteüberwachung vorgesehene Fremdüberwachung an Stelle einer anerkannten Überwachungsgemeinschaft oder Güteschutzgemeinschaft durchführt. 3. W: Zuständige B. für die Prüfung der Druckfestigkeit

und der Wasserundurchlässigkeit an in Formen hergestellten Probekörpern.

Betonprüfung → Prüfungen.

Betonprüfung, akustische. Verfahren der → zerstörungsfreien Betonprüfung an → Festbeton. → Ultraschallprüfung.

Betonprüfung, zerstörende. Prüfverfahren, bei dem → Probekörper (i.d.R. Bohrkerne) aus dem Bauwerk entnommen werden. Übliche Bohrkerndurchmesser sind 150 mm und 100 mm, im Sonderfall bei feingliedrigen und stark bewehrten Bauteilen auch 50 mm. Das Verhältnis von h/d des fertigen Probekörpers sollte etwa 1.0 sein, wobei auf jeden Fall die alte Bauwerksoberfläche einige Zentimenter tief abzusägen ist. An diesen Probekörpern wird die → Druckfestigkeit geprüft.

Betonprüfung, zerstörungsfreie. Prüfverfahren zum Nachweis der → Betondruckfestigkeit im Bauwerk, ohne → Probekörper zu entnehmen. Von Bedeutung sind folgende Verfahren:

– Messung des Rückpralls (R) mit dem → Rückprallhammer,
– Messung des Kugeleindrucks (d) mit dem → Kugelschlaghammer,
– Messung der Schallaufzeit mit dem Ultraschallgerät (→ Ultraschallprüfung).

Betonpumpen. Geräte zum Fördern von Frischbeton in horizontaler und vertikaler Richtung sowie für das Einbringen des Betons auf der Baustelle. Die ersten stationären Geräte wurden bereits in den 20er Jahren benutzt. B. fördern

Betonpumpen

den Beton unter Druck durch Rohrleitungen, ohne daß der Förderstrom abreißt. Voraussetzung ist ein pumpfähiger Frischbeton mit einem guten Zusammenhaltevermögen und gleichmäßiger Konsistenz. Nach dem Pumpprinzip unterscheidet man Kolbenpumpen und Rotorpumpen. Nach der Einsatzart unterscheidet man stationäre und mobile Anlagen oder Geräte. B. kommen besonders vorteilhaft dort zum Einsatz, wo bei der Betonförderung große Distanzen zu überwinden sind oder wo an engen und schwer zugänglichen Stellen betoniert werden muß. Sie stellen einen bedeutenden Rationalisierungsfaktor im Bauablauf dar. Baustellen-B. sind stationäre Anlagen, mit denen große Betonmengen ohne häufigen Standortwechsel gefördert werden. Typische Einsatzgebiete sind neben Tunnelbaustellen auch Hochbaustellen mit großen Betonförderhöhen oder -längen. Die Betonverteilung erfolgt entweder über Rohrleitungen oder über → Verteilermaste. Mobile B. sind auf Reifenfahrgestellen montiert als Anhänger oder selbstfahrende Geräte. Anhänger-B. haben einen ähnlichen Einsatzbereich wie Baustellen-B., können jedoch durch ein entsprechend ausgerüstetes Fahrwerk im Straßenverkehr mit Geschwindigkeiten bis zu 80 km/h bewegt werden. Noch flexibler sind Auto-B., bei denen die B. und die, in einem verstellbaren Ausleger, dem Verteilermast, liegende Betonförderleitung auf 2- bis 5-achsige LKW-Fahrgestelle aufgebaut sind. Dieses System läßt sich durch

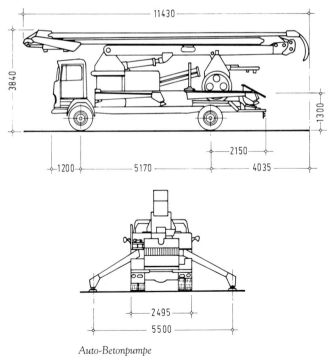

Auto-Betonpumpe

Betonrasensteine

seine kurzen Rüstzeiten sehr genau an die Betonierzeiten anpassen und ist deshalb besonders wirtschaftlich. In der Regel werden Auto-B. stundenweise angemietet. Für kleinere Baustellen mit Einbaumengen bis zu 25 m³ Beton kommen neuerdings auch sog. Fahrmischerpumpen zum Einsatz. Diese Fahrzeuge tragen gleichzeitig eine normale Mischertrommel, eine B. und einen Verteilermast.

Betonrasensteine. Mit Löchern versehene Betonbauteile zur Befestigung von begrünbaren Verkehrsflächen, wie z.B. Parkplätze in Grünanlagen, Garagenzufahrten, Notfahrbereiche durch Grünflächen oder Uferbefestigungen. Die Dicke der Steine beträgt 8 bis 12 cm. Der Grünflächenanteil liegt zwischen 62 und 30%.

Betonrohre. 1. Sammelbegriff für bewehrte und unbewehrte Rohre aus Beton. → Stahlbetonrohre. 2. Unbewehrte Rohre nach DIN 4032 aus Beton für Kanäle und Leitungen mit Kreis-, eiförmigen o.a. Querschnitten nach DIN 4263. DIN 4032 nennt Mindestwanddicken,

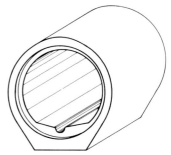

Wandverstärktes Betonrohr DIN 4032 mit Falz und Fuß, DN 1000, Baulänge 1500 mm (Form KWF-F), mit Rinne für den Trockenwetterabfluß

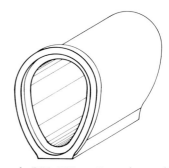

Betonrohr DIN 4032 mit Eiquerschnitt und Muffe, $d_i/h = 700/1050$ mm, Baulänge 2000 mm (Form EF-M)

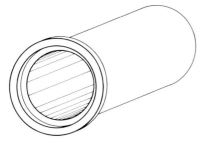

Wandverstärkte Betonrohre DIN 4032 mit Muffe, DN 800, Baulänge 2500 mm (Form K-M)

Betonrohre für verschiedene Anwendungen nach DIN

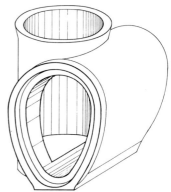

Betonrohr DIN 4032 mit Eiquerschnitt und Muffe, $d_i/h = 800/1200$ mm, Baulänge 2000 mm (Form EF-M), Tangentialschacht d = 1000 mm

Maße für Muffen- und Falzverbindungen sowie Abmessungen für Bögen, Seiten- und Scheitelzuläufe. Die → Güteüberwachung stellt mit dem Eignungsnachweis die geforderten Eigenschaften fest und überwacht ihre Einhaltung durch laufende → Eigen- und → Fremdüberwachung.

Beton, Römischer → Römischer Beton.

Betonschutz → Oberflächenschutz.

Beton, schwindarmer. Der Einfluß des → Schwindens bei Beton kann vermindert werden durch geringen Zementsteingehalt, niedrigen Wasserzementwert, Zemente mit niedriger Mahlfeinheit, bei Stahlbeton durch schwindbehindernde Bewehrung, Hinauszögerung des Beginns des Austrocknens und durch geeignete Konstruktionsform (wirksame Körperdicke).

Betonsonde (nach HUMMEL). Gerät zur Bestimmung der → Konsistenz des → Frischbetons. Ein Rundstab wird durch ein Fallgewicht bis zu einer Marke auf dem Stab in den Frischbeton geschlagen. Das ermittelte Konsistenzmaß ergibt sich aus der Anzahl der Schläge.

Betonsorten. Sie werden unterschieden nach Festigkeitsklasse, Konsistenz und Betonzusammensetzung, der Eignung für unbewehrten Beton oder Stahlbeton, Betonart, nach Festigkeitsklasse und Menge des Zements, Wassergehalt, ggf. Wasserzementwert, Art, Menge, Sieblinienbereich und Größtkorn des Zuschlags, ggf. Art und Menge des zugesetzten Mehlkorns und ggf. Art und Menge der Betonzusätze. Transportbetonwerke müssen jede zur Lieferung vorgesehene B. in einem Verzeichnis (Betonsortenverzeichnis) führen. Jede B. muß mit einer Nummer versehen sein.

Betonsortenverzeichnis. Ein in einem → Transportbetonwerk zur Einsichtnahme vorliegendes Verzeichnis, in dem jede zur Lieferung vorgesehene → Betonsorte enthalten sein muß. Es enthält Angaben über die Eignung, die → Festigkeitsklasse, die → Konsistenz des Betons; die Art, Festigkeitsklasse und Menge des → Bindemittels; den → Wassergehalt und den → Wasserzementwert; die Art, Menge, den → Sieblinienbereich, das → Größtkorn und ggf. weitergehende Anforderungen des → Betonzuschlags; ggf. Art und Menge der → Betonzusätze sowie die → Festigkeitsentwicklung des Betons.

Betonspritzmaschinen. Beim → Trockenspritzverfahren unterscheidet man drei Maschinentypen, die alle nach dem Prinzip der Dünnstromförderung arbeiten. 1. Die 1907 erfundene, in Weiterentwicklungen auch heute noch gebräuchliche Zweikammermaschine, welche eine taktweise Materialbeschickung nach dem Schleusenprinzip ermöglicht. 2. Die 1957 erstmals in Europa hergestellte Rotormaschine. Die um eine vertikale Achse drehenden röhrenförmigen Rotorkammern werden nacheinander beim Passieren einer Öffnung im Boden des (drucklosen) Einfülltrichters mit dem Trockengemisch gefüllt und beim Erreichen einer um 180° versetzten Austrittsöffnung durch von oben eingeblasene Preßluft nach unten in die Förderlei-

Betonspritzmaschinen

tung entleert. 3. Die seit 1979 produzierte Zuteiler-Kammer-Maschine. Bei ihr wird das Trockengemisch über eine horizontal gelagerte Zuteileinrichtung der unter Druck stehenden Förderkammer zugeführt und anschließend mit Förderluft über ein Taschenrad durch die Austrittsöffnung in die Förderleitung entleert. Als geschlossenes System arbeitet diese B., die das Prinzip der Kammermaschine mit dem der Rotormaschine kombiniert, nahezu staubfrei. Beim Naßspritzverfahren mit → Dichtstromförderung werden Maschinen eingesetzt, welche die Ausgangsmischung entweder durch Kolbenpumpen, Rotor-Schlauch-Pumpen oder Schneckenpumpen in die Förderleitung drücken. Es gibt 30–40 gebräuchliche Maschinentypen.

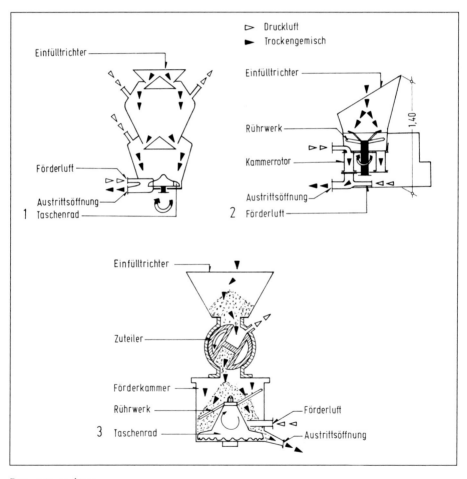

Betonspritzmaschinen

Betonsteinpflaster

Betonstabstahl. Stangenförmiger → Betonstahl für Einzel- oder Mehrstabbewehrung des Betons. Im Gegensatz zur → Betonstahlmatte wird der Stabstahl bei schlanken, eindimensionalen Bauteilen (Träger, Stützen usw.) als → Bewehrung eingesetzt.

Betonstahl. Stahl zur Aufnahme der Zugspannungen im Stahlbeton. Er wird entweder als → Betonstabstahl, → Bewehrungsdraht oder als → Betonstahlmatte hergestellt. Die verschiedenen Betonstahlsorten müssen sich untereinander entweder durch ihre äußere Form (unterschiedliche Oberflächengestaltung) oder Verarbeitungsform (z.B. als Betonstahlmatte) oder durch beides unterscheiden.

Betonstahlmatten. Sie bestehen aus zwei sich rechtwinklig kreuzenden Lagen kaltgeformter Stahlstäbe, die i.d.R. durch Punktschweißung miteinander verbunden sind. Die Stabdurchmesser betragen 2,5 mm bis 12 mm, für statisch beanspruchte Bauteile jedoch erst ab 4 mm aufwärts. Anwendungsgebiete sind z.B. Stahlbetondecken und -wände, Großflächenbewehrungen oder Schwindbewehrungen.

Betonstahlsorten. Als → Betonstahl wird ein Stahl mit nahezu kreisförmigem Querschnitt verwendet. Nach DIN 1045 müssen die Betonstähle bestimmte Festigkeitseigenschaften aufweisen. Folgende B. werden nach DIN 488 unterschieden: → Betonstabstahl BSt 420 S und BSt 500 S, → Betonstahlmatten BSt 500 M sowie → Bewehrungsdraht glatt BSt 500 G und profiliert BSt 500 P. Für Spannglieder in Spannbetonbauteilen wird → Spannstahl eingesetzt, dessen Zulassung besonderen Bedingungen unterliegt.

Beton, steifer. Beim → Frischbeton werden vier → Konsistenzbereiche unterschieden (steif, plastisch, weich, Fließbeton). Bei Beton mit steifer Konsistenz (KS) ist der → Feinmörtel etwas nasser als erdfeucht, der Frischbeton ist beim Schütten noch lose. Das → Verdichtungsmaß (v) ist >1,20. Zu seiner → Verdichtung sind kräftig wirkende → Rüttler nötig, oder es ist kräftiges → Stampfen in dünner Schüttlage erforderlich.

Beton mit steifer Konsistenz

Betonsteinpflaster. Es wird verwendet für Verkehrsflächen aus Betonpflastersteinen gemäß DIN 18501 oder aus Verbundpflastersteinen. Es ist ein Teil des Oberbaus und besteht aus den Steinen und einem Pflasterbett. Betonpflaster kann von Hand oder maschinell verlegt werden. Es eignet sich für Verkehrsflächen der Bauklasse III bis VI, für Radwege, ländliche Wege, Hofflächen, Industrieböden, Parkplätze, Fußgängerzonen sowie Ufer- und Böschungsbefestigungen. Eine Vielzahl von Formen und Far-

Betonstraßen

ben läßt überzeugende gestalterische Lösungen zu. → Pflastersteine.

Betonstraßen. Verkehrswege, deren Deckschicht aus Beton besteht. Sie zeichnen sich durch ihre Helligkeit, Griffigkeit, Verformungsbeständigkeit und Wirtschaftlichkeit aus.

Betontechnologe. Ein in der Betontechnologie und Betonherstellung erfahrener Fachmann. Im allgemeinen sind seine Kenntnisse durch den „Ausbildungsbeirat Beton" beim Deutschen Beton-Verein bescheinigt worden.

Betontemperatur. Niedrige Temperaturen verzögern, hohe Temperaturen beschleunigen den Erhärtungsverlauf. Auch das Erstarrungsverhalten des Frischbetons wird durch die Temperatur beeinflußt. Die B. ist deshalb beim Betonieren während extrem kalter und extrem warmer Außentemperaturen zu beobachten. Die Einbautemperatur soll i.d.R. +30 °C nicht über- und +5 °C nicht unterschreiten.

Betonthermometer. Meßinstrument zur Bestimmung der → Betontemperatur.

Betontragschicht (im Straßenbau). Unterer Teil des Straßenoberbaues aus Beton einer bestimmten Festigkeitsklasse.

Beton, unbewehrter. Beton ohne Bewehrung (Stahleinlagen).

Betonverarbeitung. Teilbereich der → Betonherstellung mit den Arbeitsschritten → Fördern, → Einbringen, Verteilen und → Verdichten sowie Herstellen eines Oberflächenschlusses der ungeschalten Flächen, die am noch verarbeitbaren Frischbeton ausgeführt werden. Der Arbeitsablauf ist so einzurichten, daß bei möglichst kurzen und gleichbleibenden Transport- und Förderzeiten des Betons festgelegte Betonierabschnitte eingehalten werden können.

Der Beton wird am besten sofort nach dem → Mischen verarbeitet. Ist dies ausnahmsweise nicht möglich, so muß er gegen Witterungseinflüsse (Sonne, Wind, Regen) geschützt werden. Im allgemeinen sollte → Baustellenbeton bei trockenem und warmem Wetter innerhalb einer halben Std. und bei kühler und feuchter Witterung innerhalb einer Std. eingebracht und verdichtet sein (→ Verarbeitungszeit). → Transportbeton ist möglichst unmittelbar nach der Anlieferung zu verarbeiten. Bei Zusatz eines → Verzögerers (VZ) kann der Zeitpunkt des Einbaues entsprechend verschoben werden. Dabei ist zu berücksichtigen, daß die Wirkung des Verzögerers temperaturabhängig ist. Grundsätzlich muß gewährleistet sein, daß der Beton verarbeitet ist, bevor er versteift. Beim Anschluß an bereits erhärtete Betonierabschnitte empfiehlt sich das Vorschütten von feinkörnigerem Beton (0/4 oder 0/8 mm; sog. Fußmischung) unter Einhaltung des Wasserzementwertes der folgenden normalen Mischungen. Durch sorgfältige, besonders gleichmäßige Verdichtung ist so auch die Herstellung einwandfreier Ansichtsflächen möglich. → Betonieren.

Betonverflüssiger (BV). Betonzusatzmittel, die den für eine bestimmte Konsistenz oder Verarbeitbarkeit erforderlichen Wassergehalt des Betons verringern oder die Verarbeitbarkeit des Frischbetons verbessern. Die dadurch mögliche Wassereinsparung ist abhängig vom Zusatzmittel und von der Betonzusammensetzung. Sie ist bei steifem Beton geringer als bei weichem und liegt i.a. zwischen 5 und 15%. Die Wirkung beruht meistens darauf, daß die Oberflächenspannung des Wassers herabgesetzt wird. In die Gruppe der B. gehören auch → Fließmittel. Mit den seit einiger Zeit auf dem Markt befindlichen Fließmitteln läßt sich bei auch sonst abgestimmter Betonzusammensetzung mit einem vergleichsweise niedrigen Wassergehalt der → Fließbeton sowie im Betonfahrbahndeckenbau der Beton mit Fließmittel herstellen.

Betonverklebung. Methode zum Verstärken von Stahlbeton-Bauteilen durch Aufkleben von Stahllaschen oder im Fertigteilbau und Freivorbau zum Kleben von Segmenten. Für die Ausführung von schubfesten Klebeverbindungen zwischen Stahlplatten und Stahlbeton-Bauteilen ist eine bauaufsichtliche Zulassung des Instituts für Bautechnik in Berlin erforderlich, über die nur ein kleiner Kreis von Firmen verfügt. Das Verfahren darf für dynamische Beanspruchungen nicht eingesetzt werden und die Brandsicherheit muß für den Einzelfall nachgewiesen werden. Das Kleben von Segmenten ist in DIN 4227, Teil 3 geregelt. Als Bindemittel kommen Reaktions-Kunstharze oder Zemente mit Kunstharzzusätzen in Frage. Die Klebefugen (Preßfugen) werden in den Bereichen, in welchen Schubkräfte übertragen werden, mit einer feinen Verzahnung − ähnlich der Keilzinkung in Holzleimbau − ausgeführt. Praktische Kenntnisse über B. werden im Rahmen von SIVV (Schutz, Instandsetzen, Verbinden, Verstärken) − Lehrgängen vermittelt.

Betonwaren. Sammelbegriff für alle → Betonerzeugnisse, die wie → Pflastersteine, → Mauersteine, → Dachsteine, → Hohlblöcke, → Rohre oder → Pfähle aus → Zementmörtel, → Normal- oder → Leichtbeton hergestellt werden.

Beton, wartungsarmer → Beton, wartungsfreier.

Beton, wartungsfreier. Ein der Witterung dauerhaft ohne Mängel widerstehender Beton. Wie die Praxis − insbesondere in den letzten Jahren − gezeigt hat, sind die bautechnischen Voraussetzungen hierfür nicht immer gegeben. Ursachen für Mängel an Stahlbetonbauten sind in den meisten Fällen Korrosion der Bewehrung wegen ungenügender Betondeckung bzw. ungeeigneter Betonzusammensetzung oder aber eine nicht sachgemäß hergestellte Betonoberfläche. Aufgrund neuerer Erkenntnisse beginnt sich auch in Fachkreisen immer mehr die Auffassung durchzusetzen, daß von einer uneingeschränkten Wartungsfreiheit des Betons nicht ausgegangen werden kann, sondern daß eine an Umwelt- und Nutzungseinflüssen ausgerichtete differenziertere Beurteilung des Wartungsbedarfs von Betonbauten dem Problem besser gerecht würde.

Beton, wasserundurchlässiger. Er muß so dicht sein, daß bei der Prüfung nach DIN 1048 die → Wassereindringtiefe als Mittel von drei Probekörpern

Beton, weicher

50 mm nicht überschreitet. Er wird dort benötigt, wo Betonbauteile längere Zeit einseitig dem Wasser ausgesetzt sind (z. B. Wasserbehälter, Schleusen, Schwimmbecken oder Rohrleitungen).

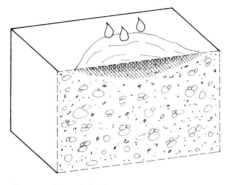

Wassereindringtiefe bei Beton

Beton, weicher. Beim → Frischbeton werden vier → Konsistenzbereiche unterschieden (steif, plastisch, weich, Fließbeton). Beim Beton mit weicher Konsistenz (KR) ist der → Feinmörtel flüssig, der Frischbeton ist beim Schütten schwach fließend. Das → Verdichtungsmaß (v) liegt zwischen 1,07 und 1,02, das → Ausbreitmaß beträgt 42 bis 48 cm. Weicher Beton wird durch → Stochern o. ä. verdichtet.

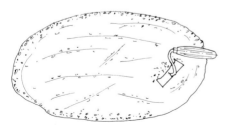

Beton mit weicher Konsistenz

Betonwerk. Oberbegriff für Betonfertigteilwerke und Transportbetonwerke. An die Ausstattung, Produktion und die personelle Besetzung werden bestimmte Anforderungen gestellt. Die hergestellten Produkte, → Betonfertigteile, → Betonwaren oder → Transportbeton, unterliegen i.d.R. einer → Güteüberwachung. → Werksleiter, → Bauleiter.

Beton, werkgemischter → Transportbeton, werkgemischter.

Betonwerkstein. Vorgefertigtes Erzeugnis aus bewehrtem oder unbewehrtem → Beton nach DIN 18500. B. sind entweder durchgehend aus derselben Mischung (einschichtig) oder auch aus Kernbeton und Vorsatzbeton (zweischichtig) gefertigt. Die Sichtflächen werden betonwerksteinmäßig behandelt, z. B. poliert, geschliffen, gesandstrahlt oder geflammstrahlt. Anwendungsgebiete: Bodenbeläge aller Art, Ausbauelemente, Treppen, Wandverkleidungen und Fassadenplatten.

Betonwürfel. → Probewürfel zum Nachweis der → Würfeldruckfestigkeit. Die → Betonfestigkeitsklasse ergibt sich aus der Druckfestigkeit von 28 Tagen alten, normgerecht gelagerten Würfeln von 20 cm Kantenlänge. Der Druckversuch wird nach DIN 1048 durchgeführt.

Betonzusammensetzung. Das → Mischungsverhältnis wird in → Gewichtsanteilen der einzelnen Komponenten angegeben und festgelegt (→ Festraum, Stoffraumrechnung). Die Feuchte des Zuschlags muß entsprechend berücksichtigt werden. Der Beton muß so viel Zement enthalten, daß die geforderte →

Betonzusatzmittel

Druckfestigkeit und bei → bewehrtem Beton ein ausreichender Schutz der Stahleinlagen vor → Korrosion erreicht werden können. Der → Betonzuschlag, seine Aufteilung nach → Korngruppen und die → Kornzusammensetzung des → Zuschlaggemisches müssen bei der Herstellung des Betons der → Eignungsprüfung entsprechen und eine sachgerechte → Verarbeitung des Betons ermöglichen. Besonders bei → Sichtbeton muß der Frischbeton leicht verarbeitbar sein und ein gutes Wasserhaltevermögen haben. Auf eine gleichbleibende B. ist besonders zu achten.

Betonzusätze. Stoffe, die dem Beton zur Beeinflussung bestimmter Eigenschaften zugegeben werden. Sie können sowohl die Eigenschaften des frischen Betons als auch die des erhärteten Betons verändern. Häufig werden durch B. einige Betoneigenschaften in dem gewünschten Sinne günstig, gleichzeitig jedoch andere Eigenschaften ungünstig beeinflußt. Nach Art und Zugabemenge unterscheidet man → Betonzusatzmittel und → Betonzusatzstoffe.

Betonzusatzmittel. Stoffe, die dem Beton flüssig oder pulverförmig zugegeben werden und die Betoneigenschaften durch chemische und/oder physikalische Wirkungen beeinflussen. Da B. dem Beton nur in geringen Mengen (allg. < 50 g bzw. < 50 cm^3 je kg Zement) zugesetzt werden, ist ihr Einfluß als Stoffraumkomponente unbedeutend. Sie wirken sich daher volumenmäßig im Beton nicht aus und bleiben − abgesehen von den ggf. durch sie im Beton erzeugten Luftporen − auch bei der → Stoffraumrechnung des Betons unberücksichtigt.

Die eigentlichen Wirkstoffe machen i.d.R. nur einen geringen Anteil des Zusatzmittels aus, das überwiegend aus Trägerstoffen, z.B. → Gesteinsmehl oder Wasser, besteht. Durch B. können sowohl die Eigenschaften des → Frischbetons, wie z.B. Erstarrungsverhalten, → Konsistenz und → Verarbeitbarkeit, als auch die des erhärteten Betons, wie Festigkeit und Beständigkeit, verändert werden. In zahlreichen Anwendungsfällen können B. eine gute Hilfe bei der Herstellung sachgerechten Betons sein.

Für Beton nach DIN 1045 dürfen nur B. mit gültigem Prüfzeichen des Instituts für Bautechnik, Berlin, verwendet werden, für Spannbeton jedoch nur, wenn die Verwendung für Spannbeton im Prüfbescheid ausdrücklich gestattet ist. Für Einpreßmörtel von Spannbeton dürfen nur Einpreßhilfen mit entsprechendem Prüfzeichen verwendet werden. Die B. unterscheidet man z.Zt. hinsichtlich der angestrebten Wirkung auf die Betoneigenschaften. Geringfügige Änderungen in der chemischen Zusammensetzung des Zusatzmittels oder des Zements können erhebliche Änderungen der Betoneigenschaften zur Folge haben. Auch primär physikalisch wirkende Zusatzmittel können den Chemismus des Erstarrens und Erhärtens negativ beeinflussen, insbesondere, wenn sie stark schwankende Anteile von chemisch wirkenden Nebenbestandteilen enthalten. Die B. können daher zusätzlich auch andere Wirkungen aufweisen, als sie der in der Bezeichnung genannten Wirkungsgruppe entsprechen. Da die Zusatzmittel zudem einige Betoneigenschaften günstig, andere jedoch gleichzeitig ungünstig beeinflussen können, ist die Betonzu-

87

Betonzusatzstoffe

Wirkungsgruppe und Kennzeichnung von Betonzusatzmitteln nach DIN 1045

Wirkungsgruppe	Kurzzeichen	Farbkennzeichen
Betonverflüssiger einschließlich Fließmittel	BV	gelb
Luftporenbildner	LP	blau
Betondichtungsmittel	DM	braun
Erstarrungsverzögerer	VZ	rot
Erstarrungsbeschleuniger, Erhärtungsbeschleuniger	BE	grün
Einpreßhilfen für Einpreßmörtel bei Spannbeton	EH	weiß
Stabilisierer	ST	violett

sammensetzung bei Verwendung von Zusatzmitteln stets aufgrund einer Eignungsprüfung festzulegen. Dies gilt insbes. bei der Kombination mehrerer B.

Betonzusatzstoffe. Fein aufgeteilte Betonzusätze, die bestimmte Betoneigenschaften beeinflussen und als Volumenbestandteile zu berücksichtigen sind (z.B. latent hydraulische Stoffe, Flugasche, Gesteinsmehl, Körperfarben).

Betonzuschlag → Zuschlag.

Bettungsmodul (k). Kenngröße für die Setzung der Bodenoberfläche unter einer Flächenlast. Er wird aus der Drucksetzungslinie der Erstbelastung des Bodens bestimmt.

Bettungssand. Unterlage des → Betonsteinpflasters. Sein Kornbereich sollte zwischen 0,2 mm und 8 mm liegen; er sollte gemischtkörnig sein.

Bewegungsfugen. Fugen zur Aufnahme von gegenseitigen Verschiebungen benachbarter Bauwerks-Teile. Sie erlauben unterschiedliche Bewegungen der Bauteile in einer oder in mehreren Richtungen; z.B. Dehnungen, Verkürzungen, unterschiedliche Setzungen benachbarter Bauteile, Verdrehungen und Kombinationen dieser Bewegungen. B. sollen Bauwerke oder Bauteile unterteilen und trennen. Die Fugen müssen den Bauabschnitten einen gewissen Spielraum für die Eigenbewegungen lassen. B. werden deshalb als Hohlraumfugen (→ Raumfugen) ausgebildet, deren Breite sich nach den Erfordernissen richtet. Sie zeichnen sich am Bauwerk sichtbar ab, gehen durch den gesamten Querschnitt und müssen durchgehend so breit sein, daß alle Bewegungen ohne Zwängungen möglich sind. Die ungehinderte Bewegung wird sichergestellt durch eine ausreichende → Fugenbreite, durch vollständige Unterbrechung der → Bewehrung und durch eine geeignete → Fugeneinlage (→ Fugenabdeckung). Im Fertigteilbau müssen Fugen Fertigungs- und Maßtoleranzen, Verformungen aus Temperaturschwankungen, → Kriechen, → Schwinden und Lastveränderungen aufnehmen können, ohne ggf. die Dichtigkeit des Bauwerks zu beeinträchtigen. Die häufigsten Fehler bei B. betreffen die konstruktive Durchbildung, insbesondere die Auswahl des Fugenmaterials (Dichtstoff), eine zu geringe Fugenbreite, nicht konsequent durchgeführte Fugen und Minderung der Wirksamkeit durch Verunreinigungen wie Steine oder Mörtel. Eine B. trennt Estrichflächen in ihrer gesamten Dicke und gestattet Formänderungen des → Estrichs rechtwinklig zur Fugenrichtung.

Bewehrung. In einer Stahlbetonkonstruktion werden die Zugkräfte durch → Betonstähle aufgenommen, die zu diesem Zweck in den Bereich der Stahlbetonkonstruktion gelegt werden müssen, in dem diese Zugkräfte auftreten (Zugbewehrung). Daneben kann sie auch zur Aufnahme von Schubkräften als Schubbewehrung und zur Verstärkung der Druckzone als Druckbewehrung eingesetzt werden. → Betondeckung, → Betonstahlsorten.

Bewehrung, schlaffe. Wird im normalen → Stahlbeton verwendet. → Betonstabstahl, → Betonstahlmatten.

Bewehrungsdraht. Glatter oder profilierter → Betonstahl (BSt 500 G und BSt 500 P), der als Ring hergestellt und werkmäßig zu Bewehrungen weiterverarbeitet wird.

Bewehrungsrichtlinien. Empfehlungen für die Bewehrungsführung enthält DIN 1045, Abschnitt 18.

Bewehrungsstoß. Aus Gründen des Transports und des Arbeitsablaufes kann die → Bewehrung nur in begrenzten Längen eingebaut werden. Bei Bauteilen mit großer Längen- bzw. Flächenausdehnung werden dann Stöße notwendig, die nach DIN 1045, Abschnitt 18, besonders auszubilden sind.

Bewehrungssuche. In manchen Fällen kann es notwendig werden, den Bewehrungsquerschnitt und die Lage der Bewehrung an einem Stahlbetonbauteil vor Ort festzustellen, z.B. weil keine Pläne mehr vorliegen. Durch systematisches Absuchen der Betonoberfläche kann Lage und Richtung der → Bewehrung bestimmt werden. Das Prinzip der Messung beruht auf der elektromagnetischen Induktion. Ein Wechselstrom bestimmter Frequenz durchfließt die Sondenspule und erzeugt ein magnetisches Wechselfeld. Metallische Gegenstände, die sich im Wirkungsbereich dieses Wechselfeldes befinden, bewirken eine Änderung der Spulenspannung in Abhängigkeit von Betondeckung und Stabdurchmesser.

Bewehrung, steife. Bei einer steifen Bewehrung werden Walzprofile verwendet, deren Trägheitsmoment groß und nicht mehr vernachlässigbar ist. Die Verbundwirkung ist in jedem Fall gesondert zu klären.

Bewehrung, vorgefertigte. Aus Rationalisierungsgründen wird häufig die → Bewehrung nach den Bewehrungsplänen werkmäßig vorgefertigt, so daß sie auf der Baustelle nur noch eingebaut, zusammengefügt und befestigt zu werden braucht. Dies betrifft sowohl das exakte Vorbiegen der einzelnen Bewehrungsstähle als auch die Herstellung ganzer Bewehrungskörbe.

BGB → Bürgerliches Gesetzbuch.

Biegebemessung

Biegebemessung. → Bemessung nur auf → Biegung zu berechnender Querschnitte.

Biegezugbeanspruchung. Bei der Biegung eines Stahlbetonbauteils bilden sich zwei Zonen aus, eine, in der der Beton zusammengedrückt wird (Druckzone) und eine, in der der Beton auf Biegezug beansprucht wird (Zugzone). Der Beton kann sehr hohe Druckkräfte aufnehmen (Beton B 45 = 45 N/mm^2), aber nur viel kleinere Zugkräfte. Zur Aufnahme der Zugkräfte wird deshalb Bewehrungsstahl in die Zugzone eingelegt.

Biegezugfestigkeit. Festigkeit des Betons in der Zugzone bei Biegung. Sie unterscheidet sich von der reinen Zugbeanspruchung dadurch, daß im Betonquerschnitt eine Druck- und eine Zugzone entstehen. Die B. beträgt für Beton nur 1/5 bis 1/9 der Druckfestigkeit und wird an Balken, die unter einer Prüfpresse bis zum Bruch belastet werden, ermittelt. → Biegezugbeanspruchung.

Biegung. Wird ein Bauteil quer zu seiner (seinen) Hauptausdehnungsrichtung(en) belastet, so entsteht eine Durchbiegung, die in der Betonzugzone zu Rissen führen kann (→ Zustand II).

Bims. Sammelbegriff für porige Körner aus schlackenähnlichem Ausgangsmaterial. Zur Unterscheidung müssen daher die erweiterten Begriffe → Naturbims, → Hüttenbims und → Sinterbims angewendet werden. Das natürlich vorkommende poröse, vulkanische Gesteinsglas wird in der Bundesrepublik Deutschland hauptsächlich im Neuwieder Becken gewonnen. B. wird vor allem als → Leichtzuschlag zur Herstellung von Leichtbeton, z.B. Mauersteine, Blöcke, Platten und Hohlkörper für Wände und Decken, verwendet.

Bimsbeton. Beton, bei dem das Zuschlag-Korngerüst im wesentlichen aus → Bims besteht. Es ist ein → Leichtzuschlag aus vulkanischem oder industriell hergestelltem Ausgangsmaterial. Für B. werden → Naturbims, → Hüttenbims und → Sinterbims verwendet.

Bindedraht (Rödeldraht). Beim Zusammenknüpfen der Stahlbewehrung wird B. benötigt, um dieser vor dem Betonieren die notwendige Stabilität zu geben.

Bindemittel. Stoffe, die bei Mörtel und Beton die Zuschläge und Füllstoffe untereinander und mit dem Untergrund (→ Bindemittel, hydraulische) sowie bei Anstrichen die Pigmente und Füllstoffe verbinden. In pigment- und füllstofffreien Anstrichstoffen umfaßt das B. alle nicht-flüchtigen Bestandteile. Zur Ausbesserung von Beton werden sowohl organische (Polymere) als auch anorganische B. (Zement) eingesetzt.

Bindemittel, hydraulische. Sie bestehen aus Verbindungen zwischen einer unhydraulischen Base, dem Kalk (seltener Magnesia), und sog. Hydraulefaktoren: Kieselsäure SiO_2, Tonerde Al_2O_3 und Eisenoxid Fe_2O_3. → Hydraulizität. Zu den h.B. gehören z.B. alle Normzemente nach DIN 1164 und hydraulischer Kalk nach DIN 1060.

Bindemittelmenge (im Straßenbau). Anteil des hydraulischen Bindemittels in einem Baustoffgemisch von → Tragschichten mit hydraulischen Bindemitteln nach → ZTVV-StB bzw. → ZTVT-StB.

Blähglimmerbeton. Beton, bei dem das Zuschlaggemisch im wesentlichen aus Blähglimmer besteht. Er entsteht durch Blähen von glimmerreichen Tonmineralien mit hohem Gehalt an chemisch gebundenem Wasser bei hohen Temperaturen auf ein 20- bis 30-faches Volumen.

Blähmittel → Treibmittel.

Blähschiefer. Keramischer → poriger Zuschlag zur Herstellung von → Leichtbeton, auch konstruktivem Leichtbeton (→ gefügedichter Leichtbeton), der durch schnelles Erhitzen von gebrochenem Schiefer entsteht.

Blähton. Keramischer poriger Zuschlag für → Leichtbeton, dessen einzelne Körner eine kugelige Form und eine gut geschlossene Oberfläche haben. Er entsteht durch Erhitzen bestimmter Tonarten, die bei Temperaturen von ca. 1200 °C Gase bilden und dadurch aufgebläht werden. B. eignet sich gut für die Herstellung von → Hohlblocksteinen, Mauersteinen, → Vollblöcken, Wand- und Deckenplatten sowie konstruktivem Leichtbeton (→ gefügedichter Leichtbeton).

Blaine-Wert. Ein mit dem Blaine-Gerät ermittelter Wert zur Kennzeichnung der → Mahlfeinheit eines Pulvers. Das Meßverfahren beruht auf der Tatsache, daß Luft, die durch ein Pulver gedrückt wird, einen größeren Widerstand zu überwinden hat, je feiner das Pulver ist. Die Angaben des B.-W. entsprechen aber nicht der wahren Oberfläche der Pulverkörner, sondern liefern nur Vergleichswerte.

Blow up. Englischer Begriff für Zerstörungen von Betonfahrbahnen im Fugenbereich, bei denen die Plattenenden übereinandergeschoben werden und nach oben ausweichen. → Aufstauchung.

Bluten. Neigung zum Wasserabsondern von Betonmischungen. Wegen seiner im Vergleich zum Wasser etwa dreimal größeren Dichte neigt der Zement im Zementleim zum Setzen. Dadurch sammelt sich an der Oberfläche des Betons eine mehr oder weniger dicke und klare Wasserschicht an. Diese Neigung zum Wasserabsondern nimmt mit dem Wasserzementwert stark zu; sie ist bei grob gemahlenen Zementen stärker als bei feingemahlenen. In Beton ist das Wasserabsondern nicht so stark ausgeprägt wie in reinem Zementleim, da die feinen Zuschlagkörner einen Teil des Anmachwassers zum Benetzen benötigen.

Böden. Nach DIN 18196 werden B. entsprechend ihren Korngrößen zwischen < 0,002 mm und > 60 mm Korndurchmesser in Bodengruppen (z.B. Ton, Schluff, Sand) eingeteilt.

Böden, angreifende → Aggressivität von Böden.

Bodenaustausch (im Straßenbau). Verfahren zur Verbesserung der Tragfähigkeit und Frostwiderstandsfähigkeit des Untergrundes bei weniger tragfähi-

Boden-Bindemittel-Gemisch

Einteilung der Böden nach Korngrößen gem. DIN 18196

Kornart			Korndurchmesser in mm
Steine			> 60
Siebkorn	Kieskorn	grob mittel fein	60−20 20−6 6−2
	Sandkorn	grob mittel fein	2−0,6 0,6−0,2 0,2−0,06
Schlämmkorn	Schluffkorn	grob mittel fein	0,06−0,02 0,02−0,006 0,006−0,002
	Feinstes	(Ton)	< 0,002

gen bzw. frostempfindlichen Böden durch Auskofferung ungeeigneten und Einbau besser geeigneten Materials.

Boden-Bindemittel-Gemisch (im Straßenbau). Ausgangsstoff für → Tragschichten mit hydraulischen Bindemitteln nach → ZTVV-StB bzw. → ZTVT-StB. Sie werden im → Baumisch- oder → Zentralmischverfahren hergestellt und bestehen aus Boden gemäß DIN 18196 bzw. Sand und Kiessand nach DIN 4226, hydraulischen Bindemitteln nach DIN 1164 (Portland-, Eisenportland-, Hochofen-, Traß-, Portlandölschiefer-Zement), DIN 1060 (hydraulischer Kalk), DIN 4201 (Mischbinder), DIN 18506 (Tragschichtbinder) und Wasser.

Bodengruppen. Natürlich vorkommende Böden werden nach DIN 18196 in B. unterteilt. Diese Unterteilung ist für die Herstellung hydraulisch gebundener Tragschichten gemäß ZTVV-StB bzw. ZTVT-StB eine wichtige Voraussetzung.

Bodenmaterial, enggestuftes. Steile Körnungslinie infolge Vorherrschens eines Korngrößenbereiches.

Bodenverbesserung. Maßnahmen am anstehenden Baugrund, um seine Tragfähigkeit zu erhöhen, so daß spätere Lasten infolge Bebauung oder Verkehr einwandfrei und ohne wesentliche Setzungen aufgenommen werden können (z.B. mechanische Verdichtung, Einmischen von hydraulischen Bindemitteln, Entwässerung oder Anordnung von → Pfählen).

Bodenverfestigung (im Straßenbau). Verfahren, bei dem die Widerstandsfähigkeit des Bodens gegen Beanspruchung durch Verkehr und Klima erhöht wird. Der Boden wird durch Zugabe eines hydraulischen Bindemittels dauerhaft tragfähig und frostbeständig. Als B. wird auch die fertige, mit Bindemittel verfestigte Schicht bezeichnet.

Bohlen. Meist 4-seitig gesägte Schnitthölzer mit Mindestdicken von 40 mm,

Brandschutz

Mindestbreiten von 120 mm und handelsüblichen Längen von 0,25 m zu 0,25 m steigend bis 6,00 m. Sie werden teils als Ausgangsmaterial für weitere Verarbeitung, teils in ursprünglicher Abmessung, z. B. als Gerüstdielen verwendet. Besonders starke Abmessungen sind als Spundbohlen für Spundwände gebräuchlich. Besäumte und unbesäumte B. aus Nadelholz sind in DIN 4071 genormt.

Böhmsche Scheibe → Schleifscheibe (nach BÖHME).

Bohrkern. Mit einer Kernbohrmaschine aus dem erhärteten Betonbauteil, z. B. einer Betonfahrbahnplatte, entnommene Betonprobe zur Überprüfung (→ Kontrollprüfung) der → Rohdichte, → Betonfestigkeit, → Sieblinie und u.U. der Plattendicke.

Bohrkernfestigkeit. → Zylinderdruckfestigkeit, ermittelt an einem → Probekörper (Zylinder), der aus einem Bauwerk/Bauteil im Naßbohrverfahren entnommen wurde.

Bohrlochzement → Tiefbohrzement.

Bohrpfahl. Bauelement zur Übertragung von Lasten bei wenig tragfähigen Böden auf den tieferliegenden sicheren Untergrund. Im allgemeinen werden zur Herstellung Stahlrohre in den Baugrund eingebracht, der Boden im Inneren ausgehoben, eine Stahlbewehrung eingesetzt und der Beton eingebracht und verdichtet. Die Stahlrohre dienen als verlorene Schalung oder werden dem Betonierverlauf folgend kontinuierlich herausgezogen. Je nach Art des Niederbringens der Vortreibrohre unterscheidet man Ortrammpfähle, Preßrohrpfähle, Rüttelpfähle und Bohrpfähle.

Bordsteine (aus Beton). Besonders geformte Betonsteine für Randeinfassungen von Verkehrsflächen. Sie dienen zur Trennung der Verkehrsbereiche, der optischen Verkehrsführung, der Straßenentwässerung und vermindern das Abkommen der Fahrzeuge von der Verkehrsfläche zum Schutze der Fußgänger. Sie werden als Hochbordstein, Flachbordstein und Tiefbordstein werkmäßig oder mit Gleitschalungsfertiger hergestellt.

Bossieren. Das Beton-Werkstück wird mit dem Bossierhammer oder Setzeisen bearbeitet, der deutlich sichtbare Einschläge hinterläßt.

Brandschutz. Bauliche Anlagen müssen so beschaffen sein, daß der Entstehung und der Ausbreitung von Feuer und Rauch vorgebeugt wird, bei einem Brand wirksame Löscharbeiten möglich sind und Menschen und Tiere gerettet werden können (Art. 17 BayBO). Der B. umfaßt damit alle Maßnahmen zur Verringerung der Brandgefahr, um damit Schäden an Personen, Sachen und der Umwelt vorzubeugen. Bewährt hat sich die Wahl nicht brennbarer Baustoffe und Bauteile mit einem hohen Feuerwiderstand. Hinzu kommt eine möglichst sinnvolle Unterteilung des Gebäudes in einzelne Abschnitte, die gegeneinander brandsicher abgeschottet sind, die Anordnung betrieblicher Einrichtungen wie z.B. automatische Brandmelder oder Sprinkleranlagen sowie das Einplanen von Wegen zur Menschenrettung und

Brandschutz

Übersicht der bauaufsichtlichen Brandschutzvorschriften

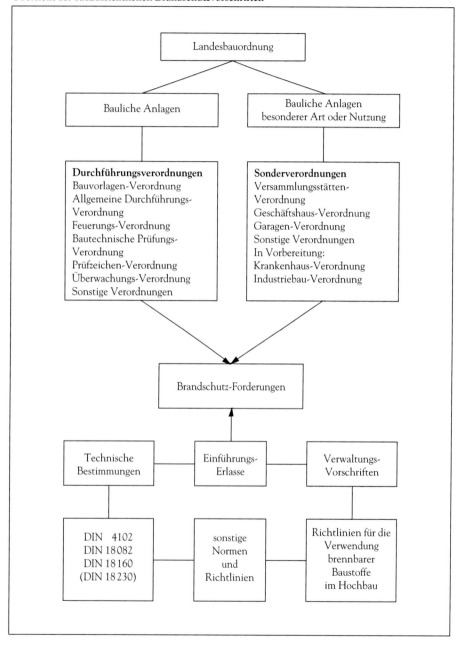

Brandwände

Benennung für Bauteile nach DIN 4102, Teil 2

Bauaufsichtliche Benennung	Benennung nach DIN 4102 Teil 2	Kurzzeichnung
feuerhemmend	Feuerwiderstandsklasse F 30	F 30 - B
feuerhemmend und in den tragenden Teilen aus nichtbrennbaren Baustoffen	Feuerwiderstandsklasse F 30 und in den wesentlichen Teilen aus nichtbrennbaren Baustoffen	F 30 - AB
feuerhemmend und aus nichtbrennbaren Baustoffen	Feuerwiderstandsklasse F 30 und aus nichtbrennbaren Baustoffen	F 30 - A
feuerbeständig	Feuerwiderstandsklasse F 90 und in den wesentlichen Teilen aus nichtbrennbaren Baustoffen	F 90 - AB
feuerbeständig und aus nichtbrennbaren Baustoffen	Feuerwiderstandsklasse F 90 und aus nichtbrennbaren Baustoffen	F 90 - A

Brandbekämpfung durch die Feuerwehr. Die wichtigsten bauaufsichtlichen Anforderungen an den B. von Gebäuden sind in den jeweiligen Landesbauordnungen enthalten. Die einschlägigen Verordnungen, technischen Baubestimmungen und Verwaltungsvorschriften sind über Erlasse rechtswirksam eingeführt. → Baustoffklassen, → Brandwände, → Feuerwiderstandsdauer, → Feuerwiderstandsklassen.

Brandwände. Wände zur Trennung oder Abgrenzung von Brandabschnitten. Sie sind dazu bestimmt, die Ausbreitung von Feuer auf andere Gebäude oder Gebäudeabschnitte zu verhindern. Die baulichen Anforderungen regelt DIN 4102,

Mindestwanddicken für Brandwände aus Beton nach DIN 4102, Teil 3

Ausführungsart	Mindestdicke in mm Brandwand		Komplextrennwand der Sachversicherer
	einschalig	zweischalig	
bewehrter Beton nach DIN 1045	140	2 x 140	200
Mauersteine aus Beton nach DIN 18 151, DIN 18 152, DIN 18 153, DIN 398 Steinrohdichte- Klasse $> 1,2$ $\leq 1,2$	240 300	2 x 175 2 x 200	365
Gasbeton-Blocksteine nach DIN 4165	300	2 x 240	365

Brechsand

Teil 3. Bei Brandabschnitten mit höheren Brandlasten, wie sie im Industriebau vorkommen, genügen DIN-B. nicht. Die Sachversicherer haben deshalb die Komplextrennwand festgelegt, die schärfere Bedingungen erfüllen muß. B. müssen allgemein folgende Anforderungen erfüllen:
- Sie müssen aus Baustoffen der Klasse A nach DIN 4102, Teil 1, bestehen.
- Sie müssen bei mittiger und ausmittiger Belastung die Anforderungen mind. der Feuerwiderstandsklasse F 90 nach DIN 4102, Teil 2, erfüllen.
- Sie müssen bei dreimaliger Stoßbeanspruchung — Pendelstöße mit je 3 000 Nm Stoßarbeit — standsicher und raumabschließend im Sinne von DIN 4102, Teil 2, bleiben.
- Sie müssen die vorstehend genannten Anforderungen auch ohne Bekleidungen erfüllen. → Brandschutz.

Brechsand. Zuschlagmaterial bis 4 mm nach DIN 4226 oder bis 5 mm nach TL Min-Stb 83, das durch Brechen und Absieben von natürlichem oder künstlichem Gesteinsmaterial gewonnen wird. Mehrfaches Brechen der Natursteine führt zu gedrungenen Körnern, die gewaschen als Edelbrechsand angeboten werden (Nach TL Min-Stb 83 nur bis 2 mm).

Bretter. Im allgemeinen Sprachgebrauch Schnitthölzer geringerer Dicke. Man unterscheidet nach der Bearbeitung rauhe (ungehobelte) und gehobelte Bretter. Ungehobelte B. sind in DIN 4071 genormt. Die Dicken für gesäumte und ungesäumte B. aus Nadelholz betragen dort z.B. 10, 12, 15, 18, 22, 24, 28 und 35 mm. Bei den gehobelten B. gibt es ein- und zweiseitig gehobelte B., ferner gefügte (an beiden Schmalseiten gehobelte), gefalzte und gespundete B. (Nut- und Federbretter). Gespundete B. sind in DIN 4072 genormt. Bevorzugte Dikken für europäische Hölzer sind dort z.b. 15; 19,5; 21; 27 und 32 mm. Bezeichnungsbeispiel: Brett 21 x 110 x 3000 DIN 4072 - Ki (gehobeltes Brett mit Nut und Feder von 21 mm Dicke, 110 mm Deckbreite und 3000 mm Länge aus Kiefer). Ungehobelte, gespundete Brettware bezeichnet man als Rauhspund.

Brettplattenschalung. Nach DIN 18 215 genormte Schalungselemente, die umgangssprachlich auch Schaltafeln, Schalungsplatten oder Schalungstafeln genannt werden. Das übliche Format beträgt 150 x 50 cm. Die Tafeln bestehen aus gehobelten und stumpf verleimten Tannen- oder Fichtenholzbrettern und haben einen Kantenschutz. Bei Verwendung von unbeschädigten Tafeln ist wegen des Kantenschutzes nur Industrie-Sichtbeton möglich. Um Ankerbohrungen der Tafeln zu vermeiden, werden Bretter zwischengelegt. Neue Zwischenbretter sind stets mit Zementschlämme (w/z-Wert 0,80) vorzubehandeln. Die Vorbehandlung der Tafeln erfolgt nach mechanischer Reinigung mit Wasser, Ölemulsion mit Trennzusätzen oder chemischen Trennmitteln.

Brettschalung. Als Holzarten für B. werden vorzugsweise Fichte, Kiefer oder Tanne als rauhe oder gehobelte Bretter verwendet. Da stumpfe, sägerauhe Brettstöße zu Zementleimverlusten mit der Konsequenz des Absandens im Fugenbereich führen können, verwendet man zu-

Bügel

meist Spundungen (Wechselfalz-, Dreiecks-, oder auch Keilspundungen). B. müssen vor dem Einbau des Betons mit besonderen → Trennmitteln oder Wasser vorbehandelt werden. Unterschiedliche Belichtung und verschiedenes Alter der Bretter führen zu Verfärbungen des Betons. Neue Schalbretter müssen deshalb vor dem ersten Einsatz mit Zementschlämme (w/z-Wert rd. 0,80) oder mit Speziallösungen vorbehandelt werden, da neues Holz grundsätzlich dunklere, abmehlende Betonoberflächen ergibt. Die Zementschlämme ist sofort nach dem Auftragen wieder zu beseitigen. Deshalb sind auch möglichst Bretter gleichen Alters (Holzinhaltsstoffe) und gleichen Sägeschnittes zu verwenden. Bretter mit Harzgallen führen zu Schäden auf der Betonfläche und sind deshalb zu vermeiden.

Bruchdehnung. Verlängerung eines Stabes, z.B. eines → Betonstabstahls bei einer Zerreißprobe, bezogen auf die ursprüngliche Länge.

Bruchlast. Belastung (z.B. in kN), bei der die → Tragfähigkeit eines Bauteils erschöpft ist und der Bruch einsetzt.

Bruchspannung. Bruchlast, bezogen auf eine konkrete Fläche, bei der ein Materialversagen eintritt. Die Spannung ist definiert durch den Quotienten Kraft (F) durch Fläche (A).

Bruchverhalten. Charakterisierung eines Baustoffs hinsichtlich seiner Eigenheiten und Eigenschaften beim Auftreten der Bruchlast.

Bruchzustand. Spannungszustand eines Querschnitts nach Überschreiten der Traglast.

Brusthölzer. Bei Wandschalungen mit stehenden Brettern wird i.a. die bei der Verwendung von liegenden Brettern übliche Schalungsweise um 90° gedreht. Dann verlaufen die Schalbretter und Gurthölzer senkrecht und die zuvor als Standhölzer bezeichneten Kanthölzer waagerecht. Da dieser Verlauf ihrer Bezeichnung widerspricht, werden zur Vermeidung von Irrtümern diejenigen Kanthölzer, die zwischen den senkrechten Gurthölzern und den parallel zu ihnen verlaufenden Schalbrettern waagerecht angeordnet sind, als B. bezeichnet.

Brückenbau. Eigenständiges Gebiet des Ingenieurbaus. Als Betonbauweisen haben sich bei kleineren Spannweiten und hohen Belastungen Stahlbetonkonstruktionen, bei größeren Spannweiten und mehrfeldrigen Brücken die Spannbetonbauweise bewährt.

Brückenkappen. Nichtbefahrene Randausbildung von Stahlbeton- oder Spannbetonbrücken bzw. -fahrbahnplatten, die auch als Schrammborde ausgebildet werden können. Für die Herstellung des Betons ist die → ZTV-K, Abschnitt 6.7.5 zu beachten.

BTB → Bundesverband der Deutschen Transportbetonindustrie e.V., Duisburg.

Bügel. Neben der reinen → Biegezugbewehrung müssen zur Aufnahme der Schubkräfte quer dazu Bügel angeordnet werden. → Schubbewehrung.

Bundesverband

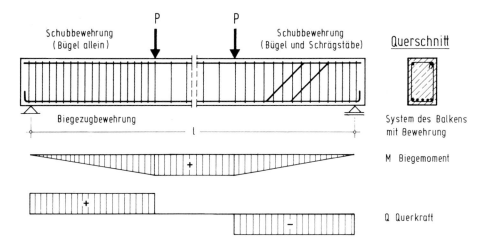

Anordnung der Bügel in Balken auf zwei Stützen

Bundesverband der Deutschen Transportbetonindustrie e.V. (BTB). Verband zur Wahrung und Förderung der gemeinsamen wirtschaftlichen Belange der Deutschen Transportbetonindustrie mit Sitz in Duisburg.

Bund Deutscher Baumeister, Architekten und Ingenieure (BDB). Gemeinsame Standesvereinigung von Architekten und Ingenieuren mit Sitz in Bonn.

Bundesverband der Deutschen Zementindustrie e.V. (BDZ). Verband zur Wahrung und Förderung der gemeinsamen wirtschaftlichen Belange der Deutschen Zementindustrie mit Sitz in Köln. → Bauberatung Zement.

Bundesverband des Deutschen Baustoffhandels e.V. (BDB). Verband zur Wahrung und Förderung der gemeinsamen wirtschaftlichen Belange des Deutschen Baustoffhandels mit Sitz in Köln.

Bundesverband Deutsche Beton- und Fertigteilindustrie e.V. (BDB). Verband zur Wahrung und Förderung der gemeinsamen wirtschaftlichen Belange der Deutschen Beton- und Fertigteilindustrie mit Sitz in Bonn.

Bürgerliches Gesetzbuch (BGB). § 638 BGB sieht für den Anspruch des Bestellers auf Beseitigung eines Bauwerksmangels eine Verjährungsfrist von fünf Jahren vor (→ VOB: zwei Jahre).

BV → Betonverflüssiger.

C

Calciumcarbid-Methode
→ CM-Gerät.

Calciumcarbonat ($CaCO_3$). Hauptbestandteil des natürlichen Kalksteins. C. wird durch Erhitzen (Brennen) in Calciumoxid (CaO) und Kohlendioxid (CO_2) zerlegt. Technisch genutzt wird der umgekehrte Vorgang (CaO + Wasser + CO_2 der Luft) beim Kalk als Bindemittel. → Carbonatisierung. → Kalk. Im Zementstein kann das bei der Hydratation entstandene Calciumhydroxid durch das aus der Luft eindiffundierende Kohlendioxid zu C. umgewandelt werden (Carbonatisierung). Durch Wassereinwirkung an die Betonoberfläche transportiert, entsteht aus Calciumhydroxid ebenfalls C. Diese weißen Ablagerungen werden als Ausblühungen bzw. Aussinterungen bezeichnet. Sie sind nur schwer wasserlöslich.

Calciumchlorid. Zur Schnee- und Eisräumung auf Verkehrsflächen verwendetes Salz. → Tausalz.

Calciumhydroxid ($Ca(OH)_2$). Gelöschter Kalk entsteht aus gebranntem Kalk (Calciumoxid CaO) und Wasser (H_2O). Bei der → Hydratation des Zements wird C. abgespalten. Das Porenwasser im Zementstein hat dadurch einen → pH-Wert von etwa 12,5. Es reagiert stark basisch und bewirkt den Korrosionsschutz der Stahleinlagen im Beton.

Calciumoxid (CaO). Einer der Hauptbestandteile des Rohstoffs für die Zementherstellung.

Calciumsulfat ($CaSO_4$). Ein Stoff, der bei der Zementherstellung in geringen Mengen zur Regelung des Erstarrungsverhaltens zugeführt wird. C. kann Gipsstein oder Anhydrit sein. Beide sind als natürliche Stoffe vorhanden, können aber auch als Nebenprodukt bestimmter

CEMBUREAU

industrieller Verfahren anfallen – z.B. bei der Rauchgas-Entschwefelung als sog. REA-Gips.

Carbonatisierung. Bildung von Calciumcarbonat aus dem Kalkhydrat des Zementsteins infolge Einwirkung von Kohlensäure: $Ca(OH)_2 + CO_2$ ergibt $CaCO_3 + H_2O$. Die Kohlensäure kann aus der umgebenden Luft stammen oder durch kohlensäurehaltiges Wasser zugeführt werden. Für den Rostschutz der Bewehrungseinlagen von Stahlbeton ist die C. von größter Wichtigkeit. Die Betondeckung muß immer so dick sein, daß die carbonatisierte Schicht nicht bis an die Bewehrung heranreicht.

Carborundum. Andere Bezeichnung für Siliziumkarbid. Hartstoffmaterial zur Herstellung hochverschleißfester Betonoberflächen, Reindichte 3,1 bis 3,2 kg/dm^3. Das Material wird entweder auf die vorhandene Frischbetonfläche aufgestreut und eingearbeitet oder mit Zement gemischt frisch auf frisch als Hartstoffbelag aufgetragen.

CEB. → Comité Euro-International du Béton (Euro-internationales Beton Komitee.

CEMBUREAU. Association Européenne du Ciment. Europäischer Zementverband mit Sitz in Brüssel, der die Zementindustrie von zahlreichen europäischen Ländern vereinigt. Auf diese Länder entfällt etwa ein Viertel der Welt-Zementproduktion. C. ergänzt die Arbeit nationaler und regionaler Verbände durch Spezialdienste und ist ein Forum für die internationale Zusammenarbeit und den Austausch von Ideen und Informationen.

CEN

CEN. Comité Européen de Normalisation (Europäisches Komitee für Normung). Herausgeber der Euronormen (EN).

Chlorcalcium (Calciumchlorid, $CaCl_2$). Hygroskopisches Salz, das in → Frostschutzmitteln zur Erhärtungsbeschleunigung von Beton (Winterbeton) enthalten, jedoch für bewehrten Beton (Korrosion der Bewehrung) verboten ist. In geringem Maß auch in manchen Taustoffen (→ Taumittel) enthalten.

Chloriddiffusion. Transportvorgang, durch den Chlor-Ionen über die Gefügeporen in den Beton eindringen. Hierbei unterscheidet man: 1. Die reine Diffusion, bei der die Chlorionen infolge eines Konzentrationsgefälles von außen in das Innere des Betons eindringen und 2. die Wasserdiffusion, bei der die Chloride mit dem diffundierenden Wasser transportiert werden. Dieser Vorgang findet statt, wenn der Beton Wasser kapillar aufsaugt oder wenn er austrocknet. Im letzteren Fall kommt es zu einer Chlorid-Anreicherung an der Oberfläche. Unter praktischen Bedingungen werden beide Vorgänge gleichzeitig oder abwechselnd auftreten, wobei die jeweiligen Anteile nicht genau bekannt sind. Die Größe der Ch. wird u.a. von folgenden Parametern beeinflußt:

- Betonzusammensetzung (Zementart, Zementgehalt, Wasserzementwert),
- Hydratationsgrad des Betons,
- Wassergehalt des Betons,
- Chloridkonzentration bzw. -konzentrationsgefälle,
- Temperatur.

Chloride. Die Salze der Salzsäure (HCL); ihre Bildung ist aber auch durch unmittelbare Vereinigung von Chlor mit Metallen möglich. Ch. sind für unbewehrten Beton i.a. nicht schädlich, heben jedoch die Passivierung an der Oberfläche des Bewehrungsstahls (→ Passivschicht) auf, was in alkalischer Umgebung zu Lochfraß, im bereits carbonatisierten Bereich zum flächigen Abrosten der Bewehrung führen kann. Eine äußere Zufuhr von Ch. erfährt der Beton insbesondere durch Auftausalze, Schwimmbadwasser und PVC-Brandgase. Chloridhaltige Betonzusatzmittel sind zur Verwendung in Stahlbeton nicht zugelassen.

Chloridgehalt (im Beton). Der Gesamtchloridgehalt eines Betons ist i.d.R. aus einem korrosionsfördernden (im Porenwasser gelösten) und einem korrosionschemisch inaktiven (durch Hydratationsprodukte oder spezifische Mineralformen chemisch gebundenen) Anteil zusammengesetzt. Die Grenzen zwischen beiden Zuständen sind fließend. Die Bindung von Chlorid im Zementstein erfolgt im wesentlichen durch Bildung des sog. „→ Friedelschen Salzes", einer Verbindung zwischen Calciumchlorid und der → Klinkerphase Tricalciumaluminat. Durch höhere Temperaturen (> 90 °C) oder durch Carbonatisierung des Zementsteins können chemisch gebundene Chloridanteile jedoch auch wieder freigesetzt werden.

Chlorkautschuk. Bewährter Lackrohstoff, besonders für wetterfeste Anstriche und Korrosionsschutzbeschichtungen auf Metall und Beton (Schwimmbadfarbe). Sehr beständig gegen Alkalien, Säuren, Wassereinfluß und starke mechanische Belastung. Thermische Dauerbeanspruchbarkeit bis 80 °C, geruch- und geschmacklos, beständig gegen Bakterien, Pilz- und Schimmelbefall.

Chlorkautschukanstrich. Anstrich auf Chlorkautschukbasis. → Chlorkautschuk.

Chlorsäure → Stoffe, betonangreifende.

Chlorverbindungen → Stoffe, betonangreifende.

Chromoxidgrün. Licht- und alkalibeständiges Farbpigment, Betonzusatzstoff nach DIN 1045.

CM-Gerät (Calciumcarbid-Methode). Gerät zur Bestimmung des Wassergehalts kleiner Zuschlag- und Festbetonproben im Labor oder auf der Baustelle. Die Probe wird in einer verschließbaren Stahlflasche mit Calciumcarbid vermischt, das mit dem Porenwasser des Betons Acetylengas bildet. Der in der Stahlflasche entstehende Gasdruck kann über ein Manometer abgelesen werden. Die vorhandene Wassermenge bestimmt die Druckhöhe, so daß bei einer bestimmten Probemenge aus dem Gasdruck der Wassergehalt des Festbetons mit Hilfe der allgemeinen Gasgleichung errechnet werden kann. Aus einer Tabelle kann der Wassergehalt, abhängig von der Betonmenge und dem Manometerdruck, abgelesen werden.

Codex Hammurabi. Gesetzbuch des Babylonischen Königs Hammurabi, der um 1800 v. Chr. lebte; etwa 400 Jahre äl-

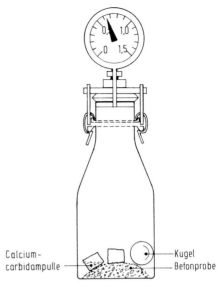

Stahldruckflasche mit Manometer für die Carbidmethode

ter als die Zehn Gebote Moses. Der C.H. enthält vermutlich die ersten Gesetze im Bauwesen, z.B.: „Wenn ein Baumeister ein Haus baut für einen Mann, und macht seine Konstruktion nicht stark, so daß es einstürzt und verursacht den Tod des Bauherrn: dieser Baumeister soll getötet werden."

Colcretebeton (→ Ausgußbeton). → Unterwasserbeton. Bei der Zusammensetzung der Mörtel für die Injektionsverfahren → Prepakt und → Colcrete gilt, daß die Mörtel nur schwer mit Wasser mischbar sein sollen. Sie müssen außerdem fließfähig sein, so daß sie im Korngerüst weitgehend einen geschlossen ansteigenden Flüssigkeitsspiegel bilden. Das Vorbeiströmen des Mörtels am mit Wasser umhüllten Zuschlag fördert die Vermischung mit Wasser. Der Wasserzementwert des Mörtels muß deshalb nied-

Colcrete-Verfahren

riger sein als beim fertig eingebrachten Beton. Er beträgt zur Herstellung wasserundurchlässiger Bauteile bei Unterwasserinjektion 0,45 bis 0,55. Die Unterschiede zwischen Prepakt- und Colcrete-Mörtel sind folgende: Während man beim Prepakt-Verfahren Zement, Sand und Wasser sowie ein verflüssigendes und treibendes Zusatzmittel (ähnlich → Einpreßhilfe, EH) verwendet und diese Stoffe gemeinsam mischt, wird beim Colcrete-Verfahren meist auf Zusatzmittel verzichtet. Die Mischung der Bestandteile für den Colcrete-Mörtel (Colgrout) erfolgt in einem hochtourigen 2-Stufen-Mischer, wobei in der ersten Stufe Zement und Wasser gemischt (Zementleim) und in der zweiten Stufe durch Hinzufügen des Sandes der Mörtel hergestellt wird. Mit diesem Verfahren läßt sich eine sehr intensive Benetzung des Zements mit Wasser erreichen, was zur Stabilität des Gemischs beiträgt. Der fertige Mörtel wird oft als „kolloidaler" Mörtel bezeichnet.

Colcrete-Verfahren. 1. Herstellung von besonders aufbereitetem Colcrete-Mörtel und -Beton. In einem intensiven Mischvorgang erhält der Mörtel ohne Zugabe chemischer Mittel spezielle kolloidale Eigenschaften. Er verbindet sich i.a. außerhalb des Aufbereitungsvorganges nicht mit weiterem Wasser, entmischt sich also auch nicht unter Wasser, besitzt eine hervorragende Fließ- und Pumpfähigkeit, ein gutes Haftvermögen und ist im erhärteten Zustand wasserundurchlässig. Der Colcrete-Mörtel ist meerwasserbeständig und damit als vielseitiges Baumaterial speziell für den Wasserbau geeignet, vor allem zum Verpressen und Verfüllen von Steinschüttungen (Steinverguß, Steinverklammerung), als Injektionsbeton (→ Ausgußbeton) oder für Injektionen von Spalten und Rissen in Gestein, Mauerwerk und Beton.

2. Einbauverfahren für Unterwasserbeton. Es ist ähnlich dem → Prepact-Verfahren ein sog. Mörtelinjektionsverfahren. Zum Einbringen des Mörtels werden Injektionsrohre mit Durchmessern bis 40 mm, in einem Rasterabstand von 1,5 bis 3,0 m (abhängig von dem Gesteinsgerüst) bis ca. 10 cm über die Baugrubensohle eingetrieben. Diese Rohre werden mit einem Schlauchsystem über Wasser verbunden und einzeln oder in Gruppen über entsprechende Ventile mit Mörtel beschickt und entsprechend dem Füllvorgang hochgezogen. Der Anstieg des Mörtelspiegels und die erforderliche Eintauchtiefe der Injektionsrohre von rd. 30 cm werden mit Hilfe von Beobachtungsrohren überprüft. Das Grobkorngerüst kann ohne besondere Vorsichtsmaßnahmen eingebracht werden. Die nachträgliche Injektion bietet bei fachgerechter Ausführung eine hohe Sicherheit gegen Auswaschen des Zementmörtels. Der Aufwand an Geräten und Installation ist allerdings hoch und die erreichbare Betonfestigkeit und Wasserundurchlässigkeit in Vergleich zu anderen Verfahren geringer, weil eine dünne Wasserschicht auf den Zuschlägen vom aufsteigenden Mörtel nicht verdrängt werden kann. Festigkeitsklassen über B 25 lassen sich als Unterwasserbeton mit Injektionsverfahren nur recht schwierig herstellen.

Contractor-Verfahren. Eine der ältesten bekannten Methoden zur Einbringung von Unterwasserbeton. Dabei wird ein Trichter mit einem bis auf den Boden reichenden dichten Schüttrohr aus Stahl

C₃A

Herstellung von Unterwasserbeton im Colcrete-Verfahren

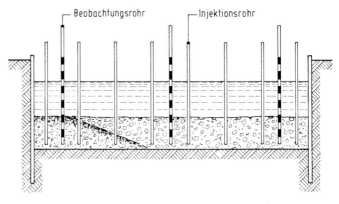

Herstellung von Unterwasserbeton im Contractor-Verfahren

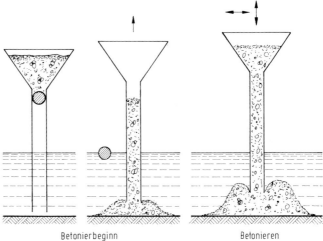

höhenverschieblich in die Baugrube eingestellt. Das Schüttrohr hat i.d.R. 20 bis 30 cm Durchmesser. Um beim Beginn des Betonierens das Durchfallen des Betons zu vermeiden, wird das Rohr zunächst mit einem Stopper (Gummiball, Papierknäuel) verschlossen. Wenn der Betonvorrat im Trichter ausreicht, um das ganze Schüttrohr zu füllen, wird der Stopper losgelassen und der Beton sinkt im Schüttrohr ab und quillt bei vorsichtigem Anheben des Schüttrohres heraus. Das Rohr muß immer ausreichend tief in den Beton eintauchen, damit der Beton niemals frei durch das Wasser fällt. Das Gerät ist einfach; bei perfekter Handhabung findet keine Berührung des zulaufenden Betons mit dem Wasser statt. Beim erforderlichen Heben und seitlichen Verschieben des Schüttrohres besteht aber die Gefahr, daß die im Trichter und Schüttrohr befindliche Betonsäule plötzlich nach unten ausläuft und Wasser in das Fallrohr zurückschlägt.

C₃A → Tricalciumaluminat.

Dach

D

Dach. Oberer Abschluß von Gebäuden gegen die Außenluft. Dächer haben in erster Linie die Aufgabe, die Gebäude gegen Witterungseinflüsse zu schützen. Nach ihrer Dachneigung sind → Steildächer und → Flachdächer zu unterscheiden. Grenzen Aufenthaltsräume direkt an Dachflächen wie beim Flachdach oder beim ausgebauten Dachgeschoß, dann sind von diesen Dachdecken weitere Funktionen, wie Wärmeschutz, Schallschutz und Brandschutz zu übernehmen.

Dach, belüftetes. Dazu gehören fast alle Steildächer und ein Teil der Flachdächer. Die untere, innere Schale übernimmt die Funktion der Wärmedämmung, die obere äußere Schale die des Wetterschutzes. Die dazwischenliegende Luftschicht dient der Hinterlüftung der Dachhaut. Dächer mit hinterlüfteter Dachhaut werden auch als → Kaltdach bezeichnet.

Dacheindeckungen. Bei geneigten Dächern wird auf die Lattung ein Belag als Witterungsschutz gelegt. Diese D. besteht häufig aus Betondachsteinen oder Faserzementplatten.

Dachformen. Äußeres Erscheinungsbild von Dächern. Landschaftliche Bindungen, örtliche Gegebenheiten sowie die sich wandelnden Architektur- und Bauauffassungen führen zur Ausprägung unterschiedlicher D. und „Dachlandschaften".

Dach, nicht belüftetes. Einschalige Konstruktionen, bei denen die einzelnen Schichten dicht aufeinander liegen und der gesamte Querschnitt des Daches dem Wärmeschutz dient.

DAfStb → Deutscher Ausschuß für Stahlbeton.

Dämmer. Ein mit wenig Bindemittel – i.d.R. mit Zement – versetztes Steinmehl zum Verpressen („Verdämmen") von Hohlräumen im Straßen-, Stollen- und Tunnelbau. Die Druckfestigkeit von Dämmer entspricht etwa der von Putzen.

Dämmputz. Putz aus Leichtmörtel, der zur Verbesserung der Wärmedämmung in Dicken bis zu 8 cm auf Außenwände aufgebracht wird.

Dämmschicht. Konstruktionsdetail von Bauteilen, um vorgegebene Wärme- und Schalldämmwerte zu erzielen. Für den Wärmeschutz gilt die DIN 4108, für den Schallschutz die DIN 4109. → Wärmedämmschicht.

Dämmstoffe. Materialien unterschiedlicher Art zur Gewährleistung des Wärme- und Schallschutzes in Gebäuden. → Wärmedämmstoffe.

Dampfdiffusionswiderstand → Wasserdampfdiffusionswiderstand.

Dampfbehandlung. Verfahren zur → Wärmebehandlung des Betons, um die → Frühfestigkeit zu erhöhen. Vorwiegend im → Fertigteilbau eingesetzt, wird der verdichtete → Frischbeton meist in besonderen Kammern einer Wärmebehandlung mit ungespanntem Sattdampf unter 100 °C ausgesetzt. Die Minderung der → Endfestigkeit ist vernachlässigbar

Dachformen

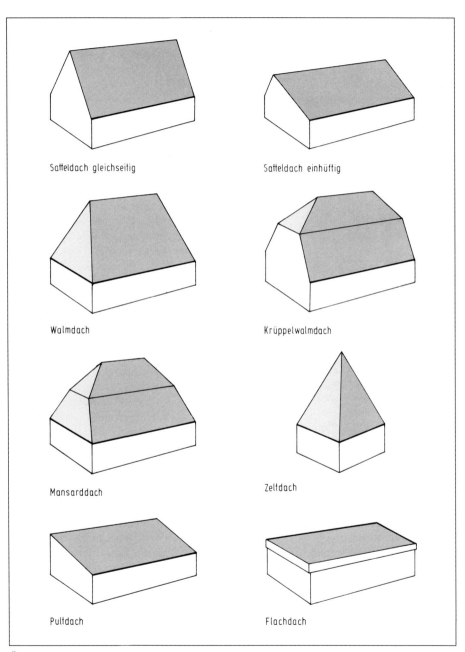

Übersicht über die verschiedenen Dachformen

Dampfdiffusion

gering bei einer langen Behandlungszeit (ca. 1 Tag). Bei einer Verkürzung muß mit einer Minderung der Endfestigkeit von 20% bis 40% gerechnet werden.

Dampfdiffusion → Wasserdampfdiffusion.

Dampfhärtung. Verfahren zur → Wärmebehandlung des Betons. Der verdichtete → Frischbeton wird in Autoklaven (Druckkammer) mit gespanntem Dampf von ca. 200 °C und einem Druck von ca. 15 bar behandelt. Dabei kommt es zu einer festigkeitssteigernden Reaktion des bei der → Hydratation des Zements abgespaltenen Kalks mit sehr feinen Quarzkörnern des Zuschlags. Abgesehen von der Gasbetonherstellung wird die D. von Beton in der Bundesrepublik Deutschland nur in wenigen Ausnahmefällen angewendet.

Dampflanzen. Geräte zum Erwärmen der Zuschläge für → Winterbeton. Es sind Rohre mit Löchern in der Wandung, die an Dampfleitungen angeschlossen werden können. Bei kaltem Wetter werden sie in die Zuschläge gesteckt, um diese durch ausströmenden Dampf zu erwärmen.

Dampfmischen. Verfahren, bei dem der → Frischbeton durch Einmischen von Sattdampf erwärmt wird. Durch das Kondensieren des Dampfes wird eine große Wärmemenge freigesetzt. Für das Erwärmen von 1 m³ Beton um 1 K ist etwa eine Dampfmenge von 1 kg erforderlich. Die anfallende Kondenswassermenge ist bei der Zugabe des Anmachwassers zu berücksichtigen.

Dampfsperre. Wasserdampfsperrschicht mit einem Teildiffusionswiderstand, der mehr als 100 m beträgt. Als D. werden Metall- oder Kunststoffolien verwendet.

Darren. Verfahren zur Ermittlung der Eigenfeuchtigkeit von Zuschlag oder des Wassergehaltes von Frischbeton.

Dauerhaftigkeit. Beton ist bei einer auf den Verwendungszweck abgestimmten Auswahl und Zusammensetzung der Ausgangsstoffe, bei sachgerechter Herstellung und bei entsprechender → Nachbehandlung unter den üblichen Umweltbedingungen ein dauerhafter Baustoff, der keines zusätzlichen Schutzes bedarf.

Dauerschwingfestigkeit. Sie stellt eine Spannung bei ständig veränderter Last dar. Bei dynamischer Beanspruchung werden Werkstoffe im Bauwesen hinsichtlich ihrer Dauerstandfestigkeit beurteilt, wobei die Belastung sinusförmig hin- und herpendelt.

Dauerstandfestigkeit
→ Dauerschwingfestigkeit.

DBV → Deutscher Beton-Verein.

Deckelbauweise. Bauarbeit im Schutze eines „Deckels" aus Beton, um Störungen der benachbarten Bereiche zu minimieren. 1. Beim Bau von U-Bahn-Tunneln im Stadtbereich wird die Baugrube möglichst frühzeitig mit Beton-Fertigteilen abgedeckt, die den Straßenverkehr aufnehmen, während unter den Elementen weitergebaut werden kann. 2. Bei der Herstellung von tiefen Baugruben in

Deckenplatten

dicht bebauter Umgebung wird der horizontale Erddruck gleich von den endgültigen Deckenscheiben aufgenommen; unter diesen wird weiter ausgehoben und gebaut. Setzungen der Nachbargebäude werden so nahezu ausgeschlossen.

Decken (Betondecken, Massivdecken). 1. Im Hochbau obere raumabschließende Elemente. Sie müssen bestimmten Anforderungen hinsichtlich Standsicherheit, Bauphysik und Ästhetik genügen. Die Anforderungen ergeben sich je nach Verwendungszweck aus Bauordnungen, Normen, sonstigen Richtlinien (z. B. im Industrie- und Verwaltungsbau nach den Arbeitsstättenrichtlinien) und den Wünschen des Bauherrn. Bei Betondecken unterscheidet man u. a. Stahlbeton-Volldecken, D. mit Füllkörpern, die meist als Rippen- oder Kassettendecken ausgebildet sind, Plattenbalken- und Rippenplattendecken sowie Pilzdecken. Die überwiegende Anwendung von Betondecken bei allen Arten von Gebäuden ist auf ihre guten konstruktiven und bauphysikalischen sowie ihre ausgezeichneten → Brandschutz-Eigenschaften zurückzuführen. Betondecken können mit und ohne zusätzliche Beschichtungen, Putze und Beläge verwendet werden, an ihre Ebenheit werden dann besonders hohe Anforderungen gestellt. → Betonfertigteile. 2. Im Straßenbau die obere Schicht des Oberbaus. Sie dient der Lastaufnahme und der Verteilung der Verkehrslasten und schützt die darunter liegenden, lastübertragenden Schichten vor Witterungseinflüssen. → Ebenheitstoleranzen.

Deckendicke (bei Betonstraßen). Dicke der Betonplatte einer Verkehrsfläche.

Sie ist abhängig von der Bauklasse, der Tragschicht und dem Untergrund. Im Industriebau ist sie abhängig von der Verkehrslast, der Tragschicht, der Fugeneinteilung und der Betonfestigkeitsklasse. → Betondeckendicke (für Fahrbahnen).

Deckendurchbrüche. Öffnungen, die beim Betonieren der Decke mit einer besonderen Schalung ausgespart werden. Die → Aussparungen reichen von kleinen Öffnungen für Kabel- und Rohrdurchführungen bis hin zu großen Durchbrüchen für Lift- und Treppenanlagen. Für kleine Durchbrüche kommen als Schalungsmittel häufig verlorene Schalungen, z. B. Faserbeton-Rohre oder gefaltete Blechrohre sowie Aussparungskörper aus Kunststoff oder Rippenstreckmetall zur Anwendung. Außerdem besteht die Möglichkeit nachträglicher Kernbohrungen. Für größere Durchbrüche verwendet man neben Schalungskästen aus Holz immer mehr variable Aussparungselemente aus Stahl, sog. „Sparer".

Deckenherstellung (im Straßenbau). Einbau, Verdichten, Abziehen und Nachbehandeln von Betonfahrbahndecken.

Deckenplatten (im Hochbau). Stahlbetonfertigteile für Decken. Man unterscheidet Elementplatten, Vollplatten, → Hohlplatten und TT-Platten. Elementplatten, auch Elementdecken, Großflächenplatten oder im allgemeinen Sprachgebrauch auch Filigranplatten genannt, bestehen aus 4 bis 5 cm dicken Betonplatten mit der erforderlichen statischen Bewehrung, auf die dann nach

107

Deckenschalung

der Montage nur noch eine Fugenbewehrung und der bis zur planmäßigen Dicke erforderliche Ortbeton aufgebracht wird. Vollplatten (→ Massivplatten) können aus Normalbeton, gefügedichtem Leichtbeton, haufwerksporigem Leichtbeton (Dielen) und Gasbeton hergestellt werden. Bei großen Stützweiten und hohen Nutzlasten bieten sich Decken aus großformatigen Fertigteilen wie TT-Platten, T-Platten u.ä. Konstruktionen an. Diese Platten unterliegen keiner Beschränkung der Verkehrslasten und sind auch für nicht ruhende Lasten zugelassen. Sie finden daher vorwiegend im → Industriebau Verwendung.

Deckenschalung. Zum Einschalen von massiven Stahlbetondecken können sowohl → Bretter oder → Bohlen (Dielen) wie auch → Schaltafeln oder Schalungsplatten aller Art verwendet werden. Die Auswahl des geeigneten Schalbelages (Schalungshaut) richtet sich nach den Anforderungen, die an die Betonoberfläche gestellt werden. → Brettschalungen eignen sich für Sichtbeton-Anforderungen und ergeben auch für spätere Putzflächen einen guten Haftgrund. Sie sind jedoch durch die erforderliche häufige Unterstützung rel. teuer; daher werden meist oberflächenvergütete oder stählerne → Schalungen verwendet. Für → Balken-, → Plattenbalken-, → Rippen- und → Kassettendecken werden sowohl wiedergewinnbare als auch verlorene Schalungen und Schalungskörper aus verschiedenen Materialien, aber auch Füllkörper oder Füllsteine verwendet. Zur Ableitung der beim Betonieren der Decke auftretenden Kräfte muß die Schalhaut mit einer zum

→ Ausschalen absenkbaren → Rüstung abgestützt werden.

Deckenscheiben. Sie dienen zur waagerechten Aussteifung baulicher Anlagen. Gemäß DIN 1045 sind bei Geschoßbauten, sofern für die Weiterleitung der auftretenden Horizontalkräfte keine anderen Maßnahmen getroffen werden, die Decken als Scheiben auszubilden. Die Scheibenwirkung wird bei Ortbeton durch ausreichende Querbewehrung oder durch kreuzweise Bewehrung erreicht. Bei Fertigteilen erreicht man die Scheibenwirkung durch kraftschlüssiges Verbinden der Deckenelemente, je nach Deckenart z.B. durch Fugenverguß mit Zusatzbewehrung, stahlbaumäßige Verbindungen (Verschweißung, Verschraubung) oder Aufbeton mit Querbewehrung.

Deckenschluß (im Betonstraßenbau). Geschlossene Betonoberfläche nach dem Fertigerübergang. Maßgebend für den guten D. sind der Feinmörtel-Anteil, die Vibration der Abziehbohle, der Pendelweg der Bohle und die Arbeitsgeschwindigkeit des Fertigers.

Decksteine (im Hochbau). Konstruktionselemente, auch Füllkörper genannt, die als Zwischenbauteile bei → Balken- und → Rippendecken zur Verwendung kommen. Sie werden zwischen vorgefertigten Tragelementen z.B. Gitterträgern mit Betonfußleisten oder Stahlbetonträgern ausgelegt. In die verbleibenden Zwischenräume wird Ortbeton und bei Rippendecken auch Überbeton mit der erforderlichen Querbewehrung eingebracht. D. bestehen meist aus Beton oder Leichtbeton und müssen

Deutscher Beton-Verein

Decke mit Beton-Deckensteinen

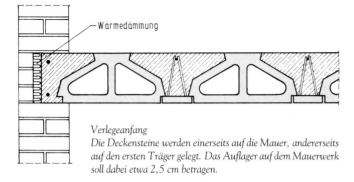

Verlegeanfang
Die Deckensteine werden einerseits auf die Mauer, andererseits auf den ersten Träger gelegt. Das Auflager auf dem Mauerwerk soll dabei etwa 2,5 cm betragen.

dann DIN 4158 entsprechen. Wegen ihrer geringen Eigengewichte eignen sie sich besonders gut für die Verlegung von Hand und eröffnen dadurch die Möglichkeit zur Eigenleistung.

Deckenzug (im Straßenbau). Sammelbezeichnung für alle zur Herstellung einer Betonfahrbahndecke notwendigen Geräte. Die Anzahl und Art der Geräte hängt vom Einbau ab.

Deckschicht → Decke.

Dehnfuge. Fuge, die sowohl Dehnungen als auch Kontraktionen im Bauwerk oder Bauteil aufnehmen kann, d.h. Beton und Bewehrung sind hier unterbrochen. → Bewegungsfuge.

Dehnung. Längenänderung (z.B. eines Bauteils) in mm/m, bezogen auf den Nullzustand.

Desorption → Sorption.

Deutscher Ausschuß für Stahlbeton (DAfStb). 1907 als „Deutscher Ausschuß für Eisenbeton" gegründet. Er hat die Aufgabe, einheitliche Vorschriften für die Berechnung und Ausführung von Bauwerken aus Beton- und Stahlbeton aufzustellen, den zuständigen Behörden zur Einführung vorzuschlagen und diese Vorschriften dauernd dem Stand der wissenschaftlichen Erkenntnis und technischen Erfahrung anzupassen.

Deutscher Beton-Verein E.V. (DBV). 1898 in Berlin gegründeter technisch-wissenschaftlicher Verein auf gemeinnütziger Grundlage zur Förderung der wissenschaftlichen und technischen Grundlagen des Betonbaus (Beton, Stahlbeton, Spannbeton) sowie der Güte der Betonausführung. Dies geschieht durch Förderung der Forschung, Mitarbeit an nationalen und internationalen Vorschriften, Erarbeitung von Empfehlungen und Regelwerken sowie von Stellungnahmen zu aktuellen Problemen des Betonbaus, Verbreitung von Erfahrungen und Erkenntnissen durch Veranstaltungen und Veröffentlichungen, fachliche Beratung von Bauunternehmen und deren Unterstützung bei der Überwachung von Baustellen, Schulung ihrer Angestellten und des Nachwuchses, Zusammenarbeit mit anderen wissenschaft-

Deckenzug

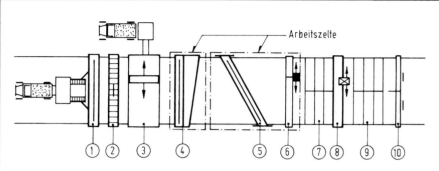

① Raupengeführter Betonverteiler mit angehängtem schienengeführtem Geräteträger für Ausgleichelement und Rüttelbohle
② Arbeitsbühne mit kombiniertem Dübel- und Ankersetzgerät
③ Seitenbeschickbarer Kübelverteiler, beschickt durch spezielles Betonübergabegerät (side-feeder)
④ Oberbetonfertiger mit Glätteinrichtung
⑤ Nachlaufglätter
⑥ Besenstrich
⑦ Schutzzelte ca. 50 m
⑧ Sprühgerät für Nachbehandlungsfilm
⑨ Schutzzelte
⑩ Fugenschneider (Längs- und Querfugen)

Zweilagiger Einbau konventionell mit schienengeführten Geräten und geschnittenen Querfugen

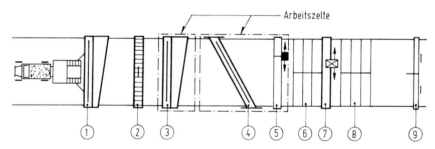

① Raupengeführter Betonverteiler mit angehängtem schienengeführtem Geräterahmen für Abgleichelement, Rüttelbohle und Glätteinrichtung
② Arbeitsbühne mit kombiniertem Dübel- und Ankersetzgerät
③ Fertiger mit Glätteinrichtung
④ Nachlaufglätter
⑤ Besenstrich
⑥ Schutzzelte ca. 50 m
⑦ Sprühgerät für Nachbehandlungsfilm
⑧ Schutzzelte
⑨ Fugenschneider (Längs- und Querfugen)

Einlagiger einschichtiger Einbau konventionell mit schienengeführten Geräten und geschnittenen Querscheinfugen

Deckenzüge

Dichtstromförderung

lichen Vereinen und Organisationen im In- und Ausland.
Alle Kreise, die mit dem Betonbau befaßt sind, sind als Mitglieder im DBV vertreten: Deutsche und ausländische Bauunternehmen und Betonwerke als ordentliche Mitglieder; weiterhin Behörden, Stadtverwaltungen, Hochschulen, Firmen, Ingenieurbüros, Einzelpersonen und befreundete Vereine und Verbände als außerordentliche Mitglieder. Derzeit gehören rd. 700 Bauunternehmen mit ihren Niederlassungen als ordentliche Mitglieder, rd. 500 außerordentliche und rd. 50 Beratende Mitglieder zum Deutschen Beton-Verein. Auf den im zweijährigen Turnus stattfindenden Betontagen werden von hervorragenden Fachleuten des In- und Auslandes richtungsweisende Vorträge gehalten. Die Geschichte des DBV ist verbunden mit fast allen großen Namen des deutschen Betonbaus sowie mit fast allen einschlägigen Vorschriften und Bestimmungen. Sitz der DBV-Geschäftsstelle ist Wiesbaden. Der DBV arbeitet eng zusammen mit folgenden Vereinen: Güteüberwachung Beton B II-Baustellen E.V. (GÜB II) in Wiesbaden, Gütegemeinschaft Erhaltung von Bauwerken E.V. (GEB) in Wiesbaden und Gütegemeinschaft Betonstraßen e.V. (GB) in Jesteburg.

Deutsches Institut für Normung (DIN). Die Aufgabe des DIN (Sitz in Berlin) ist die planmäßige Vereinheitlichung von Gegenständen zum Nutzen der Allgemeinheit und die Förderung von Rationalisierung und Qualitätssicherung. Die Normungsarbeit wird auf nationaler und internationaler Ebene durchgeführt. Deutsche Normen werden unter dem Verbandszeichen DIN herausgegeben. → ISO, → CEN.

Diabas. Meist klein- bis mittelkörniges, dichtes, polierfähiges Ergußgestein. Farbe: dunkel- bis schwarzgrün. Druckfestigkeit: 185 bis 245 N/mm^2. Verwendung im Straßen-, Eisenbahn- und Wasserbau.

Dicalciumsilicat (2CaO x SiO$_2$). Eine → Klinkerphase des Zements. Kurzbezeichnung: C$_2$S. → Belit.

Dichte. Quotient aus Masse eines Stoffes und dem Volumen ohne Poren und Hohlräume.
Beispiele:
Wasser	1,0 kg/dm^3
Portlandzement	rd. 3,1 kg/dm^3
Eisenportlandzement	rd. 3,0 kg/dm^3
Hochofenzement	rd. 3,0 kg/dm^3
Traßzement	rd. 2,9 kg/dm^3
Traß	rd. 2,3 kg/dm^3

→ Kornrohdichte, → Reindichte, → Rohdichte, → Schüttdichte.

Dichtebestimmung (von Böden bzw. Boden-Bindemittel-Gemischen). Sie ist nach der Herstellung von Tragschichten mit hydraulischen Bindemitteln notwendig, um die erzielte Lagerungsdichte der verfestigten Schicht nachzuweisen. Die Ermittlung der Dichte erfolgt nach DIN 18125, Teil 2.

Dichtigkeitsgrad → Dichtebestimmung.

Dichtstromförderung. Pumpförderung einer nassen Spritzbetonmischung ohne Auflockerung durch die Leitung zur

Dichtungsband

Spritzdüse, wo sich der Dichtstrom durch die Zugabe von Treibluft in einen Dünnstrom mit erhöhter Materialgeschwindigkeit wandelt.

Dichtungsband. Bei der Fugendichtung mit vorkomprimiertem Dichtungsband wird ein derartiges Band auf die Fugenflanken aufgeklebt oder eingeklemmt. Danach löst sich die Vorkomprimierung und das Band dichtet innerhalb begrenzter Toleranzen die Fuge ab. → Fuge, → Fugenband.

Dichtungsmasse. Materialien, die an den Fugenflanken haften und die Fuge gegen Eindringen von Fremdkörpern, Feuchtigkeit und Wasser abschließen. Es wird zwischen hart-elastischen, dauerplastischen und dauerelastischen Fugendichtungsmassen unterschieden. Dazwischen gibt es Übergangsformen wie plasto-elastische Massen, die überwiegend plastisch und etwas elastisch sind, sowie elastoplastische Massen mit überwiegend gummielastischen Eigenschaften bei geringen bleibenden Verformungsanteilen. Es stehen Ein- und Zweikomponentenmassen zur Verfügung, z.B. Silikon-, Polyurethan-, Acryl-D.

Dichtungsmittel → Betondichtungsmittel.

Dicke (Mindestdicke). Für die Abmessungen von Betonbauteilen sind nach DIN 1045 bestimmte Mindestmaße zu beachten. Für → Platten (Decken) beträgt die Mindestdicke i.a. 7 cm, bei befahrbaren Platten für Pkw 10 cm, für schwere Fahrzeuge 12 cm und bei Platten, die nur ausnahmsweise begangen werden, z.B. Dachplatten 5 cm. Die Mindestwanddicken tragender → Wände reichen von 20 cm bei unbewehrtem Ortbeton der Festigkeitsklasse bis B 10 unter nicht durchlaufenden Decken bis 8 cm für Fertigteile aus Stahlbeton ab B 15 unter durchlaufenden Decken. Bei → Druckgliedern (Stützen) liegen die Mindestdicken zwischen 20 cm für Vollquerschnitte aus unbewehrtem Ortbeton und 5 cm für die Wanddicke von Hohlquerschnitten bei Stahlbetonfertigteilen.

Diffusion. Das Eindringen von Molekülen vorwiegend gasförmiger oder flüssiger Stoffe in angrenzende Schichten aufgrund der ständigen Molekularbewegung. Der Vorgang kann auch durch feste Stoffe (Wände, Anstrichschichten) hindurch erfolgen, wenn genügend weite Poren vorhanden sind, um die diffundierenden Moleküle durchzulassen.

Diffusionswiderstand. Widerstand, den eine Baustoff- oder Anstrichschicht dem Diffusionsbestreben einer bestimmten Molekülart entgegensetzt. Er hängt ab von der Durchlässigkeit des diffusionshemmenden Stoffes, ausgedrückt durch eine dimensionslose Verhältniszahl μ (= Diffusionswiderstandszahl) und von der Dicke s derjenigen Schicht, durch die hindurch der Diffusionsvorgang erfolgt. Meßzahl für den D. ist das Produkt aus beiden Größen, die „diffusions-äquivalente Luftschichtdicke" s_d [m].

DIN → Deutsches Institut für Normung.

Diorit. Grobkörniges Tiefengestein. Farbe: dunkelgrau, hell gesprenkelt. Hauptbestandteile: Hornblende, Augit, Feldspat und Biotit. Druckfestigkeit bis $300\,\text{N/mm}^2$, Rohdichte $2{,}8-3{,}0\,\text{kg/dm}^3$.

Dispergierungsmittel. Oberflächenaktive Stoffe, die pulverförmige Substanzen in einer Flüssigkeit (wie z.B. Zement in Anmachwasser) zur feinsten Verteilung bringen und dadurch die Bildung von Flocken und Knollen verhindern.

Dispersion. Mischung zweier oder mehrerer Stoffe, die dadurch gekennzeichnet ist, daß Teilchen des einen Stoffes (z.B. Pulver oder Tröpfchen) in dem umgebenden anderen Stoff gleichmäßig verteilt sind. Die Größe der dispergierten Teilchen liegt zwischen 0,1 und 3 µm.

Dispersionsfarben. Aus → Kunststoffdispersionen und Pigmenten hergestellte Anstrichstoffe, die durch Verkleben der Bindemittelteilchen bei gleichzeitiger Wasserverdunstung trocknen. Durch ihre Wasserverdünnbarkeit sind sie besonders wirtschaftlich und anwendungsfreundlich. Trotz guter Beständigkeit und Untergrundhaftung bleiben Dispersionsanstriche durchlässig für Wasserdampf und ermöglichen damit den Feuchtigkeitsaustausch.

Dispersionssilikatfarben. Im Gebinde fertig lieferbare → Silikatfarben, die neben dem mineralischen Wasserglas als Teil der Bindemittellösung gemäß DIN 18 363 auch bis zu 5% Dispersions-Bindemittel enthalten dürfen, was eine leichtere Verarbeitbarkeit bewirkt.

DM → Betondichtungsmittel.

Dolomit. 1. Mineral der Zusammensetzung $CaMg(CO_3)_2$. 2. Gestein ähnlich dem Kalkstein, jedoch überwiegend aus Magnesiumcarbonat bestehend. Farben: elfenbein, hellgrau, graugelb, grüngrau.

Polierfähiges Material mit einer Druckfestigkeit zwischen 80 und 175 N/mm^2. Verwendung als Naturwerkstein, Schotter, zum Brennen von Dolomitkalk und zur Herstellung feuerfester Baustoffe.

Dolomitkalk. Baukalk nach DIN 1060, der durch Brennen unterhalb der → Sintergrenze aus dolomitischem Gestein hergestellt wird. Es ist ein Luftkalk, der nur durch Aufnahme von Kohlensäure aus der Luft erhärtet.

Dosieren → Abmessen.

Drehofen. Brennofen für die Herstellung von Zementklinker. Er ist ein mit 3 bis 4% Neigung liegendes, feuerfest ausgemauertes Rohr mit einem Durchmesser bis 6 m, das sich mit 1,3 bis 2 Umdrehungen pro Min. bewegt. Das → Rohmaterial wird am höheren Ende aufgegeben. Vom unteren Ende, an dem der fertige Klinker den Ofen verläßt, wird dieser mit einer Kohlenstaub-, Öl- oder Gasflamme beheizt. An den Ofenauslauf schließt sich ein Rost-, Rohr- oder Planetenkühler an.

Dreistoffdreieck. Für die grafische Darstellung von Dreistoffsystemen wird ein gleichseitiges Dreieck benutzt, an dessen drei Ecken die reinen Stoffe lokalisiert sind. Während die drei Seiten des Dreiecks den drei Zweistoffsystemen A−B, B−C und A−C entsprechen, werden durch die inneren Punkte des Dreiecks alle möglichen Kombinationen aus A, B und C dargestellt. Man ermittelt den einem System aus a % des Stoffes A, aus b % des Stoffes B und c % des Stoffes C zugeordneten Punkt als Schnittpunkt dreier Parallelen zu den Dreieck-

Druckausgleichsverfahren

seiten, die in den Abständen a, b und c gezogen sind, z. B. 29% A, 57% B und 14% C.

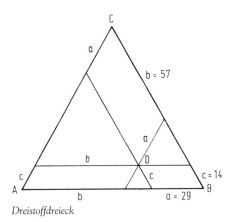

Dreistoffdreieck

Druckausgleichsverfahren. Verfahren zur Bestimmung des Luftporengehaltes von Frischbeton aus Zuschlag mit dichtem Gefüge. Bei dieser Prüfung wird zwischen einem mit Frischbeton und einem mit Druckluft gefüllten Behälter Druckausgleich hergestellt. Der dabei durch die Luftporen des Betons bedingte Druckabfall wird auf einem geeichten Manometer als prozentualer Luftporengehalt der Probe angegeben.

Druckbewehrung. Druckglieder, z. B. Stützen, erhalten oft zusätzliche Stahleinlagen, die erforderlich werden, wenn die Druckfestigkeit des Betons zum Abtragen der Kräfte nicht mehr ausreicht. Die Druckstäbe werden durch Bügel gegen Ausknicken gesichert. Eine besonders wirtschaftliche Art der D. ist die Umschnürung.

Druckdampfbehandlung → Dampfhärtung.

Druckfestigkeit. Der Quotient aus → Bruchlast und Querschnitt eines einachsig beanspruchten homogenen Körpers. Beton wird nach seiner bei der → Güteprüfung im Alter von 28 Tagen an Würfeln mit 20 cm Kantenlänge ermittelten D. in → Festigkeitsklassen B 5 bis B 55 eingeteilt. Der Mindestwert für die D. eines jeden Würfels ist die → Nennfestigkeit der Festigkeitsklasse B, und der Mindestwert für die mittlere D. einer jeden Würfelserie ist die → Serienfestigkeit.

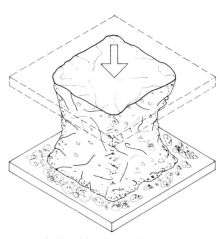

Prüfung der Druckfestigkeit von Beton

Druckglieder. Bauteile, deren gesamter Querschnitt auf Druck beansprucht wird, z. B. → Stützen.

Druckzertrümmerungsgrad. Maß der Kornfestigkeit von → Leichtbetonzuschlag. Der Zuschlag wird in einem Drucktopf mit 50 kN auf Druck belastet. Als D. betrachtet man die Differenz der → Feinheitsziffern der Zuschlagprobe

Durchfärben

vor und nach der Druckbeanspruchung. Dieses Verfahren ist nicht genormt.

Druckzone. Bereich eines Betonquerschnittes, der durch Druck beansprucht wird.

D-Summe. Kennwert für die Kornzusammensetzung von Betonzuschlägen, bestimmt als Summe der Durchgänge in % durch die Siebe des genormten Siebsatzes. Sie gibt einen Anhalt für den Wasserbedarf des mit den Zuschlägen hergestellten Betons. → Körnungsziffer (k), → F-Wert.

Dübel. An Fugen in Betonfahrbahnen übertragen D. die auftretenden Querkräfte aus der Verkehrslast auf die Nachbarplatte und verringern dadurch die Einsenkung des Plattenrandes.

Dübelsetzgeräte. Geräte innerhalb eines → Betonfertigers (im Straßenbau), die an Scheinfugen die Dübel an der gewünschten Stelle in die vorgesehene Höhenlage einrütteln. Moderne Geräte arbeiten mit Dübelmagazinen. Die Geräte sind beim Deckenzug selbstfahrend und häufig mit einem Ankersetzgerät kombiniert.

Dünnbettmörtel. Spezielle → Mauermörtel, die i.a. aus mineralischem Zuschlag mit Korndurchmesser < 1 mm, → Zement nach DIN 1164 und organischen Zusätzen zur Verbesserung der Verarbeitbarkeit und des Wasserrückhaltevermögens bestehen. Sie dürfen nur bei → Mauersteinen verwendet werden, die in der Höhe so maßgenau gefertigt oder zusätzlich bearbeitet sind, daß sie sich mit einer Fugendicke von 1–3 mm

lot- und waagerecht vermauern lassen (Plansteine und Planelemente). D. besitzen Festigkeiten entsprechend Mörtelgruppe III und sind auch zum Verlegen von Fliesen oder Platten auf Estrich- oder Putzflächen geeignet. Ihr Einsatz ist an eine bauaufsichtliche Zulassung gebunden.

Dünnstromförderung. Pneumatische Förderung einer Spritzbetonmischung zur Einbaustelle. Dabei schwimmt das Gemisch in einem Druckluftstrom in der Förderleitung. Die D. kann sowohl beim → Trocken- wie beim → Naßspritzverfahren angewendet werden.

Durchbiegung → Biegung.

Durchbrüche. Man unterscheidet Wand- und → Deckendurchbrüche. In den entsprechenden Schalungen werden für diese Durchbrüche beim → Betonieren sog. → Aussparungen freigelassen. Kleinere Wanddurchbrüche, wie Kellerfenster, werden neuerdings nicht mehr ausgespart, sondern die Fenster usw. werden als Einbauteile zusammen mit Hartschaumstoff-Laibungen und -Aussteifungen in die übrige Schalung fertig eingebaut; nach dem Betonieren wird durch Zerstören der Schaumstoffteile ausgeschalt. Für größere Wanddurchbrüche wie Fenster und Türen werden mehrfach verwendbare Holzschalungen, verlorene Stahlzargen sowie vielfach verwendbare Stahlschalungen oder Schalungskörper aus glasfaserverstärktem Kunststoff (GFK) verwendet.

Durchfärben (von Beton). Möglichkeit zur Herstellung farbiger Betonelemente, bei der der Betonmischung Farb-

Durchfeuchtung

pigmente beigegeben werden. Für Rot-, Gelb-, Braun- und Schwarztöne sind das vornehmlich Eisenoxidpigmente, für Grüneinfärbungen Chromoxid- und Chromoxidhydrat-Pigmente und für Blaueinfärbungen Pigmente auf Mischkristallbasis, wie z.B. Kobalt-Aluminium-Chromoxid-Pigmente sowie zur Aufhellung Titandioxidweiß-Pigmente. Die Einfärbung des Betons ist dauerhaft und witterungsbeständig. Bei Verwendung von grauem Zement wirken die Farbtöne gedeckter und dunkler, bei weißem Zement dagegen heller und reiner. Leichte Oberflächenprofilierungen lassen die Farbigkeit besser zur Wirkung kommen. → Beton, farbiger.

Durchfeuchtung → Wasserdichtheit.

Durchfrieren. Bei kühler Witterung tritt eine Verzögerung des Erstarrens und der Festigkeitsentwicklung ein. Bei Frost kommt die Festigkeitsentwicklung praktisch zum Stillstand. Gefriert Wasser in jungem Beton, so kann das Betongefüge durch den dabei entstandenen Eisdruck gelockert oder gar gesprengt werden. Der Beton sollte so zusammengesetzt und geschützt sein, daß er möglichst schnell ein einmaliges D. ohne Schädigung übersteht. Diese Gefrierbeständigkeit ist erfahrungsgemäß dann erreicht, wenn der Beton eine Druckfestigkeit von wenigstens 5 N/mm^2 aufweist.

Durchlässigkeit → Wasserdichtheit.

Durchlaufmischer. Stetig arbeitender Mischer für das Mischen von Beton und Baustoffgemischen, z.B. für hydraulisch gebundene Tragschichten. Das Mischgut wird ununterbrochen von Mischwerkzeugen gemischt unter ständigem Einfüllen der Ausgangsstoffe in das Mischgefäß und ständigem Entleeren des Mischgefäßes. Je nach Bauart ist das Mischgefäß eine sich drehende zylindrische Trommel mit an der Innenwand angebrachten Mischwerkzeugen oder ein Trog, in dem sich eine oder mehrere Wellen mit Mischwerkzeugen drehen.

Durchlaufträger (Mehrfeldträger). Bei mehrfach statisch unbestimmten Systemen, auch z.B. Zwei-, Drei-, Vierfeldträger genannt, laufen die Träger über mehrere Stützen und die dazwischenliegenden Felder durch. Gegenüber dem statisch bestimmten System des → Balkens auf zwei Stützen (Einfeldträger) hat der D. durch seine → Durchlaufwirkung gewisse statische Vorteile.

Durchlaufwirkung. Sie erzeugt z.B. bei einem Mehrfeldträger kleinere Feldmomente als bei einem Einfeldträger. Dazu kommen jedoch zusätzliche Stützmomente. Bei gleichem Querschnitt können → Durchlaufträger etwa 25% größere Stützweiten überbrücken. Allerdings müssen dann bei der Bemessung auch die Stützmomente berücksichtigt und durch eine entsprechende Bewehrung abgedeckt werden. Bei Fertigteilen, z.B. bei bestimmten Deckensystemen, kann es kostengünstiger sein, auf die D. zu verzichten, um sich den Aufwand der zusätzlichen Verlegung einer Bewehrung zu ersparen.

Durchpreßverfahren. Bauverfahren des Tief- und Grundbaus, bei dem Tunnelelemente oder Rohrleitungen durch Dämme unter befahrenen Straßen oder dgl. vorgetrieben werden. Die Tunnel-

Durchpreßverfahren

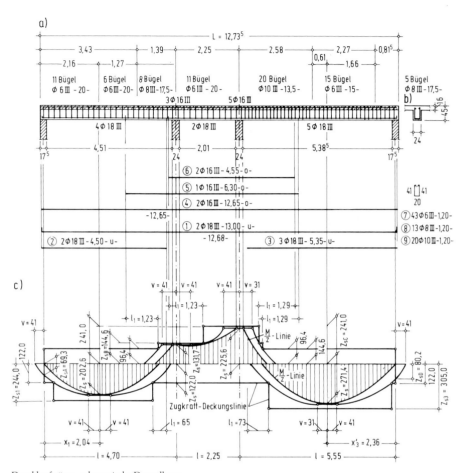

Durchlaufträger, schematische Darstellung

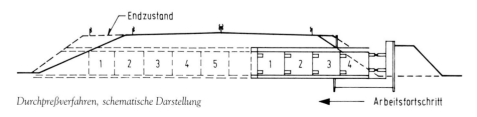

Durchpreßverfahren, schematische Darstellung

Durchschlagen

elemente bzw. Rohre werden durch hydraulische Pressen vom Startpunkt aus durch das Erdreich auf das Ziel zu gepreßt und schaffen Platz zur Einfädelung des nächsten Elements. Vorteile dieser Bauweise sind die einfache Herstellung der Tunnelelemente, die Vermeidung von Leitungsgräben beim Bau nicht begehbarer Rohrleitungen und die geringe Störung der unterfahrenen Bereiche.

Durchschlagen (von Rissen im Straßenbau). Übertragung von Rissen aus einer Betondecke auf die hydraulisch gebundene Tragschicht oder umgekehrt. Von unten nach oben: Ein Riß in der Tragschicht kann nach oben durchschlagen, wenn sich dieser bei Abkühlung vergrößert und der darüberliegende junge Deckenbeton wegen zu geringer Festigkeit diese Bewegung nicht aufnehmen kann. Von oben nach unten: Wegen der guten Verbindung zwischen Betondecke und Tragschicht können Risse in der Betondecke, die wegen zu späten Schneidens der Scheinfugen entstehen, an der gleichen Stelle Risse in der Tragschicht verursachen.

Durchstanzen. Insbesondere bei dünnen Stahlbetondecken, die auf Stützen lagern, können Belastungen auftreten, die zum Abreißen der Decke im Stützenbereich führen können. DIN 1045, Abschnitt 22.5.2 fordert daher einen Nachweis der Sicherheit gegen D.

Duromere. Oberbegriff für eine Gruppe von i.d.R. harten und bis zur Zersetzungstemperatur starren Kunststoffen, die aus engmaschig vernetzten Großmolekülen aufgebaut sind und deshalb hohe mechanische Festigkeit aufweisen. Zu den Duroplasten gehören auch durch → Polymerisation oder → Polyaddition vernetzende Stoffe oder Stoffgemische, wie → Epoxidharze, ungesättigte → Polyester und → Polyurethane.

Duroplaste → Duromere.

E

Ebener-Gerät. Es dient zur Prüfung der → Verschleißfestigkeit von Betonoberflächen und ist nach seinem Erfinder EBENER benannt. Der Rollverschleiß wird über die Abnützung plattenförmiger Proben durch belastete, rollende Kugeln geprüft. Das → Ebener-Verfahren wird bei der Prüfung von Bodenbelägen verwendet.

Ebener-Verfahren. Verfahren zur Prüfung des Trocken-Roll-Verschleißes von harten Bodenbelägen (z.B. Werkshallen). Probestücke mit einer Kantenlänge von 150 mm und 30 bis 50 mm Dicke werden durch Stahlkugeln mit bestimmtem Druck und einer Umlaufgeschwindigkeit von 700 U/Min beansprucht. Gemessen wird der Gewichtsverlust.

Ebenheit (einer Fahrbahn). Voraussetzung für ihre lange Lebensdauer sowie Verkehrssicherheit und hohen Fahrkomfort. Keine Decke ist absolut eben herstellbar. Die erforderliche E. ist erreicht, wenn der Verlauf des Ist-Profils, abgesehen von seiner Rauheit, mit dem Soll-Profil übereinstimmt. Sie ist von der profilgerechten Lage abhängig. Die E. wird gemessen mit der 4-m-Latte oder dem Planographen. → Ebenheitstoleranzen.

Ebenheitstoleranzen. Im Betonstraßenbau müssen die E. klein sein, da Beton verformungsbeständig ist. Bei Fahrbahndecken der Bauklassen SV und I bis III sind Unebenheiten von mehr als 4 mm innerhalb einer 4 m langen Meßstrecke in jeder Richtung unzulässig. Bei Bauklasse IV bis VI sowie nicht mit Fertigern hergestellten Flächen dürfen Unebenheiten von 6 mm nicht überschritten werden. Überschreitungen verursachen finanzielle Abzüge bei der Abrechnung eines Bauvorhabens.

Eckbewehrung. Bei Platten und plattenartigen Bauteilen wird nach DIN 1045, Abschnitt 20.1.6.4, bei starker Belastung in den Ecken eine zusätzliche Bewehrung gegen Verdrillen notwendig.

Edelputz. → Außenputz, der als → Werkmörtel hergestellt wird und durch besonders ausgesuchte Steinkörnungen sowie eine evtl. Einfärbung einen gleichmäßigen, in der Struktur und Farbe einheitlichen → Putz ergibt.

Edelsplitt. Gebrochener und gesiebter Mineralstoff der → Korngruppen zwischen 2 und 22 mm für die Herstellung von Beton (→ Zuschlag). Er erfüllt gegenüber Splitt erhöhte Anforderungen hinsichtlich Korngröße, Unter- und Überkorn, Kornform, Frostbeständigkeit und Raumbeständigkeit (TLMin-StB).

EFA-Füller. Warenbezeichnung für Elektrofilterasche. → Betonzusatzstoff, → Flugasche.

EH → Einpreßhilfen.

Eigenfeuchte. Die Summe von Kernfeuchte und Oberflächenfeuchte des Zuschlags.

Eigenfrequenz. Bei schwach gedämpften Systemen ist die Resonanzfrequenz (von mehreren möglichen), bei der eine äußere periodische Anregung im System maximale Amplituden erzwingt, der E. gleich.

Eigenlast. Belastung eines Bauwerkes, die nur aus seinem Gewicht herrührt.

Eigenporen → Kornporen.

Eigenschaften, besondere → Betoneigenschaften, besondere.

Eigenschaften, thixotrope. Das Vermögen mancher Stoffe durch Rühren oder Rütteln flüssig zu werden und wieder zu erstarren, wenn die Bewegung aufhört. Bestimmte feinkörnige Böden sind thixotrop; diese Eigenschaft läßt sich bei speziellen Gründungen bautechnisch nutzen.

Eigenspannungen. Sie entstehen im Beton vorwiegend infolge → Schwinden des → Zementsteins, wobei dieser durch Wasserverdunstung austrocknet. Bei ungleicher Wärmedehnung von Zementstein und Zuschlag sind ebenfalls E. in einem Betongefüge möglich.

Eigenüberwachung. Qualitätskontrolle aus eigenem Interesse und auf eigene Kosten des Auftragnehmers. Dadurch können schon während der Bauausführung z.B. Unregelmäßigkeiten der Betonqualität erkannt und entsprechende Vorkehrungen getroffen werden. → Güteüberwachung.

Eigenüberwachungsprüfungen

Eigenüberwachungsprüfungen (im Straßenbau). Prüfungen des Auftragnehmers oder dessen Beauftragten, um festzustellen, ob die Güteeigenschaften der Baustoffe, des Betons bzw. der Baustoffgemische und der fertigen Leistung den vertraglichen Anforderungen entsprechen.

Eignungsprüfung. Sie dient dazu, vor Verwendung des Betons festzustellen, welche Zusammensetzung er haben muß, um mit den in Aussicht genommenen → Ausgangsstoffen und der vorgesehenen → Konsistenz unter den gegebenen Verhältnissen der betreffenden Baustelle zuverlässig verarbeitet werden zu können und die geforderten Eigenschaften sicher zu erreichen. → Gütenachweis.

Eignungsprüfungsbeton → Eignungsprüfung.

Einbau (von Straßenbeton). Auf einer vorbereiteten → Tragschicht erfordert der E. i.d.R. einen → Straßenfertiger bzw. einen → Deckenzug. Nur → Straßenbeton mit Fließmittel kann wegen der weicheren Konsistenz auch ohne Fertiger eingebaut werden.

Einbaubreite (im Straßenbau). Breite einer Fahrbahn, die in einem Arbeitsgang erstellt wird.

Einbaudicke (im Straßenbau). Dicke einer Fahrbahn, die in einem Arbeitsgang eingebracht wird.

Einbautemperatur. Temperatur des Betons beim → Einbringen.

Einbauwassergehalt. Bei Tragschichten mit hydraulischen Bindemitteln nach ZTVV-StB bzw. ZTVT-StB der nach dem Verteilen auf dem Planum im Boden-Bindemittel-Gemisch vorhandene Wasseranteil. Der E. sollte immer kleiner als der optimale Proctor-Wasser-Gehalt sein.

Einbau, zweilagiger (von Betonflächen). Einbau von Beton gleicher Zusammensetzung in zwei Lagen.

Einbau, zweischichtiger (von Betonflächen). Einbau von Beton unterschiedlicher Zusammensetzung in zwei Schichten.

Einbringen. Der → Frischbeton wird vor dem → Ansteifen zur endgültigen Formgebung in die Schalung eingebracht. Dabei darf er sich nicht → entmischen. Vor dem E. ist die Schalung von allen losen Materialien zu reinigen und ggf. vorzunässen. Die freie Fallhöhe des Betons sollte nicht größer als 2 m sein. Ansonsten sind Schüttrohre einzusetzen. Schüttgeschwindigkeit des einzubringenden Betons – vor allem für Stützen und Wände – und Tragfähigkeit der Schalung sind aufeinander abzustimmen. Nach Möglichkeit ist der Betoniervorgang – insbesondere bei Sichtbeton – nicht zu unterbrechen. Der Beton sollte in möglichst gleichmäßig dicken Schichten mit waagerechter Oberfläche eingebracht werden. Als Richtmaß für die → Schütthöhe können 50 cm gelten.

Eindringgerät. Veraltetes Gerät zum Messen des → Eindringmaßes. Es besteht aus einem geschoßförmigen, durch ein Gestänge geführten Eisenkörper von

Einschichtig

15 kg Gewicht. Dieser Körper fällt beim Eindringversuch aus 20 cm Höhe auf die in einer Würfelform von 30 cm Kantenlänge verdichtete Betonprobe. Gemessen wird das Eindringmaß in cm.

Eindringmaß. → Konsistenzmaß, das durch den Eindringversuch ermittelt wird. → Eindringgerät.

Eindrückversuch. Ehemalig genormter Versuch zur Bestimmung des → Erstarrungsbeginns von → Zement. In einen 55 Min. lang gelagerten → Zementkuchen wird 15 mm vom Rand eine Bleistifthülse gedrückt. Dieser Versuch wird alle fünf Min. wiederholt, bis sich dabei ein von der Eindruckstelle radial ausgehender Kantenriß bildet. Dieser Zeitpunkt definiert den Erstarrungsbeginn.

Einheiten → SI-Einheiten.

Einkomponentenkleber. Klebstoffe, deren Erhärtung ohne Mischung mit einer zweiten Materialkomponente erfolgt und i. d. R. auf physikalischen Vorgängen (z. B. Verdunsten von Wasser oder Lösemitteln, Abkühlen einer Schmelze o. ä.) beruht.

Einkornbeton. Haufwerksporiger Beton, dessen Zuschlag nur aus einer Korngruppe besteht. → Einkornzuschlag, → Filterbeton, → Leichtbeton.

Einkornzuschlag. Körner nahezu gleicher Korngröße (Durchmesser Größtkorn = 2 Durchmesser Kleinstkorn) mit rd. 35 Vol.-% Porenraum für haufwerksporige Betone. → Einkornbeton.

Einlagig. Beim Betoneinbau im Straßenbau bedeutet e., daß eine Schicht in einer Lage z. B. mit einem Fertiger-Übergang hergestellt wird, im Gegensatz zum mehrlagigen Einbau des Betons gleicher Zusammensetzung zu einer Schicht. → Einschichtig.

Einpressen. Einbringen des Zementmörtels unter Druck in die Spannkanäle beim Spannbeton sowie der Zementschlämme bei der Bodenverfestigung.

Einpreßhilfen (EH). → Betonzusatzmittel, die den Wasseranspruch und das Absetzen des Zementmörtels für die Verpressung von Spannkanälen vermindern, das Fließen dieses Mörtels verbessern, ein vollständiges Umhüllen der Spannglieder erleichtern und ein mäßiges Quellen des Mörtels bewirken. Sie besitzen daher eine treibende Komponente und eine leicht verzögernde Komponente zur Verlängerung der Arbeitszeit. Die Wirkung der Einpreßhilfen ist in erster Linie von der Temperatur und von der Zusammensetzung des Zements sowie von Marke, Alter und Zugabemenge der E. abhängig. Die Zugabemenge wird mit Hilfe einer → Eignungsprüfung festgelegt.

Einpreßmörtel. Er dient zum Verfüllen der Spannkanäle von Bauteilen aus Spannbeton mit nachträglichem Verbund. Maßgebend für seine Herstellung, seine Eigenschaften und seine Prüfung ist DIN 4227, Teil 5.

Einschichtig. Beim Betoneinbau im Straßenbau bedeutet e., daß die Decke in einer Schicht eingebaut wird. Gegensatz: Mehrschichtiger Einbau, z. B. wenn

Einschwimmen

Unter- und Oberbeton unterschiedlich zusammengesetzt sind. → Einlagig.

Einschwimmen. Transport und Einbau von großen Fertigteilen, deren Auftrieb im Wasser gerne zum Transport beim Bau von Unterwassertunnels, Schleusenteilen oder Meeresbauten genutzt wird. Die Herstellung der Teile erfolgt meist im Trockendock unterhalb des umgebenden Wasserspiegels. Nach Rohbauerstellung wird das Dock geflutet, so daß die Fertigteile aufschwimmen und zur Einbaustelle geschleppt werden können. Um ein einwandfreies Aufschwimmen der Körper sicherzustellen, wird zwischen Unterbeton und Bauwerkssohle eine Schicht aus haufwerksporigem Beton eingebracht oder es werden Riffelbleche verlegt. Das Absenken erfolgt durch Vergrößerung des Ballastes. Bekannte Bauwerke nach diesem Verfahren sind u. a. der neue Elbtunnel in Hamburg, die Pfeiler des Sturmflut-Sperrwerks Oosterschelde in den Niederlanden und die großen Offshorebauwerke.

Einspannung. Auflager eines Balkens bzw. einer Decke oder Fußpunkt einer Stütze, bei dem Biegemomente übertragen werden können. Das Gegenteil ist die gelenkige Lagerung.

Eintauchversuch. Verfahren zur Ermittlung des Fließvermögens von → Einpreßmörtel nach DIN 4227, Teil 5.

Eisenbeton. Veraltete Bezeichnung für → Stahlbeton.

Eisenerz. Natürliches Gestein mit unterschiedlichen Eisenverbindungen. Es wird wegen seiner großen → Rohdichte gelegentlich als Zuschlag für → Schwerbeton verwendet.

Eisenoxid (Eisenoxyd, Fe_2O_3, Fe_3O_4). In natürlichen Gesteinen weit verbreiteter Stoff, der u. a. als Teil des Rohstoffgemischs für die Herstellung von → Portlandzementklinker verwendet wird. → Farbpigmente.

Eisenoxidgelb → Farbpigmente.

Eisenoxid-Pigmente → Farbpigmente.

Eisenoxidrot → Farbpigmente.

Eisenoxidschwarz → Farbpigmente.

Eisenoxyd → Eisenoxid.

Eisenportlandzement (EPZ). → Hüttenzemente. Genormter Zement, der außer Zementklinker und Gipsstein und/oder Anhydrit sowie ggf. einer Zumahlung von anorganischen mineralischen Stoffen schnell gekühlte und infolgedessen glasig erstarrte Hochofenschlacke, den Hüttensand, enthält. Der Hüttensandgehalt beträgt 6 bis 35 Gew.-%.

Elastizitätsmodul (E-Modul). Materialkennwert für das elastische Verformungsverhalten eines durch Druck oder Zug beanspruchten Werkstoffs, der in N/mm^2 gemessen wird. Der E-Modul gibt das Verhältnis der Spannung σ zur zugehörigen elastischen Verformung ε_{el} an:

$$E = \frac{\sigma}{\varepsilon_{el}}$$

Er ist also definiert durch das Verhältnis zwischen einwirkender Spannung und

Elektrohärtung

resultierender Längenänderung innerhalb eines Lastbereichs, in dem sich Spannungen und Verformungen noch proportional zueinander verhalten. Er wird bei Beton als Sekantenmodul aufgefaßt und nach 10-maliger Be- und Entlastung zwischen einer geringen Vorlast (0,5 N/mm^2) und 1/3 der Druckfestigkeit des Prüfkörpers (i.d.R. Betonzylinder mit h/d $\geq$ 2 nach DIN 1048, Teil 1) bestimmt. Der E. hat Einfluß auf die Bemessung von Betonbauten und hängt vom E-Modul des Zuschlags und des Zementsteins sowie vom Zementsteinvolumen ab. Bei Normalbeton liegt er mit 15 000 bis 45 000 N/mm^2 zwischen den E-Modulen des Zementsteins (5 000 bis 20 000 N/mm^2) und des Zuschlags (60 000 bis 100 000 N/mm^2). Für die verschiedenen Betonfestigkeitsklassen gelten im Hoch- und Brückenbau nach DIN 1045 z.B.: B 15 − 26 000 N/mm^2, B 25 − 30 000 N/mm^2, B 35 − 34 000 N/mm^2 und B 45 − 37 000 N/mm^2. Im Straßenbau gelten: Straßenbeton nach ZTV Beton − 35 000 N/mm^2, Tragschicht nach ZTVV-Stb − 3000 bis 30 000 N/mm^2, Tragschicht nach ZTVT − 1200 bis 10 000 N/mm^2.

Elastizitätstheorie. Rechenverfahren auf der Grundlage des Hookschen Gesetzes. → Spannungs-Dehnungs-Linie.

Elastomere. Bezeichnung für weitmaschig vernetzte, makromolekulare Stoffe, die sich durch Einwirkung einer geringfügigen Kraft bei Raumtemperatur und höheren Temperaturen um mind. das Doppelte ihrer Ausgangslänge dehnen lassen und nach Aufhebung des Zwanges wieder rasch und praktisch vollständig in die ursprüngliche Form zurückkehren.

Elektrobeheizung. Verfahren zur → Wärmebehandlung von Beton. Man unterscheidet zwei Verfahren: 1. Beheizung von außen durch elektrische Heizelemente. Zu dieser Methode gehören das elektrische Beheizen der Schalung oder die Verwendung von elektrisch beheizten Abdeckmatten und im Fertigteilbau das Aufwärmen des Fugenmörtels durch Heizleiter, die in der Nähe der Fugen in den Fertigteilen eingebaut sind. 2. Beheizung von innen durch Heizdrähte. Das Erwärmen erfolgt bei diesem Verfahren durch Heizdrähte im Beton, die vor dem Betonieren in der Schalung verlegt werden und anschließend den Frischbeton von innen erwärmen. Hierbei wird mit Spannungen bis zu etwa 40 Volt gearbeitet.

Elektrohärtung. Grundlage der sog. elektrischen Härtung des Betons ist die Ausnutzung der elektrischen Leitfähigkeit des jungen Betons zu seiner Erwärmung. Während der erhärtete Beton nur ein sehr schlechter Leiter ist, hat der frische Beton infolge seines Wassergehaltes eine gute Leitfähigkeit, die durch Anlegen einer Wechselspannung zum Aufheizen benutzt werden kann. Mit zunehmender Erhärtung nimmt dann die Leitfähigkeit infolge der Wasserbindung stark ab, und die Spannung muß zum weiteren Aufheizen erhöht werden. Daher ist es zweckmäßig, die elektrische Erhärtung nur bis zu einem bestimmten Erhärtungsstadium zu betreiben. Das Verfahren wird bei bewehrten Betonteilen durch die wesentlich größere Leitfähigkeit des Stahles gegenüber dem umgebenden Beton erschwert. Die Erwärmung des Betons in der Umgebung der Stahleinlagen ist wesentlich stärker als

Elektrokorund

die des übrigen Betons, was zu Aufquellungen des jungen Betons an der Bewehrung und damit zur Verringerung des Haftverbundes führen kann. Bei Spannbetonkonstruktionen ist die Frage der Auswirkung der E. auf das Korrosionsverhalten der Spannstähle noch nicht eindeutig geklärt. Außerdem erschweren die erforderlichen hohen Spannungen, die bis auf mehrere 100 Volt ansteigen können, die Einhaltung der Sicherheitsvorschriften bei diesem Verfahren.

Elektrokorund. → Hartstoff für Beton- oder Mörtelschichten für hohen → Abriebwiderstand. Aus Tonerde elektrisch bei 2000 °C gebrannt. Härte nach MOHS: 9. → Hartstoffestrich.

E-Modul → Elastizitätsmodul.

Emulgator. Zusatzstoff für die Herstellung von → Emulsionen zweier sonst nicht mischbarer Flüssigkeiten (z.B. Wasser mit Öl), der die Haltbarkeit solcher stabilisierten Mischungen erhöht. Seine Wirkung beruht auf der Herabsetzung der Oberflächenspannung der emulgierten Flüssigkeiten.

Emulsion. Stabile Mischung zweier nicht ineinander lösbarer Flüssigkeiten in feinster Verteilung. Durch Zusätze (Emulgatoren und Stabilisatoren) wird ihre Haltbarkeit gegenüber bloßer mechanischer Vermengung stark erhöht.

Endauflager. Beim → Durchlaufträger gibt es → Zwischen- und E. Die E. sind im Gegensatz zu den Zwischenauflagern momentenfrei. Allerdings müssen zur Aufnahme etwaiger ungewollter Einspannungsmomente und zur Schubsicherung einige Bewehrungsstähle am E. aufgebogen werden.

Endfestigkeit. Zementgebundene Werkstoffe erhalten ihre E. erst, wenn bei ausreichendem Wasserangebot der Zement völlig hydratisiert ist, ggf. erst nach Jahren. Das erfolgt um so später, je geringer die Mahlfeinheit des Zementes ist. Bezogen auf das Alter von 28 Tagen hat ein langsam erhärtender Zement eine große, ein → schnell erhärtender Zement dagegen eine geringe → Nacherhärtung. Die Unterschiede in der E. sind auf unterschiedlich langfaserig ausgebildete → Calciumsilicathydrat-Kristalle zurückzuführen.

Endhaken. Umgebogener Endbereich der Bewehrung zur besseren Aufnahme der Zugkräfte.

Endkriechzahl. Wert zur Bemessung von Spannbetonbauteilen nach DIN 4227, Teil 1, Tabelle 7. → Kriechen.

Endschwindmaß. Wert zur Bemessung von Spannbetonbauteilen nach DIN 4227, Teil 1, Tabelle 7. → Schwinden.

Endsporn (bei Betonfahrbahndecken). Konstruktive Maßnahme, die das Abwandern von Betonfahrplatten und ein → Aufstauchen der anschließenden bituminösen Befestigung im Bereich von Brücken verhindert.

Entmischen. Die Trennung der gröberen und feineren Bestandteile des Betons. Der Vorgang kann beim → Fördern

Erhärten

und → Einbringen des → Frischbetons auftreten. Dies muß durch geeignete Maßnahmen verhindert werden.

Entrosten. Schwacher Anflug von Rost auf der Bewehrung erhöht den Widerstand gegen Gleiten und ist daher oft erwünscht. Lose haftender Rost dagegen muß vor dem Einbau des Betons von der Bewehrung entfernt werden.

Entschalen → Ausschalen.

Entschalungsmittel → Trennmittel.

Entschalungsöl → Schalöl.

Entspannen (im Straßenbau). Zerschlagen einer abgängigen Betondecke in Schollen von 1,00 bis 1,20 m² Größe als Vorbereitung einer Grunderneuerung im → Hocheinbau. Damit werden vorhandene Zwängungsspannungen aufgehoben und Hohlräume unter den alten Platten geschlossen.

Entwässerung. Ableitung von Wasser und Abwasser aus Wohnhäusern, Industriebetrieben und Städten (Hausentwässerung, Stadtentwässerung). Das Wasser wird in Hauptsammler eingeleitet, die zur → Kläranlage führen.

Entwässerungssteine. Steine aus haufwerksporigem Beton, die der Abführung von drückendem Wasser – z. B. bei Hanglage oder hohem Grundwasserspiegel – dienen. Sie werden vor den Keller-Außenwänden unter Erdniveau im Verband aufgestellt.

EP → Epoxidharze.

Epoxidharze (EP). Flüssige oder schmelzbare feste Kunstharze mit reaktionsfähigen Epoxid-Endgruppen. In Verbindung mit Härtern vernetzen sie durch → Polyaddition und gehören damit zu den → Duromeren. Eigenschaften: Hohe Haftfestigkeit auf den verschiedensten Untergründen, hohe Zähigkeit, geringes Schwindmaß, sehr gute Wasser- und Chemikalienbeständigkeit.

EPS-Beton. Gefügedichter Leichtbeton aus Polystyrolschaumstoffperlen (Expandiertes Polystyrol), Zement, Feinsand oder Füller, Wasser und ggf. Zusatzmittel. Wird z. B. im Straßenbau als Tragschichtmaterial bei frostgefährdeten Böden als Ersatz für eine Frostschutzschicht aus Kies eingebaut.

EPZ → Eisenportlandzement.

Ergiebigkeit. Volumen eines Kalkes nach dem Löschen, bezogen auf seine Trockenmasse.

Erguẞgestein. Ein an der Erdoberfläche entstandenes vulkanisches → Erstarrungsgestein. Es ist meist sehr feinkörnig oder auch glasig.

Erhärten. Verfestigung des → Zementleims zu → Zementstein. Für die → Festigkeitsentwicklung des → Portlandzements, → Eisenportlandzements und → Hochofenzements ist in erster Linie die → Hydratation des schnell reagierenden Tricalciumsilicats und des langsamer reagierenden Dicalciumsilicats verantwortlich. Im → Traßzement reagiert der → Traß als natürliches → Puzzolan mit dem bei der Hydratation des → Portland-

125

Erhärtungsgeschwindigkeit

zementklinkers frei werdenden Calciumhydroxid unter Bildung von Calciumsilikathydrat. Die Hydratationsprodukte des → Ölschieferzementes entsprechen denen des Portlandzements.

Erhärtungsgeschwindigkeit. Zeitlicher Verlauf der Festigkeitsentwicklung, der beim → Zementleim von vielen Einflüssen, wie z. B. der → Mahlfeinheit des Zements, der → Zementart, der Zementleimtemperatur (→ Betontemperatur), dem → Wasserzementwert und der → Nachbehandlung abhängt.

Erhärtungsgrad → Reife.

Erhärtungsprüfung. Während der Erhärtungszeit soll ein Anhalt über die Festigkeit des Betons im Bauwerk zu einem bestimmten Zeitpunkt gewonnen werden. Die Lagerung der → Probekörper ist so vorzusehen, daß der Einfluß der Temperatur und der Feuchte mit den Bedingungen am betreffenden Bauteil vergleichbar ist. → Gütenachweis.

Erhärtungsverlauf. Festigkeitsentwicklung eines Betonbauteils. Sie wird nachgewiesen durch die → Erhärtungsprüfung.

Ermüdungsverhalten. Eigenschaft von Materialien und Bauteilen, die auch für Beton mit dem → Dauerschwingfestigkeitsversuch ermittelt wird.

Erregerstoffe → Anreger.

Erschütterung. Bei frischem und/oder jungem, sachgerecht hergestelltem und verdichtetem Beton, haben E. mit Schwingungsgeschwindigkeiten bis zu etwa $v = 20$ mm/s i. a. keine nachteiligen Folgen auf die spätere Festigkeit des Betons. Dies gilt, solange die Erschütterungsamplituden kleiner als etwa 0,7 mm sind. Die in der Baupraxis auftretenden Schwingungsgeschwindigkeiten liegen i. d. R. unter $v = 20$ mm/s. Wirken E. auf Beton ein, der durch Schwingungen noch ins Fließen gerät, so können sie eine → Nachverdichtung und als deren Folge eine höhere Festigkeit des Betons bewirken. Wird der Beton in einem Zeitraum erschüttert, in dem er durch Schwingungen gerade nicht mehr nachverdichtet werden kann, beginnt eine kritische Phase, in der bei stärkeren Erschütterungen die Schwingungsbeanspruchung die Festigkeit des jungen Betons überschreiten kann und dadurch bedingte Festigkeitsverringerungen auftreten. Diese kritische Phase läßt sich auf einen Zeitraum von etwa 3 bis 14 Std. nach dem Betoneinbau eingrenzen.

Erstarren. Definierte Viskositätszunahme von Zementleim innerhalb zeitlich festgelegter Grenzen. Nach DIN 1164 darf das Erstarren von Zementleim frühestens eine Std. nach dem Anmachen beginnen und muß spätestens 12 Std. nach dem Anmachen beendet sein.

Erstarren, falsches. Eine in den ersten Min. nach dem Anmachen von Zementleim vorübergehend auftretende Viskositätszunahme. Sie äußert sich z. B. in einer deutlich geringeren Eindringtiefe der Nadel im Nadelgerät von VICAT. In der Regel kann f. E. durch intensives erneutes Mischen behoben werden.

Erstarren, frühes. Erreichen der dem Erstarrungsbeginn nach DIN 1164 zugeordneten Viskosität bereits vor dem angegebenen Zeitpunkt.

Erstarrungsbeginn → Erstarrungszeit.

Erstarrungsbeschleuniger (BE). → Betonzusatzmittel, die das → Erstarren bzw. das → Erhärten deutlich beschleunigen, ggf. auch bei niederen Temperaturen. Sie bestanden früher überwiegend aus Chloriden, vorwiegend Calciumchlorid. Heute dürfen chloridhaltige o. a. Zusätze, die den Korrosionsschutz der Bewehrung im Beton beeinträchtigen können, nicht mehr verwendet werden. Daher enthalten E. heute vorwiegend Carbonate, Aluminate oder organische Stoffe. Sie werden z.B. bei → Spritzbeton angewendet. Durch die Zugabe von E. wird die Frühfestigkeit des Betons i.a. erhöht, die Festigkeit im Alter von 28 Tagen und später i.a. vermindert. Wie bei → Erstarrungsverzögerern muß auch die Dosierung der Beschleuniger sorgfältig auf die Baustellenverhältnisse abgestimmt werden. Auch bei Beschleunigern sind ein vergrößertes → Schwinden und ein Umschlagen, d.h. eine Umkehr der Wirkung auf das Erstarren und auf das Erhärten möglich.

Erstarrungsende → Erstarrungszeit.

Erstarrungsgestein. Ein aus Gesteinsschmelze (Magma) durch Abkühlung gebildetes Gestein. Es wird in Tiefen-, Gang- und → Ergußgesteine unterteilt und auch als Eruptivgestein bezeichnet.

Erstarrungsverzögerer (VZ). → Betonzusatzmittel, die i.a. aus mehreren anorganischen oder organischen Stoffkomponenten bestehen, die das Erstarren und die Anfangserhärtung des Zements verzögern und damit eine längere Verarbeitung des Betons ermöglichen, aber ggf. auch ein späteres Ausschalen und längeres Nachbehandeln erfordern. Von Verzögerern wird in erster Linie bei hohen Temperaturen und bei Unterbrechungen des Betoniervorgangs sowie bei großen Bauteilen zur Vermeidung von Arbeitsfugen Gebrauch gemacht. Die Druckfestigkeit im Alter von 28 Tagen und später ist bei geeigneten Zugabemengen und sachgerechtem Vorgehen oft größer als bei gleichem Beton ohne Verzögerer. Bei Verzögererzugabe können ein vergrößertes Schwinden und ein Umschlagen, d.h. eine Umkehr der Wirkung auf das Erstarren sowie trotz Frühansteifens eine große Spreizung zwischen Anfang und Ende des Erstarrens und eine ausgeprägte Verzögerung der Anfangserhärtung des Betons auftreten.

Erstarrungszeit. Zeitspanne zwischen dem Erreichen der Viskositätszustände V_A und V_E eines Betons. Nach der Zugabe von → Anmachwasser geht der flüssige → Zementleim in den festen → Zementstein über. Diese Zustandsänderung von flüssig nach fest geschieht nicht schlagartig. Es werden drei Phasen (Ansteifen, Erstarren, Erhärten) unterschieden, die auch in dieser Reihenfolge zeitlich ablaufen. Ausgehend von einer Ausgangsviskosität (Vo), der Normsteife, werden den drei Phasen gemäß DIN 1164 Viskositätsbereiche zugeordnet. Die E. wird definiert durch die Viskosität V_A als Erstarrungsbeginn und die Visko-

Eruptivgestein

Definition von Ansteifen, Erstarren und Erhärten von Zement bei einer Prüfung der Erstarrungszeiten nach DIN 1164

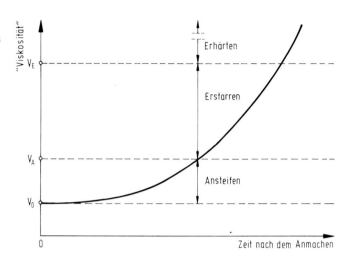

sität V_E als Erstarrungsende. Gemessen werden diese Viskositäten mit dem → Nadelgerät von Vicat. Nach DIN 1164 darf das Erstarren frühestens eine Std. nach dem Anmachen beginnen und muß spätestens nach zwölf Std. beendet sein.

Eruptivgestein → Erstarrungsgestein.

Erwärmen (von Beton). Maßnahmen beim Betonieren bei kühler Witterung. 1. E. des → Zugabewassers und/oder der → Zuschläge, um die Mindesttemperatur des → Frischbetons beim → Einbringen zu garantieren. 2. E. der den Frischbeton umgebenden Luft bzw. Schalung, um das → Erhärten zu beeinflussen oder Frosteinwirkung auf den → jungen Beton zu verhindern. → Wärmebehandlung, → Winterbaumaßnahmen.

Erzzement. Ein nicht mehr hergestellter Portlandzement, für den ein → Klinker mit stark vermindertem → Tonerde- und hohem → Eisenoxidgehalt verwendet wurde.

Ester. Organische Verbindungen von Säuren mit Alkoholen, bei deren Bildung Wasser abgespalten wird.

Estrich. Ein auf einem tragenden Untergrund oder auf einer zwischenliegenden Trenn- oder Dämmschicht hergestelltes Bauteil, das unmittelbar nutzfähig ist oder mit einem Belag, ggf. frisch in frisch versehen werden kann. → Ausgleichsestrich, → Baustellenestrich, → Bewegungsfugen, → Estrich auf Trennschicht, → Estrichdicken, → Estrich, einschichtiger, → Estrich, mehrschichtiger, → Estrich, schwimmender, → Gütenachweis, → Hartstoffestrich, → Heizestrich, → Randfugen, → Scheinfugen, → Übergangsschicht, → Verbundestrich.

Estrich auf Dämmschicht → schwimmender Estrich.

Estrich auf Trennschicht. Estrich, der von dem tragenden Untergrund durch eine dünne Zwischenlage getrennt ist. Er kann unmittelbar genutzt oder mit einem Belag versehen werden.

Estrichdicke. Sie ist abhängig von Estrichart und Verwendungszweck des Estrichs. Sie soll aus fertigungstechnischen Gründen nicht weniger als etwa das Dreifache des → Größtkorns des Zuschlags betragen.

auf seiner Unterlage beweglich ist und keine unmittelbare Verbindung mit angrenzenden Bauteilen aufweist. Sch.E. wird nach DIN 18 560, Teil 2, mit dem Kurzzeichen für → Festigkeitsklasse, mit der Nenndicke der Schicht sowie mit dem Buchstaben „S" bezeichnet. Beispiel: Zementestrich der → Festigkeitsklasse 20, schwimmend, mit 40 mm Nenndicke: Estrich DIN 18 560 − ZE 20 − S 40. → Estrichdicke, → Heizestrich.

Estrich-Nenndicke für Verkehrslasten bis 1,5 kN/m² in Abhängigkeit von der Zusammendrückbarkeit der Dämmschicht nach DIN 18 560

Zementestrich	Estrich-Nenndicke in mm bei einer Zusammendrückbarkeit der Dämmschicht	
	bis 5 mm	über 5 mm bis 10 mm
ZE 20	≥ 35	≥ 40

Mindestdicke von Hartstoffestrichen bei Verbundestrichen

Beanspruchungsgruppe	Verwendete Hartstoffgruppe nach DIN 1100		
	A	M	KS
I schwer	$\geq 15\,(10)$	$\geq 8\,(5)$	$\geq 6\,(4)$
II mittel	$\geq 10\ \ (6)$	$\geq 6\,(4)$	$\geq 5\,(3)$
III leicht	$\geq\ \ 8\ \ (5)$	$\geq 6\,(4)$	$\geq 4\,(3)$
Eingeklammerte Werte sind kleinste Einzelwerte.			

Estrich, einschichtiger. Estrich, der in einem Arbeitsgang in der erforderlichen Dicke hergestellt wird.

Estrich, mehrschichtiger. Ein in mehreren Schichten hergestellter → Estrich. Die einzelnen Schichten werden im Verbund hergestellt. Ist die Oberschicht unmittelbar genutzt, wird sie auch Nutzschicht genannt.

Estrich, schwimmender. Ein auf einer Dämmschicht hergestellter Estrich, der

Ethylen ($H_2C=CH_2$). Einfachster Kohlenwasserstoff mit einer Doppelbindung.

Ettringit ($3CaO \times Al_2O_3 \times 3CaSO_4 \times 32H_2O$). Andere Bezeichnung für Calciumsulfoaluminat. Es entsteht bei der Betonherstellung durch Reaktion von Tricalciumaluminat (C_3A) und Wasser mit Gips oder Anhydrit, die zur Regelung der Erstarrungszeit zugegeben werden, und ist in dieser Phase unschädlich. Werden dem erhärteten Beton später erneut SO_4-Ionen, z.B. aus dem Grundwasser, ange-

Eurocode

boten, kommt es wieder zur Bildung von E., wobei ein Kristallisationsdruck entsteht, der den Zementstein zertreiben kann. Man spricht vom sog. „Zementbazillus".

Eurocode (EC). Europäisches Regelwerk für den Entwurf, die Bemessung und die Ausführung von Bauwerken des Hoch- und Ingenieurbaus, mit dem Ziel, einheitliche Regeln als Alternative zu den geltenden, voneinander abweichenden Bestimmungen in den EG-Mitgliedsländern bereitzustellen.

Euro-internationales Beton-Komitee (Comité Euro-International du Béton, CEB). Technisch wissenschaftliches Gremium, dem 30 Staaten angehören, welches sich mit der internationalen Harmonisierung des Regelwerks im Betonbau befaßt (z.B. Model-Code 1978, Eurocode 2).

Extruder. Maschine, die feste bis flüssige Form-Massen aufnimmt und kontinuierlich aus einer Öffnung preßt. Das Aufgabegut wird dabei nicht nur in eine vorbestimmte Querschnittsform gebracht, sondern kann auch gemischt, plastifiziert, homogenisiert oder chemisch umgewandelt werden.

F

Fahrbahnbefestigung. Sammelbegriff für die Befestigung von Fahrbahnen mit ungebundenen oder durch Bindemittel gebundenen Baustoffen.

Fahrbahndecke → Decke.

Fahrbahndeckenbeton. Beton, der in seiner → Zusammensetzung und in seinem → Einbau speziell für Fahrbahndecken geeignet ist.

Fahrbahnplatte. Von Fugen begrenzte Betonplatte innerhalb eines → Fahrstreifens.

Fahrmischer. Nutzfahrzeug mit Mischtrommelaufbau zum Fördern von werkgemischtem Transportbeton sowie zum Fördern von in einer Betonbereitungs- oder Dosieranlage abgemessenen Betonausgangsstoffen und Mischen derselben im Fahrzeug (→ Transportbeton-Fahrzeug). Die Mischtrommel ist innen mit zwei spiralförmig angeordneten Leitblechen ausgerüstet, die den Beton je nach Drehgeschwindigkeit der Trommel → rühren oder vermischen und bei Umkehr der Trommeldrehrichtung zum Austrag leiten. Die Mischtrommel ist auf einem serienmäßigen Lastkraftwagen- oder Sattelauflieger-Fahrgestell aufgebaut und vom Fahrmotor angetrieben. Fahrmischer unterliegen der Straßenverkehrs-Zulassungsordnung.

Fahrschalung. Schalung, die sich stetig (→ Gleitschalung) oder taktweise und meist aus eigener Kraft verschiebt; Einsatz z.B. beim Tunnelbau in offener Baugrube.

Fahrstreifen. Teil einer Richtungsfahrbahn im Straßenbau. F. sind bei Autobahnen i.a. 3,75 m breit.

Fahrzeuge (mit Rührwerk, Agitatoren). → Transportbetonfahrzeuge, die → Frischbeton in bereits fertig gemisch-

Farbpigmente

tem Zustand aus einem stationären → Mischer übernehmen und ihn nur noch bewegen, um ein → Entmischen zu verhindern. Sie sind zum → Mischen oder → Nachmischen eines Betons nicht geeignet. F. sind in Deutschland kaum verbreitet.

Fahrzeugverzeichnis. Ein → Transportbetonwerk muß für die → Transportbetonfahrzeuge ein F. führen. Darin sind Art, Fassungsvermögen und polizeiliches Kennzeichen der Transportbetonfahrzeuge numeriert aufzuführen. Das Verzeichnis muß spätestens mit der ersten Lieferung dem Bauleiter des Unternehmens übergeben werden.

Fallhöhe (des → Frischbetons). Bei größeren Fallhöhen neigt Beton beim → Einbringen zum → Entmischen. Deshalb sollen Fördergefäße möglichst dicht über der Einbaustelle geöffnet werden. Bei F. über 2 m sollte der Beton durch Fallrohre zusammengehalten werden.

Fallrohre (Schüttrohre). Sie verhindern das → Entmischen des Betons beim → Einbringen aus größerer Höhe. Stürzt der Beton in → Wand- oder Stützenschalungen frei herab, so wächst schon ab 1 m mit der Fallhöhe je nach Zusammensetzung die Entmischungsgefahr besonders bei starker waagerechter Bewehrung. Daher sollte bei Fallhöhen über 2 m der Beton durch F. zusammengehalten werden. Diese sind − wie Rutschen oder Verteilerschläuche von Pumpleitungen − bis kurz über die jeweilige Einbaustelle zu führen. Die F. sind leicht konisch geformte Stahlblechrohre − daher auch Hosenrohr genannt − die nach Bedarf aneinander gehakt werden können. Fle-

xible Schläuche an Betonkübeln und am Ende von Rohrleitungen zur Betonförderung dienen ebenfalls der Verminderung der freien Fallhöhe. Bereits bei der Planung sind Öffnungen in der Bewehrung für das Einführen der F. vorzusehen. Durch möglichst kurze Abstände der Schüttrohre läßt sich die Bildung von Schüttkegeln vermeiden.

Faltversuch. Verfahren zur Untersuchung der Sprödigkeit von Baustählen. Dabei werden Flach- oder Rundstäbe um einen Dorn gebogen. Danach wird der Biegewinkel gemessen, der beim ersten Anriß oder beim Durchbrechen erreicht wurde.

Faltwerk. → Flächentragwerk, das aus → Platten, die fugenlos miteinander verbunden sind und deren Endflächen durch eine gemeinsame → Scheibe (Binderscheibe) ausgesteift werden, besteht. Es wird nur in den vier Ecken abgestützt. Die räumliche Wirkung wird durch die Binderscheibe und durch den monolitischen → Verbund der einzelnen Scheiben untereinander bewirkt. Der monolitische Verbund ermöglicht es, daß in den Kanten Schubkräfte übertragen werden und somit eine einheitliche Trägerwirkung aller Platten herbeigeführt wird.

Farben → Beton, farbiger, → Durchfärben, → Farbpigmente.

Farbpigmente. → Betonzusatzstoffe im Sinne der DIN 1045. Sie werden dem Beton zur Erzielung einer bestimmten dauerhaften Farbwirkung zugegeben (→ Beton, farbiger). Es sind pulverförmige Farbkörper z.B. natürlicher, anorganischer Art. Sie entstehen aus Erdfarben,

Farbstoffe

aus Mineralfarben (synthetische anorganische Pigmente) oder aus organischen Farben. Verwendet werden hauptsächlich anorganische, synthetisch hergestellte Buntpigmente, die licht- und wetterfest sowie alkalibeständig sind. Die teilweise verwendeten organischen Pigmente erfüllen diese Bedingungen meist nicht. Daher kommen überwiegend Pigmente aus Metalloxiden zur Anwendung:

Eisen(III)-oxid-rot (Fe_2O_3),
Eisenoxidhydroxid-gelb (FeOOH),
Eisen(II, III)-oxid-schwarz (Fe_3O_4),
braunes Eisenoxid (Gemisch aus Eisenoxid-rot, -gelb und -schwarz),
Chrom(III)-oxid-grün (Cr_2O_3),
Chrom(III)-oxidhydrat-grün (CrOOH),
Kobalt-Aluminium-Chromoxid-lichtblau ($CoO/Al_2O_3/Cr_2O_3$),
Titan-Nickel-Antimonoxid-lichtgelb,
Titandioxid-weiß (TiO_2).
Auch Ruß wird verwendet.

Die Zugabemenge der F. sollte unbedingt auf das notwendige Maß beschränkt bleiben, da ein Übermaß an Pigmenten den Wasseranspruch erhöhen und sich auf bestimmte Betoneigenschaften nachteilig auswirken kann. Besonders reine und leuchtende Farben entstehen, wenn für die Betonherstellung als Bindemittel weißer Zement verwendet wird.

Farbstoffe → Farbpigmente.

Faserbeton. Ein Beton, bei dem dem → Zementleim bzw. dem → Frischbeton Fasern zugegeben werden, um die Zugfestigkeit, Schlagfestigkeit und Verformbarkeit des → Festbetons zu erhöhen. Praktische Bedeutung haben Asbest-, Kunststoff-, Glas- und Stahlfasern erlangt. → Asbestzement, → Glasfaserbeton, → Stahlfaserbeton, → Faserspritzbeton.

Faserdämmstoffe. Dämmstoffe aus mineralischen und/oder organischen Fasern.

Faserspritzbeton. Sammelbegriff für im Spritzverfahren hergestellten Beton, dessen Mischung zur Verbesserung bestimmter Eigenschaften Fasern aus unterschiedlichen Materialien als Bewehrung zugegeben werden. In Frage kommen hierfür hauptsächlich Stahl-, Glas-, Kohlenstoff- sowie verschiedene Kunststoff- Fasern, z.B. Acryl und Polyaramid. Glasfasern, die als Verstärkungskomponente einer Zementsteinmatrix dienen sollen, müssen eine erhöhte Alkalibeständigkeit aufweisen. → Stahlfaserspritzbeton.

Faserzement. Sammelbegriff für zementgebundene Faserverbundwerkstoffe. Ältester Vertreter der Faser-Zement-Baustoffe ist → Asbestzement.

Fassaden. Der Begriff kommt von lat. facies, Gesicht, äußere Erscheinung und bedeutet im Bauwesen das Äußere eines Gebäudes. In der Architektur ist damit insbesondere die Frontseite oder Hauptansichtsseite (Schauseite) gemeint, auf die sich die Gestaltung konzentriert und die i.d.R. auch die Haupteingangsseite ist. Eine F. kann die Gliederung des dahinterliegenden Baues widerspiegeln oder verschleiern (Blendfassade). Gegliedert werden F. durch Fenstergruppierung, Arkaden, Erker, Freitreppen, Säulen und dgl. Außerdem ergeben sich durch die Verwendung von verschiede-

Fassadenplatten

nen Materialien entsprechende Gestaltungsmöglichkeiten.

Fassaden, hinterlüftete. Soll bei mehrschichtigen Außenwänden die durch die Wand diffundierende Feuchtigkeit durch eine Luftschicht abgeführt werden, entstehen hinterlüftete Fassadenkonstruktionen. Bei Verwendung von Betonteilen vor einer Wärmedämmschicht muß die Luftschicht mind. 20 mm (Tragschicht Stahlbeton) bzw. 40 mm (Tragschicht Mauerwerk) dick sein. Die Fassade muß mit horizontalen Be- und Entlüftungsschlitzen versehen sein und die Luftschicht muß am unteren Abschluß entwässert werden. Bei einer Fassadenbekleidung aus Betonwerkstein können die Entlüftungsschlitze entfallen, wenn die Fugen offenbleiben und mind. vier mm breit sind. Bei einem zweischaligen Mauerwerk mit Luftschicht muß die Außenschale mind. 11,5 cm, und die Luftschicht soll sechs cm dick sein.

Fassadenplatten (Fassadentafeln). Nach Art der Konstruktion unterscheidet man im Beton-Fertigteilbau einschichtige und mehrschichtige F. → Sandwichplatten. Am häufigsten sind bei den einschichtigen Platten vorgehängte F. und Raumabschlußplatten. Vorgehängte Platten kommen hauptsächlich aus gestalterischen Gründen zur Anwendung. Sie dienen gleichzeitig dem Schutz der raumabschließenden Wand, insbesondere der Wärmedämmschicht und eignen sich besonders zur Fassadenerneuerung. Die raumabschließende Wand kann dabei aus beliebigem Material sein. Die Aufhängung erfolgt mit Ankern. Die verschiedenen Ankersysteme erlauben Plattengewichte bis zu 35 kN und somit Tafelgrößen bis zu rd.

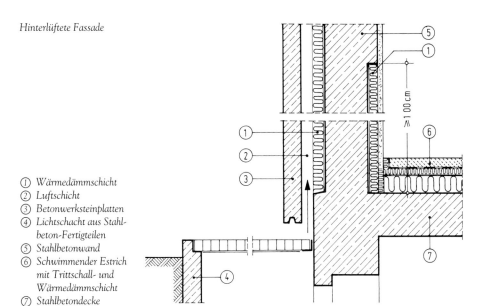

Hinterlüftete Fassade

① *Wärmedämmschicht*
② *Luftschicht*
③ *Betonwerksteinplatten*
④ *Lichtschacht aus Stahlbeton-Fertigteilen*
⑤ *Stahlbetonwand*
⑥ *Schwimmender Estrich mit Trittschall- und Wärmedämmschicht*
⑦ *Stahlbetondecke*

Fassadentafeln

30 m². Einschichtige Raumabschlußplatten (Wandplatten) bestehen aus → Leichtbeton und ihre → Dicke richtet sich weniger nach statisch-konstruktiven Gesichtspunkten, als vielmehr nach den Anforderungen des → Wärmeschutzes. Sie werden hauptsächlich im → Industriebau verwendet.

Fassadentafeln → Fassadenplatten.

Fédération Internationale de la Précontrainte (FIP). Internationaler Spannbetonverband.

Fehlkorn → Ausfallkörnung.

Fehlstellenrate. Flächenanteil der durch mangelnde Verarbeitungssorgfalt oder nachträgliche Rißbildung bedingten Fehlstellen in einem geschlossenen Anstrichfilm, bezogen auf dessen Gesamtfläche. Durch eine hohe F. kann der rechnerische Diffusionswiderstand eines als Schadgasbremse konzipierten Schutzanstrichs erheblich beeinträchtigt werden.

Feinbrechsand. Veralteter Begriff für gebrochenen Zuschlag der Liefergruppe 0/1.

Feinheit (des Zements) → Mahlfeinheit, → Blaine-Wert.

Feinheitsmodul. Kennwert für die Kornzusammensetzung und den Wasseranspruch von Betonzuschlag nach ABRAMS. Zur Ermittlung des F. werden die Mittelwerte der Siebrückstände für die einzelnen Kornklassen in M.-% addiert und durch 100 dividiert.

Feinheitsziffer → F-Wert.

Feinkies. Zusätzliche Bezeichnung für einen natürlichen, ungebrochenen Betonzuschlag nach DIN 4226 und für einen ungebrochenen Mineralstoff nach TL-Min-StB der Korngruppe/Lieferkörnung bzw. der Kornklasse/Lieferkörnung 4/8 mm.

Feinkorn. Schluffkorn und Feinstes mit einem Korndurchmesser ≤ 0,06 mm (→ Böden, Einteilung nach Korngrößen). DIN 18 196 „Erd- und Grundbau; Bodenklassifikation für bautechnische Zwecke" bezeichnet Böden als feinkörnig, wenn ihr Feinkornanteil mehr als 40 Gew.-% beträgt. Beispiele für feinkörnige Böden sind Schluffe, Tone, Mergel und Seekreide.

Feinmörtel. Mörtel aus Zuschlag mit einem Größtkorn von 1 mm.

Feinsand. Veralteter Begriff für die Zuschlag-Korngruppe 0/1.

Feinschleifen (geschliffen, gespachtelt und nachgeschliffen). Das Beton-Werkstück wird nacheinander durch Grobschleifen (Fräsen), Schleifen, Spachteln der offengelegten Poren und Abschleifen der erhärteten Spachtelmasse bearbeitet. Eine Politur mit Polierwachs ist bei dieser Bearbeitung nicht eingeschlossen.

Feinstbrechsand. Gebrochener Zuschlag der Lieferkörnung 0,125/0,25. Früher: Gebrochener Zuschlag der Liefergruppe 0/0,25.

Feinstsand. Zuschlag der Korngruppe 0,125/0,25. Früher: Zuschlag der Korngruppe 0/0,25.

Feinstteile → Mehlkorn.

Feinwaschen. Die frische bzw. verzögerte Betonoberfläche wird durch F. bearbeitet; dabei wird die noch nicht erhärtete Zementschlämme im Bereich von 1 bis 1,5 mm ausgewaschen. Man erzielt bei dieser Bearbeitung einen „Sandstrahleffekt". Es kann im Positiv- wie im Negativverfahren (→ Auswaschen) gearbeitet werden. Im Gegensatz zu → Waschbeton erfolgt der Kornaufbau eines Betons, der „feingewaschen" wird, mit einer stetigen Sieblinie.

Feldmoment. Bei Belastung, z. B. einer mehrfeldrigen Brücke, treten Beanspruchungen durch Momente auf, die im Bereich von Pfeilern oder Stützen als Stützmoment bezeichnet wird. Zwischen zwei Stützen wird die Momentenbeanspruchung als F. bezeichnet.

Feldspat. Wichtiges gesteinsbildendes Mineral. Härte nach MOHS: 6.

Ferrozement. Aus dem Englischen übernommene Bezeichnung für einen Verbundwerkstoff aus Zementmörtel mit hohem Bewehrungsgrad (hauptsächlich Maschendraht) für dünnwandige Flächentragwerke. Wird u. a. für den Bootsbau verwendet.

Fertiger. Gerät für den Einbau von Frischbeton im Straßenbau. Der F. ebnet die mit einem Kübelverteiler geschüttete Betonfläche mittels einer Palettenwalze, verdichtet den Beton durch eine Schreitbohle und zieht die Oberfläche mit einer Abziehbohle ab. Der F. fährt i. a. innerhalb eines Deckenzuges.

Fertigerübergang. Der Arbeitsvorgang beim Einbau von → Straßenbeton mittels → Fertiger in einem → Deckenzug.

Fertigestrich. → Estrich, der in gemischtem Zustand zum Einbau auf die Baustelle geliefert wird. → Baustellenestrich, → Transportbeton, → Trockenestrich.

Fertigmörtel. Mörtel, der ähnlich wie Transportbeton im Werk hergestellt und in Mischfahrzeugen auf die Baustelle gebracht wird. Er bleibt unter bestimmten Voraussetzungen bis zu 36 Std. verarbeitbar und beginnt im verarbeiteten Zustand aufgrund des Wasserentzugs durch die Mauersteine schon früher zu erhärten. → Werk-Frischmörtel.

Fertigteilbau. 1. Bauwerk aus vorgefertigten Beton-Bauteilen. 2. Verwendung von vorgefertigten Beton-Bauteilen. I. d. R. werden die Fertigteile auf der Baustelle kraftschlüssig miteinander verbunden, so daß ein weitgehend monolithisches Tragverhalten entsteht. → Betonfertigteile.

Fertigteildecken → Decken, → Betonfertigteile, → Fertigteilbau.

Fertigteile → Betonfertigteile.

Fertigteilestrich. → Estrich, der aus vorgefertigten, kraftschlüssig miteinander verbundenen Platten besteht.

Fertigteilplatten → Betonfertigteile, → Decken, → Betonplatten.

Fertigteilstützen

Fertigteilstützen → Betonfertigteile.

Fertigteilträger → Betonfertigteile.

Fertigteilwände → Betonfertigteile.

Fertigteilwerk → Betonwerk.

Fertigungsbreite (im Straßenbau). Herstellbreite des → Fertigers zum Betonieren einer Fahrbahn. Sie umfaßt i.a. einen (3,75 m) oder zwei (8,50 m) → Fahrstreifen. Neueste Geräte arbeiten mit einer F. von 11 (15) m für zwei (drei) Fahrstreifen und einen Standstreifen.

Fertigungskontrolle. Im Rahmen der → Güteüberwachung soll sie eine gleichbleibend hohe Qualität der Produktion von → Betonfertigteilen und → Betonwaren sicherstellen.

Festbeton. Beton, der erhärtet ist.

Festbetonrohdichte. Sie ist vorrangig von der → Dichte der Betonausgangsstoffe, aber auch von der → Verdichtung des → Frischbetons und vom Feuchtigkeitsgehalt des → Festbetons abhängig. Die F. im lufttrockenen Zustand schwankt z.B. bei → Normalbeton zwischen 2100 und 2400 kg/m³.

Festigkeit. → Widerstandsfähigkeit fester Stoffe gegen Bruch durch Belastung. Man unterscheidet statische F., unter einmaliger Belastung gemessen, und dynamische F., auch → Dauerstandfestigkeit genannt, im → Dauerschwingversuch ermittelt. Unterschieden nach Art der Belastung, werden bei Beton geprüft: → Druck-, → Biegezug-, → Zugfestigkeit.

Festigkeitsentwicklung. Die F. des Zementes und des Betons sind abhängig vom Alter, vom → Wasserzementwert, von der → Zementart, der → Zementfestigkeitsklasse und den Lagerungsbedingungen (Temperatur und Feuchtigkeit). Sie nimmt anfangs schneller, später immer langsamer werdend bis zur vollständigen Hydratation zu. Die Einflüsse wirken sich besonders stark auf die Anfangserhärtung in den ersten Tagen aus. Niedriger Wasserzementwert und höhere Ze-

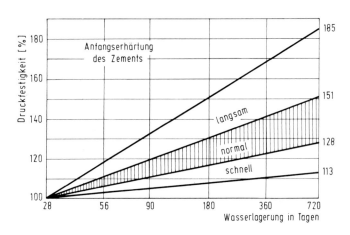

Festigkeitsentwicklung von Beton

136

Feuchthalten

mentfestigkeit bringen eine schnellere F. Ebenso wird sie durch höhere Temperatur beschleunigt. Voraussetzung für eine ungestörte F. ist ausreichende Feuchtigkeit des Betons.

Festigkeitsklassen → Betonfestigkeitsklassen, → Zementfestigkeitsklassen.

Festigkeitsprüfung → Betonprüfung, zerstörende; → Betonprüfung, zerstörungsfreie.

Festigkeitsprüfung, zerstörende → Betonprüfung, zerstörende.

Festigkeitsprüfung, zerstörungsfreie → Betonprüfung, zerstörungsfreie.

Festkörpergehalt (nichtflüchtiger Anteil). Derjenige Bestandteil eines Anstrichstoffes, der nach dem Entweichen aller flüchtigen Anteile (Verdunstung des Lösungsmittels) unter festgelegten Prüfbedingungen zurückbleibt.

Festmörtel. Ein → Mörtel, der erhärtet ist.

Festraum (Stoffraum). Porige Körper und Schüttgüter bestehen nur z.T. aus festem Stoff, ein mehr oder weniger großer Teil von ihnen besteht aus dem Hohlraum oder Porenraum, der mit Luft oder aber auch mit Wasser oder einer anderen Flüssigkeit gefüllt sein kann. F. und Hohlraum ergeben den Gesamtraum. Von den Stoffen, die in der Betontechnologie eine Rolle spielen, ist die → Dichte meist bekannt. Bei diesen läßt sich der F. aus Division von Gewicht durch Dichte berechnen. Wichtig ist die Kenntnis des F. für die → Festraumrechnung.

Festraumrechnung (Stoffraumrechnung). In der F. werden der → Festraum der Ausgangsstoffe und daraus zuerst deren raummäßiger Anteil im Beton und dann die gewichtsmäßige Zusammensetzung bestimmt.

Feuchtegehalt, praktischer. Feuchtegehalt von Baustoffen, der bei der Untersuchung genügend ausgetrockneter Bauten, die zum dauernden Aufenthalt von Menschen dienen, in 90 % aller Fälle nicht überschritten wird.

Feuchteschutz. Sammelbegriff für alle baulichen Maßnahmen, die das Eindringen von Feuchtigkeit in Gebäude und die klimabedingte Bildung von Tauwasser in bewohnten Räumen verhindern sollen. → Feuchteschutz, klimabedingter; → Nachbehandlung; → Weiße Wanne.

Feuchteschutz, klimabedingter. Konstruktive Maßnahmen zur Vermeidung von Schäden durch die Einwirkung von Tauwasser und Schlagregen. Anforderungen an den k.F. und Hinweise für Planung und Ausführung enthält DIN 4108 „Wärmeschutz im Hochbau", Teil 3.

Feuchthalten. Maßnahme zum → Nachbehandeln von → Beton. Der Beton ist in den oberflächennahen Bereichen bis zum genügenden Erhärten gegen Austrocknen zu schützen. Übliche Verfahren für das F. sind: Belassen in der Schalung, Abdecken mit Folien, Aufbringen wasserhaltender bzw. wasserabhaltender Abdeckungen, Aufsprühen von flüssigen → Nachbehandlungsmit-

Feuchtigkeitsgehalt

teln sowie kontinuierliches Besprühen mit Wasser.

Feuchtigkeitsgehalt (des Zuschlags). Wassergehalt der Betonzuschläge in Gew.-%. Er wird durch Trocknen einer vorher abgewogenen Menge feuchter Zuschläge bestimmt:

$$f = \frac{Gf - Gt}{Gt} \times 100 \, [\text{Gew.-\%}]$$

Gf = Gewicht der feuchten Betonzuschläge

Gt = Gewicht der trockenen Betonzuschläge

Der Feuchtigkeitsgehalt setzt sich zusammen aus der → Oberflächenfeuchte und der → Kernfeuchte. Bei dichten Betonzuschlägen für Normal- und Schwerbeton ist die Kernfeuchte praktisch bedeutungslos, der gesamte Wassergehalt kann als Oberflächenfeuchte angesehen werden. Der F. wird im Labor durch → Darren festgestellt. Auf der Baustelle kann die Feuchtigkeit des Zuschlags mit dem → CM-Gerät bestimmt werden. → Wassergehalt.

Feuchtigkeitsschutz → Feuchteschutz.

Feuchtlagerung. Methode der → Nachbehandlung von → Probekörpern aus Beton und Mörtel. Für die → Eignungsprüfung und → Güteprüfung sind die Probekörper nach dem Entformen auf einem Lattenrost unter Wasser oder in einer Feuchtkammer zu lagern. Bei Probekörpern aus Leichtbeton ist eine Feuchtigkeitsaufnahme während der Dauer der F. zu verhindern.

Feuerbeton → Beton, feuerfester.

Feuerstein → Flint.

Feuerwiderstand → Brandschutz.

Feuerwiderstandsdauer. Mindestdauer in Min., die für Bauteile in der Normbrandprüfung nach DIN 4102, Teil 2, ermittelt wird. Danach werden Bauteile in fünf → Feuerwiderstandsklassen eingeteilt. → Brandschutz.

Feuerwiderstandsklassen. Einteilung von Bauteilen nach ihrer → Feuerwiderstandsdauer.

Feuerwiderstandsklassen F nach DIN 4102

Feuerwiderstandsklasse	Feuerwiderstandsdauer in Minuten
F 30	≧ 30
F 60	≧ 60
F 90	≧ 90
F 120	≧ 120
F 180	≧ 180

FGSV → Forschungsgesellschaft für Straßen- und Verkehrswesen.

Filterbeton. → Einkornbeton, bei dem sich durch das Fehlen von Sand und Feinkies Lücken im Gefüge bilden, durch die Wasser abfließen kann. F. wird bei → Betonrohren und → Tragschichten aus Beton unter Pflasterdecken zur Entwässerung angewendet.

FIP → Fédération Internationale de la Précontrainte.

Flachdach. Dächer, bei denen die Dachneigung weniger als 22° beträgt. Man unterscheidet die Ausführungen mit Dichtungshaut und mit → wasserundurchlässigem Beton (wu-Beton) ohne zusätzliche Abdichtung. → Dachformen. Im Gegensatz zu den Steildächern besteht ihre Dachhaut nicht aus einzelnen, schuppenartig verlegten Elementen (Dachpfannen, Faserzementschindeln), sondern aus einer die gesamte Dachoberfläche abschließenden, wasserdichten Haut. Es wird grundsätzlich zwischen belüfteten (→ Kaltdach) und nicht belüfteten Dächern (→ Umkehrdach, → Warmdach) unterschieden.

Flachdach-Konstruktion. Dächer mit einer Neigung von weniger als 22° (Richtlinien für die Ausführung von Flachdächern: weniger als 15°, Gösele/Schüle: weniger als 27°) werden gegen Niederschlagswasser durch die über die gesamte Dachfläche geschlossen aufgebrachte Dachhaut geschützt. F. sind sehr hohen Temperaturbeanspruchungen ausgesetzt: im Winter −20 °C und weniger, im Sommer unter ungünstigen Bedingungen (u. a. dunkle Farbe der Dachfläche) bis zu +80 °C. Die zugehörigen Längenänderungen können durch konstruktive Maßnahmen eingeschränkt bzw. unschädlich gemacht werden. Nach DIN 1045, Abschnitt 14.4.1., empfiehlt es sich, bei Stahlbetondächern und anderen durch ähnliche Temperaturänderungen beanspruchten Bauteilen, die hier besonders großen temperaturbedingten Längenänderungen zu verkleinern, z. B. durch Anordnung einer ausreichenden Wärmedämmschicht auf der Oberseite der Dachplatte (DIN 4108), oder durch Verwendung von Beton mit kleinerer Wärmedehnzahl oder durch beides. Die Wirkung der verbleibenden Längenänderungen auf die unterstützenden Teile kann durch bauliche Maßnahmen abgemindert werden, z. B. durch möglichst kleinen Abstand der → Bewegungsfugen, durch → Gleitfolienlager oder durch Pendelstützen. Liegt ein Stahlbetondach auf gemauerten Wänden oder auf unbewehrten Betonwänden, so sollen unter seinen Auflagern Gleitschichten und zur Aufnahme der verbleibenden Reibungskräfte → Ringanker aus → Stahlbeton am oberen Ende der Wände angeordnet werden, um Risse in den Wänden möglichst zu vermeiden.

Flächentragwerke. Typische Bauformen des Stahlbeton- und Spannbetonbaus. Sie sind dadurch gekennzeichnet, daß eine Abmessung, die Dicke (d), klein ist gegenüber den anderen beiden Abmessungen Länge und Breite (a und b). Die Palette reicht von einfachen Formen ebener F. wie Platten und Scheiben bis hin zu den komplizierten, räumlichen und gekrümmten Formen der → Faltwerke und → Schalen.

Flammstrahlen (von Beton). Thermische Behandlung einer Betonoberfläche durch kurzzeitige Einwirkung einer hochenergetischen Brenngas-/Sauerstoff-Flamme, die eine Temperatur von ca. 3200 °C erreicht. Das Brenngas kann z. B. Acetylengas sein. Die oberste Zementhaut des erhärteten Betons wird weggeschmolzen, und die oberen Kappen der Zuschläge werden abgesprengt. Es ist jeweils zu prüfen, ob die Dauerhaftigkeit des Beton-Werkstücks durch diese Oberflächenveränderung ungünstig beeinflußt wird. Durch einen oder mehrere Brennerübergänge kann der Beton in dünnen Schichten flächig gelöst (geschält) werden, bis die freigelegte Oberfläche eine bestimmte strukturelle Beschaffenheit (z. B. Eignung zur dauerhaften Aufnahme einer Beschichtung) oder ein bestimmtes Aussehen hat. Die äuße-

Flaschenrüttler

re Betonrandzone ist im Anschluß an die thermische Behandlung stets in einem zweiten, mechanischen Verfahrensschritt von gelockerten Gefügepartikeln und erstarrtem Schmelzgut zu reinigen. Dies geschieht i.d.R. mit Klopfmaschinen oder rotierenden Stahldrahtbürsten, in besonderen Fällen auch durch mechanisches Strahlen.

Flaschenrüttler. → Innenrüttler, die vorzugsweise zum → Verdichten von plastischem Beton verwendet werden. Die ersten F. waren Normalfrequenzrüttler mit mechanischem Antrieb über Biegewellen. Heute werden hauptsächlich Hochfrequenzrüttler mit im Flaschenkörper eingebautem Elektromotor verwendet. Der wichtigste Bestandteil des F. ist der Vibrationskörper, die sog. → Rüttelflasche.

Flickmörtel. Mörtel, der zum Ausbessern einzelner Fehlstellen an Betonbauwerken oder -bauteilen verwendet wird. Es sind entweder reine Zementmörtel (Kurzzeichen CC), kunststoffmodifizierte Zementmörtel (PCC) oder Reaktionsharzmörtel (PC).

Fließbeton. → Frischbeton, der ein gutes Fließvermögen und ein ausreichendes Zusammenhaltevermögen aufweist. Er wird aus Frischbeton des Konsistenzbereichs plastisch bis weich (KP/KR) durch nachträgliches Zumischen eines sehr wirksamen Betonverflüssigers, eines → Fließmittels hergestellt. Da die Fließmittel nur begrenzte Zeit wirksam sind, z.B. 30 Min., wird F. oft auf der Baustelle durch Zugabe von Fließmittel in das Mischfahrzeug hergestellt. Dieses Verfahren ist durch die Richtlinien für die Herstellung und Verarbeitung von F. geregelt. Entgegen früheren Annahmen muß auch F. beim Einbau verdichtet werden, jedoch ist dieser Aufwand minimal. F. unterscheidet sich in seinen sonstigen Eigenschaften − Festigkeit, Schwinden, Kriechen usw. − i.d.R. nicht von dem Ausgangsbeton ohne Fließmittel und gleicher Verdichtung.

Fließbeton, frühhochfester. Im Straßenbau ermöglicht f.F. den Einbau des Deckenbetons ohne → Fertiger. Es genügt bei einem → Ausbreitmaß des Frischbetons von rd. 45 bis 50 cm (Beton mit Fließmittel a = 42 − 48 cm, Fließbeton a = 49 − 60 cm nach DIN 1045) eine leichte Abziehbohle − besonders geeignet sind Doppelbohlen − zur Herstellung der geforderten → Ebenheit. Eine zusätzliche Verdichtung ist nicht notwendig. Die hohe Festigkeit wird durch die Verwendung von Zement Z 45 F, die Zugabe eines → Fließmittels und durch Abdecken des Frischbetons mit einer Folie (→ Nachbehandlung) erreicht.

Fließestrich. → Baustellenestrich, der durch die Zugabe eines → Fließmittels ohne nennenswerte Verteilung und Verdichtung eingebracht werden kann.

Fließmittel. → Betonzusatzmittel zur Betonverflüssigung mit sehr starker Wirkung. Ihre Wirkungsdauer ist dagegen begrenzt, sie sind deshalb bei Transportbeton erst auf der Baustelle dem Transportbeton-Fahrzeug zuzugeben. → Fließbeton.

Flint (Feuerstein). Ein vorwiegend aus Chalzedon bestehendes Gestein, das oft organisch gebildete Kieselsäureabscheidungen enthält. Alkalilösliche Kieselsäure kann unter ungünstigen Umständen mit den Alkalien im Beton reagieren und zu einer Volumenvergrößerung (→ Alkalitreiben) und zu Rissen im Beton führen. Besonders alkaliempfindlicher Bestandteil im Zuschlag ist u.a. poröser F., wie er in bestimmten Gegenden Norddeutschlands vorkommt.

Fluatieren (mit Härtefluat). Behandlung einer Betonoberfläche mit Fluaten, die eine Verkieselung bzw. eine Härtung erzeugt. Bei Fassaden wird dadurch ein erhöhter Widerstand gegen chemische Angriffe aus der Luft bewirkt. Fluate sind nicht mit Wachspolitur zu verwechseln.

Flugasche. Feinkörniger Verbrennungsrückstand von Kohlenstaub, der bei der Reinigung der Abgase von Dampferzeugern in Kraftwerken anfällt und als Zusatzstoff für Zement und Beton Verwendung findet. Sie besteht z.T. aus kugeligen Partikeln mit puzzolanischen Eigenschaften. Ihre Zusammensetzung hängt in starkem Maß von Art und Herkunft der Kohle und den Verbrennungsbedingungen ab.
Als Betonzusatzstoff sind bestimmte F., die besonderen Anforderungen u.a. hinsichtlich ihrer chemischen Zusammensetzung, ihres Glühverlustes, ihres Anteils an glasigen Bestandteilen und besonders ihrer Feinheit sowie ihres Einflusses auf Erstarren, Raumbeständigkeit und Druckfestigkeit genügen, geeignet. Die Erfüllung der Anforderungen kann bei F. nur vorausgesetzt werden, wenn sie ein Prüfzeichen des Instituts für Bautechnik, Berlin, besitzen und überwacht werden. F. muß wenigstens zwei Drittel glasige Partikel enthalten und im wesentlichen aus reaktionsfähigem SiO_2 und Al_2O_3 sowie geringen Anteilen Fe_2O_3 und anderen Oxiden bestehen. Der Anteil an reaktionsfähigem CaO sollte i.a. unter 5 Gew.-% liegen und der Anteil an reaktionsfähigem SiO_2 muß mind. 25 Gew.-% betragen. Steinkohlenflugasche ist ein künstliches Puzzolan. Ihr Glasanteil kann bei normaler Temperatur mit gelöstem → Calciumhydroxid, z.B. dem Zementklinker, chemisch reagieren und erhärtungsfähige Verbindungen bilden. → Flugaschezement.

Flugasche-Hüttenzement. Ein nicht genormter, jedoch bauaufsichtlich zugelassener Zement, der außer → Zementklinker bis zu rd. 15 Gew.-% → Flugasche und 15 ± 5 Gew.-% → Hüttensand enthält.

Flugaschezement. Ein nicht genormter, jedoch bauaufsichtlich zugelassener Zement, der außer → Zementklinker bis zu rd. 30 Gew.-% → Flugasche enthält.

Flugrost. Auf der Oberfläche von blanken Baustählen entstehen bei Anwesenheit einer feuchten Umgebung und Sauerstoff innerhalb von wenigen Std. Rostpartikelchen, die man als F. bezeichnet. Er ist für die Dauerhaftigkeit des Stahls ohne Bedeutung.

Fluorit (Flußspat, CaF_2). Mineral, das bei der Herstellung von → Anhydrit Verwendung findet.

Flüssigkeiten, betonangreifende

Flüssigkeiten, betonangreifende. Beton kann durch längere Einwirkung von Flüssigkeiten (Wässern), die chemisch angreifende Stoffe enthalten, zerstört werden. Je nach Art der angreifenden chemischen Verbindungen wird nach dem → Angriffsgrad zwischen schwachem, starkem und sehr starkem → Angriff, auf Grund der Wirkungsweise der Zerstörung zwischen lösendem und treibendem Angriff unterschieden. Zu einem lösenden Angriff kommt es, wenn → Säuren (z.B. Salzsäure, Schwefelsäure, Salpetersäure), in Wasser gelegentlich vorkommende austauschfähige → Salze, → weiches Wasser sowie organische Fette und Öle einwirken. Die dabei aus den Kalkanteilen des Betons entstehenden wasserlöslichen Reaktionsprodukte (z.B. Salze) führen zur Auflösung des → Zementsteins von der Oberfläche her durch Abwittern oder Auslaugen.

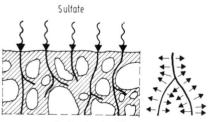

Lösender und treibender Angriff auf Beton

Ein treibender Angriff wird in erster Linie von → Sulfaten hervorgerufen. Die sich neu bildenden Reaktionsprodukte benötigen infolge wachsender Kristalle einen erheblich größeren Raum, wodurch es zur Dehnung und schließlich zur Zerstörung des → Betongefüges kommt.

Flußspat → Fluorit.

Foamglas → Schaumglas.

Folie → Unterlagsfolie (im Straßenbau).

Fördern (von Beton). Das F. des Frischbetons beginnt mit der Übergabe des Transportbetons auf der Baustelle bzw. bei Baustellenbeton mit der Entleerung des Mischers; es endet an der jeweiligen Einbaustelle. Förderart und Betonzusammensetzung sind so aufeinander abzustimmen, daß Entmischungen zuverlässig verhindert werden. Außerdem hängt die Wahl des Fördermittels (Krankübel, Pumpe, Förderband usw.) von den Besonderheiten der jeweiligen Baustelle, der einzubringenden Menge, der Förderweite und -höhe, den Bauteilabmessungen und den verfügbaren Geräten ab.

In Kran- oder Aufzugkübeln wird vorwiegend weicher (KR) oder plastischer Beton (KP) gefördert. Eine Entmischung ist bei dieser Förderart nicht zu befürchten, solange die Verschlußklappen der Kübel dicht schließen und somit kein Zementleim auslaufen kann. Werden fahrbare Behälter, z.B. sog. „Japaner", eingesetzt, besteht bei langen und unebenen Wegen die Gefahr einer Entmischung des Betons, vor allem bei weicher Konsistenz (KR). Auf offenen Lastkraftwagen sollte nur steifer Beton (KS) gefahren werden.

Er ist dabei mit Planen oder Folien abzudecken, um das Austrocknen oder die Aufnahme von Niederschlagwasser zu verhindern. Mit Förderbändern sollte nur plastischer Beton (KP) gefördert werden. Bei der Bandförderung von steifem (KS) oder weichem (KR) Beton ist wegen der Entmischungsgefahr Vorsicht geboten. Beim Pumpen von Frischbeton durch Rohrleitungen ist besonders darauf zu achten, daß keine Entmischung auftritt, da diese zu einer Verstopfung der Rohre führen kann. Deshalb muß → Pumpbeton so zusammengesetzt sein, daß er gut zusammenhält und kein Wasser absondert. Seine Zusammensetzung darf sich während des Betonierens nicht wesentlich ändern. Besonders Schwankungen im Wassergehalt, die die Konsistenz des Betons beeinflussen, wirken sich ungünstig aus.

Formänderungen. Bei elastischen (→ Elastizitätstheorie) und plastischen Werkstoffen mögliche Verformung infolge → Belastung. Die statische Berechnung von Bauwerken basiert auf der Ermittlung der Formänderungsenergie, das ist diejenige mechanische Energie, die ein deformierter elastischer Körper speichert.

Formbeiwert. Bei der zerstörenden Betonprüfung nach DIN 1048, Teil 2 gleicht der F. für Bohrkerne die Gestaltabhängigkeit der Ergebnisse aus. Maßgebend ist das Verhältnis der Höhe des Bohrkerns (h) zu seiner Dicke (d).

Formen. → Schalungen für → Probekörper, → Betonwerksteine und → Fertigteile. Sie bestehen entweder aus Stahl, Holz oder Kunststoff.

Form, plattige → Kornform.

Forschungsgesellschaft für Straßen- und Verkehrswesen (FGSV). Zusammenschluß von Personen, Firmen, Behörden und Verbänden, die an der Planung und am Bau von Straßen beteiligt sind, mit Sitz in Köln.

Forschungsinstitut der Zementindustrie. Zur Durchführung seiner Aufgaben unterhält der → Verein Deutscher Zementwerke (VDZ) in Düsseldorf das F.d.Z., dessen Leitung mit der Geschäftsführung des VDZ durch Personalunion eng verbunden ist. Das Institut gliedert sich in die beiden fachbezogenen Hauptabteilungen Zementtechnik und Betontechnik; die Allgemeinen Dienste umfassen eine Literaturstelle mit Bibliothek, Dokumentation und Verlagsaufgaben, ferner ein Rechenzentrum, mechanische und elektronische Werkstätten, ein Fotolabor sowie die Verwaltung. Derzeit sind im F.d.Z. rd. 130 Mitarbeiter tätig, davon mehr als 30 mit wissenschaftlicher Ausbildung als Ingenieure, Chemiker, Mineralogen, Physiker und Bibliothekare.

Fraktile. Ausfallwahrscheinlichkeit, also der bei einer Serienfertigung auf die Gesamtprobenzahl bezogene Anteil (in %) von Proben, bei dem die Prüfungsergebnisse kleinere Werte aufweisen als die geforderten Mindestwerte. Bei Beton entspricht die → Nennfestigkeit β_{WN} der → Festigkeitsklassen B der unteren 5 %-F. aller Einzelwerte und die Serienfestigkeit β_{WS} der Festigkeitsklassen B der unteren 5 %-F. der Mittelwerte aller Serien (3 aufeinanderfolgend ent-

Fraktion

Kurve der Ausfallwahrscheinlichkeit

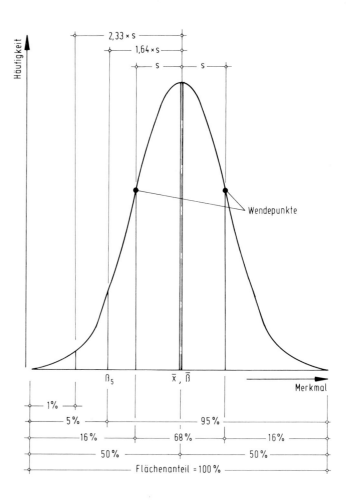

nommene Proben) der → Grundgesamtheit.

Fraktion. Veralteter Begriff für → Korngruppe.

Frankscher Hammer → Kugelschlaghammer.

Freifallmischer. Veraltete Bezeichnung für einen → Trommelmischer, die noch in „Illustrierte Terminologie für Betonmischer" des Europäischen Baumaschinen Komitees (CECE) enthalten ist.

Freiträger → Kragbalken.

Freivorbau. Brückenbauverfahren, bei dem der Brückenträger – meist aus Spannbeton – abschnittsweise verlängert wird, ohne daß eine Abstützung nach unten hin erfolgt; ggf. erfolgt eine Abspannung nach oben. Der Bau großer Lehrgerüste wird so vermieden. Die

Frischbetonrohdichte

Schalung ist z.B. in einem Vorbauwagen installiert, der nach dem Ausschalen und Vorspannen eines Abschnitts auf dem Kragarm des Brückenträgers weiter nach außen verschoben wird, um dort den nächsten Betonierabschnitt einzuschalen.

Fremdüberwachung. Überwachung durch eine anerkannte → Betonprüfstelle F oder eine anerkannte → Überwachungsgemeinschaft bzw. eine → Gütegemeinschaft.

Friedelsches Salz. Schwerlösliches Monochlorid ($3CaO \times Al_2O_3 \times CaCl_2 \times 10H_2O$), das sich unter dem Einfluß von Chloridlösungen aus dem Monosulfat, einem Reaktionsprodukt der Aluminate des Zements mit Sulfat, im Beton bilden kann.

Frischbeton. Beton, der verarbeitet werden kann.

Frischbetonanalyse. Sie wird nach → DIN 52 171 durchgeführt, um die Bestandteile des Betons zu bestimmen. Der → Zementgehalt wird durch Auswaschen einer Frischbetonprobe über dem Prüfsieb mit 0,25 mm Maschenweite ermittelt. Der → Wassergehalt wird nach DIN 1048 durch scharfes und rasches Trocknen über den Gewichtsverlust bestimmt. Nach dem Auswaschen kann die Kornzusammensetzung des → Zuschlags ermittelt werden. Sein Feinsandgehalt ist an einer gesonderten Probe festzustellen.

Frischbetondruck. Druck des Frischbetons, der durch → Einbringen und → Verdichten auf die → Schalung wirkt. Der F. ist hauptsächlich abhängig von der Steiggeschwindigkeit und der Konsistenz des Frischbetons.

Frischbetoneigenschaften. Wichtigste F. ist die → Konsistenz. Weiter sind die → Frischbetonrohdichte, die → Grünstandfestigkeit und die → Betontemperatur zu nennen.

Frischbetongefüge. Zusammenhalt von Zementleim und Zuschlag. Ein schlechtes F. führt z.B. zu Entmischungen, Wasserabsonderung und zu schlechter Verarbeitbarkeit. Ein gutes F. wird u.a. erreicht durch günstig zusammengesetzte → Korngemische und ggf. durch die Verwendung von Betonzusätzen.

Frischbeton-Luftgehalt. Gesamtmenge der im Beton enthaltenen Luft. → Verdichtungsporen, → Luftporen, → Kapillarporen.

Frischbeton-Prüfung. Erforderliche Untersuchungen an frischem Beton, deren Prüfergebnisse Aussagen über die zu erwartenden Eigenschaften des → Festbetons gestatten. Die Frischbetonprobe muß dem Durchschnitt der zu beurteilenden Betonmenge entsprechen. Folgende Prüfungen sind üblich: → Frischbeton-Rohdichte; → Konsistenz; → Luftporengehalt; → Zementgehalt; → Wasserzementwert.

Frischbetonrohdichte. Sie ergibt sich vorrangig aus den → Dichten und Massenteilen der Betonkomponenten, wird aber auch vom → Wasserzementwert und vom Luftgehalt beeinflußt. Zusammen mit der → Konsistenz ermöglicht sie eine Kontrolle der → Betonzusammen-

145

Frischbeton-Untersuchungen

setzung und des Verdichtungsgrades. Zur Ermittlung der F. nach DIN 1048 wird Beton in ein Gefäß gefüllt, verdichtet und gewogen. Das Frischbetongewicht dividiert durch den Gefäßinhalt ergibt die F. in kg/m^3.

Frischbeton-Untersuchungen. Bei genehmigungspflichtigen Arbeiten sind entsprechend ihrer Art und ihrem Umfang zum Nachweis von Güte und Standsicherheit der baulichen Anlagen und ihrer Teile fortlaufend F.-U., wie z.B. die Prüfung von Konsistenz, Rohdichte und Zusammensetzung, durchzuführen.

Frischbeton, werkgemischter → Transportbeton, werkgemischter.

Frischbeton-Zusammensetzung → Frischbeton- Prüfung.

Frischmörtel → Werk-Frischmörtel.

Frontbeschickung (im Straßenbau). Arbeitsweise, bei der → Fertiger vor Kopf mit Frischbeton zum Einbau in eine Betonfahrbahndecke versorgt werden.

Frostbeständigkeit → Widerstand (gegen → Frost-Tau-Wechsel).

Frostbeständigkeitsprüfung → Frost-Prüfung.

Frosteinwirkung. Produkt aus Lufttemperatur und Zeitdauer des Frostes.

Frostprüfung. Im Labor nachvollzogene Temperaturwechsel an gesondert hergestellten oder dem Bauwerk entnommenen Probekörpern. Mit der F. soll der →

Frost- bzw. → Frost-Tausalz-Widerstand des verwendeten Betons o.a. Baustoffe nachgewiesen werden.

Frostschäden. Schäden an Straßenbefestigungen und Bauwerken als direkte oder indirekte Folge der Einwirkung von Frost in Verbindung mit Wasser.

Frostschutzmittel. Stoffe, die den Gefrierpunkt des Wassers im Beton oder Mörtel herabsetzen. → Winterbaumaßnahmen.

Frost-Tausalz-Prüfung. Verfahren zur Prüfung der Frost-Tausalz- Widerstandsfähigkeit von Beton und Betonerzeugnissen (z.B. für den Straßenbau). Die meisten Prüfverfahren beruhen darauf, daß man Probekörper unter Tausalz- Einwirkung in regelmäßigem Rhythmus einfrieren läßt und wieder auftaut. Nach der Anzahl der → Frost-Tau-Wechsel und der Schäden, die an den Proben im Laufe der Prüfung eintreten, wird die Beständigkeit oder Empfindlichkeit des verwendeten Betons beurteilt.

Frost-Tausalz-Widerstand. Widerstandsfähigkeit von erhärtetem Beton und Betonerzeugnissen, die im durchfeuchteten Zustand Frost- und Tauwechseln bei gleichzeitiger Einwirkung von Tausalzen ausgesetzt sind.

Frost-Tau-Wechsel. 1. Beanspruchung eines Beton-Außenbauteils durch die Witterung. 2. Verfahren zur Prüfung der Witterungsbeständigkeit oder − empfindlichkeit von Beton, bei dem Probekörper in regelmäßigem Rhythmus eingefroren und aufgetaut werden.

Fugen

Frostwiderstand. 1. Eigenschaft von Beton und Beton-Zuschlag, Frostbeanspruchungen ohne Schäden auszuhalten. 2. Eigenschaft einer Bodenverfestigung mit hydraulischen Bindemitteln, Frostbeanspruchungen ohne wesentliche Volumenänderung auszuhalten.

Frühfestigkeit. Betonfestigkeit im Alter von einigen Std. oder Tagen; kann durch → Betonzusammensetzung und/ oder → Wärmebehandlung gesteigert werden. Wichtig für schnellere Bauwerksnutzung, früheres Entschalen von Fertigteilen, verbesserte Gefrierbeständigkeit von jungem Beton.

Frühhochfestigkeit → Frühfestigkeit.

Frühschwindrisse. Sie wurden häufig fälschlicherweise als „Schrumpfrisse" bezeichnet. F. entstehen in erster Linie an freiliegenden Oberflächen des frischen oder jungen Betons durch zu schnelles Austrocknen. Dieser Vorgang wird auch als „plastisches Schwinden" bezeichnet. So lange der Beton noch verformbar ist, können diese Risse durch nochmaliges Verdichten wieder geschlossen werden. Die Rißtiefe kann u.U. recht groß sein. Als → Krakelee-Risse haben sie jedoch nur sehr geringe Rißtiefe.

Fugen. Zwischenraum zwischen zwei Bauteilen, die aneinanderstoßen und über die F. kraftschlüssig und/oder dichtend verbunden sind. Die Bauteile können so eng aneinandergefügt sein, daß der dazwischenliegende Fugenspalt praktisch gleich null ist. Die F. kann mit einem Klebemittel ausgefüllt werden oder sie kann offengelassen werden. Die Teile können auch eng zusammenpassen, wie bei einem Verbundpflaster, oder bei der Montage dicht aneinandergefügt werden. Bauteile können auch bewußt so angeordnet werden, daß dazwischen eine breite F. entsteht. Sie kann mit Mörtel ausgefüllt, wie beim Mauerwerk, oder offengelassen werden. Bauwerke und Bauteile unterliegen Eigenbewegungen, die zu Rissen führen und dadurch deren Aussehen, Gebrauchsfähigkeit und Standsicherheit gefährden können. Neben Maßnahmen, diese Bewegungen zu reduzieren, ist das Anordnen von F. die wirksamste Voraussetzung zur Vermeidung möglicher Schäden.

Die DIN 1045 nennt hauptsächlich drei Arten von F., die sich in ihrer Funktion und Ausführung unterscheiden: → Arbeitsfugen, → Bewegungsfugen und → Stoßfugen. Nach ihrer Ausbildung wird ferner unterschieden in → Raumfugen und → Scheinfugen. Die Anzahl der F. sollte immer auf ein Minimum beschränkt werden. Im Mauerwerksbau: Stoßfuge = senkrechte F.; Lagerfuge = waagerechte F. Bauteile werden manchmal bewußt „auf Fuge gesetzt", um ein einheitliches Bild zu erhalten, um die Notwendigkeit örtlichen Einpassens zu umgehen, um Bauteile unabhängig voneinander montieren zu können und nicht nach einer bestimmten Reihenfolge, um thermische Dehnungen und Feuchtigkeitsunterschiede zu berücksichtigen und/oder um die Verwendung von verschiedenartigen Materialien an einer Stelle zu ermöglichen. Im Betonbau werden F. oft angeordnet, um Risse infolge von Schwinden und Temperaturunterschieden zu vermeiden.

Fugen (mit → Fugendichtungsmassen). Sollen Fugen mit Dichtungsmassen ge-

Fugenabdeckband

dichtet werden, so sind die Fugenflanken abzufasen. Nur dann liegt die → Fuge geschützt hinter der Oberfläche bzw. es entsteht eine gerade Kante, die ein sauberes Einbringen der Dichtungsmasse ermöglicht. Um eine einwandfreie Haftung des Füllmaterials zu erreichen, müssen die Fugenflanken bis zu einer Tiefe der doppelten Fugenbreite, mind. aber 30 mm tief parallel verlaufen. Horizontale Fugen können auch durch konstruktive Maßnahmen, wie Betonnasen und ansteigende Fugenränder, entweder ohne zusätzliche Dichtungsmaßnahmen oder kombiniert mit diesen geschlossen werden. Fugen mit Breiten über 30 mm sind für → Dichtungsmassen meist unwirtschaftlich. Für Fugendichtungen mit F. eignen sich im Betonbau i.d.R. nur dauerelastische Materialien. → Dichtungsmassen.

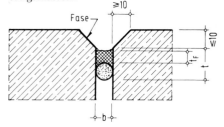

Maße der Fugendichtung

Fugenabdeckband. Flaches, i.a. weiches Profil (→ Dichtungsband) zum nachträglichen Abdichten von → Bewegungsfugen (z.B. Überkleben von Außenwandfugen im Hochbau) aus Polysulfid, Polyurethan oder Silikon. Es wird auf die Bauteiloberfläche geklebt; die Fugenflanken werden mit → Dichtungsmassen aus dem gleichen Material vorbehandelt.

Fugenabdeckung. Sie muß gewährleisten, daß keine Fremdkörper (z.B. Kieskörner, Schmutz) in die Fuge eindringen und die ungehinderte Bewegung beeinträchtigen.

Fugenabdichtungsprofile. Sie können aus Metall oder Kunststoff bestehen und werden später in die Fuge eingedrückt, eingesteckt oder eingeklebt und sollen diese vor Fremdkörpern, Feuchtigkeit und Wasser schützen.

Fugenabstände. Sie richten sich z.B. nach der Frischbeton- und der Außentemperatur, den Eigenschaften der Ausgangsstoffe und des Betons (Festigkeit, E-Modul, Wärmedehnzahl, Kriechzahl) und den Bauteilabmessungen. Wenn die

Richtwerte für Fugen mit Fugendichtungsmassen für Wände im Hochbau nach DIN 18540, Teil 1 und 3

Fugenabstand in m	bis 2	über 2 bis 4	über 4 bis 6		über 6 bis 8	
Fugenbreite b in mm	10	15	20	25	30	35
Fugentiefe t in mm	30	30	40	50	60	70
Dicke der Fugendichtungsmasse t_F[1]) in mm zul. Abweichung	8 ± 2	10 ± 2	12 ± 2	15 ± 3	15 ± 3	20 ± 4

[1]) Diese Werte sind einzuhalten im Endzustand, hierbei ist auch der Volumenschwund der Dichtungsmasse zu berücksichtigen.

Fugenabstände

Anhaltswerte für die höchstzulässigen Abstände (a) von Bewegungsfugen in Betonbauteilen

Bauteil			a [m]
unbewehrter Beton	allg. aufgehende Bauteile		bis 5 bis 10
Stahlbeton im Hochbau allg.			bis 30
Konstruktions-Leichtbeton allg.			8 bis 10
Brücken und Binder mit Rollenlagern			100 bis 200
Fundamentplatten	mit elastischer Oberkonstruktion mit steifer Oberkonstruktion		30 bis 40 15 bis 25
Skelettbauten	mit elastischer Unterkonstruktion mit steifer Unterkonstruktion langgestreckte feingliedrige Teile		30 bis 40 15 bis 25 bis 10
Deckenplatten	Geschoßdecken, Ortbeton Balkone, Brüstungen, Konsolen wärmegedämmte Dachdecken (Kaltdach) ungedämmte Dachdecken (Warmdach) ungedämmte Gefälle-Leichtbetone (Warmdach)		20 bis 30 15 bis 20 10 bis 15 5 bis 6 4 bis 6
Estriche	in Räumen im Freien		4 bis 6 2 bis 4
Stützwände	auf rolligen oder bindigen Böden	bewehrt unbewehrt	10 bis 15 bis 10
	auf Fels oder Beton	bewehrt unbewehrt	8 bis 10 bis 5
Widerlager und Flügelwände		bis 0,60 m Dicke 0,60 bis 1,00 m Dicke 1,00 bis 1,50 m Dicke 1,50 bis 2,00 m Dicke	8 bis 12 6 bis 10 5 bis 8 4 bis 6
Fahrbahnen		bewehrt unbewehrt	30 bis 50 5 bis 8
Schwimmbecken, Klärbecken			12 bis 15
Die Werte schwanken je nach Sonneneinstrahlung, Wärmedämmung, Bewehrung oder Verankerung erheblich.			

Fugenbänder

erforderlichen Abstände und Breiten von Fugen nicht rechnerisch nachgewiesen werden, können Richtwerte einen Anhalt geben. Für die höchstzulässigen Abstände von Bewegungsfugen in Betonbauteilen gelten je nach Bauteilart, Bauteildicke, Bewehrung, Konstruktionssystem, Umwelteinflüssen und Verankerung unterschiedliche Werte.

Fugenbänder. Flache, i.a. weiche Profile zum Abdichten von Fugen, insbesondere bei hohen Ansprüchen an die Dichtigkeit und Verformbarkeit sowie bei weiten Fugen. Innen- und außenliegende F. bestehen je nach gewünschter Eigenschaft vorwiegend aus Gummi, Kunststoff (Polyvinylchlorid) oder aus Kunstkautschuk auf der Basis von Styrol-Butadien-Rubber (SBR), schwerere Ausführungen gelegentlich aus Chloropren (CR), aus Bitumenpappen oder Metallbändern. Sie haben unterschiedliche Querschnitte, Breiten und Dicken, bestehen aber immer aus zwei Lappen, die fest einbetoniert werden, und einem mittig angeordneten, stärkeren Dehnungen angepaßten Profil in Schlaufen-, Schwalbenschwanz- oder Schlauchform.

F. werden vor dem Betonieren in der vorgeschriebenen Lage eingebaut und gegen Verschieben gesichert. F. sollen möglichst in der Mitte der Bauglieder eingebaut werden. Je größer die Betonüberdeckung ist, desto geringer ist die Gefahr der Wasserwanderung durch den Beton und entlang der Bandlappen. Bei dünnwandigen Bauteilen sollte die Lappen-

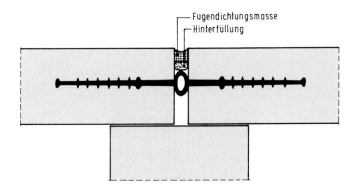

Fugenausbildung bei einer Dachplatte

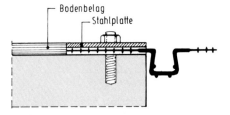

Anordnung eines auswechselbaren Fugenbandes

Fugendichtungen

breite der zweifachen Bauteildicke entsprechen. Die Fugen sollen möglichst gerade verlaufen. Krümmungen und Kreuzungspunkte verlangen eine besondere Durchbildung. Die Fugendichtigkeit hängt davon ab, ob das Band richtig in den Beton eingebettet ist. Beim Einlegen ist darauf zu achten, daß die Lappen fest von einem nicht allzu grobkörnigen Beton umschlossen werden. Vertikale F. werden so an der Bewehrung befestigt, daß sie nicht abrutschen oder knicken und Undichtigkeiten ausgeschlossen sind. Das Band darf nicht gespannt oder gezogen werden, keine Falten oder Wellen bilden und soll nicht aus saugfähigem oder öldurchtränktem Material bestehen. Jede Beanspruchung oder Bewegung während der Betonerhärtung ist zu vermeiden. Für Fugen, die nachträglich vergossen werden, sind F. zu verwenden, die durch die Vergußmasse keinen Schaden nehmen. Andernfalls ist darauf zu achten, daß das F. vorher abgedeckt wird. PVC-Bänder sind vor dauerndem Kontakt mit Bitumen- oder Teerstoffen und vor stärkerer Hitze zu schützen. → Fugenprofile; → Fugen, wasserundurchlässige.

Fugenbewehrung. Sie dient der Lagesicherung der Fugenbänder oder -bleche sowie der Erfüllung statischer Erfordernisse, wie z.B. im Fertigteilbau als Bewehrung vermörtelter Fugen. → Stoßfugen.

Fugenbreite. 1. Im Hochbau: Raum zwischen den Fugenflanken. Die Maximal- und Mindestfugenbreiten werden durch die Anforderungen an die Fugen bestimmt, unter Berücksichtigung der Größe und Lage der angrenzenden Bauteile und der Möglichkeiten der Verbindungsmittel. Die F. kann sich planmäßig verändern, und die Verbindung muß so ausgelegt werden, daß diese Veränderungen aufgenommen werden können. Übliche F. reichen von 0 bis ca. 30 mm (→ Bewegungsfugen). 2. Im Straßenbau: Abstand zwischen den Fugenflanken, der sich aus der Fugeneinlage bei → Raumfugen bzw. der Schnittbreite bei → Scheinfugen und der Bewegung der Betonfahrbahnplatten ergibt.

Anhaltswerte für Mindestfugenbreiten

Bauteil	Fugenbreite (-weite)
Stahlbeton DIN 1045; 14.4.2 – erhöhte Brandgefahr	$b \geq a/1200$ ($\sim 0{,}8$ mm/m)
Betontafelbau	$b > a/350 + t$ ($\sim 0{,}3$ mm/m + t)
Dachdecken ohne Wärmeschutz, Gesimse, Brüstungen	$b \sim a/1000$ (~ 1 mm/m)
Gefällebeton, Estriche Terrassenbeläge	$b \sim a/300$ (~ 3 mm/m)
Mauerwerk	$b \sim a/2000$ ($\sim 0{,}05$ mm/m)
Es bedeuten	b nutzbare Fugenweite a Fugenabstand t Toleranzmaße

Fugendichtungen. Bei Außenwandfugen haben sich folgende Varianten entwickelt: dauerelastische und sog. konstruktive F. sowie F. mit aufgeklebtem Fugenband und mit vorkomprimiertem Fugendichtungsband. → Pressfugen (Straßenbau); → Fuge, offene; → Fuge, hinterlüftete; → Fugendichtungsmasse.

Fugendichtungsmasse

Fugendichtungsmasse. Füllmaterial zur Abdichtung von Fugen. Die F. soll die Fuge gegen Staub, Feuchtigkeit, Wind und andere äußere Einflüsse abdichten. Sie muß gut auf den vorbereiteten Fugenflanken haften und unter bestimmten Bedingungen auch eine genügende Verformungswilligkeit aufweisen, um Bewegungen der Konstruktion aufnehmen zu können. Die wichtigsten Materialien von F. sind:
- Kitte (Fensterkitt),
- Mastix (Bitumenmastix),
- elastische Dichtungsmassen (z.B. auf Polysulfid-, Polyurethan-, Acrylharz- oder Silikonkautschukbasis; Einkomponenten- und Zweikomponentenmaterial),
- plastische Dichtungsmassen (z.B. auf Öl-, Bitumen-, Polybutyl- und Acrylbasis).

Die Wahl der F. ist auf Beanspruchung, Lage und Abmessungen der Fuge abzustimmen.

Fugeneinlagen. Alle Einbauteile aus PVC und anderen Kunststoffen, Holz und holzähnlichen Stoffen sowie Mineralwolle, die die Wirksamkeit von → Raum- oder → Scheinfugen ermöglichen. Sie werden in die Fuge eingelegt, eingepresst oder eingeklebt. Weichfaserplatten verschließen den Fugenspalt, ohne die Bewegungsmöglichkeit der Fuge zu behindern. F. verhindern ein Verschmutzen der Fuge und das Eindringen von Fremdkörpern. Schaumstoffprofile (Moosgummi) dienen auch der Hinterfüllung von Bauteilfugen, die mit Dichtungsmassen verschlossen werden.

Fugenfüllstoffe (im Straßenbau). Bleibende Einlagen und → Fugenvergußmassen bei Raum-, Schein- und Preßfugen. Die Füllung der Fugen ist erforderlich, um das Eindringen von Feststoffen unter dem Einfluß des Straßenverkehrs zu verhindern und die freie Beweglichkeit der Betonplatten untereinander zu sichern. Der Fugenverguß soll außerdem das Eindringen von Oberflächenwasser reduzieren. Die F. unterliegen im Straßenbau besonders starken thermischen, mechanischen und chemischen Beanspruchungen. → Dichtungsmassen, → Fugeneinlagen, → Fugen.

Fugenfüllung → Dichtungsmassen → Fugeneinlagen, → Fugenfüllstoffe (im Straßenbau).

Fugen, hinterlüftete. Konstruktive Variante zwischen vollständig abgedichteten und offenen Fugen. Hierbei werden die zu dichtenden Fugenwände so profiliert, daß im vorderen Bereich der Fugen zunächst unter elastischer Spannung ein Fugenband als Regensperre eingelegt werden kann. Ein hinter der Regensperre befindlicher Luftraum ermöglicht ein druckloses Abführen des Wassers nach außen. Schließlich schließt eine Windsperre den inneren Wandteil gegen die unter Überdruck stehende Luft hinter der Regensperre ab. Besonders bei Hochhäusern (Schlagregen) kommt dieser Konstruktion eine wachsende Bedeutung zu.

Fugenkerbe (im Straßenbau). Erster, bei → Scheinfugen erforderlicher Schnitt, um ein wildes Reißen der Betonplatten zu verhindern. Der i.a. 3 mm breite Kerbschnitt muß zum frühestmöglichen Zeitpunkt erfolgen und die Beton-

Fugenrüttler

decke um 25 bis 30 % im Querschnitt schwächen.

Fugenmasse → Fugenvergußmasse.

Fugenmassen, elastoplastische → Dichtungsmassen.

Fugenmörtel. Er wird zum Ausfugen von Sichtmauerwerk verwendet. Der Sand soll gemischtkörnig sein mit ausreichendem Feinsandanteil (0/0,25 etwa 15 - 25 %); fehlendes Feinstkorn kann durch Gesteinsmehl oder Traß ergänzt werden. Das Größtkorn soll 2 mm nicht übersteigen. Zementmörtel für Fugen bei Fertigteilen und → Zwischenbauteilen muß nach DIN 1045 folgende Bedingungen erfüllen: Zement Z 35 F oder höher nach DIN 1164, Teil 1, Zementgehalt mind. 400 kg/m^3 verdichteten Mörtels, gemischtkörniger, sauberer Sand 0/4 mm.

Fugen, offene. Fuge zwischen zwei Bauteilen, die planmäßig offengelassen wird und durch ein Fugenband überbrückt werden kann. O.F. werden meist vorgesehen, wenn Fassadenplatten nachträglich als Wandbekleidung angebracht werden und die Montage als hinterlüftete Konstruktion erfolgt. Die Fassadenplatten sind dann als Witterungsschild vor dem Bauwerk aufzufassen. In diesem Fall muß jedoch die Außenwand selbst vor Feuchtigkeit geschützt werden. Die o.F. kann durch eine abgestufte Überlappung der Fassadenplatte zusätzlich gesichert werden. Bei einer mind. 2 cm dikken, durchgehenden Hinterlüftung dringt nach den bisherigen Erfahrungen auch Schlagregen infolge des sich durch den Windstau zwischen Wand und Fassadenplatten einstellenden Überdruckes nicht bis auf die Wandoberfläche ein. Durch die Fugen eindringendes Wasser läuft an den Plattenrückseiten drucklos ab.

Fugenpflege. Instandhaltung von Fugen, um ihre Funktionstüchtigkeit zu sichern. Im Straßenbau Sammelbegriff für die Erneuerung des → Fugenvergusses und die Ausbesserung von Kantenschäden im Bereich von Raum- , Schein- und Preßfugen.

Fugenprofile. 1. Kunststoff-, Gummi- oder Metallband zur Abdichtung von Fugen. Im Gegensatz zum → Fugenband, das einbetoniert wird, werden die F. nach dem Erhärten des Betons in die → Fuge eingelegt oder eingesteckt. Sie lassen sich daher schnell auch nachträglich montieren, entfernen oder auswechseln. Es handelt sich dabei um Schnüre, Bänder oder speziell geformte Profilleisten aus dichten Elastomeren bzw. Thermoplasten (PUR-Weichschaum, PVC, Polychloropren (CR) oder Ethylen- Propylen-Terpolymer (EPDM)). CR-Schläuche (Vakuumschläuche) können mit einer Pumpe evakuiert, eingelegt und anschließend wieder mit Luft gefüllt werden, so daß sie fest an den Flanken anliegen. Fugenbewegungen zwischen 20 und 60 mm können sicher aufgenommen werden. Oft greift das F. auch in einbetonierte Profile ein. 2. Profilierung des Bauteils im Bereich der Fuge — etwa Nut- und Federprofil.

Fugenrüttler (im Straßenbau). Gerät, um innerhalb eines → Deckenzuges bei der Herstellung von Betonfahrbahnen bleibende Fugeneinlagen für → Raum-

Fugenschneidmaschine

und → Scheinfugen mechanisch in den Frischbeton einzurütteln.

Fugenschneidmaschine. Mit Verbrennungs- oder Elektromotor angetriebenes Gerät zum Herstellen von Trenn- und Tiefenschnitten in erhärtetem Beton und anderen Materialien. Im Straßenbau sind das z. B. die Kerbe bei → Scheinfugen bzw. der Fugenspalt bei Schein- oder → Raumfugen. Einfachste Ausführungen der Geräte sind handgeführte Winkelbohrmaschinen, die mit einem Sägeblatt (Trennscheibe) ausgerüstet sind und Winkelschleifer mit Naßschneidevorsatz. Größere F. laufen auf Rädern. Ihr Antriebsmotor sorgt über ein stufenlos regelbares Getriebe für einen elastischen Vorschub, treibt die Schneidwelle(n) an und senkt sie ab. Fugenschneidgeräte sind normalerweise mit Diamantkreissägeblättern bestückt und arbeiten im Naßschnitt. Eine gute Bespülung der Sägeblätter mit Wasser ist deshalb wichtig, weil sonst die in der Matrize eingebetteten Diamanten sehr schnell verbrennen und dadurch die Blätter frühzeitig verschleißen. Zur Erzielung einer möglichst hohen Schneidleistung und eines möglichst geringen Verschleißes müssen die Härte des Schneidblattes und die Vorschubgeschwindigkeit auf das Schneidgut abgestimmt werden.

Fugenspalt (im Straßenbau). Aufweitung der → Fugenkerbe bei → Scheinfugen zur Aufnahme der → Fugenfüllung und zur Abdichtung der Fugen. Die Fugenspaltbreite hängt ab von der frühmorgens gemessenen Rißbreite bei den Scheinfugen eines mind. sieben Tage alten Betons. Die Tiefe des F. hängt von seiner Breite ab. → Fugenbreite.

Fugenteilung → Fugenabstand.

Fugenverguß. Sammelbegriff für den Arbeitsvorgang zum Abdichten von Schein- und Raumfugen vor Verschmutzung und Wasserzutritt, vor allem auf Betonfahrbahnen. Zum F. gehören:
– Reinigen des Fugenspalts von Schmutz oder altem Vergußmaterial,
– Voranstrich und Einlegen einer Unterfüllung sowie
– Einbringen der Fugenvergußmasse.

Der F. muß in mehr oder weniger langen Zeiträumen erneuert werden. → Fugenpflege.

Fugenvergußmasse. Werkstoff zum Verschließen des → Fugenspalts innerhalb bzw. zwischen verschiedenen Betonelementen oder Fahrbahnplatten. Sie wird heiß oder kalt verarbeitet und muß im Straßenbau dem „Merkblatt für die Fugenfüllung in Verkehrsflächen aus Beton" entsprechen. → Fugenfüllstoffe.

Fugen, versiegelte. Mittels eines Vergußmaterials verschlossene F.

Fugen, wasserundurchlässige. Für wasserdichte Bauteile aus → wasserun-

Rißweite, Fugenspaltbreite und Fugenspalttiefe von Scheinfugen in Betonfahrbahnplatten	Rißweite	Fugenspaltbreite	Fugenspalttiefe
	bis 1 mm	8 mm	25 mm
	zwischen 1 und 2 mm	12 mm	30 mm
	größer als 2 mm	15 mm	35 mm

Fundamente

durchlässigem Beton nach DIN 1045 sind nur Abdichtungen von Bedeutung, die bei Wasserdruck dicht sind und trotz entsprechender Fugenbeanspruchung dicht bleiben. Geeignet sind grundsätzlich innen- und außenliegende → Fugenbänder, bei → Arbeitsfugen außerdem Aufkantungen und Fugenbleche sowie bei → Scheinfugen auch Dichtungsrohre aus PVC. Ungeeignet sind die bei Außenwandfugen im Hochbau üblichen Abdichtungsmaßnahmen. Bei sehr starkem chemischem Angriff ist das „Merkblatt für Schutzüberzüge auf Beton" zu beachten. → Fugen.

Fugenweite → Fugenbreite.

Füllbeton. Beton geringerer Qualität ohne statische Wirksamkeit zum Ausfüllen von Hohlräumen.

Füller. Fein aufgeteilte anorganische, natürliche mineralische oder künstliche Stoffe, die überwiegend physikalisch wirksam sind. Sie dürfen Betoneigenschaften, wie z.B. die Dauerhaftigkeit, nicht negativ beeinflussen.

Fuller-Gleichung → Fuller-Kurve.

Fuller-Kurve. Der amerikanische Ingenieur FULLER war der erste, dessen systematische Versuche über eine zweckmäßige → Korngrößenverteilung (→ Idealsieblinie) zum Erfolg führten. Er entwickelte die sog. F.-K., die sich nach der Gleichung auftragen läßt:

$A = 100 \times \sqrt{d/D}$

A = Siebdurchgang 0/d in M.-%
d = Sieböffnung
D = Größtkorn

Diese F.-K. bezieht sich nicht nur auf den Zuschlag, sondern schließt den Zement mit ein. Aus ihr wurden die heute gültigen Regelsieblinien entwickelt.

Fuller-Parabel → Fuller-Kurve.

Füllgrad (Füllungsgrad). Mengenverhältnis 1 : X (nach Gewichtsteilen) zwischen einem Bindemittel (z.B. 1 Teil Reaktionsharz) und den ihm beigemischten nichtreaktiven Komponenten (z.B. X Teile feuergetrockneter Quarzsand). „Hochgefüllte" oder „abgemagerte" Mörtelmischungen sind somit durch einen verhältnismäßig niedrigen Bindemittelanteil gekennzeichnet.

Füllkorn. Korngröße, die gerade in die Zwickel zwischen den nächst größeren Körnern paßt, wenn sie nacheinander eingebracht werden. Theoretisch ist die Füllkorngröße = 0,155 des nächst größeren Korns. Aus praktischen Erwägungen wird mit dem Wert 0,14 gerechnet.

Füllstoffe. Vorzugsweise mineralische Teilchen von etwa $1-30\,\mu m$ Durchmesser, die dazu dienen, bestimmte Eigenschaften von Anstrich- bzw. Beschichtungsstoffen zu verbessern. Durch Zugabe von Füllstoffen lassen sich z.B. das Schwindmaß und die thermische Längenänderung reduzieren oder die mit einem Auftrag erzielbare Schichtdicke steigern.

Füllungsgrad → Füllgrad.

Fundamente. Sie dienen der Gründung eines Bauwerkes im gewachsenen Bau-

Fundamentplatte

grund, um in diesen die ankommenden Lasten nach DIN 1054 zu übertragen.

Fundamentplatte. Im Gegensatz zu Streifenfundamenten haben F. flächige Ausdehnungen und werden dort bevorzugt eingesetzt, wo weniger tragfähige Böden anstehen.

Furnierplattenschalung. Die Dreischichten- und noch mehr die höherwertigen Fünfschichten- und Multiplex-Furnier-Schalungsplatten mit ihrer wasser-, alkali- und kochfesten Verleimung stellen ein vielverwendetes rationelles Schalungselement für den allgemeinen Hoch- und Tiefbau dar. Mit den Anschaffungskosten steigt i.a. die Einsatzhäufigkeit. Die Furniere bestehen vorwiegend aus Harthölzern und sind i.d.R. oberflächenvergütet. Die Multiplexplatten haben in dieser Schalungsart die höchste Lebensdauer. Selbsttragende Furnierplatten werden von der Standardgröße 250 x 125 cm bis zu Abmessungen von 320 x 160 cm und in Dicken von 12 bis 22 mm verwendet. Sie eignen sich als rationelle Schalung für große Flächen. Neben den selbsttragenden Furnierplatten gibt es noch Furnierplatten als Vorsatzschalung entweder auf Holzrahmen oder mit Sparschalung aus Brettern oder Bohlen.

Fußboden. Begehbare Fläche in Räumen. → Estrich.

Fußbodenheizung → Heizestrich.

Fußbodenspeicherheizung → Heizestrich.

F-Wert (Feinheitsziffer). Kennwert für die → Kornzusammensetzung von → Betonzuschlägen nach HUMMEL. Er wird zeichnerisch ermittelt als Länge der Mittellinien 1-cm-breiter Streifen zwischen Sieblinie und der durch den Siebdurchgang 100 % gelegten Parallelen zur Abszisse. Der F-W. geht auf ABRAMS zurück, der im Jahre 1918 in einer Veröffentlichung erstmalig den Zusammenhang beschrieb, daß bei halblogarithmischer → Sieblinien-Darstellung (Abszisse mit Sieböffnungen in log. Maßstab) → Korngemische mit gleichen Rückstandsflächen in Beton gleiche Festigkeiten ergeben, wenn die Konsistenz gleich bleibt.

F-Zemente. Zemente mit höherer → Frühfestigkeit und mäßiger → Nacherhärtung. → Zementeigenschaften.

G

Gabbro. Grobkörniges Tiefengestein. Farbe: grau- bis grünschwarz. Hauptbestandteile: Hornblende, Augit, Feldspat und Biotit. Druckfestigkeit bis 300 N/mm^2, Rohdichte 2,8 bis 3,0 kg/dm^3.

Gaize. In Frankreich vorkommendes poröses Sedimentgestein, das überwiegend aus gelatöser Kieselsäure besteht. Es ist das Verwitterungsprodukt vulkanischer Auswurfmassen und wird als → Puzzolan verwendet.

Gasbeton. Er wird hergestellt, indem man einem Mörtel (feingemahlener oder feinkörniger, kieselsäurehaltiger Zuschlag, → Zement und/oder Kalk, Was-

Gasbeton-Dachplatten

Anhaltswerte für die Eigenschaften von Gasbeton nach DIN

Baustoff-Kurzzeichen/Festigkeit	Rohdichte kg/dm^3	Wärmeleitfähigkeit nach Bundesanzeiger W/m·K	Verwendung
	0,50 bis 0,80	0,22 bis 0,29	Gasbeton-Bauplatten nach DIN 4166 mit normaler Fugendicke
G 2	0,40 bis 0,50	0,15 bis 0,16	Mauerwerk aus Gasbeton-Plansteinen nach Zulassungsbescheiden der Hersteller
G 4	0,60 bis 0,70	0,22 bis 0,24	
G 6	0,80	0,27	
	0,50 bis 0,80	0,19 bis 0,27	dünnfugig verlegte Gasbeton-Bauplatten nach DIN 4166
GB 3,3	0,50 bis 0,60	0,16 bis 0,19	großformatige bewehrte Bauteile nach DIN 4223 und Zulassungsbescheid
GB 4,4	0,70	0,21	
G 2	0,50	0,22	Mauerwerk aus Gasbeton-Blocksteinen nach DIN 4165
G 4	0,70 bis 0,80	0,27 bis 0,29	
G 6	0,80	0,29	

ser) ein → Treibmittel, z.B. Aluminiumpulver, Calciumcarbid oder Wasserstoffsuperoxid zusetzt. Die Gase, die dabei entstehen, blähen den Beton auf, der durch → Dampfbehandlung zum schnelleren → Erhärten gebracht wird (DIN 4164 / 4165 / 4166). G. zeichnet sich durch geringes Gewicht und eine sehr gute Wärmedämmung aus. Es ist durch Fräsen, Bohren und Nageln leicht zu bearbeiten. → Gasbeton-Bauplatten, → Gasbeton- Blocksteine, → Gasbeton-Dachplatten, → Gasbeton-Planblöcke, → Gasbeton-Plansteine, → Leichtbeton.

Gasbeton-Bauplatten. Unbewehrte Bauplatten mit begrenzter Rohdichte nach DIN 4166. Sie unterscheiden sich von den → Gasbeton-Blocksteinen durch ihre größeren Abmessungen. → Betonbauteile, → Gasbeton, → Wandbauplatten.

Gasbeton-Blocksteine (G). Großformatige Vollsteine mit begrenzter Rohdichte. Sie sind in DIN 4165 genormt. G.-B. sind rechteckig und ebenflächig. Die Stirnflächen können eben und glatt oder mit Nuten versehen sein, aber auch mit Mörteltaschen oder mit Nut und Feder. Sie werden für tragendes und nichttragendes Mauerwerk zur Erstellung von Außen-, Innen- und Trennwänden verwendet. → Gasbeton, → Gasbetonsteine, → Leichtbeton-Mauerwerk, → Vollblöcke.

Gasbeton-Dachplatten (-Deckenplatten). Bewehrte, tragende, großformatige Montagebauteile für massive Dächer im Wirtschafts-, Kommunal- und Wohnungsbau. Sie ergeben in Verbindung mit Gasbetonsteinen, Wandtafeln und Wandplatten ein komplettes Montagesystem. Dachplatten sind für die verschiedenen Dachformen wie flache und

157

Gasbeton-Deckenplatten

geneigte Dächer sowie belüftete und unbelüftete Konstuktionen geeignet. Als Bewehrung werden punktgeschweißte Betonstahlmatten oder Rundstahl verwendet. Da der Gasbeton keinen Korrosionsschutz bietet, wird die Bewehrung durch eine besondere Oberflächenbehandlung (Zementleim, Kunststoffe, Speziallacke oder bituminöse Anstriche) vor → Korrosion geschützt.

Gasbeton-Deckenplatten → Gasbeton-Dachplatten.

Gasbeton-Planblöcke → Gasbeton-Plansteine.

Gasbeton-Plansteine (GP). Sie unterscheiden sich von → Gasbeton-Blocksteinen (G) durch ihre Abmessungen und zulässigen Maßtoleranzen. G.-P. werden anstatt in normaler Fugendicke von rd. 1 cm dünnfugig mit etwa 1 bis 2 mm Fugendicke mit → Dünnbettmörtel zu Mauerwerk verarbeitet. → Gasbeton, → Gasbetonsteine, → Leichtbeton-Mauerwerk.

Gasbetonsteine. → Mauersteine, die als großformatige Vollsteine aus dampfgehärtetem → Gasbeton entsprechend DIN 4165 als Blocksteine (G) oder als Plansteine (GP) hergestellt werden. Plansteine lassen sich im → Dünnbettmörtel versetzen. G. werden in den Festigkeitsklassen 2 – 8 hergestellt, ihre Rohdichten liegen zwischen 0,4 und 1,9 kg/dm³.

Gasbeton-Wandplatten. Sie werden ähnlich wie → Gasbeton-Dachplatten verwendet; jedoch für die Wände von Bauwerken. → Wandbauplatten.

Gasdichtigkeit (von Beton). Beton mit sehr dichtem Gefüge und/oder besonderer Abdichtungsbeschichtung.

Gase, betonangreifende. Alle Gase von betonangreifenden → Säuren können den Beton schädigen. → Schwefelwasserstoff.

Gaußsche Glockenkurve → Normalverteilung.

Gaußsche Verteilung → Normalverteilung.

Gebrauchslast. Diejenige Belastung in kN, die bei Inanspruchnahme eines Bauwerkes auftritt (Nutzlast, Eigengewicht, Lasten aus Wind, Schnee, Erddruck, Temperatur, Schwinden, Kriechen).

Gebrauchstemperaturen. Temperaturen, die bei der Nutzung eines Bauwerkes auftreten.

Gebrauchszustand. Bei → Spannbeton(bauteilen) gehören zum G. alle Lastfälle, denen das Bauwerk während seiner Errichtung und seiner Nutzung unterworfen ist. Ausgenommen sind Beförderungszustände von Fertigteilen.

Gefälle (im Straßenbau). Neigung von Straßenflächen gegenüber der Waagerechten. Längsgefälle ist die Neigung in Fahrtrichtung, Quergefälle ist die Neigung senkrecht dazu. Es dient vor allem der Ableitung des Oberflächenwassers und beträgt i.a. 2,5 %.

Gefrierbeständigkeit (von Beton). Sie ist dann gegeben, wenn er einen einzelnen Frost-Tau-Wechsel ohne Schaden überstehen kann. Dies ist der Fall, wenn

Gefüge, poriges

die → Druckfestigkeit ≧ 5 N/mm² ist. Voraussetzung dabei ist der Schutz des Betons vor starkem Feuchtigkeitszutritt.

Gefrierpunkt. Temperatur, bei der sich der Aggregatzustand eines Stoffes von flüssig zu fest ändert. Der Gefrierpunkt von Wasser liegt bei 0 °C.

Gefrierverfahren. Baugrundvereisung im Schacht- und Tiefbau mit dem Ziel, den anstehenden Boden standfest und wasserundurchlässig zu machen. Als Vorteile können je nach Anwendungsfall genannt werden: Vermeidung einer Grundwasserabsenkung, Verminderung von Setzungen benachbarter Gebäude, Wegfall von Baugrubenumschließungen.

Gefüge. Nicht genau fixierter Begriff für Struktur und Textur. Ineinandergreifen von Teilen eines Ganzen. Das G. des Betons wird bestimmt durch die Gestalt, Größe, Größenverteilung der Zuschläge sowie die Bindung der Einzelkörner durch den Zementstein. Durch Gefügeuntersuchungen werden Phasen, Größe und Orientierung der Betonbestandteile ermittelt. Gegebenenfalls sind Schliffbilder und mikroskopische Beobachtungen bei 50- bis 1000-facher Vergrößerung oder mittels Elektronenmikroskop bei Vergrößerungen über 1000-fach erforderlich. Auch Röntgen-Interferenzaufnahmen geben Einblick in das Betongefüge.

Gefügedichtigkeit. Die Undurchlässigkeit (Dichtigkeit) von Beton hängt von der Dichtigkeit des Zementsteins und von der G. des Betons (keine Verdichtungsporen, keine Kiesnester, keine Wasserlinsen unter grobem Zuschlag infolge → Blutens) ab. Eine gute G. des Betons wird begünstigt durch: Zuschlag-Sieblinie unter B, grobes Korn möglichst gedrungen, rund oder kubisch, ausreichenden Mehl- und Feinstkorngehalt, Wassergehalt so bemessen, daß der Feinmörtel schmierig-teigig und der Frischbeton schwach plastisch ist. Ein → Nachrütteln des Betons ist vorteilhaft. Arbeitsfugen möglichst vermeiden oder sehr sorgfältig herstellen.

Gefüge, geschlossenes. Zusammenhalt von Zementstein und Zuschlag bei minimalem Gefügeporen-Anteil. Ein geschlossenes Gefüge ist bei Normalbeton die Voraussetzung für die Dauerhaftigkeit. Es entsteht einerseits durch einen günstig zusammengesetzten Frischbeton unter Verwendung sauberen Zuschlags und andererseits durch intensives → Mischen, → Verdichten und → Nachbehandeln.

Gefügeporen. Ein zu hohes Maß an G. im Beton entsteht durch eine schlechte Zusammensetzung, unsauberen Zuschlag, schlechtes Mischen, Verdichten und Nachbehandeln. Dadurch werden die Dichtigkeit, Festigkeit und Dauerhaftigkeit beeinträchtigt. G. sind mit dem Auge feststellbar und haben eine Größe von etwa 1 mm bis zu 1 cm.

Gefüge, poriges. 1. Bei Normalbeton ist ein dichtes Gefüge, d.h. ein fester Zusammenhalt zwischen Zementstein und Zuschlag, Voraussetzung für seine Dauerhaftigkeit. P.G. bei Normalbeton ist i.d.R. auf eine schlechte Zusammensetzung, schlechtes Mischen, Verarbeiten und Nachbehandeln zurückzuführen und mindert die Festigkeit, Dichtigkeit und

159

Gefügespannungen

Dauerhaftigkeit. 2. Leichtbeton weist normalerweise ein p.G. auf. Es werden unterschieden → Haufwerksporen und → Kornporen. Darüber hinaus sind beide Porenarten vorhanden, wenn → Einkornbeton aus porigem Zuschlag hergestellt wird.

Gefügespannungen. Durch Belastung eines Bauteiles (→ Gebrauchslast) entstehende Spannungen.

Gefügestörungen. Ein festes Gefüge (d. h. ein Zusammenhalt von → Zementstein und Zuschlag) ist die Voraussetzung für einen dauerhaften Beton. G. entstehen durch mangelhaftes Mischen und Verdichten, verunreinigte Zuschläge oder mangelhafte Nachbehandlung. Beim Festbeton können sie durch Transport, Frost- und Tau-Wechsel, schnelle Wechsel zwischen hohen und gewöhnlichen Temperaturen entstehen. G. führen zur Minderung z.B. der Festigkeit, des E-Moduls und der Dauerhaftigkeit des Betons.

Gehwegplatten. Betonplatten, deren Abmessungen und Qualität durch die DIN 485 vorgeschrieben sind. Sie werden vorzugsweise in quadratischen Größen von 300, 350, 400 und 500 mm mit den zugehörigen Rand- und Eckplatten gefertigt.

Gel → Gelporen.

Gelenk. Bewegliche Verbindung von Bauteilen (z.B. Stäbe und Träger), die zwar Zug- und Druckkräfte aufnehmen kann und frei drehbar ist, durch die jedoch keine Drehmomente übertragen werden können. Man unterscheidet zwischen verschieblichen und festen (unverschieblichen) Gelenken; sie werden u.a. bei Zwei- und Dreigelenkbögen und bei Gelenk-Trägern, über mehrere Stützen (Auflager) durchlaufende Träger, die zur Aufhebung der statischen Unbestimmtheit durch G. unterteilt sind (z.B. die nach GERBER benannten Gerberträger) verwendet.

Gelporen. Bei der Hydratation des Zements mit Wasser entstehende Zwischenräume zwischen den → Hydratationsprodukten am → Zementgel. Ihre Größe entspricht etwa der Größe der Gelpartikel, beträgt also weniger als $0{,}5 \times 10^{-4}$ mm. In den G. wird Wasser adsorptiv an den Oberflächen der Hydratationsprodukte gebunden. Dieses Gelwasser ist bei starkem Trocknen (über 105 °C) verdampfbar. Der Anteil dieses Wassers wird auf etwa $10 \pm 5\ \%$ des Zementgewichts geschätzt.

Gelwasser → Gelporen.

Genauigkeitsgruppen. In der Statistik werden beim Auswerten von Zahlenmaterial Klassen gebildet, um die → Häufigkeitsverteilung (das Häufigkeitsdiagramm) erstellen zu können. Dabei müssen die G. festgelegt werden.

Geräteausstattung. An eine Baustelle, die z.B. → Beton B I verarbeitet, werden nach DIN 1045, Abschn. 5.2.1 folgende Anforderungen gestellt: 1. Für die → Betonherstellung müssen Einrichtungen vorhanden sein für das trockene Lagern des Zements, das saubere Lagern des Zuschlags (falls erforderlich getrennt nach Art und → Korngruppe), das Zumessen der Betonbestandteile mit einer Genauigkeit von 3 M.-% sowie das Mischen des Betons. 2. Für das → Fördern, → Verarbeiten und → Nachbehandeln von Beton müssen Geräte und Einrichtungen vorhanden sein, damit ein ordnungsgemäßer Einbau und eine gleichmäßige Betongüte möglich ist. 3. Für den Nachweis der → Betongüte müssen folgende Geräte vorhanden sein: Blechkasten für den → Verdichtungsversuch oder Ausbreittisch zur Bestimmung des → Ausbreitmaßes, → Formen zum Herstellen von → Probekörpern, Einrichtung zum Lagern der Probekörper (z.B. Klimakiste) sowie ein Siebsatz zur Prüfung der → Kornzusammensetzung des Zuschlags.

Die Anforderungen an die Ausstattung von B II-Baustellen richten sich nach DIN 1045, Abschn. 5.2.2. Hiernach werden abweichend bzw. ergänzend zu der für B I- Baustellen genannten Ausstattung folgende Anforderungen gestellt:

Zu 1. Betonherstellung: Einrichtungen für das saubere und trockene Lagern des Zuschlags, getrennt nach Art und Korngruppe sowie Mischer mit besonders guter Mischwirkung, z.B. → Teller- oder → Trogmischer. Zu 3. Nachweis der Betongüte: Geräte zur Ermittlung der Frischbeton-Temperatur, -Rohdichte, -Zusammensetzung (Wasser, Zuschläge, Zement und Zusatzstoffe) sowie des -Luftgehalts. 4. Nachweis der Güte der Zuschläge: Geräte zur Ermittlung der → abschlämmbaren Bestandteile und zur Bestimmung der Eigenfeuchtigkeit.

Gesamtwassermenge (des Betons). → Wassergehalt einer Betonmischung (Zugabewasser und Oberflächenfeuchte des Betonzuschlags) zuzüglich der Kornfeuchte (→ Kernfeuchte) des verwendeten Betonzuschlags.

Geschichte (des → Betons). Beton entsteht aus natürlichen Ausgangsstoffen z.B. Kies, Sand und Wasser sowie einem Bindemittel z.B. aus gebranntem Kalk und Ton. Vorstufen zu unserem heutigen Beton bilden der in der Natur entstandene Nagelfluh („Naturbeton") und der → Römische Beton (opus caementitium). Zwar sind durch Kalkmörtel verfestigte Bodenbeläge aus wesentlich früherer Zeit bekannt: um 7000 v. Chr. in Yiftah El (Israel), um 5000 v. Chr. in Lepenski Vir (an der Donau in der Nähe des Eisernen Tors) und um 3000 v. Chr. in China. Eine systematische „Verklebung" von Steinen und Sand zu neuen Bauteilen mit hohen Druckfestigkeiten wurde jedoch erst in römischer Zeit entwickelt. Die Herkunft des Wortes Beton ist bis heute nicht eindeutig geklärt. Die älteste schriftliche Überlieferung stammt von dem französischen Physiker, Mathematiker und Ingenieur BÉLIDOR; er bezeichnete 1753 mit béton ein Gemisch aus wasserbeständigem Mörtel und groben Zuschlägen.

Als Geburtsstunde des → Stahlbetons wird häufig das Jahr 1867 angegeben. Damals erhielt der französische Gärtner und Bauunternehmer MONIER sein erstes Patent auf die bereits seit etwa 1848 verwendeten Blumenkübel aus bewehrtem (im Inneren mit einem Drahtgeflecht versehenem) Beton. Vor ihm hatte jedoch der französische Adelige LAMBOT 1855 ein ähnliches Patent zur Herstellung von Booten angemeldet. Die ältesten erhaltenen Betonbauten (ohne Stahlbewehrung) in Deutschland stam-

Gestaltfestigkeit

men aus dem Jahr 1879 und stehen in Offenbach/Frankfurt (Bogenbrücke und Tempel für eine Gewerbeausstellung). Die älteste erhaltene → Spannbetonbrücke führt bei Oelde/Westfalen über die Autobahn; sie wurde 1938 erbaut und steht inzwischen unter Denkmalschutz.

Gestaltfestigkeit → Grünstandfestigkeit.

Gestein, künstliches. Im Gegensatz zu den natürlichen Vorkommen künstlich hergestelltes Material. Hierzu gehören u.a. industriell hergestellte gebrochene und ungebrochene, dichte und porige → Zuschläge, wie → Hochofenstückschlakke, → Blähton und → Blähschiefer, aber auch der Römische und der heutige Beton.

Gestein, natürliches. Ungebrochene und gebrochene dichte und porige Materialien aus Gruben, Flüssen, Seen und Steinbrüchen. → Leichtzuschlag, → Normalzuschlag, → Schwerzuschlag.

Gesteinsmehl. Mehlfeine Stoffe aus natürlichem oder künstlichem Gestein, z.B. Kalksteinmehl oder Quarzmehl. → Mehlkorngehalt.

Gesteinsprüfung. Prüfverfahren, um die Eigenschaften von Zuschlägen festzustellen. Zu den allgemeinen Prüfverfahren gehören das Prüfen der → Kornzusammensetzung, der → Kornform, der → Schüttdichte, der → Kornrohdichte, des → Frostwiderstandes sowie die Prüfung auf Vorhandensein → schädlicher Bestandteile. In DIN 4226 sind weiter zusätzliche Prüfverfahren angegeben.

Gesteinsrohdichte. Die Masse (das Gewicht) einer Volumeneinheit ohne → Haufwerksporen einschließlich → Eigenporen.

Gewährleistung. Nach der → Verdingungsordnung für Bauleistungen (VOB) beträgt die Frist für eine G. seitens des Unternehmers zwei Jahre, nach → Bürgerlichem Gesetzbuch (BGB) fünf Jahre.

Gewichtsanteile. Menge der einzelnen Betonbestandteile in Gew.-%.

Gewicht, spezifisches. Veralteter Begriff für → Dichte.

Gewölbespreizverfahren. Verfahren zum → Ausschalen grösserer gewölbter Konstruktionen, z.B. Brücken. Im Gewölbescheitel werden Pressen angeordnet, die die beiden Gewölbeschenkel auseinanderspreizen, so daß sie sich von der → Schalung abheben. Bei Zwei- oder Dreigelenkbögen werden hierdurch keine zusätzlichen Spannungen erzeugt. Beim eingespannten Bogen müssen die zusätzlichen Spannungen ermittelt und berücksichtigt werden.

GFK-Schalung → Glasfaserkunststoffschalung.

Gießharzbeton → Polymerbeton.

Gießmörtel. Fließfähig eingestellter → Mauermörtel, der z.B. in besonders geformte Steine, die trocken aufeinander gesetzt werden, gegossen wird, so daß ein Vermauern mit „üblichen Mörteln" entfällt. Die Eignung des Mörtels muß bei dieser Verwendung u. a. durch ein Probemauerwerk auf der Baustelle nachgewiesen werden.

Gips ($CaSO_4 \times 2H_2O$). Ein Stoff, der in der Natur in der Nähe von Salzlagerstätten als Meeressediment vorkommt oder in der Industrie, z. B. bei der Rauchgasentschwefelung anfällt. G. wird bei der Zementherstellung zur Regulierung der Erstarrungszeit oder als Baugips – z. B. Putzgips – eingesetzt. → Erstarren, falsches, → Gipstreiben.

Gipsschlackenzement → Sulfathüttenzement.

Gipstreiben. Werden dem erhärteten Zementstein SO_4-Ionen (z. B. aus dem Grundwasser) angeboten, kann es zur Bildung von → Ettringit kommen. Bei diesem Reaktionsprozeß entsteht erheblicher Kristallisationsdruck, der den Zementstein zertreiben kann.

Gitterträger. Fachwerkträger mit engmaschig angeordneten, sich kreuzenden Diagonalstäben zwischen Ober- und Untergurt. Anwendung u. a. als → Schalungsträger. Man unterscheidet: 1. G. aus Holz, die in sich verschiebbar sind und in verschiedenen Kombinationen verstellt werden können. 2. G. aus Stahl, die miteinander oder mit Vollwandträgern kombiniert werden können und sich endlos aneinanderreihen lassen. Durch teleskopartige Längenänderung läßt sich lückenlos jede Spannweite überbrücken.

Glasfaserbeton (GFB). → Faserbeton, dem alkaliresistente Glasfasern zugegeben werden, um die Zugfestigkeit, Schlagzähigkeit und Elastizität des Festbetons zu erhöhen. Der Anteil der Fasern im G. ist rel. gering. Er liegt zwischen 1 und 5 Vol.-%. Glasfasern lassen sich durch Einmischen, Einrieseln, Einlegen oder Eintauchen in eine zementgebundene Matrix einbauen.

Glasfaserkunststoffschalung. Mit Glasfasern, -fäden, -geweben, - matten verstärkte Kunststoffschalung, die sich gegenüber den Ausgangsmaterialien durch erhöhte Druck-, Biege-, Zug- und Schlagfestigkeit auszeichnet. G. können selbst hergestellt und damit jeder gewünschten Form angepaßt werden. Die Schalung ist witterungs- und formbeständig sowie von hoher chemischer Widerstandsfähigkeit. Geeignet ist sie für jede Art von Sichtbeton. Ihre Einsatzhäufigkeit ist praktisch „unbegrenzt" und damit besonders für den Fertigteilbereich geeignet.

Glasstahlbeton. Bauart bzw. Konstruktion aus Stahlbetonrippen und dazwischen angeordneten Glaskörpern (→ Betongläser), bei der das Zusammenwirken dieser Baustoffe zur Aufnahme der → Schnittkräfte nötig ist. Für Entwurf und Ausführung ist DIN 1045 maßgebend. G. wird zur Herstellung von wenig belasteten Decken und Dächern verwendet.

Glaswolle. Wärmedämmstoff aus Glasfasern.

Glätten (von Frischbetonoberflächen). Abschlußbearbeitung ungeschalter Betonoberflächen mittels Glättkelle oder Flügelglätter nach dem → Abziehen des Frischbetons.

Glätter

Glätter (Nivellierglätter, Nachlaufglätter, Längsglätter im Straßenbau). Gerät, das die Ebenheit einer Betonfahrbahndecke erzeugt. Es ist das letzte Gerät eines Deckenzuges bzw. eines Gleitschalungsfertigers.

Gleitbeiwert → Gleitreibungsbeiwert (im Straßenbau).

Gleitfolienlager. Gleitfläche bzw. → Gleitlager, auf der eine Masse oder ein Körper auf einer Folie gleitet. Hierzu sind spezielle Gleitfolien zu verwenden, die den jeweils gestellten Anforderungen genügen müssen.

Gleitfuge. Bewegungsfuge, die besonders dafür ausgelegt ist, Bewegungen in der Fugenebene zuzulassen, z.B. bei der Auflagerung von Flachdächern auf das Mauerwerk. → Gleitlager.

Gleitlager. Bezeichnung für eine bewegliche Lagerausbildung, die es der Tragkonstruktion ermöglicht, Längenänderungen durch Gleiten im Lager auszugleichen. → Gleitfolienlager.

Gleitreibungsbeiwert (Gleitbeiwert, im Straßenbau). Quotient aus der zwischen Reifen und Fahrbahnoberfläche bei blockiertem Rad aktivierten Längsreibungskraft und der Normalkraft. Er wird durch Griffigkeitsmessungen mit einem blockierten Schlepprad, welches speziell für diese Messungen vorgesehen ist, ermittelt. Gemessen wird bei konstanten Geschwindigkeiten: 40, 60, 80 und 100 km/h. Das Meßergebnis ist der Mittelwert aus 10 Einzelwerten, hervorgegangen aus 10 über 250 m Straßenlänge verteilten Einzelbremsungen des Meßrades. Jede Einzelbremsung entspricht einem Gleitweg des blockierten Rades von rd. 20 m Länge. Gleitbeiwerte liegen bei Betonstraßen in der Größenordnung von rd. 0,70 (40 km/h) und rd. 0,50 (100 km/h).

Gleitschalung. Langsam gleitende Schalung für einen stetigen Baufortschritt 1. vertikal für Türme, Hochhauskerne oder Wände 2. horizontal für Fahrbahnplatten, Gleitwände oder Leiteinrichtungen. Bei turmartigen Betonbauten wird die G. am Bauwerk hochgedrückt, der Hubvorgang kann pneumatisch oder hydraulisch vorgenommen werden, die Gleitgeschwindigkeit liegt zwischen 20 und 80 cm/Std. Zu den horizontalen G. gehört auch die in Betonwerken für die Herstellung von balken- und plattenförmigen Erzeugnissen verwendete, auch → Ziehschalung genannte, waagrecht auf dem Boden bewegte Teilschalung.

Gleitschalungsfertiger (im Straßenbau). Fertiger auf Raupenfahrwerk, der mit einem Arbeitsgang die Verteilung, Verdichtung und Profilierung des Betons übernimmt. Die Richtungs- und Höhensteuerung erfolgt über einen Draht und eine Abtastvorrichtung. G. enthalten auch spezielle Einrichtungen zum Einbau von Dübeln und Ankern an Scheinfugen. → Deckenzug (im Straßenbau).

Gleitschicht. Spezielle Gleitfolie zur Verminderung der Reibungskräfte bei horizontalen Bewegungen zwischen Bauteilen, z.B. zwei Lagen PE-Folie von jeweils mind. 0,3 mm Dicke für Deckenauflager auf Ringanker, Betonboden auf Tragschicht, Estrich auf Betonplatte.

Gleitschalungsfertiger

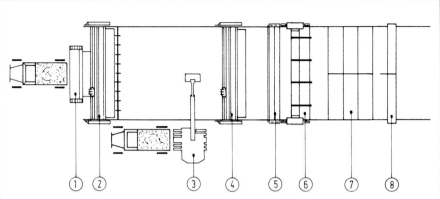

① Vordoseur für Unterbeton
② Gleitschalungsfertiger mit Verteiler, Innenrüttlern, Anker- und Dübelsetzgerät
③ Seitenbeschicker für Oberbeton (hier mittels Hydraulikbagger)
④ Gleitschalungsfertiger mit Verteiler, Innenrüttlern und Glättbohle
⑤ überdachte Arbeitsbühne, Besenstrich
⑥ Sprühgerät für Nachbehandlungsfilm
⑦ Schutzzelte
⑧ Fugenschneidgerät (Längs- und Querfugen)

Zweilagiger oder zweischichtiger Einbau mit Gleitschalungsfertigern und geschnittenen Scheinfugen

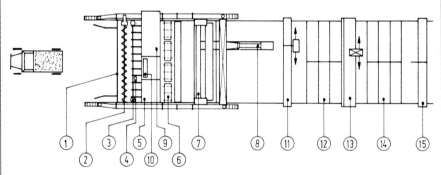

① Frontwand
② Verteilerschnecke
③ Rüttler-Reihe
④ Schwimmer-Schalter
⑤ Formbohle
⑥ Dübelsetzer
⑦ Querglätter
⑧ Längsglätter
⑨ Diesel-Stromaggregat
⑩ Schaltpult
⑪ Besenstrich
⑫ Schutzzelte
⑬ Sprühgerät für Nachbehandlungsfilm
⑭ Schutzzelte
⑮ Fugenschneider

Einlagiger Einbau mit Gleitschalungsfertiger und geschnittenen Fugen

Gleitsicherheit

Gleitsicherheit → Gleitreibungsbeiwert.

Gleitwiderstand → Gleitreibungsbeiwert.

Glimmer. Helldurchscheinendes oder schwarzes Mineral mit blättrigem, spaltbarem, leicht zerstörbarem Gefüge. G. kommt in vielen Zuschlägen vor, deren unerwünschte Eigenschaften, wie geringe Festigkeit oder Frostempfindlichkeit, vielfach durch einen hohen Glimmergehalt hervorgerufen werden. G. wird durch Sulfate (Gipswässer) zerstört. → Blähglimmer (Vermiculit) entsteht, wenn Glimmerstücke erhitzt werden. Diese dehnen sich dann senkrecht zu ihren Spaltflächen auf etwa das Dreißigfache ihres ursprünglichen Volumens aus. → Leichtbeton, wärmedämmender.

Globulit. Betonzuschlag aus Tonhohlkugeln (nach einer Idee von MACULAN). Die Tonhohlkugeln haben einen Außendurchmesser von 20 mm und einen Innendurchmesser von 14 mm.

Globulitbeton. Beton mit Zuschlag aus Tonhohlkugeln (→ Globulit). → Leichtbeton.

Gneis. Das verbreiteste Gestein der kristallinen Schiefer. Metamorphe Gesteine, die durch erhöhten Druck und erhöhte Temperatur − beim Absinken von Gesteinsmaterial durch geologische Vorgänge − aus anderem Gestein gebildet wurden.

Granalien (zur → Zementherstellung). Granuliertes, kugelförmiges Gemisch aus Rohmehl und Wasser für die Beschickung von Drehöfen mit Rostvorwärmer. G. entstehen aus gleichzeitig aufgegebenem Rohmehl und Wasser auf einem rotierenden Granulierteller. → Ausgangsstoffe. Blähton mit seiner typischen Kugelform entsteht ebenfalls aus G.

Granit. Erstarrungsgestein. In der Tiefe langsam erstarrtes und daher dichtes, gut polierbares, grobkristallines Gestein. Hauptbestandteile: Quarz, Feldspat und Glimmer. Farbe: weißlich grau oder rötlich mit schwarz. Druckfestigkeit bis 240 N/mm^2, Rohdichte 2,6 bis 2,8 kg/dm^3. Verwendung als Betonzuschlag im Straßen-, Wasser- und Brückenbau.

Granitgneis. Kristallines Gestein, das aus Granit durch erhöhten Druck und erhöhte Temperatur entstanden ist. Durch seine Schichtenstruktur und seine Spaltbarkeit in seinen Eigenschaften begrenzt. Verwendung für Platten und Stufen.

Granitporphyr. Wichtiges Ganggestein, das sich bildet, wenn − meist dünnflüssiges − Magma in Gesteinsspalten eindringt und hier abkühlt. Rohdichte etwa 2,7 kg/dm^3. Verwendung im Straßenbau.

Granulometrie. Aufgabe der G. ist die Durchführung und Auswertung von Kornuntersuchungen. Dabei prüft sie die Einflüsse, die von der Korngrößenverteilung im Zuschlag auf die Eigenschaften des Betons, besonders auf den Wasser- und Zementanspruch und auf die Verarbeitbarkeit ausgeübt werden. Zur G. zählt auch die Aufgabe, die Kornform und die Oberflächenbeschaffenheit der

Zuschläge zu definieren (Morphometrie) und ziffernmäßig zu kennzeichnen, z.B. als → k-Wert.

Grasbeton-Platten → Rasensteine.

Grauwacke. Sandsteinartiges, dichtes, gemischtkörniges, dunkelgraues oder bräunliches Sedimentgestein mit Druckfestigkeiten bis 300 N/mm². Verwendung als Straßenpflaster.

Grenzsieblinien. → Sieblinien A, B, C und U, die die → Sieblinienbereiche 2, 3 und 4 nach DIN 1045 begrenzen.

Grenzwerte. Bei der Bemessung von Stahlbetonbauteilen kommt den G. von Betondehnung und Stahldehnung eine gewisse Bedeutung zu. In DIN 1045 sind die Grenzdehnungen wie folgt angegeben:
Beton: $\varepsilon_b = -3,5‰$ (Stauchung)
Stahl: $\varepsilon_s = 5,0‰$ (Dehnung).

Grenzwerte, zulässige. 1. Für den Chloridgehalt im Beton: Stahlbeton $Cl^- < 0,4\,\%$, Spannbeton $Cl^- < 0,2\,\%$ (bezogen auf das Zementgewicht). Die angegebene Chloridmenge für Stahlbeton kann nach Untersuchungen von RICHARTZ (1969) in Form von Friedelschem Salz chemisch gebunden werden und ist erfahrungsgemäß korrosionsunschädlich. In den deutschen Normen ist dieser Grenzwert jedoch nicht verankert. In Bauteilen, die nach Schäden instandgesetzt werden, können in Einzelfällen auch höhere Chloridkonzentrationen toleriert werden, wenn der Zutritt von Feuchtigkeit durch äußere Schutzbeschichtungen weitgehend unterbunden

werden kann. Die hierfür in der Fachliteratur diskutierte Toleranzschwelle liegt zwischen 0,8 und 1,5%, bezogen auf das Zementgewicht. 2. Für den Chloridgehalt in Betonausgangsstoffen: Gemäß DIN 1164, DIN 4226 und DIN 4227 gelten für die Ausgangsstoffe von Beton folgende Grenzwerte:

Zement   0,10%
Anmachwasser   0,06%
Zuschläge
  Stahlbeton   0,04%
  Spannbeton   0,02%

Griffigkeit. Wirkung der Rauheit einer Fahrbahnoberfläche auf den Reibungswiderstand im Zusammenspiel mit den Reifen eines Fahrzeugs. Unterschiede in der G. sind durch Unterschiede in der Rauheit der Fahrbahnoberflächen bedingt. Bei der Rauheit ist zu unterscheiden zwischen Grobrauheit (dem Profil) und Feinrauheit (dem „Schärfegrad") der Fahrbahnoberfläche.

Grobbrechsand. Zusätzliche Bezeichnung für einen natürlichen, gebrochenen Betonzuschlag der Korngruppe/Lieferkörnung 1/4 mm (DIN 4226). Nach TL-Min-StB entspricht G. der Kornklasse 0,7/2 mm. Die Kornklassen sind hierin nur für die Prüfsiebung von Bedeutung.

Grobkies. Ungebundener Zuschlag mit dichtem Gefüge > 32 mm.

Grobkornbeton. Er wird aus Zuschlag hergestellt, der Grobkies oder Schotter (Kleinstkorn 32 mm) enthält.

Grobmörtel. Er wird aus Zuschlag hergestellt, der → Grobsand oder → Grob-

Grobsand

brechsand (Korngruppe 1/4 mm) enthält.

Grobsand. Zusätzliche Bezeichnung für einen natürlichen, ungebrochenen Betonzuschlag der Korngruppe/Lieferkörnung 1/4 mm nach DIN 4226. Nach TL-Min-StB heißt die Kornklasse 2/4 mm Kies 2/4.

Großflächenschalungen. Schalkonstruktionen, bei denen eine großflächige Schalhaut und die Unterstützungskonstruktion einen in sich geschlossenen Verbund darstellen. Sie bestehen bei Wänden aus stockwerkhohen und raumlangen Elementen, bei Decken aus raumlangen und raumbreiten (oder unterteilten) Deckenschaltischen. Eine offene Fassade ist Voraussetzung.

Großtafelbau. 1. Hochindustrialisierte Bauweise, bei der im ortsfesten Werk raumgroße Deckenplatten und Wandtafeln mit eingesetzten Fenstern und Türen gebrauchsfertig hergestellt, zur Baustelle transportiert und dort nur noch zusammengesetzt werden. 2. Bauwerk aus großformatigen Wand- und Deckenplatten. Großtafelbauweisen sind von mehreren Firmen patentiert worden. Insbesondere die Ausbildung der Knotenpunkte unterscheidet sich bei den verschiedenen Verfahren voneinander. Im Prinzip wird durch den Verguß der Knotenbereiche ein monolithisches Tragverhalten des Gesamtsystems erreicht. Der G. wurde für den Massenwohnungsbau vor allem in der UdSSR, in Frankreich und Dänemark in den 50er Jahren entwickelt.

Größtkorn. Größtes im Zuschlaggemisch enthaltenes Korn. Je größer das G. ist, desto günstiger ist der → Kornaufbau. Durch Verwendung eines größeren G. lassen sich 1. bei gleichbleibender Wasserzugabe die Verarbeitbarkeit verbessern oder 2. bei gleichbleibender Verarbeitbarkeit die Wasserzugabe vermindern und die Festigkeit erhöhen, oder 3. bei gleichbleibender Verarbeitbarkeit und Festigkeit die Zementzugabe vermindern. Der Durchmesser des G., das sich in einem Bauteil anwenden läßt, ist begrenzt durch a) die Abmessungen des Bauteils: Das G. soll nicht größer sein als etwa 1/3, besser 1/5 der kleinsten Abmessung eines Bauteils, sowie b) die Dichte der Bewehrung: Das G. soll nicht größer sein als der kleinste lichte Abstand der Bewehrungseinlagen.

Grubenverbau. Wandaussteifung, z. B. beim Aushub eines Rohrleitungsgrabens, mit Holzdielen und Rundhölzern zur Sicherung des anstehenden Erdmaterials gegen Einsturz. Nach den gültigen Unfallverhütungsvorschriften ist ein G. ab einer Aushubtiefe $t = 1{,}50$ m vorgeschrieben.

Grundbau. Teilgebiet des Bauingenieurwesens, das sich mit Baugrundfragen und Bauwerksgründungen befaßt.

Grundgesamtheit. Die Gesamtheit aller möglichen oder denkbaren Beobachtungen (Meßwerte) gleicher Art. Darunter ist die gesamte Betonproduktion annähernd gleicher Zusammensetzung, Herstellung und Verarbeitung sowie gleichen Alters einer Baustelle, eines Transportbetonwerkes oder eines Fertigteilwerkes zu verstehen. Die G. muß daher für jede Auswertung definiert werden.

Grünstandfestigkeit

Gründruckfestigkeit. Festigkeit von Beton vor Beginn der Hydratation. Sie ist primär vom Wassergehalt und von der → Verdichtungsenergie, sekundär von der Zementmenge und → Zementmahlfeinheit, den → Betonzusätzen und der Kornzusammensetzung der Zuschläge abhängig und kann durch Zusatz von → Fasern auf mehr als das Doppelte gesteigert werden. Die G. liegt i.a. zwischen 0,1 und 0,5 N/mm². Bei zu geringen Wassergehalten werden die Festbetoneigenschaften beeinträchtigt.

Grundschwindmaß. Wert, der zur Bemessung von Spannbetonbauteilen DIN 4227, Tabelle 8, entnommen werden kann. → Schwinden.

Gründung. Einbinden eines Bauwerkes in den gewachsenen Baugrund mit der Aufgabe, das Eigengewicht sowie die einzelnen Komponenten aus Verkehrslast, Schneelast und Windlast sicher in den Baugrund zu übertragen. → Fundamente.

Gründungskörper. Oberbegriff für alle im Baugrund stehenden Bauteile, die zur Lastabtragung der darüber befindlichen Bauwerke und deren Standsicherheit beitragen, z.B. Fundament, Gründungsplatte, Pfahlrost, Senkkasten.

Grundwasser. Wasser im Boden, das alle Hohlräume ausfüllt und sich unter dem Einfluß der Schwerkraft bewegt. Seine obere Grenze ist der Grundwasserspiegel, der in Brunnen und u.U. auch in tiefen Baugruben sichtbar ist.

Grünstandfestigkeit. Sie ist vor allem bei der Produktion von → Betonsteinerzeugnissen von Bedeutung. Die G. ist ei-

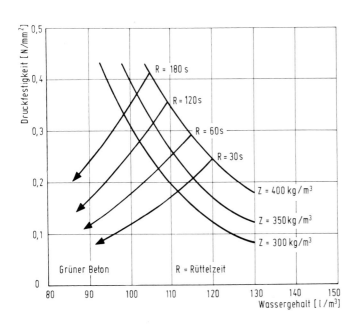

Einflüsse auf die Grünstandfestigkeit von Beton nach WIERIG

Gummischalung

nerseits von der → Gründruckfestigkeit des Betons und andererseits von der Gestalt (→ Schlankheit) der Betonsteinerzeugnisse abhängig.

Gummischalung. Gummimatrizen aus Polypropylen oder Silikonkautschuk werden für strukturierten Sichtbeton, aber auch als aufblasbare Schalung bei der Rohrherstellung verwendet. Einsatzhäufigkeit bei geeigneter Vorbehandlung bis zu 50 mal.

Gurt. Die obere und untere Begrenzung (Obergurt und Untergurt) eines Vollwand- und Fachwerkträgers. Die entsprechenden Abschnitte zwischen den Knotenpunkten des Fachwerkes sind Gurtstäbe.

Gurthölzer → Brusthölzer, → Schalung.

Gußbeton. Veralteter Begriff für einen wasserreichen Beton mit einer → Konsistenz, die dem heutigen → Fließbeton entspricht. Wegen des hohen → Wasserzementwertes und der großen Entmischungsgefahr wird dieser Beton heute nicht mehr verwendet.

Gütegemeinschaft. Güteschutz- bzw. Überwachungsgemeinschaften sind für die Durchführung der → Fremdüberwachung und die Kontrolle der Baustelle bzw. des Werkes sowie der → Eigenüberwachung zuständig. Sie arbeiten i.d.R. nach einer von Ihren Mitgliedern anerkannten Ordnung, die alle Einzelheiten der Überwachung, z.B. die Entnahme und Prüfung von Proben, Verleihung und Verwendung des → Güte-/→ Überwachungszeichens oder Maßnahmen bei Zuwiderhandlung regelt. Eine Liste der für die Fremdüberwachung bauaufsichtlich anerkannten Gemeinschaften und → Prüfstellen F wird vom Institut für Bautechnik in Berlin geführt. → Überwachungsvertrag.

Güteklassen. Veraltete Bezeichnung für → Betonfestigkeitsklassen. Die Beurteilung erfolgt nach der Druckfestigkeit, die ein normgemäß behandelter Probekörper 28 Tage nach seiner Herstellung mit Sicherheit erreicht.

Gütenachweis. Für die Festlegung der Qualitätseigenschaften von 1. Frisch- und 2. Festbeton nach DIN 1045 sowie für Estrich nach DIN 18 560 sind verschiedene Prüfverfahren vorgeschrieben:

1.1 Eine Eignungsprüfung wird vor der Herstellung des Betons durchgeführt und dient dazu, festzustellen, ob der Beton in der gewählten Zusammensetzung auf der Baustelle mit den vorgesehenen Ausgangsstoffen zuverlässig hergestellt werden kann und die geforderten Eigenschaften sicher erreicht.

1.2 Die Güteprüfung wird an Proben, die während der Herstellung des Betons entnommen werden, durchgeführt und dient dem Nachweis, daß der für den Einbau hergestellte Beton die geforderten Eigenschaften erreicht.

2.1 Die Erhärtungsprüfung gibt einen Anhalt über die Eigenschaften des Betons im Bauwerk zu einem bestimmten Zeitpunkt und kann bei ungünstigen Bedingungen Aufschluß über die Gebrauchsfähigkeit des Betons geben. Sie wird nur in Ausnahmefällen durchgeführt.

2.2 Die Bestätigungsprüfung von Estrich nach DIN 18 560 dient zusätzlich dem

Güteüberwachungsgemeinschaft

Nachweis der Dicke, der Festigkeit oder des Schleifverschleißes der fertigen Estrichschicht. Sie wird nur in Ausnahmefällen durchgeführt, wenn z.B. erhebliche Zweifel an der Güte des Estrichs im Bauwerk bestehen.

Güteprüfung (Gütenachweis). Durch die G. ist nachzuweisen, daß der → Beton während der Bauausführung so zusammengesetzt ist, daß er bei sachgemäßem → Verarbeiten und → Nachbehandeln die jeweils geforderten Eigenschaften erreicht. Je nach Betongruppe sind folgende Prüfungen durchzuführen: → Zementgehalt, → Wasserzementwert, → Konsistenz, → Druckfestigkeit.

Güteschutz → Gütegemeinschaft, → Güteüberwachung, → Gütezeichen.

Güteschutzgemeinschaft. Gemeinschaft zur Durchführung der Güteüberwachung. → Gütegemeinschaft.

Gütesiegel → Gütezeichen.

Güteüberwachung. 1. Beton: Sie besteht bei Baustellenbeton B I aus der → Eigenüberwachung (→ Eignungs-, → Güteprüfung) und bei Baustellenbeton B II, Transportbeton, werkmäßig hergestellten Beton- und Stahlbetonfertigteilen sowie den meisten Ausgangsstoffen für die Betonherstellung (z.B. Zement und Zuschlag) aus der → Eigen- und → Fremdüberwachung (DIN 1045, DIN 1084). Bei Herstellung von Bauteilen aus → Ortbeton und nicht werkmäßig hergestellten Fertigteilen aus → Beton B I wird die Eigenüberwachung durch das Baustellenpersonal durchgeführt. Verantwortlich ist der Bauleiter bzw. der Werksleiter. Bei der Herstellung von Bauteilen aus → Beton B II auf Baustellen, werkmäßig hergestellten Fertigteilen und Transportbeton erfolgt die Eigenüberwachung durch das Fachpersonal der Baustelle bzw. des Werkes in Verbindung mit einer Betonprüfstelle für die Eigenüberwachung (→ Prüfstelle E). Die Fremdüberwachung von Beton B II auf Baustellen, werkmäßig hergestellten Fertigteilen und Transportbeton wird durch eine → Überwachungsgemeinschaft bzw. → Gütegemeinschaft oder eine dafür zugelassene → Betonprüfstelle (→ Prüfstelle F) durchgeführt. Die Kennzeichnung der G. erfolgt durch das → Überwachungszeichen, → Überwachungsvertrag.

2. Zement: Sie betrifft die Einhaltung der in DIN 1164 geforderten Zusammensetzungen und Eigenschaften des Zements. Die Eigenüberwachung führt der Zementhersteller im werkseigenen Laboratorium durch. Die Ergebnisse werden aufgezeichnet und statistisch ausgewertet. Die → Fremdüberwachung wird durch den → Verein Deutscher Zementwerke (VDZ) in Düsseldorf als anerkannte → Überwachungsgemeinschaft oder eine andere zugelassene Institution durchgeführt. Zement, der nach DIN 1164 überwacht wird und den Anforderungen entspricht, wird durch das → Überwachungszeichen sowie das Zeichen der Überwachungsgemeinschaft → (VDZ) gekennzeichnet.

3. Zuschlag: → Überwachungszeichen.

Güteüberwachungsgemeinschaft. Verein zur Durchführung der → Güteüberwachung. → Gütegemeinschaft, → Gütezeichen.

171

Güteüberwachung-Zement

Güteüberwachung-Zement → Güteüberwachung.

Güteüberwachung-Zuschlag → Güteüberwachung.

Gütezeichen. Nachweis einer ständig neutral überwachten Qualität. Sie können an Waren oder Leistungen verliehen werden, die den von allen Beteiligten (Hersteller, Handel, Verbraucher, Prüfinstitute, Behörden) gemeinsam festgelegten Anforderungen an die Qualität und deren laufende Überwachung genügen. Die treuhänderische Verwaltung des gesamten deutschen Gütezeichen-Wesens obliegt dem Deutschen Institut für Gütesicherung und Kennzeichnung e.V. (RAL). → Überwachungszeichen.

H

Haarrisse. Bezeichnung für sehr feine, meist unschädliche Risse. → Rißbildung.

Haftbrücke. 1. Schicht, die den Verbund zwischen einem vorhandenen Betonuntergrund und einer neuen Mörtelbeschichtung, z.B. bei der Instandsetzung von Stahlbetonoberflächen bzw. Betonschichten, wie z.B. bei der Herstellung von Zementverbundestrichen, verbessert. 2. Das als Hilfsstoff verwendete Mittel selbst wird häufig auch als H. bezeichnet. → Estrich, → Instandsetzen.

Haftfestigkeit (Haftzugfestigkeit). Maß für den Widerstand, den ein Anstrichfilm oder eine oberflächennahe Baustoffschicht auf Grund ihres Haftvermögens einer mechanischen Trennung vom Untergrund entgegensetzt. Die Messung der H. erfolgt z.B. mit Hilfe eines aufgeklebten Stahlstempels, der durch ein Zugprüfgerät senkrecht zum Untergrund abgezogen wird.

Haftung. Die Fähigkeit eines Anstrichs oder einer Baustoffschicht, sich auf einem Untergrund zu verankern. Die H. zwischen älterem und frisch eingebrachten Beton spielt eine wichtige Rolle bei der Ausbildung von → Arbeitsfugen und bei der Reprofilierung von Betonquerschnitten im Reparaturfall.

Haftvermittler. Sie dienen zur Verbesserung der → Haftfestigkeit von Anstrichstoffen, Kunststoff- und Mörtelschichten auf vorbehandelten Untergründen. Zu den H. gehören im weitesten Sinne auch Grundierungen, die verhindern sollen, daß ein pigmentierter Anstrich seine flüssigen Anteile (Lösungs- und Bindemittel) an den saugenden Untergrund abgibt. Haftbrücken für Beton- und Mörtelschichten können aus Harzlösungen oder Kunststoffdispersionen bestehen, häufig werden jedoch auch zementgebundene Feinmörtel in einer schlämmfähigen Konsistenz verwendet, die gut in den Untergrund eingebürstet werden sollten und vor dem Auftrag der folgenden Materialschicht nicht angetrocknet sein dürfen.

Haftzugfestigkeit → Haftfestigkeit.

Haken (der Bewehrung). Bei Stößen von Bewehrungen können H. zur besseren Kraftübertragung und Verklammerung im Beton ausgebildet werden.

Hämatit (Fe_2O_3). Natürliches Zuschlagmaterial für Strahlenschutzbeton. Rohdichte: rd. 4,9 kg/dm³.

Handfelder (im Straßenbau). Ohne Fertiger bzw. schweres Einbaugerät eingebrachte Betonfahrbahndecken kleinerer Abmessung bzw. mit unregelmäßiger Form. Die Anforderungen an die Ebenheit sind geringer als beim Fertiger-Einbau.

Handmischen. Mischen des Betons von Hand ist nur in Ausnahmefällen für Beton geringer Festigkeitsklassen (B 5 und B 10) sowie bei nur kleinen Mengen zulässig. Zunächst werden Betonzuschlag und Zement auf einer ebenen, festen und nicht wassersaugenden Unterlage trocken, üblicherweise mit einer Schaufel, gemischt, bis ein gleichfarbiges Gemisch entstanden ist. Dann wird das Wasser langsam mit einer Brause (Gießkanne) zugegeben und das Ganze nochmal sorgfältig mit der Schaufel gemischt.

Hartbeton. Beton, dessen Zuschlag aus künstlichen Hartstoffen oder besonders hartem Naturgestein besteht. Er wird für Betonflächen mit hohem Abnutzwiderstand verwendet, wie Hallenböden, Industrieflächen, bzw. alle Flächen, die einen hohen → Verschleißwiderstand haben müssen. → Hartstoffestrich, → Hartstoffe, → Abnutzwiderstand.

Härtekessel. Druckkammer für die → Dampfhärtung von Betonbauteilen.

Härter. Stoffe, die die Vernetzung von duroplastischen Kunstharzen oder Stoffgemischen katalytisch auslösen und u. U. schon bei Raumtemperatur herbeiführen (Kalthärtung). Als Härter für Epoxidharze dienen z. B. Amine, für ungesättigte Polyesterharze organische Peroxide.

Hartfaserplattenschalung. Hartfaserplatten bestehen aus zerfasertem Holz, welches chemisch gebunden ist. Einfach-Hartfaserplatten sind für die Sichtbetonherstellung nicht, ölgehärtete Hartfaserplatten bei wenigen Einsätzen jedoch bedingt geeignet. Die Platten sind feuchtigkeitsempfindlich und müssen auf der Rückseite gewässert werden. Sie können nur als Vorsatzschalung verwendet werden und müssen so befestigt sein, daß Längenänderungen durch Feuchtigkeitsaufnahme möglich sind. Spalten zwischen den Platten sind mit Schaumstoffstreifen zu hinterlegen oder mit elastischer Spachtelmasse auszufüllen. Die Vorbehandlung erfolgt durch reines Schalöl. Fugenbildung und wellige Betonoberflächen lassen sich nur schwer vermeiden.

Hartgestein. Zuschläge, die sich besonders gut für die Herstellung von Hartbeton bzw. für Beton mit einem großen Abnutzwiderstand eignen. H. sind z. B. → Granit, → Diorit, → Syenit, → Porphyr, → Basalt und → Quarzit.

Hartschaum. Wärmedämmstoff aus geschäumten Kunststoffen, wie Polystyrol, Polyurethan und Phenolharz.

Hartschaumschalung (Polystyrolhartschaumschalung). Unbefilmte oder befilmte Platten werden als Schalung für

Hartstoffe

strukturierten Sichtbeton verwendet. Unbefilmte Schalungen müssen kurzfristig ausgeschalt werden, während befilmte als Schutz des Sichtbetons länger stehen bleiben können. Die Polystyrolhartschaumplatten werden als Vorsatzschalung auf einer Sparschalung mit Kopfstiften befestigt. Bleibt bei unbefilmten Platten Polystyrol an der Betonfläche haften, ist diese mit Aceton oder Trichloräthylen abzuwaschen. Einsatzhäufigkeit ein bis fünfmal. Polystyrolhartschaum ist auch für Plastiken, Reliefs und andere Betonbauteile mit stark gegliederten Oberflächen geeignet und wird auch als Körper zur Verdrängung in Systemdecken und Aussparungen häufig angewendet.

Hartstoffe. Werkgemischte Gemenge von ungebrochenen und/oder gebrochenen Körnern bestimmter Kornzusammensetzung aus natürlichen und/oder künstlichen anorganischen Stoffen besonderer Härte oder aus Metallen. Sie werden nach DIN 1100 gemäß ihrer Stoffart einer Hartstoffgruppe zugeordnet und mit deren Buchstaben und mit den Prüfkorngrößen der Korngruppe bezeichnet. Beispiel: Bezeichnung für einen H. aus Metall der Korngruppe 0/2 mm: H. DIN 1100 − M 0/2. → Abnutzwiderstand, → Schleifverschleiß.

Hartstoffestrich. Zementestrich mit Zuschlag aus Hartstoffen. Er besteht aus einer Hartstoffschicht oder aus einer Übergangs- und der Hartstoffschicht. Zementgebundener H. wird verwendet, wenn hoher Widerstand gegen Verschleiß und besondere Festigkeit gefordert werden. Er wird nach DIN 18 560, Teil 5, mit dem Kurzzeichen für die Festigkeitsklasse und mit seiner Nenndicke bzw. mit den Nenndicken seiner Schichten in mm bezeichnet. Beispiel: Zweischichtiger H. aus Hartstoffen der Gruppe KS mit der Festigkeitsklasse ZE 65 KS sowie mit Nenndicken von 6 mm für die Hartstoffschicht und 25 mm für die Übergangsschicht: H. DIN 18 560 − ZE 65 KS − 6 − 25.

Hartstoffschicht. Nutzschicht eines Hartstoffestrichs, die aus Zement, Hartstoff und Wasser sowie ggf. unter Zugabe

Hartstoffgruppen, Schleifverschleiß und Festigkeit von Hartstoffen

Hartstoffgruppe	Stoffart	Mittelwerte für		
		Schleifverschleiß cm^3 je 50 cm^2	Biegefestigkeit N/mm^2	Druckfestigkeit N/mm^2
1	2	3	4	5
A (für allgemein)	Naturstein und/oder dichte Schlacke oder Gemische davon mit Stoffen der Gruppen M und KS	max. 6,0	min. 10	min. 80
M (für Metall)	Metall	max. 3,0	min. 12	min. 80
KS (für Elektrokorund und Siliziumkarbid)	Elektrokorund und Siliziumkarbid	max. 1,5	min. 10	min. 80

von Zusätzen hergestellt wird. Sie muß gegen die vorgesehene Beanspruchung des Hartstoffestrichs widerstandsfähig sein. → Gütenachweis.

Härtungskammer → Dampfhärtung.

Harze. Technologischer Sammelbegriff für feste, harte bis weiche, organische, nichtkristalline Produkte mit mehr oder weniger breiter Molekulargewichtsverteilung. Normalerweise haben sie einen Schmelz- oder Erweichungspunkt, sind in festem Zustand spröde und brechen dann gewöhnlich muschelartig. Sie neigen zum Fließen bei Raumtemperatur. H. sind i.d.R. nur Rohstoffe, z.b. für Bindemittel, härtbare Formmassen, Klebstoffe und Lacke. Wichtiger als die Naturharze sind die chemisch gewonnenen, stets in gleicher Qualität herstellbaren → Kunstharze.

Häufigkeitsverteilung. Darstellung der Häufigkeit von Meßgrößen eines laufend überwachten Merkmals, z.B. der Druckfestigkeit von Beton: In angemessenen Abständen entnommene Betonproben zeigen bei der Prüfung der → Druckfestigkeit mehr oder weniger starke Abweichungen voneinander. Einen Überblick über die Verteilung der Festigkeitsergebnisse vermittelt die H. Bei der → statistischen Auswertung von Betonfestigkeitsergebnissen ergibt sich i.d.R. eine → Normalverteilung.

Haufwerk. Aus Einzelkörnern ohne Verkittung zusammengesetzter Körper, z.B. Kies oder Sand.

Haustrennwände

Haufwerksporen. Hohlräume zwischen den Körnern des → Zuschlaggemisches, die im Beton vom Zementstein ausgefüllt werden müssen. Für den Beton ist aus technischen und wirtschaftlichen Gründen normalerweise ein möglichst geringer Gehalt an H. erwünscht. Dies wird u.a. durch einen günstigen Kornaufbau erreicht.

Haufwerksporigkeit. Der Gehalt an → Haufwerksporen (Vol.-%) im → Zuschlaggemisch.

Hauptbewehrung. Sie dient zur Abtragung der vorrangigen Belastung in einem Bauteil.

Hauptspannungen. Resultierende Spannung aus Biegung und Schub, die beanspruchungsbedingt im Querschnitt wechselt (z.B. im Auflagerbereich: Biegung = 0, im Bereich des Maximalmomentes Schub = 0).

Hauptzugkräfte. Diejenigen Kräfte, die die → Hauptspannungen verursachen.

Haustrennwände. Wände zwischen aneinander grenzenden Häusern, z.B. Reihenhäusern. Sie werden wegen des besseren Schallschutzes häufig zweischalig ausgeführt. H. haben zwei schalltechnische Aufgaben: Zum einen sollen sie den → Luftschallschutz so verbessern, daß z.B. Sprache und Musik nicht mehr durchgehört werden können, zum anderen sollen sie vor Treppen-, Wasserleitungs- u.ä. Geräuschen, die durch → Körperschallübertragung entstehen, schützen.

Hautbewehrung

Hautbewehrung. Um die Verbundwirkung zwischen Stahleinlagen und Beton auch bei sehr engliegenden Stäben sicherzustellen, kann eine H. in der Zugzone des Bauteils zweckmäßig sein.

Unterzug mit Bewehrung, aus Stabbündeln und Hautbewehrung

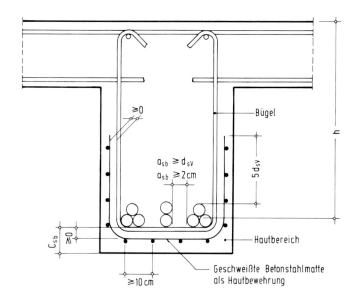

weder innerhalb des Estrichs oder zwischen dem Estrich und der Dämmschicht liegen.

Herstellen (von Beton). Das → Abmessen der Betonbestandteile und das → Mischen dieser Ausgangsstoffe gehören zum H. Dem Mischerführer ist eine schriftliche Mischanweisung mit der → Mischungszusammensetzung einer Mischerfüllung zu übergeben.

Herstellverfahren (von Beton). Nach dem H. unterscheidet man die Betongruppen B I und B II. Die Betongruppe B I mit den Festigkeitsklassen B 5 bis B 25 bezeichnet man auch als „handwerklichen" Beton, bei dem an Baustelle und Überwachung nur geringe Anforderungen gestellt werden. Die Betongruppe B II, der sog. Ingenieurbeton, umfaßt die Festigkeitsklassen B 35 bis B 55 sowie alle

Hbl → Hohlblöcke (aus Leichtbeton).

Hbn → Hohlblöcke (aus Normalbeton).

Heißbeton. Vorerwärmter Frischbeton, dessen Temperatur > 60 °C beträgt. → Warmbehandlung.

Heißvergußmasse → Fugenvergußmasse.

Heizestrich. Beheizbarer Estrich nach DIN 18 560, der als Fußbodenheizung dient. Er wird i.d.R. als schwimmender Estrich ausgeführt. Die Beheizung erfolgt über warmwasserführende Heizrohre oder elektrische Heizelemente, die ent-

Hochbord

Einteilung des Betons nach dem Herstellverfahren

Betongruppe	Beton B I	Beton B II
Zusammensetzung maßgebende Größe Vorhaltemaß	Zementgehalt nach Festwerten DIN 1045 oder nach Eignungsprüfung festgelegt	Wasser-Zement-Wert nach Eignungsprüfung, bes. Eigenschaften nach Festwerten DIN 1045 frei wählbar
Verarbeitung	nach anerkannten Regeln	nach schriftlicher Arbeitsanweisung
Güteüberwachung	Eigenüberwachung durch das Baustellenpersonal	Eigenüberwachung durch Prüfstelle E und Fremdüberwachung
Betonarten Festigkeitsklassen besondere Eigenschaften	B 5 bis B 25 Wasserundurchlässigkeit hoher Frostwiderstand schwacher chemischer Angriff	B 35, B 45, B 55 alle

Betone mit besonderen Eigenschaften. An Baustelle und Überwachung werden bei B II besondere Anforderungen gestellt. → Betongruppen.

Hilfsstützen. Sie werden beim → Ausrüsten und → Ausschalen eingesetzt. Um → Durchbiegungen infolge von → Kriechen und → Schwinden klein zu halten, sollen sie möglichst lange stehen bleiben. Anhaltswerte sind in DIN 1045, Abschnitt 12.3 angegeben. Diese Fristen gelten auch für → Montagestützen unter → Stahlbetonfertigteilen, wenn letztere durch → Ortbeton ergänzt werden und die Tragfähigkeit von der Festigkeitsentwicklung des Ortbetons abhängig ist. Bei → Platten und → Balken mit → Stützweiten bis etwa 8 m genügen H. in der Mitte der Stützweite. Bei größeren Stützweiten sind mehr, bei Platten unter 3 m Stützweite keine H. erforderlich. Die H. sollen in den einzelnen Stockwerken möglichst genau übereinander stehen.

Hitzebeständigkeit. Bei bestimmten Bauaufgaben, aber auch beim Brandschutz mit Beton, kommt der H. große Bedeutung zu. Dabei müssen die entsprechenden Baukonstruktionen Temperaturen von $\geq 250\,°C$ schadlos überstehen. → Beton, feuerfester.

Hitzewiderstand → Hitzebeständigkeit.

Hochbau. Im Gegensatz zum Tiefbau, derjenige Bereich des Bauwesens, der sich hauptsächlich mit der Herstellung von Gebäuden zum dauernden Aufenthalt befaßt.

Hochbauten. Bauwerke, die sich über die Erde erheben und Nutzräume zum dauernden Aufenthalt enthalten (z.B. Wohn-, Gesellschafts-, Industriebauten).

Hochbord. Zumeist werkmäßig hergestellte Beton-Bauteile, auch Steilbord

Hocheinbau

genannt, die im Regelfall Straße und Bürgersteig trennen. Sie sollen zur Sicherheit der Fußgänger das Überfahren durch Kraftfahrzeuge erschweren oder unmöglich machen. Gegensatz Flachborde.

Hocheinbau. Erneuerung von abgängigen Betonfahrbahndecken durch Überbauen mit einer neuen Betonfahrbahndecke. Dazu wird die alte Betondecke in Schollen von rd. 1 m² zerschlagen (entspannt), zur Verbesserung des Quergefälles bzw. der Gradiente eine Betontragschicht eingebaut und dann die neue Betondecke eingebaut.

Hochlochsteine → Mauersteine.

Hochofenschaumschlacke. Schnell gekühlte → Hochofenschlacke. Wird glutflüssige Hochofenschlacke auf die Oberfläche eines dünnen Wasserfilms aufgebracht, so erhält man einen Stoff, der dem natürlichen Bimsstein in vieler Hinsicht ähnlich ist, den sog. → Hüttenbims. Er kann zu Bimsbeton weiterverarbeitet werden. Schüttdichte zwischen 0,9 und 1,4 kg/dm³.

Hochofenschlacke. Schlacke, die beim Schmelzen von Eisenerz anfällt. Durch schnelles Abkühlen einer Schlakkenschmelze geeigneter Zusammensetzung (Granulieren) entsteht der → Hüttensand, der für die Herstellung von → Hüttenzementen verwendet wird.

Hochofenschlacke, granulierte → Hochofenschlacke.

Hochofenstückschlacke → Hochofenschlacke.

Hochofenzement (HOZ). Genormter Zement, der außer → Zementklinker und → Gipsstein und/oder → Anhydrit sowie ggf. einer Zumahlung von anorganischen mineralischen Stoffen schnellgekühlte und infolgedessen glasig erstarrte Hochofenschlacke, den Hüttensand, enthält. Der Hüttensandgehalt des H. beträgt 36 bis 85 Gew.-%. → Zementarten.

Hohlbalken. Sie werden an Stelle von → Balken mit vollem Rechteckquerschnitt zur Verminderung des Eigengewichtes bei Spannweiten ab etwa 10 m verwendet. Dabei wird die äußere Form des Rechteckquerschnitts beibehalten und das Gewicht durch → Aussparungen des Querschnitts abgemindert. Als Vorteile der H. gelten größere Spannweiten, Materialersparnis, Verwendung von leichterem Hebezeug und die Möglichkeit für Leitungsführungen in den Hohlräumen. Wegen ihres teilweise hohen Schalungsaufwandes werden H. heute meist durch profilierte Querschnitte (T- und I-Querschnitte) ersetzt.

Hohlblöcke (aus Leichtbeton, Hbl). Großformatige → Beton-Bausteine nach DIN 18 151 mit geringer Rohdichte und günstigen Wärmedämmeigenschaften. Sie eignen sich für ein- und mehrschalige Außen- sowie für Innenwände. Die Kopfseiten können glatt, mit Mörteltasche (auch einseitig) oder mit Nut und Feder ausgebildet sein.
Längen: 24,5; 37; 49,5 cm
Breiten: 17,5; 24; 30; 36,5; 49 cm
Höhen: 23,8 (regional auch 17,5) cm
Rohdichteklassen: 0,5 − 1,4 kg/dm³
Festigkeitsklassen: 2 − 8 N/mm²
Für die wärmeschutztechnischen Re-

chenwerte von genormten Hohlblocksteinen gilt DIN 4108, Teil 4. Bestimmte Fabrikate haben aufgrund spezieller Rohstoffaufbereitung noch günstigere Werte der Wärmeleitfähigkeit. Wieder andere Hohlblocksteine unterscheiden sich auch in der Formgebung von genormten Blöcken nach DIN 18151; ihre Verwendung ist über bauaufsichtliche Zulassungen geregelt. Auch in diesem Fall gelten i.a. besondere Rechenwerte der Wärmeleitfähigkeit. Weiterhin gibt es aufgrund bauaufsichtlicher Zulassungen eine Reihe von Hohlblocksteinen, deren Kammern zur weiteren Verbesserung des Wärmedämmvermögens z.B. mit Schaumkunststoff ausgefüllt sind. Die brandschutztechnische Einstufung derartiger Steine erfolgt jedoch mit dem Zusatz „AB", da sie für Brandwände nicht zugelassen sind.

Hohlblöcke (aus Normalbeton, Hbn). Großformatige → Beton-Bausteine nach DIN 18 153, auch als Kellersteine bezeichnet, mit Zuschlag aus dichtem Gefüge und deshalb größerer Rohdichte und höherer Steinfestigkeit als → Hohlblocksteine aus Leichtbeton. Ihre Form als fünfseitig geschlossene Blöcke mit bis sechs Kammerreihen ähnelt den → Leichtbeton-H. Einsatzgebiete des Hbn-Steins sind tragende Innenwände, Kellerwände, Hintermauerschalen beim zweischaligen Mauerwerk, schalldämmende Wände sowie Mauerwerk im Industriebau.
Längen: 24; 24,5; 30; 36,5; 37; 49; 49,5 cm
Breiten: 11,5; 17,5; 24; 30; 36,5; 49 cm
Höhen: 17,5; 23,8 cm
Rohdichteklassen: 0,9 − 2,0 kg/dm^3
Festigkeitsklassen: 2 − 12 N/mm^2.

Hohlblocksteine. → Beton-Bausteine, die aus haufwerksporigem → Leichtbeton oder aus → Normalbeton hergestellt werden. Sie sind großformatig, fünfseitig geschlossen und weisen Hohlräume senkrecht zur Lagerfläche auf. → Hohlblöcke (aus Leichtbeton), → Hohlblöcke (aus Normalbeton).

Hohlplatten. Ähnlich wie bei → Hohlbalken werden auch bei → Deckenplatten Hohlräume zur Verminderung des Eigengewichtes angeordnet. Je nach Fertigungsverfahren besitzen diese Hohlräume unterschiedlichen Querschnitt, hauptsächlich rund, oval oder rechteckig und ergeben Gewichtseinsparungen bis 40%. Großformatige H.-Deckenelemente werden in Breiten von 0,50 bis 2,50 m ohne Montageunterstützung verlegt und sind nach dem Fugenverguß belastbar. Soweit Hohlplattendecken nach DIN 1045 bemessen werden können (DIN 1045 benutzt den Begriff Stahlbetonhohldielen), ist keine besondere bauaufsichtliche Zulassung erforderlich. H. können schlaff bewehrt oder vorgespannt sein. Die Bemessung erfolgt meistens in B 25 oder B 35, bei Spannbeton in B 35 bis B 55. H. aus haufwerksporigem Leichtbeton weisen gute Wärmedämmeigenschaften auf.

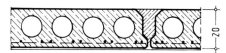

Schnitt durch eine Hohlplattendecke

Hohlquerschnitte. Sie werden zur Gewichtseinsparung und zur Erzielung von statischen Vorteilen verwendet. Im Massivbrückenbau ist der Hohlkasten ein sehr günstiger Querschnitt. Bei rel. ge-

Hohlraumanteil

ringer Fläche zeichnen sich die Querschnitte durch große Widerstandsmomente aus. Mit dem Hohlkasten lassen sich die größten Spannweiten für Spannbetonbrücken erreichen. Allerdings ist der Hohlkasten auch der Querschnitt mit dem höchsten Schalungsanteil pro m³ Beton. Seine Anwendung ist daher bei beschränkten Konstruktionshöhen und bei Taktbauweise mit mehrfachem Einsatz der Schalungselemente besonders wirtschaftlich.

Hohlwandplatten (Hpl). Fünfseitig geschlossene → Beton-Bausteine aus → Leichtbeton mit Kammern senkrecht zur Lagerfläche. Sie haben die Form schmaler Ein-Kammer- → Hohlblocksteine, teilweise mit Stirnnuten. H. werden zum Bau leichter Trennwände nach DIN 4103 verwendet. Bei ihrem Einsatz bleiben die Trennwandgewichte i.d.R. unter den Grenzwerten nach DIN 1055 (100 bzw. 150 kg/m²), so daß für die Sta-

Zweizelliger Hohlkasten für sechsspurige BAB

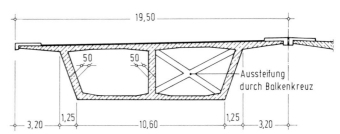

Hohlraumanteil (im → Zementstein). Er entsteht zwangsläufig bei der → Hydratation von → Zementleim durch den Volumenverlust bei der chemischen Wasserbindung und der Anlagerung von verdampfbarem Wasser. Der H. wird in Vol.-% angegeben.

Hohlraumgehalt → Hohlraumverhältnis.

Hohlraumverhältnis. Auf das Kornvolumen bezogener Anteil der → Haufwerksporen in einem Korngemisch. Diese Poren müssen mit Zementleim ausgefüllt werden, um einen dichten Beton zu erhalten. Die Optimierung des H. ist daher eine wichtige Aufgabe der Betontechnologie.

Hohlsog → Kavitation.

tik der Decke mit gleichmäßig verteiltem Lastzuschlag gerechnet werden kann.

Holzbeton. Besondere Art der gemischtporigen Betone, bei denen der → Zuschlag aus Holzspänen besteht. Das Holz ist mit Wasserglas vorzubehandeln (Mineralisierung).

Holzschalung. Vorherrschende Schalungsart im Betonbau. Es werden meist heimische Nadelhölzer wie Fichte, Tanne und Kiefer, seltener Laubhölzer und ausländische Hölzer verwendet. Laubhölzer und exotische Hölzer kommen überwiegend für Sperrholzschalungen zum Einsatz. H. (→ Brettschalungen, → Brettplattenschalungen) sowie Holzfaserplatten-Schalungen sind immer saugende Schalungen. Neben ihrer Saugfähigkeit besitzen H. folgende Vorteile:

Geringe Empfindlichkeit gegen Hammerschläge, Berührung durch Innenrüttler und Transportbeanspruchung; hohe Tragfähigkeit und Reserven bei örtlichen und zeitweiligen Überbeanspruchungen; leichte Verarbeitbarkeit; Anpassung an gekrümmte Oberflächen; hohe Wärmedämmfähigkeit als Schutz gegen rasche Abkühlung. Nachteile der H.: hoher Lohnaufwand; Einsatz von Facharbeitern erforderlich; Verluste durch Verschnitt; begrenzte Einsatzhäufigkeit; aufwendige Reinigung vor jedem Einsatz; mangelnde Maßhaltigkeit (Schwinden beim Austrocknen, Quellen durch Feuchtigkeit und Wasser); Saugfähigkeit kann Verdursten des Betons bewirken; Holzinhaltsstoffe können das Erhärten der Betonoberfläche stören und Abmehlen, Absanden, Verfärbungen und erhöhte Ausblüheigung bewirken.

Nichtsaugende (wasserabweisende) H. erhält man durch Vergütung der Schalungshaut-Oberfläche. Die Qualität der Vergütung steigt von Imprägnierung über Beharzung, Filmbeschichtung (0,05 bis 1 mm), Schichtstoffplatten-Auflage (0,5 bis 1,5 mm) bis zur höchsten Entwicklungsstufe, der GfK-Vergütung. Die gebräuchlichsten vergüteten H. sind ölgehärtete oder kunstharzvergütete → Hartfaserplatten, → Furnier-Schalungsplatten (→ Multiplexplatten) und Tischlerplatten (DIN 68 791). Mit ihnen können bei niedrigem Lohnaufwand und Verschnitt dichte, glatte, streich- und tapezierfähige Betonflächen hergestellt werden. Vergütete H. sind leicht zu reinigen und können oftmals verwendet werden. Nachteilig sind bei Sichtbeton die stark erhöhte Neigung zur Entstehung von Wasserschlieren, Farbtonunterschieden, Verfärbungen, Flecken, Wolken, feinen Netzrissen in der Zementhaut sowie von größeren Luftporen (Lunkern). Die spröde Oberfläche ist empfindlich gegen Hammerschläge und Berührung mit dem Rüttler (Narben).

Holzwolle-Leichtbauplatten. Sie bestehen aus langfaseriger Holzwolle, die mit Magnesiabinder, Zement oder Baugips gebunden ist. H.-L. werden bei hoher Temperatur gepreßt und anschließend getrocknet. → Dämmstoffe.

Homogenisierung. Vermischung verschiedener Stoffe zu einem möglichst gleichmäßigen neuen Stoff. Bei der Zementherstellung wird eine aufwendige H. betrieben, um aus den in natürlicher Schwankungsbreite gewonnenen Rohstoffen ein gleichmäßiges → Rohmaterial für die Drehöfen zu gewinnen. Bei der Betonherstellung dient das Mischen von Zement, Wasser, Zuschlag und Zusätzen ebenfalls der H.

HOZ → Hochofenzement.

HP-Schalen. → Flächentragwerke aus Betonschalen (→ Schalen), deren Fläche nach einem hyperbolischen Paraboloid gekrümmt ist. H.P.-Schalen werden sowohl aus → Ortbeton wie auch in → Fertigteilbauweise ausgeführt. Ihr Hauptanwendungsgebiet sind Hallendächer.

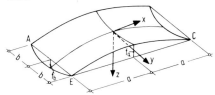

Hyperbolisches Sattelparaboloid (HP)

HS-Zement

HS-Zement. Zement mit hohem Sulfatwiderstand. → Portlandzemente mit höchstens 3 Gew.-% → Tricalciumaluminat und höchstens 5 Gew.-% → Aluminiumoxid sowie → Hochofenzemente mit mind. 65 Gew.- % → Hüttensand haben diese Eigenschaft. Sie sind bei einem Sulfatangriff des Grundwassers (über 600 mg/l SO$_4$) erforderlich.

Hubdecken. Am Boden übereinander betonierte Decken, die mit dem in den USA entwickelten sog. Hubplattenverfahren (Lift-Slab) in ihre endgültige Höhe gebracht werden. Die Hebevorrichtung ist an den Stützen befestigt. Diese sind i.d.R. Stahlbetonfertigteile, die vorab montiert und in den Decken ausgespart werden. Das Verfahren bringt Einsparungen bei → Schalung und Gerüst sowie Zeitersparnis durch das kontinuierliche Betonieren aller Decken. Es kann deshalb als eine Art Baustellenfertigung angesehen werden.

Huminsäure. Organische Säure, die in natürlichen Wässern oder Zuschlägen enthalten sein kann. → Stoffe, betonangreifende.

Hüttenbims. Schnell gekühlte → Hochofenschlacke. Wird glutflüssige Hochofenschlacke auf die Oberfläche eines dünnen Wasserfilms aufgebracht, so erhält man H., der dem natürlichen Bims sehr ähnlich ist und als → Zuschlag bei der Betonherstellung verwendet wird. Schüttdichte zwischen 0,9 und 1,4 kg/dm^3. → Hüttensand.

Hüttensand. Ein Hauptbestandteil der → Hüttenzemente (Hochofenzement und Eisenportlandzement). Er wird aus der beim Eisenhüttenbetrieb anfallenden, feuerflüssigen Hochofenschlacke

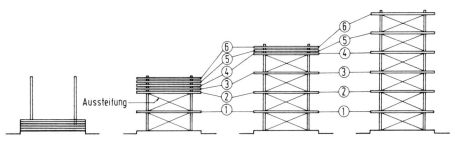

Prinzip des Hubplattenverfahrens (Lift-Slab)

Hüllrohre. Die Spannkanäle in Spannbetonbauteilen mit nachträglichem Verbund können mit H. hergestellt werden. Diese erhalten eine gewellte Oberfläche (Wellrohre), um einen sicheren Verbund zwischen H. und Beton und zwischen → Einpreßmörtel und H. zu erhalten, sowie die erforderliche Biegsamkeit zu gewährleisten.

durch schnelles Abkühlen mit Wasser gewonnen (Granulat). H. ist in fein vermahlenem Zustand ein latent hydraulischer Stoff, der zum hydraulischen Erhärten den Zementklinker als Anreger braucht.

Hydratationsgrad

Hüttensteine. → Mauersteine, die aus künstlich gewonnenen Zuschlägen und mineralischen Bindemitteln hergestellt werden. Die wesentlichen Bestandteile sind nach DIN 398 Hochofenschlacke (zumeist granuliert als → Hüttensand) sowie Zement o. a. hydraulische Bindemittel, auch Kalk. H. werden als kleinformatige → Vollsteine (HSV), als → Lochsteine (HSL) oder als großformatige → Hohlblocksteine (HHbl) hergestellt.

Hüttenzemente. Zemente, die außer Portlandzementklinker als Hauptbestandteil auch → Hüttensand enthalten. Es sind dies:
- Hochofenzement (HOZ) mit 36 bis 85 Gew.-% Hüttensand,
- Eisenportlandzement (EPZ) mit 6 bis 35 Gew.-% Hüttensand,
- Traßhochofenzement (TrHOZ) mit 22 bis 58 Gew.-% Hüttensand und
- Flugaschehüttenzement (FAHZ) mit 15 ± 5 Gew.-% Hüttensand.

Hydratation. 1. Allgemein: Reaktion eines Stoffes mit Wasser, bei der das Wasser an den betreffenden Stoff angelagert wird. Es handelt sich um einen chemisch-physikalischen Vorgang. 2. Beim Zement: Durch die Wasserbindung des Zements während des Erstarrens und Erhärtens entsteht aus dem → Zementleim der → Zementstein. Bei vollständiger Hydratation bindet der Zement etwa 25 % seines ursprünglichen Gewichts an Wasser chemisch und etwa 10 bis 15 % physikalisch (→ Gelporen). Das chemisch gebundene Wasser ist nicht verdampfbar. Der Gesamtanteil des gebundenen Wassers (Hydratwasser) beträgt etwa 40 Gew.-%, entsprechend einem → Wasserzementwert von w/z = 0,40. Ein höherer w/z führt im Zementstein stets zu → Kapillarporen. Die H. ist temperaturabhängig und wird von höheren Temperaturen beschleunigt. Sie läuft in den ersten Std. und Tagen schneller ab und wird im Laufe der Zeit langsamer (→ Nacherhärtung). Sie wird abgebrochen, wenn nicht genügend Wasser zur Verfügung steht. Daher ist eine möglichst früh einsetzende und genügend lang wirkende → Nachbehandlung des Betons erforderlich.

Hydratationsgrad. Maß für die Menge des durch Zement chemisch gebundenen Wassers. Der H. gibt an, bis zu welchem Prozentsatz die in einer Beton- oder Mörtelmischung vorhandene Zementkornsubstanz durch Hydratation in Zement-

Schematische Darstellung der Hydratation eines Zementkorns

a) Zementkorn vor Wasserzugabe.

b) Zementkorn kurz nach Wasserzugabe; um das gesamte Zementkorn hat sich eine Schicht aus Zementgel gebildet.

c) Ende der Hydratation. Das gesamte Zementkorn hat sich in Zementgel umgewandelt.

Hydratationswärme

gel umgewandelt wurde und damit festigkeitsbildend wirkt. Beton kann nur dann seinen optimalen H. erreichen, wenn er im jungen Alter vor Austrocknung und niedrigen Temperaturen geschützt wird.

Hydratationswärme. Die → Hydratation des Zements ist ein exothermer Vorgang. Die dabei frei werdende Wärmemenge wird als H. bezeichnet, die in Joule je Gramm Zement angegeben und im → Lösungskalorimeter gemessen wird (Einheit: J/g). Die H. wird umso schneller frei, je reaktionsfähiger der Zement ist, d. h. je feiner er gemahlen ist und je mehr Tricalciumsilicat und Tricalciumaluminat der Portlandzement und je weniger Hüttensand der Eisenportland- und Hochofenzement enthalten. Je nach Anwendungsfall werden Zemente mit hoher oder solche mit niedriger H. gezielt eingesetzt.

Hydratphasen. Wasserhaltige Verbindungen, die bei der chemischen Reaktion (→ Hydratation) zwischen den Klinkerphasen und dem Anmachwasser während des Erstarrens und Erhärtens des Zements entstehen. Wesentliche H. sind Calciumsilicathydrat $mCaO \times SiO_2 \times nH_2O$, Tetracalciumaluminathydrat $4CaO \times Al_2O_3 \times 19H_2O$ sowie Calciumaluminatsulfathydrate in Form von Trisulfat $3CaO \times Al_2O_3 \times 3CaSO_4 \times 32H_2O$ (Ettringit) und Monosulfat $3CaO \times Al_2O_3 \times CaSO_4 \times 12H_2O$.

Hydratwasser. Durch → Hydratation des Zements chemisch und physikalisch im Zementstein gebundenes Wasser. Etwa 40 % des Zementgewichts werden als H. benötigt. Wird weniger als diese Menge Wasser zugegeben oder trocknet der Beton vorzeitig aus, bleibt ein Teil des Zements ungenutzt; bei Zugabe einer größeren Wassermenge verdunstet das → Überschußwasser später und hinterläßt Kapillarporen, die die Betondichtigkeit verringern. Die auf das erforderliche H. abgestimmte Wasserzugabe steuert also maßgeblich die Qualität von Beton.

Hydraulefaktoren. Die die → Hydraulizität bewirkenden Oxide SiO_2 (Kieselsäure), Al_2O_3 (Tonerde) und Fe_2O_3 (Eisenoxid).

Hydraulizität. Wasserbindevermögen, Eigenschaft des Bindemittels, hydraulisch, d. h. mit Wasser sowohl an der Luft als auch unter Wasser zu erhärten und fest zu bleiben.

Hydrolyse. Reaktion einer chemischen Verbindung mit Wasser, wobei im Gegensatz zur → Hydratation das Ausgangsmaterial gespalten wird.

Hydrophobierung. Schutzbehandlung, die eine Baustoffoberfläche wasserabweisend macht. Als Hydrophobierungsmittel für Beton kommen pigment- und füllstofffreie Produktgruppen (vorwiegend → Silane, → Siloxane und → Silikone) zur Anwendung, die nicht filmbildend wirken.

Hydroventilverfahren. Einbau von Beton unter Wasser mit einem sog. → Hydroventil. Es handelt sich hierbei um einen von Wasserdruck zusammendrückbaren Schlauch mit starrem Endstück. Kleinere Betonmengen können sich im Schlauch nicht nach unten bewegen, erst größere Pfropfen überwinden durch das hohe Eigengewicht des Betons den

Wasserdruck und die Reibung im Schlauch. Das Ausbreitmaß für einen im H. einzubringenden Beton sollte zwischen 48 und 50 cm liegen.

I

Idealsieblinie. Die Betontechnologie fordert vom Kornaufbau eines Zuschlaggemisches die Erfüllung zweier Aufaben: 1. Der Aufbau soll ein dichtes Korngerüst ergeben, bei dem der Zementleimgehalt zum Umhüllen der Körner und zum Ausfüllen der Zwischenräume gering ist. 2. Die Oberfläche soll möglichst klein, der Zuschlag also möglichst grobkörnig sein, um die zur Umhüllung benötigte Zementleimmenge gering halten zu können. Die günstigen Bedingungen werden durch I. angegeben, die sowohl stetig als auch unstetig sein können. Eine allgemeingültige I. gibt es nicht. Die bekannteste I. wurde von dem Amerikaner FULLER entwickelt. → Fuller-Kurve.

Imprägnieren → Imprägnierung.

Imprägnierung. Schutzmaßnahme für saugfähige Oberflächen, deren Wirkung auf dem Eindringen einer dünnflüssigen Substanz in die äußeren Porenräume des Untergrunds beruht. Man unterscheidet nicht filmbildende und filmbildende ($s < 0,05$ mm) sowie hydrophobierende und verfestigende I. Letztere sind nur mit Hilfe von Acrylharzlösungen oder verdünnten Epoxidharzsystemen herzustellen, nicht aber mit Silikonprodukten.

Eine Anwendung der I. ergibt sich im Straßenbau, wenn die Herstellung von Betonfahrbahndecken im Herbst erfolgt und ein Austrocknen des Betons vor der Beanspruchung im Winter durch Frost-Tausalz nicht mehr möglich ist. Die Imprägniermittel sollen die Durchfeuchtung des Betons verringern. Sie werden auf der Basis von Leinölen, Epoxidharzen oder Alkyl-Alkoxy-Silanen angewendet. Die Griffigkeit der Verkehrsflächen darf durch die I. nicht verringert werden.

Industrieabwässer. Flüssige Abgänge von Industriebetrieben, die je nach Inhaltsstoffen in eine eigene Abwasserreinigungsanlage oder direkt in die städtische Kanalisation eingeleitet werden.

Industriebau. Teilgebiet des → Hochbaus, das die Herstellung von Gebäuden, die der maschinell betriebenen Produktion dienen, umfaßt. Man unterscheidet Flachbauten, Hallenbauten, Geschoßbauten und Sonderbauten. Zu den reinen Zweckbauten für die Produktionsvorgänge kommen heute Forschungslabors, Verwaltungsgebäude und soziale Einrichtungen hinzu. Durch seine Wirtschaftlichkeit spielt der Baustoff Beton (Leichtbeton, Stahlbeton, Spannbeton) im I. sowohl als Ortbeton wie auch in der Fertigteilbauweise eine wichtige Rolle.

Industrieböden. Begehbare und befahrbare Fußboden-Konstruktionen aus Beton (→ Fließbeton, → Vakuumbeton) mit oder ohne Verschleißschicht (→ Beschichtung, → Hartstoffschicht) in Industriebetrieben, Lagerhallen oder ähnlich beanspruchten Anlagen.

Inert

Inert. Eigenschaft von Stoffen, sich an chemischen Vorgängen nicht oder nur sehr gering zu beteiligen.

Infrarot-Beheizung. Verfahren zur → Wärmebehandlung des Betons. Die Wärme wird durch Strahlung auf die Betonoberfläche übertragen. Es ist darauf zu achten, daß die Oberflächentemperatur 100 °C nicht wesentlich überschreitet.

Injektion. 1. Einpressen von Emulsionen, Suspensionen oder Lösungen unter hohem Druck zur Verfüllung und Abdichtung von Felshohlräumen, Spalten, Rissen oder Klüften. 2. Schließen, Abdichten, kraftschlüssiges und dehnfähiges Schließen von Rissen in Betonbauteilen. Nach ZTV-RISS werden für kraftschlüssiges Füllen von Rissen geeignete Epoxidharze und für dehnfähiges Füllen von Rissen geeignete Polyurethanharze verwendet. Die Eignung ist nachzuweisen.

Injektionsmörtel. Zement-Sand-Wasser-Gemisch, das zur Verpressung bei → Injektionen eingesetzt wird.

Injektionsschirm → Schürze.

Injektionsschlauch. 1. Verwendung zum nachträglichen Verpressen von → Rissen und als zusätzliche Maßnahme beim Einbau von → Fugenbändern oder -blechen. Der I. läuft dann parallel zum Fugenband und es kann bei etwaigen Wasserundichtigkeiten nachträglich abdichtend injiziert werden. 2. Verwendung im Spannbetonbau.

Injektionsschleier → Schürze.

Injektionsverfahren. Verfahren zur Verfestigung (Verfelsung) eines Untergrundes, z. B. zur Abdichtung gegen Wasserverlust bei Talsperren, durch Einpressen von Zementsuspension. → Schürze.

Injektionszement. Keine besondere Zementart. Für Zementeinpressungen zum Verfestigen und/oder Abdichten von klüftigem Gestein, Lockergestein oder Gesteinsschüttungen müssen Zementsuspensionen gute Fließeigenschaften haben und sollen während des Verpressens möglichst nicht sedimentieren (entmischen). Von den → Zementeigenschaften ist dabei im wesentlichen nur die Kornverteilung der Zementpartikel von Bedeutung. Grobe Zemente verhalten sich ungünstiger als feiner gemahlene. Am günstigsten verhalten sich Zemente mittlerer Feinheit mit engem Grobkornbereich. Zum Ausfüllen enger Klüfte sind feingemahlene Zemente vorzuziehen. Grundsätzlich können alle → Normzemente und allgemein bauaufsichtlich zugelassene Zemente verwendet werden. Bei sulfathaltigen Grundwässern sind Zemente mit hohem Sulfatwiderstand (→ HS-Zemente) zu verwenden.

Innenputz. Auf Innenflächen aufgebrachter → Putz. Bei den Anforderungen an den I. wird unterschieden zwischen Innenwandputz und Innendeckenputz sowie I. für Feuchträume. Für diese Anforderungen sind in DIN 18 550 bewährte Putzsysteme aufgelistet. Werden davon abweichende Putzsysteme gewählt, ist ein besonderer Eignungsnachweis erforderlich. I., an die übliche Anforderungen, z. B. als Träger von Tape-

Instandhaltung

ten oder Anstrichen gestellt werden, müssen Druckfestigkeiten von mind. 1,0 N/mm² aufweisen.

Innenrüttler. Gerät zum → Verdichten von → Frischbeton durch Rütteln. Das Verdichtungsgerät wird in den Frischbeton eingetaucht. Die mechanischen Schwingungen werden durch die Rüttelflasche direkt auf den Beton übertragen. Sie ist zügig in den Beton einzuführen und langsam herauszuziehen, wobei sich die Oberfläche des Betons wieder schließen muß. Ein Berühren der Bewehrung mit dem I. ist zu vermeiden.

Innenwände. Wände in Gebäuden, die Räume von Räumen trennen. → Innenwände, nichttragende; → Innenwände, tragende.

Innenwände, nichttragende. Sie müssen DIN 4103 „Leichte Trennwände" entsprechen. Im Mauerwerksbau haben sich Trennwände aus künstlichen Steinen und Wandbauplatten langfristig bewährt und werden vielfältigen Ansprüchen gerecht. Sie sind als n.I. für Stahlbeton- oder Stahlskelettbauten, also bei Gebäuden mit großen Deckenspannweiten einsetzbar. Beim statischen Nachweis einer tragenden Decke darf nach DIN 1055, Teil 3, das Wandgewicht von Trennwänden bis 150 kg/m² als gleichmäßig verteilter Zuschlag zur Verkehrslast angenommen werden. In Stahlbeton werden nichttragende n.I. entweder als Anwurfwände auf einseitiger Schalung oder zwischen beidseitiger Schalung hergestellt. Beim ersten Verfahren ist → Zementmörtel 1:4 (in Raumteilen) mit einem geringen Kalkzusatz, beim zweiten mind. Beton B 5 zu verwenden. Die Rundstahlbewehrung ist wie bei der Drahtputzwand auszuführen und bildet Quadrate von etwa 50 cm Seitenlänge. Bei Wänden bis 10 cm Dicke genügt eine kreuzweise Bewehrung in der Mitte des Wandquerschnitts.

Innenwände, tragende (aus Mauerwerk). Sie müssen ebenso wie tragende Außenwände i.a. eine Mindestdicke von 24 cm haben. Unter bestimmten Voraussetzungen sind jedoch nach Tabelle 2, DIN 1053, Teil 1, auch Wanddicken von 17,5 und 11,5 cm zulässig. Für t.I. aus Beton und Stahlbeton gelten Mindestwanddicken von 8 bis 14 cm gem. DIN 1045, Tabelle 3.

Inspektion. Maßnahmen zur Feststellung und Beurteilung des Istzustandes z.B. von Bauwerken. Diese Maßnahmen beinhalten:
- Erstellung eines Plans zur Feststellung des Istzustandes,
- Vorbereitung der Durchführung,
- Durchführung (quantitative Ermittlung bestimmter Größen),
- Vorlage der Ergebnisse,
- Auswertung der Ergebnisse,
- Ableitung der notwendigen Konsequenzen.

Instandhalten → Instandhaltung.

Instandhaltung. Maßnahme zur Bewahrung und Wiederherstellung des Sollzustandes sowie zur Feststellung und Beurteilung des Istzustandes z.B. eines Bauwerkes. Diese Maßnahmen beinhalten:
- Wartung,
- Inspektion,
- Instandsetzung.

187

Instandsetzen

Instandsetzen. 1. Ausbessern von Mängeln an Stahlbetonoberflächen, die z.B. durch das Abplatzen unzureichender Betondeckung über rostender Bewehrung entstehen können. Das I. kann durch Einzelausbesserung der betreffenden Stellen (Freilegen der Schadensstellen, Entrosten der Bewehrung, Konservieren der Bewehrung, Herstellen der Haftbrücke, Ausbessern mit Reparaturmörtel, Strukturangleichung, mehrschichtiger Anstrich) oder durch das flächige Aufspritzen neuer Beton- oder Mörtelschichten erfolgen. 2. Im Straßenbau kann die Ausbesserung durch Plattenersatz (→ frühhochfester Straßenbeton mit Fließmittel) oder durch Oberflächenbeschichtung erfolgen.

Instandsetzung. Maßnahmen zur Wiederherstellung des Sollzustandes z.B. eines Bauwerkes. Diese Maßnahmen beinhalten:
- Auftrag,
- Planung,
- Entscheidung für eine Lösung,
- Vorbereitung der Durchführung,
- Vorwegmaßnahmen (z.B. Schutz- und Sicherheitseinrichtungen),
- Überprüfung der Vorbereitung,
- Durchführung,
- Funktionsprüfung und Abnahme,
- Fertigmeldung,
- Auswertung.

International Standard Organization (ISO). Internationale Normenorganisation mit dem Ziel, die Entwicklung von Normen in der Welt zu fördern, um den internationalen Austausch von Gütern und Dienstleistungen zu erleichtern und die gegenseitige Mitarbeit auf wissenschaftlichem, technischem und wirtschaftlichem Gebiet zu entwickeln. → Deutsches Institut für Normung.

ISO → International Standard Organization.

ISO-RILEM-CEM-Verfahren. Verfahren zur Prüfung von Zement, das von den Vorgaben der DIN 1164 in einigen Punkten abweicht (RILEM = Réunion Internationale des Laboratoires d'Essais et de Recherches sur les Matériaux et les Constructions, CEM = Zusammenschluß europäischer Zementwerke).

Isotherm. Gleichbleibende Temperaturverhältnisse. I. Untersuchungsverfahren werden z.B. zur Ermittlung der Hydratationswärme von Zement angewendet. Der Wärmeabfluß wird verfolgt und gemessen. → Lösungskalorimeter.

IVBH. Internationale Vereinigung für Brücken- und Hochbau.

K

Kalk. → Bindemittel z.B. für Mauer- und Putzmörtel. Man unterscheidet nichthydraulischen K., z.B. Luftkalk, der durch → Carbonatisierung erhärtet, sowie → hydraulischen K. und → hochhydraulischen K.

Kalkausblühungen → Ausblühungen.

Kalk, hochhydraulischer. Er hat im Vergleich zum → hydraulischen Kalk einen höheren Anteil an reaktionsfähigen Bestandteilen zur Hydratbildung und damit ein ausgeprägteres hydraulisches Erhärtungsvermögen. H.K. wird als Bindemittel für → Mauer- und Putzmörtel verwendet, wenn die Festigkeit von hydraulischem Kalk nicht ausreicht bzw. eine schnellere Erhärtung gefordert wird (→ Mörtelgruppe I und II). Nach DIN 1060 werden für h.K. folgende Druckfestigkeiten gefordert: Nach sieben Tagen $\geq 2,5$ N/mm², nach 28 Tagen ≥ 5 N/mm² bzw. $\leq 15 - 20$ N/mm².

Kalkhydrat → Calciumhydroxid.

Kalk, hydraulischer. Bindemittel, dessen Hauptbestandteile die Oxide des Calciums (CaO), Magnesiums (MgO), Siliciums (SiO_2), Aluminiums (Al_2O_3) und Eisens (Fe_2O_3) sind. H.K. verfestigt sich nach einer bestimmten Zeit der Luftlagerung auch unter Wasser. Die Erhärtung ist zurückzuführen auf:
– die Reaktion des Calciumhydroxids ($Ca(OH)_2$) mit Luftkohlensäure zu Calciumcarbonat ($CaCO_3$),
– die Hydratbildung von Calciumsilikaten, -aluminaten und -ferriten mit dem Anmachwasser.
H.K. wird aus → Kalksteinmergel durch Brennen unterhalb der → Sintergrenze bei ca. 1 000–1 200 °C hergestellt und als Bindemittel für → Mauer- und Putzmörtel, bei denen höhere, aber begrenzte Festigkeit sowie Widerstandsfähigkeit gegen Feuchtigkeit gefordert werden (→ Mörtelgruppe I), verwendet. Die Anforderungen sind in DIN 1060 (Baukalk) festgelegt. Seine Eigenschaften sind im Vergleich zu Zement durch das begrenzte hydraulische Erhärtungsvermögen bei gleichzeitig guter Geschmeidigkeit und hohem → Wasserrückhaltevermögen gekennzeichnet. H.K. sind mit anderen Bindemitteln (z.B. Zement) mischbar, ausgenommen Tonerdeschmelzzement und Sulfathüttenzement. Im Straßenbau wird h.K. zur Bodenverbesserung oder Bodenverfestigung eingesetzt.

Kalkmergel → Mergel.

Kalkmörtel. Gemisch aus → Kalk, Sand und Wasser, das als → Mauermörtel oder → Putzmörtel verwendet wird.

Kalksinter → Sinter.

Kalkstandard (KSt). Kennzeichnung der Zusammensetzung von → Rohmaterial und → Zementklinker bei der Zementherstellung. Er gibt den im Rohmaterial oder → Klinker tatsächlich vorhandenen CaO-Gehalt in Prozentanteilen desjenigen CaO-Gehalts an, der unter technischen Brenn- und Kühlbedingungen im Höchstfall an SiO_2, Al_2O_3 und Fe_2O_3 gebunden werden kann.

Kalkstein. Gesteine, die im wesentlichen aus Calciumcarbonat ($CaCO_3$) bestehen. Sie enthalten häufig Verunreinigungen wie Ton, Kieselsäure, Eisenverbindungen und Magnesiumcarbonat. Bei höherem Tongehalt werden die K. als Kalkmergel bezeichnet, bei höherem Gehalt an Magnesiumcarbonat als Dolomite. Nach Art ihrer geologischen Ausbildung unterscheidet man körnige Kalke (Muschelkalke), dichte K. (Juramarmor), Plattenkalke (Solnhofer Schiefer), Kreide, Kalktuffe oder Travertine und kristallinen K. (echter Marmor). K. reagiert mit Salzsäure durch lebhaftes

Kalktreiben

Freisetzen von Kohlensäure. Er ist zusammen mit Ton Ausgangsprodukt für die → Zementherstellung. Kalkmergel geeigneter Zusammensetzung wurden früher ohne besondere Aufbereitung zu → Naturzement gebrannt. Gebrochener K. wird auch als Zuschlag für Beton verwendet. Seine Verwendung kann bei Betonen, die planmäßig höheren Gebrauchstemperaturen ausgesetzt sind, von Vorteil sein.

Kalktreiben. Es kann durch freien Kalk (CaO) im Zement hervorgerufen werden, wenn der Kalk in grobkristalliner Ausbildung in größeren Mengen vorliegt, da die Reaktion mit Wasser sehr langsam abläuft und noch nicht abgeschlossen ist, wenn die Erhärtung des Zements schon begonnen hat. Normgerechte Zemente weisen kein K. auf. → Raumbeständigkeit, → Zementprüfung.

Kalk-Zement-Mörtel. Gemisch aus Kalk, Zement, Sand und Wasser, der als Mauer- und Putzmörtel (→ Außenputz) verwendet wird. → Mörtelgruppen.

Kalorimeter. Gerät zur Wärmemessung. → Kalorimeterverfahren.

Kalorimeterverfahren. Indirektes Verfahren zur Bestimmung des Bindemittelgehaltes bei Durchlaufmischern. Hierbei wird das Boden-Bindemittel-Gemisch – bei Bodenverfestigungen hergestellt im Zentralmischverfahren – mit Salzsäure übergossen, anschließend in einem Thermosbehälter die Ist-Lösungswärme ermittelt und diese einer Soll-Temperatur gegenübergestellt.

Kaltdach. Zweischaliges Dach, wobei die wasserdichte und die wärmedämmende Schicht durch einen Luftraum getrennt sind. → Dächer, belüftete.

Kalziumaluminatferrit. → Calciumaluminatferrit, → Klinkerphasen.

Kalziumchlorid → Calciumchlorid.

Kalziumhydroxid → Calciumhydroxid.

Kalziumkarbonat → Calciumcarbonat.

Kalziumsilikathydrat (Calciumsilicathydrat) → Hydratphasen.

Kanäle. Künstliche ober- oder unterirdische Gerinne, z.B. Schiffahrts-, Bewässerungs- und Triebwasser-Gerinne von Wasserkraftwerken, Abwasser- sowie Regenwasser-Kanäle.

Kanalisationsrohre (aus Beton und Stahlbeton). Sie werden vorwiegend als Freispiegelleitung verwendet und sind besonders wirtschaftlich sowie widerstandsfähig gegen mechanische Beanspruchungen beim Bau und während der gesamten Nutzungsdauer. → Abwasserrohre.

Kapillarkräfte. Sie wirken als Folge von Oberflächenspannungen in den → Kapillarporen und üben eine saugende Wirkung auf Flüssigkeiten aus.

Kapillarporen. Zement ist in der Lage, etwa 40 % seiner Masse an Wasser zu binden (→ Hydratation), was einem → Wasserzementwert von 0,40 entspricht.

Kassettenplatten

Weist ein Zementleim einen höheren Wasserzementwert auf, so bezeichnet man das Wasser, das vom Zement nicht gebunden werden kann, als Überschußwasser. Der Raum, den es im Zementstein einnimmt, stellt ein System feiner, oft zusammenhängender Poren dar, die man als K. (> 100 nm) bezeichnet. Mit steigendem Kapillarporenraum nimmt die Qualität des Zementsteins bzw. des Betons ab.

Kapillarwasser. Wasser, das sich in den → Kapillarporen befindet. Es kann entgegen der Schwerkraft infolge von Oberflächenspannungen in den Kapillarporen aufsteigen.

Karbonatisierung → Carbonatisierung.

Kassettendecken. Art der → Rippendecken, bei der die Rippen rechtwinklig zueinander in zwei Richtungen verlaufen. Dadurch entstehen zwischen den Rippen rechteckige oder quadratische Deckenfelder, je nachdem, ob die Rippenabstände in beiden Richtungen verschieden oder gleich sind. Oft werden K. auch aus gestalterischen Gründen verwendet. Sie bleiben dann unverkleidet und häufig unverputzt, was eine äußerst genaue Schalung erfordert. K. eignen sich auch für schwer belastete Decken mit großer Spannweite, da sie die Vorteile der Rippendecke – große Nutzhöhe bei geringem Gewicht – mit denen einer zweiachsig bewehrten Decke verbinden. Wird eine K. nur aus statischen Gründen verwendet, kann sie später mit einer abgehängten Decke verkleidet werden und an die Schalung wird keine besondere Anforderung gestellt. Als Schalung werden wiedergewinnbare Schalungskörper entweder mit dünnen Wandungen aus Stahlblech, GfK und Polypropylen oder aufblasbare Schalungskörper aus Schaumpolystyrol sowie massive Schalungskörper verwendet.

Kassettenplatten. Sie werden als großformatige Dach- und Deckenelemente verwendet und sind für Bauten geeignet, in denen keine Minimaldicke der Platten

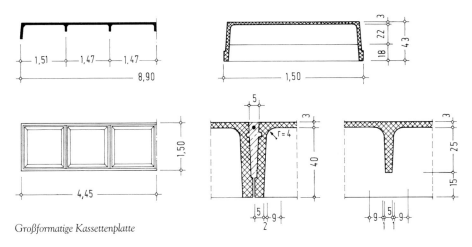

Großformatige Kassettenplatte

Kavitation

wegen des Feuerschutzes vorgeschrieben ist. Die Plattendicke beträgt dann etwa 3 cm für das Dach und 6 cm für die Decke. Daraus resultiert eine etwa quadratische Teilung von 1,50 m. Die Konstruktionshöhe der Querrippen bleibt konstant, während die Höhe der Längs- und Endrippen den Spannweiten entsprechend variiert. Die Maximalhöhe ist durch die Entfernungsmöglichkeit (Haftung zwischen Platte und Form) bei max. 65 cm begrenzt und bestimmt damit die Spannweiten. Der Vorteil der K. gegenüber anderen großformatigen Fertigteilen besteht wie bei → Kassettendecken in einer hohen Tragfähigkeit bei geringem Eigengewicht.

Kavitation (Hohlsog). Dampfblasenbildung und -zerfall in strömenden Flüssigkeiten bei Geschwindigkeitsänderung. Sinkt bei Beschleunigung einer strömenden Flüssigkeit der Druck unter den Dampfdruck der Flüssigkeit ab, so bilden sich in der Flüssigkeit Dampfbläschen; bei nachfolgender Verzögerung steigt der Druck wieder an, was zur Kondensation der Dampfblasen führt. Dieser Vorgang ist infolge der plötzlichen Änderung des Volumens mit sehr starken Druckstößen (bis 10.000 bar) verbunden, die zu starker Schallabstrahlung und zu allmählicher Zerstörung benachbarter fester Körper führen (K.-Schäden). K. tritt an Teilen auf, die mit hoher Geschwindigkeit umströmt werden. Sie kann durch konstruktive Maßnahmen, z. B. durch Vermeidung von Unterdrücken durch günstige Strömungsführung, weitgehend verhindert werden.

Kavitationswiderstand. Widerstand eines Werkstoffs gegen Zerstörung durch

→ Kavitation. Vorbeugende Maßnahmen bei → zementgebundenen Werkstoffen sind glatte, harte Oberflächen ohne → Zementschlämme, ggf. die Verwendung von → Stahlfaserbeton, → Polymerbeton oder die Kombination beider als Oberflächenschicht.

Keller-Außenwände. Die Konstruktion und Ausführung von K.-A. richtet sich nach der vorhandenen Belastung durch Erddruck und Wasser sowie nach der gewünschten Nutzung der Kellerräume. Statik, → Abdichtung und → Wärmeschutz müssen bei der Planung berücksichtigt und aufeinander abgestimmt

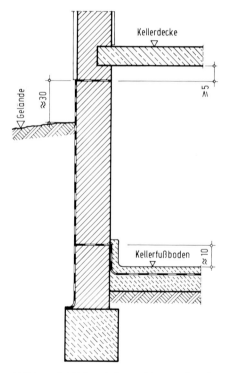

Abdichtung bei Kellerwänden aus Mauerwerk nach DIN 18195

Kernbeton

Mindestdicken von Kellerwänden nach DIN 1053

	1	2	3
	Kellerwand-dicken d	\multicolumn{2}{c}{Höhe h des Geländes über dem Kellerfußboden bei senkrechter Wandbelastung (ständige Lasten) von}
		$\geq$ 5 Mp/m (50 kN/m)	< 5 Mp/m (50 kN/m)
	cm	m	m
1	36,5	2,50	2,00
2	30	1,75	1,40
3	24	1,35	1,00

werden. Gemauerte Wände müssen bis 50 cm über Erdgleiche aus Steinen der Festigkeitsklasse 4 und Mörtel der Mörtelgruppen II, IIa oder III ausgeführt werden. Für alle Mauerwerksarten sind nach DIN 18 195 Abdichtungsmaßnahmen notwendig und vorgeschrieben. Geschalte Wände aus Normalbeton mit und ohne Bewehrung sind unter Verwendung wirtschaftlicher Schalungssysteme eine weit verbreitete Bauweise. Neben der erforderlichen Abdichtung sind meist zusätzliche Wärmedämmaßnahmen erforderlich. Besonders hohe Anforderungen werden an K.-A. im Grundwasser gestellt. Hier bietet sich die → "Weiße Wanne" mit Wänden aus wasserundurchlässigem Stahlbeton (B 25 wu) als wirtschaftliche Lösung gegenüber den sehr aufwendigen Hautabdichtungen nach DIN 18 195 an.

Keller-Innenwände → Innenwände, tragende und nichttragende.

Kennfarben → Zementkennfarben.

Kennwerte (des Zuschlags). Zur Beurteilung der Kornzusammensetzung eines → Zuschlaggemisches, insbesondere seines → Wasseranspruches, kann man sog. K. heranziehen, wie → Körnungsziffer, → D-Summe, → F-Wert (HUMMEL), Sieblinienflächen, spezifische Oberfläche oder → Wasseranspruchszahlen. Die Vorteile derartiger K. sind eine einfache Beschreibung der → Kornzusammensetzung mit einer einzigen Zahl. Korngemische mit zwar unterschiedlicher Kornzusammensetzung, aber mit gleichem K. für die Kornverteilung haben etwa den gleichen Wasseranspruch.

Kennwerte (für Körnungen) → Kennwerte (des Zuschlags).

Kennzeichnung (von Betonstahl). Die K. der Stahlsorte wird bei den Stabstählen durch unterschiedliche Neigung der Schrägrippen zur Stabachse sowie durch unterschiedlichen Rippenabstand vorgenommen. Die Betonstahlmatten weisen eine aus drei Rippenreihen bestehende Rippung auf (DIN 488).

Kerbe → Fugenkerbe.

Kernbeton. In der Betontechnologie unterscheidet man zwischen K. und Betonrandzonen, da hier verschiedene Eigenschaften beim Festbeton zum Tragen kommen.

Kerndämmung

Kerndämmung. Wärmedämmschicht, die in der Mitte (im Kern) von Bauteilen angeordnet ist (Sandwich-Konstruktion).

Kernfeuchte. Die in den Poren des Betonzuschlags vorhandene Feuchtigkeit, die die Konsistenz und den Wasserzementwert des Betons nicht direkt beeinflußt. Sie ist nur bei porösen Zuschlägen von Bedeutung.

Kernwasser → Kernfeuchte.

Kesselschlacke. Rückstand aus der Steinkohleverbrennung. → Zuschlag.

Kiefernwurzelharz → Vinsol-Resin.

Kies. Ungebrochener natürlicher Zuschlag mit dichtem Gefüge, Kleinstkorn = 4 mm.

Kiesabbrand. Das bei der Schwefelsäureproduktion nach dem Abbrennen des Pyrits zurückbleibende feste Produkt, das 57 − 63 % Eisen als Fe_2O_3 enthält. → Hydraulefaktoren.

Kiesbeton. Bezeichnung für Beton aus Sand und Kies. → Normalbeton. Der Ausdruck K. wurde meist verwendet, wenn ein Gegensatz zu einem anderen Beton − z.B. Splittbeton − hervorgehoben werden sollte.

Kiesnester. Hohlräume zwischen den gröberen Zuschlagkörnern, die nicht mit Zementleim oder Mörtel ausgefüllt sind. Ursache für die Entstehung von K. ist Entmischung, ungenügende Verdichtung oder zu grobe Kornzusammensetzung des Betons. K. beeinträchtigen die Festigkeit und Undurchlässigkeit des Betons. Auf Sichtbetonflächen sind sie außerdem als optischer Mangel einzustufen.

Kiessand. Natürliches Zuschlaggemisch aus Sand (0 bis 4 mm) und Kies (4 bis 32 mm).

Kies-Sand-Gemisch, intermittierend gestuftes. Kiese bzw. Sande nach Bodengruppen der DIN 18 196 mit treppenartig verlaufenden Körnungslinien infolge Fehlens eines Korngrößenbereichs oder mehrerer Korngrößenbereiche.

Kiestragschichten (im Straßenbau). Sie werden als 1. Tragschicht, z.B. Frostschutzschicht meist ungebunden, und als 2. Tragschicht, z.B. Bodenverfestigung der Frostschutzschicht, im Oberbau einer Straßenbefestigung verwendet. Ungebunden wirken sie als kapillarbrechende Schicht auf frostgefährdetem Boden; gebunden werden sie durch die Verkehrserschütterungen und Witterungseinflüsse nicht umgelagert. Ihre Aufgabe ist es, Verkehrslasten aus der Decke aufzunehmen und so in den Unterbau bzw. Untergrund zu übertragen, daß dort keine Verformungen entstehen.

Kipptrommelmischer → Trommelmischer.

Kläranlage. Anlage zur Reinigung von kommunalen, gewerblichen oder industriellen Abwässern, die nach mechanischen, biologischen und chemisch-physikalischen Verfahren arbeitet. Sie be-

Knicksicherheit

steht aus mehreren Einzelbauwerken aus Stahlbeton, wobei jedes Bauwerk Teile der Gesamtreinigung übernimmt. So unterscheidet man Rechenanlage, Sandfang, Vorklärbecken, Belebungsbecken, Nachklärbecken, Schlammeindicker, Faulbehälter, Schlammentwässerungsanlage, Pumpwerke, Betriebsgebäude. Bei größeren Anschlußwerten und bei Gruppenkläranlagen wird häufig auch die Bezeichnung Klärwerk (KW) angewendet.

Kleben (von Beton). Verbinden eines Betonkörpers mit einem zweiten oder mit Bauteilen aus einem anderen Material (z.B. Stahl) mit Hilfe eines Klebstoffes. Die Festigkeit einer durch Verkleben hergestellten Verbindung hängt sowohl von den Grenzflächenkräften (Adhäsion) zwischen den zu verklebenden Bauteilen als auch von der inneren Festigkeit (Kohäsion) des Klebers ab. Im Betonbau werden als Kleber nahezu ausschließlich Zweikomponenten-Epoxidharze verwendet, die (im Unterschied zu den „Haftklebern") zu den sog. „Festklebern" zählen. Bei vorschriftsmäßiger Vorbereitung der Klebeflächen (Beton: gesandstrahlt, Stahl: entrostet nach Reinheitsgrad Sa 3) ist ein Festkleberfilm i.d.R. so fest am Untergrund verankert, daß eher einer der Werkstoffe reißt als die Klebung. Klebeverbindungen sind allerdings nur innerhalb bestimmter Grenzen temperaturbeständig. Insbesondere im Brandfall muß mit ihrem Versagen gerechnet werden.

Kleinstkorn. Untere Prüfkorngröße einer Korngruppe oder eines Zuschlaggemisches.

Kletterschalung. Schalung für ein im Grundriß im wesentlichen gleichbleibendes, turmartiges Gebäude, die in regelmäßigen Taktzeiten absatzweise nach oben gezogen wird. Grundelement der K. ist ein großflächiges Element, wie es als Wandschalung bekannt ist. Die zusätzliche Kletterausrüstung besteht aus einer Kletterkonsole, die im unteren Teil des Bauwerks verankert wird. Sie dient als Arbeitsbühne für das Ausrichten und Abstützen der Schalelemente. Darunter kann im Bedarfsfall eine Hängebühne für Nacharbeiten angeordnet werden. Typische Einsatzgebiete der K. sind z.B. Brückenpfeiler, Fahrstuhlschächte, Kamine, Kühltürme, Silobauten und andere turmartige Bauwerke.

Klinker → Portlandzementklinker.

Klinkermineralien
→ Portlandzementklinker.

Klinkerphasen. Bei der Zementherstellung wird das → Rohmaterial im Drehofen bis zur → Sinterung erhitzt. Dabei bilden sich neue Verbindungen, es entsteht der → Portlandzementklinker mit verschiedenen K.

Knicken. Bei hoher Belastung von schlanken Stützen besteht die Gefahr des K. Bei einer bestimmten Schlankheit muß nach DIN 1045, Teil 17, Abschnitt 4, der Knicksicherheitsnachweis geführt werden.

Knicksicherheit. Schlanke Stützen und dünnwandige Scheiben neigen bei hoher Belastung zum Ausknicken. DIN 1045 verlangt daher bei Druckgliedern den Nachweis der K.

Knotenausbildung

Phasen des Zementklinkers

Klinkerphasen	Chemische Formeln	Kurz-bezeichnung	Gehalt in Gew.-%	
Tricalciumsilicat (Alit)	$3\,CaO \cdot SiO_2$	C_3S	H M N	80 63 45
Dicalciumsilicat (Belit)	$2\,CaO \cdot SiO_2$	C_2S	H M N	32 16 0
Calciumaluminatferrit (Aluminatferrit)	$2\,CaO \cdot (Al_2O_3, Fe_2O_3)$	$C_2(A, F)$	H M N	14 8 4
Tricalciumaluminat (Aluminat)	$3\,CaO \cdot Al_2O_3$	C_3A	H M N	15 11 –
freies CaO	CaO		H M N	3 1 0,1
freies MgO (Periklas)	MgO		H M N	4,5 1,5 0,5

(H = Höchstwerte, M = Mittelwerte, N = Niedrigstwerte)

Knotenausbildung. Bei Fachwerkkonstruktionen bezeichnet man das Zusammenlaufen einzelner Stäbe als Knoten.

Köcherfundament. Spezielle Fundamentform, die zur Gründung von Fertigteilstützen dient. Es können Momente, Normal- und Querkräfte in den Baugrund übertragen werden. Hauptsächliche Verbreitung im Industriefertigteilbau, wobei das K. selbst in Ortbeton hergestellt wird.

Kochversuch. Prüfverfahren zur Feststellung der Raumbeständigkeit von Zement nach DIN 1164.

Kohäsion. 1. Zusammenhalt von Körpern durch zwischenmolekulare Kräfte. 2. Zusammenhalt bindiger Bodenteilchen. Da bindiger Boden kein Stützgerüst aus Körnern hat, beruht seine Tragfähigkeit im wesentlichen auf K. Sie ändert sich mit dem Wassergehalt des Bodens.

Kohlensäure → Stoffe, betonangreifende.

Kondenswasserbildung. Feuchtigkeitsniederschlag infolge Abkühlung der Luft auf oder unter ihren → Taupunkt.

Konsistenz. Maß für die Verarbeitbarkeit und Verdichtbarkeit des → Frischbetons. Sie muß den baupraktischen Gegebenheiten angepaßt sein. Eine Unterteilung des Betons nach der K. in steif, plastisch, weich und fließfähig erfolgt durch die Definition von → Konsistenzbereichen.

Konsistenzprüfverfahren

Konsistenzbereiche. Sie definieren die Grenzen, in denen das → Konsistenzmaß variieren darf. Das Konsistenzmaß wird mittels → Konsistenzprüfverfahren ermittelt. DIN 1045 unterscheidet 4 K. (KS, KP, KR, KF) mit den dazugehörigen Konsistenzmaßen (→ Ausbreitmaß, → Verdichtungsmaß). Euro-Norm EN 206 unterscheidet vier → Konsistenzklassen.

EN 206 anerkennt folgendes K.: Setzmaß (Slump-Test) in Millimeter, Setzzeitmaß (Vebe-Grad) in Sek., Verdichtungsmaß als Verhältniswert, Ausbreitmaß in Millimeter.

Konsistenzprüfverfahren. Methoden, mit denen das Konsistenzmaß ermittelt werden kann. Hierzu gehören:

Ausbreitversuch − → Ausbreitmaß,

Konsistenzbereiche und Verdichtungsart des Frischbetons

Konsistenz-bereich	Eigen-schaften des Frisch-betons beim Schütten	Verdichtungsmaß		Ausbreit-maß	Verdichtungsart des Frischbetons
		mittleres Abstichmaß [cm]	V [−]	[cm]	
KS (steif)	noch lose	≥ 6,6	≥ 1,20	−	kräftig wirkende Rüttler und/oder kräftiges Stampfen in dünner Schüttlage
KP (plastisch)	schollig bis knapp zusammen-hängend	6,5−2,8[1]	1,19−1,08[1]	35−41	Rütteln
KR (weich)	schwach fließend	2,7−0,6[1]	1,07−1,02[1]	42−48	leichtes Rütteln oder Stochern
KF[2] (fließfähig)	gut fließend			49−60	„Entlüften" durch Stochern, leichtes Rütteln

[1] vorzugsweise für Beton mit gebrochenem Zuschlag
[2] darf nur durch Fließmittelzugabe hergestellt werden

Konsistenzklasse. Begriff der Euro-Norm EN 206. Zuordnung der → Konsistenz nach den → Konsistenzprüfverfahren in die Klassen Slump-Kl., Vebe-Kl., Verdichtungsmaß-Kl., Ausbreit-Kl. mit den dazugehörigen Konsistenzmaßen.

Konsistenzmaß. Die physikalische Größe, die mittels → Konsistenzprüfverfahren gemessen wird. Die Euro-Norm

Eindringversuch − → Eindringmaß,
Rohrversuch nach NYCANDER − Maß der Fließfähigkeit,
→ Verformungsversuch nach POWERS − Maß der Verformbarkeit,
→ Setzzeitversuch (Vebe-Grad) − Konsistenzmaß in Sek.,
→ Slump-Test (Trichterversuch) − → Setzmaß,
→ Verdichtungsversuch nach WALZ − → Verdichtungsmaß.

Konstruktionselemente

Konstruktionselemente. Typische Bestandteile der → Montagebauweise mit → Fertigteilen. Sie werden im allgemeinen → Hochbau, insbesondere aber im → Industriebau eingesetzt. Im → Skelettbau gibt es Elemente für tragende und stützende Funktionen, wie z.B. Pfetten, Binder, → Balken, Unterzüge, Riegel, → Rahmen, → Stützen und → Fundamente. Flächentragwerke kombinieren tragende, stützende und raumabschließende Funktionen. Die K. reichen von einfachen Wand-, Dach- und → Deckenplatten über → Faltwerke bis hin zu komplizierten → Schalen.

Konstruktionsfugen. Konstruktionsbedingte und/oder geplante Fugen, z.B. zwischen Fertigteilen, in Fassaden. → Fugen.

Konstruktionsleichtbeton. Beton für Konstruktionen, bei denen hohe Beton-

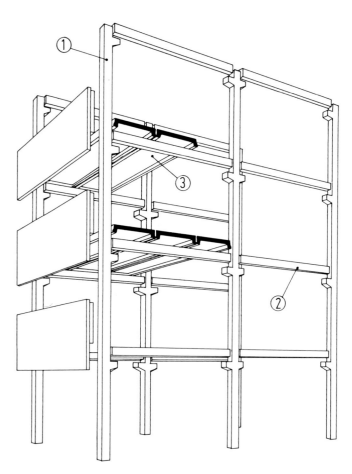

Skelettkonstruktion

① *Ungestoßene Stützen*
② *Unterzüge*
③ *Deckenelemente*

Die Wandelemente können als Vorhang-Wände ohne Tragwirkung ausgebildet werden.

Korngrößenverteilung

festigkeiten erforderlich sind und ein geringes Eigengewicht wünschenswert ist. → Leichtbeton, gefügedichter, → Stahlleichtbeton.

Kontraktorverfahren. → Contractorverfahren.

Kontrolle → Güteüberwachung (von Beton).

Kontrollprüfungen. Prüfungen des Auftraggebers, um festzustellen, ob die Güteeigenschaften der Baustoffe, des Betons bzw. der Baustoffgemische und der fertigen Leistung den vertraglichen Anforderungen entsprechen. Ihre Ergebnisse werden der Abnahme und Abrechnung zugrunde gelegt. Die Kosten der K. trägt der Auftraggeber.

Koppelfugen. Sie werden beim → Spannbetonbau notwendig, wenn das Bauteil in mehreren Abschnitten erstellt werden muß, wie z.B. im Brückenbau. An den K. werden die einzelnen Bauteile aneinandergekoppelt und die Spannglieder, je nach Spannverfahren unterschiedlich, miteinander verbunden, z.B. verschraubt.

Kornaufbau → Kornzusammensetzung.

Korndichte. Die Masse (das Gewicht) eines Korns bezogen auf sein Volumen ohne → Eigenporen in kg/dm^3.

Korndurchmesser → Korngröße.

Kornfestigkeit. Natürlich entstandener → Sand und → Kies und daraus gewonnener → Zuschlag sind wegen der vorausgegangenen aussondernden Beanspruchung durch die Natur i.a. so fest, daß sie für die Herstellung von Betonen üblicher Festigkeitsklassen verwendet werden können. Die K. (Druckfestigkeit) gebräuchlicher Zuschläge liegt zwischen 150 − 300 N/mm^2.

Kornform. Die Form der Zuschlagkörner soll möglichst gedrungen sein, da sich Beton mit solchen Körnern besser verarbeiten und verdichten läßt und einen kleineren → Wasser- und Zementleimanspruch hat, als Beton mit anders geformten Zuschlagkörnern. Der Anteil ungünstig geformter (Verhältnis Länge zur Breite größer als 3:1) Körner im Zuschlag über 4 mm soll nicht mehr als 50 M.-% betragen. → Kornformschieblehre.

Kornformschieblehre. Gerät, mit dem bei mineralischen Straßenbaustoffen das Verhältnis zwischen Korndicke und -länge gemessen werden kann.

Korngemisch. Ein Gemenge von vielen, meist verschieden großen und unterschiedlich geformten Einzelkörnern.

Korngröße. Nennweite einer Sieböffnung in mm, durch die ein Korn gerade noch hindurchgeht. → Prüfkorngröße.

Korngrößenverteilung (des Zements, Kornverteilung). Sie beeinflußt Zementeigenschaften wie Wasseranspruch, Verarbeitbarkeit, Festigkeit und Dichtigkeit. Sie kann mit einem Laser-Granulometer ermittelt werden und als Korngrößensummenlinie in einem Diagramm aufgetragen werden. Der Anstieg der Geraden läßt sich durch Änderung

Korngruppe

des Mahlprozesses sowie Art und Menge der mineralischen Zumahlstoffe (z. B. Kalkstein) beeinflussen. Eine enge K. von Portlandzementen gleicher Mahlfeinheit ergibt höhere Festigkeiten, bedingt aber gleichzeitig einen höheren Wasseranspruch zur Erzielung der Normsteife.

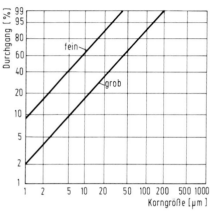

Korngrößen-Summenlinien von feinem und grobem Zement

Korngruppen nach DIN 4226

	Korngruppe	
	Zuschlag mit	
	dichtem Gefüge	porigem Gefüge
getrennte Korngruppen	0/1	–
	0/2 a	0/2
	0/2 b	–
	0/4 a	0/4
	0/4 b	–
Mischkies	0/8	0/8
	0/16	0/16
	0/32	0/25
	0/63	–
getrennte Korngruppen	1/2	–
	1/4	–
	2/4	2/4
	2/8	2/8
	2/16	–
	4/8	4/8
	4/16	4/16
	4/32	–
	8/16	8/16
	8/32	8/25
	16/32	16/32
	32/63	–

Korngruppe (Lieferkörnung). Durch eine untere und obere Siebweite begrenztes Korngemisch. Betonzuschlag wird nach DIN 4226 in K. eingeteilt, die durch Prüfkorngrößen in mm begrenzt werden.

Kornklasse. Alle Korngrößen zwischen zwei benachbarten Prüfkorngrößen. Sie wird durch die untere und obere Prüfkorngröße bezeichnet.

Kornporen. Bezeichnung für die in den einzelnen Zuschlagkörnern enthaltenen Poren im Gegensatz zu den → Haufwerksporen, wie man die Räume zwischen den Körnern im → Haufwerk bezeichnet.

Kornpotenz. Maßstab für die Siebrückstandsfläche eines Siebdiagramms nach STERN.

Kornrohdichte. Die Masse (das Gewicht) eines Korns bezogen auf sein Volumen einschließlich → Eigenporen in kg/dm^3. Für die Mischungsberechnung eines Betons ist die Kenntnis der K. des gesamten Zuschlags (evtl. für jede einzelne Korngruppe besonders) erforderlich.

Körnung. Gemenge von Körnern gleicher oder unterschiedlicher Korngröße (DIN 66 100).

Körnungsziffer (k-Wert). Kennwert für die Kornzusammensetzung und den

Wasserbedarf von Betonzuschlägen, ermittelt als Summe der Rückstände auf den Sieben des genormten Siebsatzes in %, dividiert durch 100. → F-Wert, → D-Summe.

Kornverteilung → Korngrößenverteilung.

Kornzusammensetzung. Anteile der Korngruppen nach Volumen oder Masse innerhalb eines Zuschlaggemischs. Die K. von Zuschlaggemischen wird durch → Sieblinien dargestellt. Soll die K., d.h. die Sieblinie, eines vorliegenden Korngemisches ermittelt werden, so ist es im vollständigen → Siebsatz in einzelne Kornanteile zu trennen. In DIN 1045 sind für Korngemische mit Größtkorn 8 mm, 16 mm, 32 mm und 63 mm → Regelsieblinien angegeben.

Kornzusammensetzung, stetige → Regelsieblinie, Sieblinien.

Kornzusammensetzung, unstetige → Ausfallkörnung.

Körperschallübertragung. Werden Bauteile unmittelbar, etwa durch Klopfen mit einem Hammer, in Biegeschwingungen versetzt, die wiederum zu Schwingungen der Luftteilchen im Nachbarraum führen, so nennt man diesen Vorgang K.

Korrosion. Von der Oberfläche ausgehende Veränderungen an Metallen, aber auch an Kunststoffen, Beton und anderen Werkstoffen, die durch chemischen oder elektro-chemischen, auch witterungsbedingten Angriff hervorgerufen werden und nach längerer unbehinderter

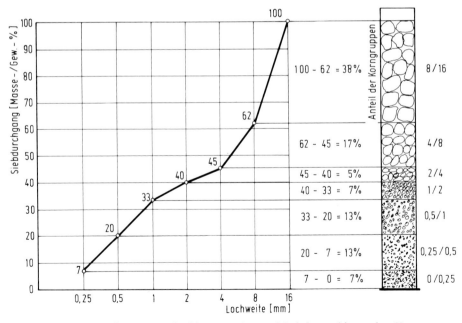

Sieblinie eines Korngemisches mit einem Größtkorn von 16 mm und Aufteilung auf die einzelnen Korngruppen

Korrosionsschutz

Einwirkung zur völligen Zerstörung führen können. Bei bewehrtem Beton spielt die K. der Stahleinlagen und der Schutz, den der Beton diesen Einlagen bietet, eine wichtige Rolle. Ist durch die oberflächennahe Schicht Luft und damit Kohlendioxid eingedrungen, so reagiert dieses mit dem → Kalkhydrat des Zementsteins zu Kalk ($CaCO_3$), wobei das stark alkalische Milieu und damit der → passive Korrosionsschutz erheblich reduziert wird. Bei Zutritt von Feuchtigkeit bzw. Wasser korrodiert die Bewehrung. → Instandsetzen, → Korrosionsschutz.

Korrosionsschutz. Mit K. bezeichnet man einerseits den Schutz, den der im Beton enthaltene Zement dem Bewehrungsstahl gegen Rosten gewährt (Rostschutz), andererseits aber auch den Schutz des Betons selbst gegen zerstörende Einflüsse. Die wichtigste Maßnahme zum K. ist die Herstellung eines dichten, undurchlässigen Betons. Gegen Frost und chemische Einwirkungen, besonders der → Tausalze, schützen künstlich eingeführte → Luftporen. Gegen → Sulfatangriff werden Zemente mit hohem Sulfatwiderstand verwendet. Gegen starke chemische Angriffe werden → Schutzanstriche angewendet.

Korrosionsschutz, passiver. Die Tatsache, daß → Betonstahl bei genügender → Betondeckung infolge des Kalkhydrates im Zementstein „automatisch" einen jahrzehntelangen → Korrosionsschutz besitzt.

Kragbalken (Kragträger, Freiträger). Einseitig eingespannte Träger, die zu den statisch bestimmten Systemen gehören.

Kennzeichnend für diese Trägerart sind die negativen Momente im Kragarm, die im Stahlbetonbau zu einer obenliegenden → Bewehrung führen.

Kragträger → Kragbalken.

Krakelee-Risse. Auf den Oberflächenbereich beschränkte Schwindrisse (→ Frühschwindrisse) geringer Tiefe, die nach den zufälligen Glasurrissen bei Keramik benannt sind. Sie sind u. a. bei → Leichtbeton anzutreffen.

Kratzputz → Putzweisen.

Kreiden. Das Ablösen von Pigmenten und Füllstoffen, die infolge Abbau des Bindemittels an der Oberfläche einer Beschichtung freigelegt werden.

Kriechdehnung. Dehnung infolge → Kriechen.

Kriechen. Zeitabhängige Zunahme der Verformungen unter gleichbleibender Last. Das K. des Betons hängt vor allem von der Feuchte der umgebenden Luft, den Maßen des Bauteiles und der Zusammensetzung des Betons ab. Es wird außerdem vom Erhärtungsgrad des Betons bei Belastungsbeginn und von der Dauer und der Größe der Beanspruchung beeinflußt. Beim Bemessen von Spannbetonbauteilen muß es entsprechend DIN 4227, Teil 1, berücksichtigt werden.

Kriechmaß → Kriechzahl.

Kriechzahl. Wert zur Ermittlung des durch das → Kriechen ausgelösten Verformungszuwachses.

Kröneln. Art der → steinmetzmäßigen Bearbeitung von Betonoberflächen, die mit dem Krönelhammer, der aus mehreren nebeneinanderliegenden Spitzeisen ungleicher Länge besteht, ausgeführt wird. Durch das K. wird die glatte Zementhaut der Oberfläche zerstört und die einzelnen Körner des Zuschlags werden zerbrochen. Die ganze Oberfläche erhält dadurch ein lebhaftes Aussehen.

Kübelverfahren. In den Niederlanden verbreitete Methode zur Einbringung von → Unterwasserbeton. Es bedingt die Verwendung eines Spezialkübels, in dem der einzubringende Frischbeton ohne Berührung mit dem umgebenden Wasser bis an die Einbaustelle gebracht werden kann. Erst dort wird der Auslauf geöffnet, und zwar so, daß der Beton stets direkt auf die Baugrubensohle oder auf den bereits vorhandenen Beton ausläuft. Öffnen und Schließen des Kübels sollten hydraulisch steuerbar sein.

Kübelverteiler (im Straßenbau). Erstes Gerät innerhalb eines schienengeführten → Deckenzuges, das den Frischbeton vom Transportfahrzeug übernimmt und auf der Tragschicht gleichmäßig verteilt. Man unterscheidet in → Frontbeschickung (von vorne) und → Seitenbeschickung.

Kugelschlaghammer. Gerät zur zerstörungsfreien Prüfung von → Festbeton. Es wird die plastische Verformbarkeit des Betons in oberflächennahen Schichten gemessen. Unter bestimmten Voraussetzungen kann auf die → Druckfestigkeit des Betons geschlossen werden. Ein Teil der Schlagenergie wird zur Erzeugung eines bleibenden Eindrucks in der Betonoberfläche verbraucht. Der Durchmesser dieses Eindrucks wird gemessen.

Kugelschlagprüfung. Zerstörungsfreies Prüfverfahren am → Festbeton mittels → Kugelschlaghammer. Gemessen wird der Durchmesser eines Kugeleindrucks, der Rückschlüsse auf das plastische Verhalten des Zementsteins in oberflächennahen Schichten zuläßt. Die Ergebnisse werden von Kornzusammensetzung, Größtkorn und Zementsteingehalt beeinflußt. Eine Abschätzung der Betondruckfestigkeit ohne Kenntnis der Betonzusammensetzung ist nicht genügend genau möglich. Festigkeitsänderungen innerhalb eines Bauteils sind jedoch gut feststellbar.

Kühlen (von Beton). Maßnahmen zur Herabsetzung der Betontemperatur bei massigen Betonbauteilen bzw. bei heißer Witterung z. B. durch Beschatten oder durch Berieseln der Grobzuschläge mit kühlem Wasser z. B. aus Tiefbrunnen oder Zugabe von Eissplittern oder Zufuhr von flüssigem Stickstoff.

Kühlzement. Ein nicht mehr hergestellter Zement, der nach dem Zementchemiker KÜHL benannt war. Das wesentliche Merkmal des K. war ein verminderter Kieselsäure- und erhöhter → Eisenoxidgehalt.

Kunstharzbeschichtungen → Beschichtungen, → Kunstharze.

Kunstharzbeton → Polymerbeton.

Kunstharze. Durch Polymerisation, Polyaddition oder Polykondensation gewonnene → Harze, die ggf. durch Natur-

Kunstharzmörtel

stoffe (fette Öle, Naturharze o. ä.) modifiziert sind. Unter K. versteht man auch durch chemische Umsetzungen (Veresterung, Verseifung) veränderte Naturharze. K. weisen eine weiche bis feste Beschaffenheit auf, schmelzen oder erweichen bei Erwärmen und sind in organischen Lösungsmitteln löslich. Im Gegensatz zu den Naturharzen kann ein großer Teil der K. („härtbare Harze") durch → Vernetzung in → Duromere übergeführt werden.

Kunstharzmörtel. Sie unterscheiden sich vom Kunstharzbeton (→ Polymerbeton) nur durch einen i.d.R. höheren Bindemittelgehalt und durch die Begrenzung des Korndurchmessers der Zuschläge auf max. 4 mm. Hauptanwendungsgebiet ist die Ausbesserung von Oberflächenschäden (→ Flickmörtel) sowie die Herstellung von Ausgleichsschichten.

Kunststein → Betonwerkstein.

Kunststoffbeschichtungen → Beschichtungen, → Kunststoffe.

Kunststoffdispersion. Feine Verteilung von Polymeren oder Kunstharzen in einer Flüssigkeit, meist Wasser. Eine K. liegt in handelsüblicher Form als stabiles, kolloidales System von meist milchigem Aussehen vor. Wässrige K. werden als Bindemittel für Anstriche als → Haftvermittler oder zur Modifikation von Zementmörteln eingesetzt.

Kunststoffe. 1911 geprägter Sammelbegriff für vorwiegend aus organischen Rohstoffen hergestellte makromolekulare Verbindungen mit typischen, bei natürlichen Stoffen meistens nicht gemeinsam anzutreffenden Eigenschaften. Aus der Sicht ihres temperaturabhängigen mechanischen Verhaltens werden die K. eingeteilt in → Duromere, → Elastomere und → Thermoplaste.

Kunststoff-Schalung. Die bekannteste K.-Sch. ist die → GfK-Schalung (→ Glasfaser-Kunststoffschalung). Daneben gibt es noch → Polysulfid-Schalungen, → Gummischalungen aus Polypropylen − Silikonkautschuk und → Polystyrolhartschaumschalungen. Als verlorene Schalung werden im Wasserbau Matten oder Matratzen aus Kunststoffgewebe, sog. Colcrete-Betonmatten zur Ufer- und Sohlenbefestigung verwendet. Nach Verlegung der Matten werden diese mit → Colcretebeton (-mörtel) verfüllt.

Küstenschutz. Wasserbauliche Maßnahmen zum Schutz der Meeresküsten gegen Zerstörung durch Hochwasser, Sturmfluten und Küstenerosion. Mittel des K. sind u. a. Landgewinnung, Erhaltung von Vorland, Dünen und vorgelagerten Inseln durch Deiche, Buhnen, Wellenbrecher, Sperrwerke und Deckwerke.

k-Wert (Körnungsziffer). Die Summe der in % angegebenen Rückstände auf den Sieben des vollständigen Siebsatzes (bis 63 mm) mit Ausnahme des 0,125-mm-Siebes geteilt durch 100. Je kleiner diese Körnungsziffer, um so sandreicher ist das Zuschlaggemisch und je größer ist der → Wasseranspruch. Der k-W. ist ein Maß im Siebliniendiagramm für die Fläche oberhalb der betreffenden → Sieblinie.

Längenänderung

L

Lage, profilgerechte (im Straßenbau). Vorgeschriebenes Längs- und Querprofil einer Fahrbahnbefestigung mit Angabe der zulässigen Abweichungen.

Lager. Im Bauwesen dienen L. zur möglichst zwängungsfreien Kräfteübertragung von einem Bauteil auf ein anderes. Es gelten die Festlegungen von DIN 4141, Teil 1. Nach der Funktion der Elemente unterscheidet man Rollenlager, Stelzenlager, Nadellager, Pendellager, Kugellager, Kipplager, Gleitlager, Topflager und Kalottenlager. Nach dem wesentlichen Werkstoff Stahllager, PTFE-L. (z. B. Teflonlager), Elastomerlager (Gummilager) und Bleilager. Ein wichtiges Anwendungsgebiet für L. ist der → Brückenbau. Die wichtigsten Lagerarten nach ihrer Gesamtfunktion sind:

– Feste L., die nur Verdrehungen (Rotation) erlauben,
– Bewegungslager (bewegliche L.), die Verschiebungen durch Rollen oder Gleiten ermöglichen,
– Verformungslager, die Verdrehungen und Verschiebungen durch Verformung des Lagermaterials ermöglichen,
– Führungslager, die als bewegliche L. zur ausschließlichen Aufnahme von Horizontalkräften dienen.

Lagerfugen. Horizontale Fugen im Mauerwerksbau.

Lagermatten. Betonstahlmatten mit bestimmten Abmessungen, die vom Hersteller für bestimmte Nennquerschnitte festgelegt sind und i.d.R. über Händlerlager zur Baustelle gelangen. Von allen deutschen Herstellern wird ein einheitliches Programm angeboten.

Längenänderung (Δl). Die L. eines Werkstoffes infolge Last- oder Temperatureinwirkung wird i.d.R. mit der Aus-

Baustahlgewebe® Lagermatten

Länge/Breite	Randeinsparung (Längsrichtung)	Matten-bezeichnung	Mattenaufbau in Längsrichtung/Querrichtung					Quer-schnitte längs/quer	Gewichte		
			Stab-abstände	Stabdurchmesser Innen-bereich	Rand-bereich	Anzahl der Längsrandstäbe links	rechts		je Matte	je m²	
m			mm	mm				cm²/m	kg		
5,00/2,15	ohne	Q 131	150 · 5,0 / 150 · 5,0					1,31/1,31	22,5	2,09	KARI® BSt 500/550 RK nach DIN 488
		Q 188	150 · 6,0 / 150 · 6,0					1,88/1,88	32,4	3,01	
	mit	Q 221	150 · 6,5 / 150 · 6,5	5,0	–	4 / 4		2,21/2,21	33,7	3,14	
		Q 257	150 · 7,0 / 150 · 7,0	5,0	–	4 / 4		2,57/2,57	38,2	3,55	
		Q 377	150 · 6,0d / 150 · 8,5	6,0	–	4 / 4		3,77/3,78	56,0	5,21	
6,00/2,15		Q 513	150 · 7,0d / 100 · 8,0	7,0	–	4 / 4		5,13/5,03	90,0	6,97	

Längsbewehrung

Baustahlgewebe® Lagermatten (Fortsetzung)

Länge / Breite	Randeinsparung (Längsrichtung)	Mattenbezeichnung	Mattenaufbau in Längsrichtung / Querrichtung					Querschnitte längs / quer	Gewichte je Matte	je m²	
			Stababstände	Stabdurchmesser Innenbereich	Randbereich	Anzahl der Längsrandstäbe links	rechts				
m			mm	mm				cm²/m	kg		
5,00 / 2,15	ohne	R 131	150 · 5,0 / 250 · 4,0					1,31 / 0,50	15,8	1,47	
		R 188	150 · 6,0 / 250 · 4,0					1,88 / 0,50	20,9	1,95	
	mit	R 221	150 · 6,5 / 250 · 4,0	5,0	−	2 /	2	2,21 / 0,50	21,6	2,01	KARI® BSt 500/550 RK nach DIN 488
		R 257	150 · 7,0 / 250 · 4,5	5,0	−	2 /	2	2,57 / 0,64	25,1	2,33	
		R 317	150 · 5,5d / 250 · 4,5	5,5	−	2 /	2	3,17 / 0,64	29,7	2,76	
		R 377	150 · 6,0d / 250 · 5,0	6,0	−	2 /	2	3,77 / 0,78	35,5	3,30	
		R 443	150 · 6,5d / 250 · 5,5	6,5	−	2 /	2	4,43 / 0,95	41,8	3,89	
		R 513	150 · 7,0d / 250 · 6,0	7,0	−	2 /	2	5,13 / 1,13	58,6	4,54	
		R 589	150 · 7,5d / 250 · 6,5	7,5	−	2 /	2	5,89 / 1,33	67,5	5,24	
6,00 / 2,15		K 664	100 · 6,5d / 250 · 6,5	6,5	−	4 /	4	6,64 / 1,33	69,6	5,39	
		K 770	100 · 7,0d / 250 · 7,0	7,0	−	4 /	4	7,70 / 1,54	80,8	6,27	
		K 884	100 · 7,5d / 250 · 7,5	7,5	−	4 /	4	8,84 / 1,77	92,9	7,20	
5,00 / 2,15	ohne	N 94	75 · 3,0 / 75 · 3,0					0,94 / 0,94	15,9	1,48	glatt
		N 141	50 · 3,0 / 50 · 3,0					1,41 / 1,41	23,7	2,20	

Der Gewichtsermittlung der Lagermatten liegen folgende Überstände zugrunde:
Q-Matte: Überstände längs: 100/100 mm   Überstände quer: 25/25 mm
R-Matte: Überstände längs: 125/125 mm   Überstände quer: 25/25 mm
K-Matte: Überstände längs: 125/125 mm   Überstände quer: 25/25 mm

gangslänge l_o verglichen. Meist wird die Dehnung $\varepsilon = \Delta l/l_o$ angegeben.

Längsbewehrung. → Bewehrung mit Betonstabstählen, die in Richtung der größten Bauteilabmessung eingelegt sind.

Längsfuge (im Straßenbau). → Preßoder → Scheinfuge in Fertigungsrichtung einer Betonfahrbahn. Decken in Straßenflächen von mehr als 4 m Breite erhalten eine, solche von mehr als 10 m Breite mind. zwei L. → Mittellängsfuge.

Lavaschlacke

Längsneigung (im Straßenbau). Neigung einer Fahrbahnfläche in Fahrtrichtung.

Langzeitverhalten → Dauerhaftigkeit.

Lärmschutzwände (im Straßenbau). Wandartige Baukörper, die zwischen Verkehrsweg und zu schützenden Bereichen angeordnet werden. Sie sollen die Lärmemission von Fahrzeugen auf Straße und Schiene von den Anwohnern durch Schallumlenkung bzw. Schallabsorption fernhalten. L. aus Beton bieten vielfältige Gestaltungsmöglichkeiten, haben eine hohe Alterungs- und Korrosionsbeständigkeit, sind widerstandsfähig gegen tierische und pflanzliche Einflüsse, Einwirkung von Tausalzen, mechanische Zerstörung, Feuereinwirkung und gegen Verformung infolge hoher Temperaturen.

Lasteintragung. Angriffsrichtung und die Angriffsfläche einer Last.

Laststeigerung. Bei der Prüfung der Druckfestigkeit von Beton an Probewürfeln wird in DIN 1048, Teil 1, Abschnitt 4.2.3 vorgeschrieben, daß die L. 0,5 N je mm^2 und Sek. betragen soll. Damit wird gewährleistet, daß repräsentative (vergleichbare) Prüfergebnisse erzielt werden.

Lasur. Anstrichstoff, der einen geringen Pigmentanteil und wenig oder keine Füllstoffe enthält und demgemäß in einem begrenzten Umfang lichtdurchlässig ist.

Latent-hydraulisch. Schlummernde → Hydraulizität, die erst bei Zugabe eines → Anregers geweckt wird bzw. technisch verwertbare Festigkeiten ergibt. Der für die Betontechnik wichtigste l.-h. Stoff ist → Hüttensand.

Latex. Natürliche Kautschuk-Emulsion, die beim Trocknen einen elastischen, wasserbeständigen, sauerstoffaufnehmenden Film bildet. In der Anstrichtechnik versteht man unter L.-Bindemitteln → Mischpolymerisate aus Butadien und Styrol o.a. Kunststoffrohstoffen in wässriger Dispersion. Dispersionsfarben aus copolymeren Acrylharzen, Vinylacetat, Vinylpropionat und anderen Vinylpolymerisaten werden von manchen Herstellern als Latexfarben bezeichnet. L.-Anstriche können bereits auf frischen Beton aufgebracht werden.

Lava. Ablagerung vulkanischen Ursprungs mit porigem Gefüge. Es handelt sich um an die Erdoberfläche gelangtes flüssiges Magma, das sich in der untersten Zone der Erdkruste befindet. In stark geblähter Form ist es als → Leichtzuschlag geeignet. → Lavaschlacke.

Lavaschlacke. Ein poriges vulkanisches Lockergestein, auch Lavakies oder Schaumlava genannt, kommt z.B. im Gebiet des Laacher Sees und in der Westeifel vor. Das Ursprungsmaterial (Magma) ist als dünnflüssige basaltische Schmelze aus Tiefen von 800 km bis 1250 km bis nahe der Erdoberfläche aufgestiegen. In der Schmelze enthaltene Gase und Dämpfe strömten hier explosionsartig in die Luft aus und rissen Teile der Schmelze mit. Diese kühlten dabei ab und verfestigten sich. Das Korn wurde also an der Luft gebildet und nahm dabei meist etwas bizarre Formen an. Die Farbe

Lavazement

ist rostbraun bis schwarz. Die Oberfläche ist offenporig und rauh wie bei gebrochenem Material. Die Poren sind überwiegend in sich geschlossene Einzelporen. Die Kornrohdichte beträgt je nach Korngröße 1,80−2,80 kg/dm³. Die Porosität ist sehr unterschiedlich. Die Schüttdichte schwankt zwischen 0,9 und 1,2 kg/dm³. Chemisch entspricht L. einem Basalt. → Lava.

Lavazement. Nicht genormter Zement aus Portlandzementklinker und Lavamehl.

Leca (Light Expanded Clay Aggregates). Handelsbezeichnung für → Blähtonmaterial.

Lehm. Natürliches Gemisch aus → Ton und feinsandigen bis kiesigen Bestandteilen. Verschiedene Färbung wird durch chemische Beimengungen bestimmt. Nach Ort und Art seiner Entstehung unterscheidet man z.B. Berg- und Gehängelehm, Geschiebe- und Schwemmlehm, Schlick-, Auelehm oder Lößlehm. Lehmhaltige Zuschläge unterbrechen den festen Verbund zwischen → Bindemittel und → Zuschlagkorn und führen beim Beton zu → Frostschäden bzw. zum → Rosten der Bewehrung. Sie schwinden stark beim Trocknen. Nach DIN 4226 gehört L. zu den abschlämmbaren → Bestandteilen des Zuschlags. Der Gehalt wird überschläglich durch den → Absetzversuch, genauer durch den → Auswaschversuch bestimmt.

Lehrgerüst. Bei der früher überwiegend angewandten Gewölbeform der Stein-, Beton- und Stahlbetonbrücken haben sich bestimmte Formen und Bauarten der

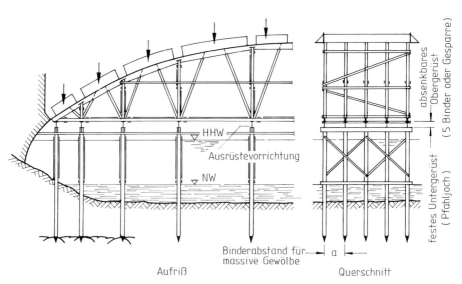

Grundform eines unterstützenden Lehrgerüstes

meist hölzernen L. entwickelt, die auch heute noch bei Bogenbrücken zur Anwendung kommen. Die Normalform eines derartigen L. gliedert sich in ein festes Untergerüst und ein absenkbares Obergerüst. Die Absenkvorrichtungen bestehen aus Hartholzkeilen, Sandtöpfen, Schraubspindeln oder hydraulischen Pressen und werden zwischen Ober- und Untergerüst angeordnet. In besonderen Fällen verwendet man freitragende L., bei denen das Untergerüst entfällt und das freitragende Obergerüst sich unmittelbar auf den Baugrund oder die vorher fertigzustellenden Auflager abstützt. Der aus dem Holzbau stammende Begriff L. wird immer mehr durch den Begriff → Traggerüst ersetzt.

Leichtbeton. Beton mit einer → Trockenrohdichte von höchstens $2,0 \text{ kg/dm}^3$. Das geringe Gewicht wird durch → porige Zuschläge und/oder durch die → Poren des Betongefüges erreicht. L. findet dort Anwendung, wo eine gute → Wärmedämmung und/oder ein geringes Gewicht erforderlich sind.

Leichtbeton, bewehrter → Stahlleichtbeton, → Leichtbeton, gefügedichter.

Leichtbetonblöcke. Mit porigen Leichtzuschlägen nach DIN 4226, Teil 2, hergestellter Beton wird zu L. mit haufwerksporigem Gefüge verarbeitet. Als Leichtzuschlag werden vor allem Naturbims, Lavaschlacke, Blähton und Blähschiefer, Hüttenbims und Ziegelsplitt verwendet. Loch- und Hohlblocksteine erhalten zusätzlich Hohlräume. Der Beton wird in Formen gepreßt und ggf. zur Erhärtung einer Wärmebehandlung unterzogen. Vollsteine haben eine Steinhöhe von 115 mm und Formate von 1 DF bis 10 DF (DF = Dünnformat: l/b/h = 240/115/52 mm). Vollblöcke haben eine Steinhöhe bis 238 mm und Formate bis 24 DF. Die Rohdichteklassen gehen von 0,5 bis $2,0 \text{ kg/dm}^3$ und die Druckfestigkeiten von 2 bis 10 N/mm^2. Für die Herstellung und Verwendung von L. gelten DIN 18 151, DIN 18 152 und DIN 18 153. → Beton-Bausteine.

Leichtbeton B I. Er umfaßt die Festigkeitsklassen LB 8, LB 10, LB 15 und LB 25. Anforderungen und Anwendung sind für die einzelnen → Leichtbeton-Festigkeitsklassen in DIN 4219 festgelegt.

Leichtbeton B II. Er umfaßt die Festigkeitsklassen LB 35, LB 45 und LB 55. Anforderungen und Anwendung sind für die einzelnen → Leichtbeton-Festigkeitsklassen in DIN 4219 festgelegt.

Leichtbeton-Festigkeitsklassen. Gefügedichter Leichtbeton wird in sieben Festigkeitsklassen (LB 8-LB 55) und zwei Betongruppen (B I/B II) eingeteilt. Ihre Anwendung ist in DIN 4219, Teil 1, festgelegt.

Leichtbeton, gefügedichter. Konstruktionsleichtbeton, der ganz oder teilweise mit porigem Zuschlag nach DIN 4226, Teil 2, hergestellt wird. Der Beton wird wie Normalbeton in sieben Festigkeitsklassen und zwei Gruppen (B I und B II) (→ Leichtbeton-Festigkeitsklassen) sowie zusätzlich in sechs Rohdichteklassen eingeteilt. Die Festigkeitsklasse LB 55 bedarf der bauaufsichtlichen Zulassung im Einzelfall. → Schwinden und

Leichtbeton, gefügedichter

Leichtbeton-Festigkeitsklassen und ihre Anwendung nach DIN 4219

Beton-gruppe	Festigkeits-klasse des Leichtbetons	Nennfestigkeit β_{WN} [N/mm²]	Serienfestigkeit β_{WS} [N/mm²]	Anwendung	
Leichtbeton B I	LB 8	8,0	11	Nur für unbewehrte Bauteile und bewehrte Wände	Nur bei vorwiegend ruhenden Lasten
	LB 10	10	13		
	LB 15	15	18	Unbew. Leichtbeton u. Stahlleichtbeton	
Leichtbeton B II	LB 25¹)	25	29	Unbewehrter Leichtbeton, Stahlleichtbeton und Spannleichtbeton	Auch bei nicht vorwiegend ruhenden Lasten
	LB 35	35	39		
	LB 45	45	49		
	LB 55²)	55	59		

¹) Als Spannleichtbeton unter den Bedingungen für Beton B II.
²) Zustimung im Einzelfall oder Zulassung entsprechend den bauaufsichtlichen Vorschriften erforderlich.

Rohdichteklassen von gefügedichtem Leichtbeton nach DIN 4219

Rohdichteklasse	Trockenrohdichte ϱ_{od} bei 105 °C nach 28 Tagen	Berechnungsgewicht	
		unbewehrt	bewehrt
	[kg/dm³]		
1,0	0,80...1,00	1,05	1,15
1,2	1,01...1,20	1,25	1,35
1,4	1,21...1,40	1,45	1,55
1,6	1,41...1,60	1,65	1,75
1,8	1,61...1,80	1,85	1,95
2,0	1,81...2,00	2,05	2,15

Festigkeitsklassen und Trockenrohdichte von gefügedichtem Leichtbeton nach DIN 4219

Festigkeitsklasse	Trockenrohdichte ϱ_{od}	
	mit Natursand	mit Leichtsand
	[kg/dm³]	
LB 8	–	ab ca. 0,95
LB 10	ab ca. 1,35	ab ca. 1,15
LB 15	ab ca. 1,45	ab ca. 1,25
LB 25	ab ca. 1,55	ab ca. 1,35
LB 35	ab ca. 1,65	ab ca. 1,45
LB 45	ab ca. 1,70	ab ca. 1,55
LB 55	ab ca. 1,75	–

Leichtbetonsteine

Kriechen sind etwa um 20 % höher alsbei Normalbeton, die Temperaturdehnzahl liegt zwischen 6 und 10 x 10^{-6} K^{-1}. Wasseraufnahme, Wasser- und Wasserdampfdurchlässigkeit sind etwa so groß wie bei Normalbeton. Der Feuerwiderstand ist wegen der höheren Wärmedämmung der Leichtzuschläge höher.

Leichtbeton, haufwerksporiger. Bei h.L. sind die Zuschlagkörner vom Zementleim bzw. -mörtel (steifplastische Konsistenz) umhüllt und berühren sich in dichtester Lagerung punktförmig. Anwendung: Mauersteine und Platten sowie nicht bewehrte Wände. Festigkeitsklassen LB 2 bis LB 8. Rohdichteklassen 1,0 bis 2,0 kg/m^3. Eventuelle Bewehrungsstäbe müssen mit Zementleim eingestrichen sein, Betondeckung > 5 cm.

Leichtbeton-Lochsteine → Leichtbetonsteine.

Leichtbeton-Mauerwerk → Leichtbetonsteine.

Leichtbetonsteine. → Beton-Bausteine, die aus → Leichtbeton mit → Leichtzuschlägen sowie aus → Gasbeton hergestellt werden. Sie werden (Gasbetonsteine ausgenommen) in den Festigkeitsklas-

Rechenwerte der Wärmeleitfähigkeit λ in W/m K für Mauerwerk[1]) aus Beton-Bausteinen

1	2	3	4	5	6	7	8
Rohdichte in kg/dm^3	Gasbeton nach DIN 4165	\multicolumn{4}{c}{Leichtbeton nach}		Beton nach DIN 18153
		\multicolumn{2}{c}{DIN 18151}	\multicolumn{2}{c}{DIN 18152}	DIN 18149	
	Blocksteine	\multicolumn{2}{c}{Hohlblocksteine}	Vollblöcke	Vollsteine	Lochsteine	Hohlblocksteine
		[2])	[3])				
0,50	0,22	0,30	0,30	0,30	0,33	–	–
0,60	0,24	0,33	0,35	0,33	0,35	0,35	–
0,70	0,27	0,36	0,40	0,36	0,38	0,40	–
0,80	0,29	0,40	0,47	0,40	0,41	0,47	–
0,90	–	0,45	0,56	0,44	0,44	0,56	–
1,00	–	0,52	0,65	0,47	0,47	0,65	–
1,20	–	0,61	0,77	0,52	0,52	0,77	
1,40	–	0,73	0,91	0,64	0,64	0,91	0,92
1,60	–	–	–	0,79	0,79	1,00	
1,80	–	–	–	0,88	0,88	–	
2,00	–	–	–	1,00	1,00	–	

[1]) Mauerwerk verlegt mit Normalmörtel nach DIN 1053 Teil 1, Tabelle 6.
  Bei Verwendung von Leichtmauermörtel können jeweils um etwa 0,08 W/m K niedrigere λ-Werte angesetzt werden.
[2]) Die Wärmeleitzahlen in Spalte 3 gelten für Mauerwerk aus
  Zwei-Kammer-Steinen der Breite (Wanddicke) ≦ 24 cm
  Drei-Kammer-Steinen der Breite (Wanddicke) ≦ 30 cm
  Vier-Kammer-Steinen der Breite (Wanddicke) ≦ 36,5 cm
[3]) Die Wärmeleitzahlen in Spalte 4 gelten für Mauerwerk aus
  Zwei-Kammer-Steinen der Breite (Wanddicke) = 30 cm
  Drei-Kammer-Steinen der Breite (Wanddicke) = 36,5 cm

Leichtbeton-Zuschlag

Bewertetes Schalldämm-Maß für einschaliges Mauerwerk

1	2	3	4	5	6	7	8
Stein-Rohdichte in kg/dm^3	Wand-Rohdichte in kg/m^3	Wandflächengewicht mit Putz[1]) in kg/m^2			Bewertetes Schalldämm-Maß R'$_w$[2]) in dB		
		bei Wanddicke in cm ohne Putz					
		24	30	36,5	24	30	36,5
0,80	870	259	311	367	48	50	52
0,90	960	280	338	400	49	51	53
1,00	1060	304	368	437	50	52	54
1,20	1260	352	428	510	52	54	57
1,40	1460	400	488	583	53	56	59
1,60	1630	441	539	645	55	57	60
1,80	1800	482	590	707	56	59	62
2,00	1970	523	641	769	57	60	64

[1]) Für Putz wurden dem Wandflächengewicht 50 kg/m^2 zugeschlagen.
[2]) Das in Spalten 6 bis 8 aufgeführte bewertete Schalldämm-Maß ergibt sich auf ganze Dezibel gerundet für die in Spalte 3 bis 5 angegebenen Wandflächengewichte aus der Bergerschen Kurve.

sen 2 – 12 N/mm^2 und mit → Rohdichten der Klassen 0,5 bis 2,0 hergestellt. Ihre bauphysikalischen Kennwerte können wie folgt zusammengefaßt werden:

Wärmeschutz:
Die Wärmeleitfähigkeit λ_R von genormten L. liegt je nach Zuschlag und Ausbildung zwischen 0,15 und 1,00 W/m K. L. mit bauaufsichtlicher Zulassung können wesentlich niedrigere Werte erreichen.

Schallschutz:
Die Schalldämmung einschaliger Wände hängt im wesentlichen von der Rohdichte, d.h. vom Flächengewicht der Wand ab. Die bewerteten Schalldämmaße R'$_w$ von beidseits geputzten Wänden müssen den Festlegungen der DIN 4109 entsprechen.

Feuchteschutz:
Mauerwerk aus L. ist durch niedrige Wasserdampfdiffusions-Widerstandszahlen (bei Rohdichten $\leq$ 1,4 ist μ = 5/10) und geringe Kapillarität gekennzeichnet (Wasseraufnahmekoeffizienten W = 1,8 – 2,4 kg/m^{2}h^{0,5})

Brandschutz:
Genormte L. sind in die Baustoffklasse A 1 (nicht brennbare Baustoffe) eingeordnet.

Leichtbeton-Zuschlag → Leichtzuschlag.

Leichtmauermörtel. Mörtel mit niedriger → Trockenrohdichte zur Verringerung der Wärmeleitfähigkeit und damit zur Verbesserung des Wärmedämmvermögens der Wand. L. enthält als Zuschlag → Leichtzuschläge nach DIN 4226, Teil 2 (→ Bims, → Blähton), besonders leichten mineralischen Zuschlag wie Blähglimmer und Blähperlite oder

Polystyrolperlen. L. bedürfen einer bauaufsichtlichen Zulassung. Sie werden i.a. als → Werkmörtel hergestellt. Bei ihrer Verwendung darf gemäß DIN 4108, Teil 4, die Wärmeleitfähigkeit des Mauerwerks um das sog. Verbesserungsmaß (i.a. $\Delta\lambda = 0,06$ W/mK) verringert, d.h. verbessert werden. Aus statischen Gründen ist jedoch der wärmeschutztechnisch günstige Einsatz von L. nur bei den Steinfestigkeitsklassen 2 und 4 ohne Abstufung möglich.

Leichtmörtel. Wärmedämmende Mörtel für Putze und Mauerwerk. Sie werden teilweise oder gänzlich mit leichten anorganischen (z.B. Perlite, Blähtongranulat) oder organischen (z.B. Styropor) Zuschlägen mit Gips-, Anhydrit-, Kalk- oder Zementbindung hergestellt. Auch werkmäßige Zumischung schäumender Stoffe ist möglich. Anforderungen an L. sind in DIN 1053 festgelegt. → Leichtmauermörtel.

Leichtsand. Ungebrochener und/oder gebrochener → Leichtzuschlag aus natürlichen und/oder künstlichen mineralischen Stoffen mit einem Größtkorn bis einschließlich 4 mm. → Leichtzuschlag, → Leichtbeton.

Leichtschalung. Schalungssystem, dessen einzelne Elemente so leicht sind, daß sie von Hand versetzt und montiert werden können.

Leichtspannbeton. → Spannbeton, dessen Rohdichte $\leq 2,0$ kg/dm³ beträgt. Als Zuschläge werden → Blähschiefer, → Blähton, → Hüttenbims und → Naturbims verwendet.

Leichtzuschlag. Gemenge (Haufwerk) von porigen Körnern mit niedriger Kornrohdichte. → Stahl-Leichtbeton ist immer ein → gefügedichter Beton, der unter ausschließlicher oder teilweiser Verwendung von L. hergestellt wird. Dieser muß DIN 4226, Teil 2 (Ausgabe April 1983), entsprechen. Wichtige Kenngrößen des L. sind die Schüttdichte und Kornrohdichte, die je nach den Korngrößen unterschiedlich sein können. Die Güteüberwachung bei der Zuschlagherstellung erfolgt i.d.R. durch die Güteüberwachungsgemeinschaft Leichtbetonzuschlag e.V., die ein Güteüberwachungszeichen verleiht. → Naturbims, → Blähschiefer, → Blähton, → Hüttenbims.

Leinöl. Zur Imprägnierung von Betonflächen im Straßenbau, die im Herbst hergestellt werden, nicht mehr austrocknen können und vor Frost-Tausalzschäden zu schützen sind, wird u.a. L. verwendet. Bei der Anwendung ist das „Merkblatt für die Unterhaltung und Instandsetzung von Fahrbahndecken aus Beton (MIB), Teil „Imprägnierungen" zu beachten.

Leitfähigkeit, elektrische. Bei Fußböden (→ Estrichen) in explosionsgefährdeten Räumen wird zur Verhinderung der Funkenbildung bei elektrostatischer Aufladung eine hohe e.L. gefordert. Nach DIN 51 953 darf der Ableitwiderstand (RA) nicht größer als 10^6 Ohm sein. Durch Zusatz von Ruß zum Beton kann der Ableitwiderstand entscheidend gesenkt werden (z.B. 3 Gew.-% Ruß bezogen auf den Zement).

Liapor

Liapor. Handelsbezeichnung eines → Blähtons für bewehrten und unbewehrten → Leichtbeton sowie → Spannleichtbeton aller → Festigkeitsklassen. Die Zuschlagkörner haben Kugelform und eine geschlossene, mäßigrauhe Oberfläche.

Lieferkörnung → Korngruppe.

Lieferschein. Jeder Lieferung von → Stahlbetonfertigteilen, → Transportbeton und den Ausgangsstoffen von → Beton (→ Zement, → Zuschlag, → Zusatzmittel usw.) ist ein numerierter L. beizugeben, der u. a. folgende Angaben enthalten muß: Herstellwerk, ggf. mit Angabe der fremdüberwachenden Stelle oder des → Überwachungszeichens/Gütezeichens, Tag der Lieferung und Empfänger der Lieferung. Weitere auf den jeweiligen Baustoff bezogene Angaben sind fast immer erforderlich und in den entsprechenden Normen und Richtlinien näher beschrieben. Jeder L. ist von einem Beauftragten des Herstellers und des Abnehmers zu unterschreiben und den Vorschriften entprechend aufzubewahren.

Lieferwerk → Transport-Betonwerk.

Light Expandes Clay Aggregates → Leca.

Liniendiagramm. Darstellungsform der → Bauzeitenplanung. Die Darstellung besteht aus zwei senkrecht zueinander stehenden Achsen, eine für den Weg, die andere für die Zeit, sowie aus Linien für die einzelnen Arbeiten oder Bauteile. Die Linien stellen den Zusammenhang zwischen Längen- und Zeitangabe her; ihre Neigung gegen die Zeitachse gibt die Geschwindigkeit des Baufortschritts an. Daher wird das L. auch als Zeit-Weg-Diagramm oder Geschwindigkeitsdiagramm bezeichnet. Arbeiten oder Bauteile, die an einem Ort (Station der Länge oder Höhe) auszuführen sind, werden als Balken wie im → Balkenplan dargestellt. L. eignen sich besonders für Bauprojekte mit einer ausgesprochenen Fertigungsrichtung, wie Straßen, Rohrleitungen oder Schornsteine und Türme.

Listenmatten. Betonstahlmatten, die der Konstrukteur je nach Bedarf und Notwendigkeit nach den Vorschriften der Herstellerfirma selbst konstruieren kann.

Lochsiebe. Siebbleche mit quadratischen Öffnungen nach DIN 4187. Seitenlänge der Öffnungen 4, 8, 16, 31,5, 63 oder 90 mm.

Lochsteine (Llb). In der Regel fünfseitig geschlossene → Beton-Bausteine aus → Leichtbeton im Einhandformat mit Lochungen senkrecht zur Lagerfläche. Die Normung dieser Steine wurde 1984 zurückgezogen.

Lochweite. Seitenlänge der quadratischen Öffnungen eines Blechsiebes in mm. → Siebsatz.

Löffelbinder. Nicht normgemäße Zemente, die schon während des Anrührens mit Wasser (z.B. im Labor mit einem „Löffel") unter deutlich spürbarer Wärmeentwicklung erstarren. Einsatz z.B. im Wasserbau für Abdichtungsarbeiten.

Luftgehaltsmessung

Loslänge (im Straßenbau). Bauabschnitt.

Lösungskalorimeter. Gerät zur Bestimmung der → Hydratationswärme von Zement. Das Prüfverfahren ist in DIN 1164, Teil 8, genormt. Gemessen wird die Lösungswärme der nicht hydratisierten sowie der bei 20 °C hydratisierten Zementprobe aus 150 g Zement mit 60 g destilliertem Wasser, Wasserzementwert w/z = 0,40.

Lösungsmittel. Flüssigkeiten oder Flüssigkeitsgemische, die ein → organisches Bindemittel ohne chemische Umsetzung zu lösen vermögen. Eingesetzt werden hierfür in erster Linie niedermolekulare Kohlenwasserstoffe wie Benzin, Alkohole, Aceton, Äther und Xylol. L. müssen nach der Verarbeitung des gelösten Anstrich- oder Beschichtungsstoffes aus diesem innerhalb praktikabler Zeiträume entweichen, damit es zur Trocknung bzw. Erhärtung kommt.

LP-Beton → Luftporenbeton.

LP-Topf. Luftporen-Meßtopf (Luftgehaltsprüfer) zum Messen des → Luftgehalts von → Frischbeton aus → Zuschlägen mit dichtem Gefüge nach dem → Druckausgleichsverfahren.

Luftfeuchte. Wasserdampfgehalt der Luft absolut in g/m³ oder relativ in %. → Luftfeuchte, relative.

Luftfeuchte, relative. Wasserdampfgehalt der Luft in % des → Sättigungsdampfgehaltes.

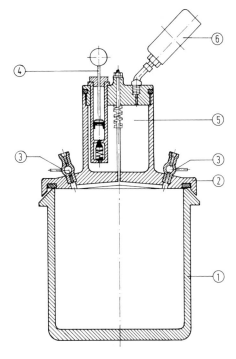

① Lp-Topf
② Deckel
③ Ventile
④ Luftpumpe
⑤ Druckkammer
⑥ Manometer

LP-Topf

Luftgehalt. Gesamtmenge der auch nach sorgfältiger → Verdichtung im Beton verbleibenden Luft. Sie setzt sich zusammen aus den → Verdichtungsporen und ggf. den durch luftporenbildende → Zusatzmittel erzeugten → Luftporen. Der L. wird in Vol.-% angegeben.

Luftgehaltsmessung. Verfahren zur Bestimmung des Luftgehalts im Beton. → Druckausgleichsverfahren, → Luftgehalt.

Luftporen

Luftporen. Sie werden durch luftporenbildende Zusatzmittel (→ Luftporenbildner) im → Frischbeton als Mikroporen erzeugt. Ihr Durchmesser sollte ≤ 0,3 mm sein. Jeder Punkt im → Zementstein sollte nicht weiter als 0,2 mm von der nächsten L. entfernt sein. → Abstandsfaktor, → Luftporengehalt, → Frost-Tausalz-Widerstand.

Luftporenbeton. Beton, der zur Verhinderung von Frost-Tausalzschäden eine bestimmte Menge an Mikroporen bestimmter Größe und definiertem Abstand besitzt. Die Mikroporen werden durch einen → Luftporenbildner erzeugt.

Luftporenbildner. Stoffe, die in den → Frischbeton eine große Anzahl sehr kleiner → Luftporen (Mikroporen) einführen. Die L. bestehen hauptsächlich aus wasserlöslichen Seifen bestimmter Harze und aus organischen synthetischen Stoffen. → Frost-Tausalz- Widerstand.

Luftporengehalt. Teil des → Luftgehalts, der durch luftporenbildende Zusatzmittel (→ Luftporenbildner) im Beton erzeugt wird und den → Frost-Tausalzwiderstand beeinflußt.

Luftgehalt im Frischbeton bei hohem Frost- und Tausalzwiderstand

Größtkorn des Zuschlaggemisches [mm]	Mittlerer Luftgehalt [Vol.-%][*]
8	mindestens 5,5
16	mindestens 4,5
32	mindestens 4,0
63	mindestens 3,5

[*] Einzelwerte dürfen diese Anforderung um höchstens 0,5% unterschreiten.

Luftporenmessung. 1. L. am → Frischbeton: Es werden zwei Proben genommen, wobei die eine luftporenbildende → Zusatzmittel enthält und die andere nicht. An beiden Proben wird der → Luftgehalt mittels → LP-Topf gemessen. Die Differenz aus beiden Messungen stellt den → Luftporengehalt dar. 2. L. am → Festbeton: Die durch luftporenbildende Zusatzmittel erzeugten Luftporen werden mikroskopisch ausgezählt.

Luftschallmessung. Bei der Messung von Decken und Wänden wird der Meßraum durch das zu prüfende Bauteil in zwei Teile getrennt. In einem der so entstandenen Teile wird eine definierte Schallquelle, im anderen Teil eine Empfangsapparatur installiert. Die Schallpegeldifferenz ergibt sich rechnerisch zu:
L1 − L2 = R − 10 lg(S/A)
R → Schalldämm-Maß
S Fläche des zu prüfenden Bauteils
A die Absorptionsfläche des „leiseren" Raumes.

Luftschallschutz. Wird in einem Raum, etwa durch Sprechen, sog. Luftschall erzeugt, dann versetzen die damit verbundenen periodischen Luftdruckschwankungen die Wände und Decken in Biegeschwingungen, die ihrerseits die Luftteilchen des Nachbarraumes zu Schwingungen, also zu Luftschall, anregen. Bei diesem Vorgang spricht man von Luftschallübertragung. Der Widerstand, den ein Bauteil dieser Übertragung entgegenstellt, ist der L.

Luftschallschutzmaß (LSM). In ein Diagramm werden über der Frequenz die zugehörigen → Schalldämm-Maße eingetragen. Der Verlauf der so entstande-

Magnesiatreiben

Schalldämm-Maß und Schallschutz-Maß

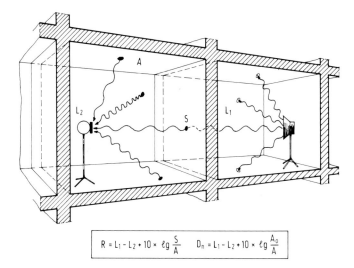

$$R = L_1 - L_2 + 10 \times \lg \frac{S}{A} \qquad D_n = L_1 - L_2 + 10 \times \lg \frac{A_0}{A}$$

nen Schalldämmkurve wird mit dem Verlauf der (in DIN 52 210 festgelegten) Bewertungskurve verglichen. Die Bewertungskurve wird bei diesem Vergleich in Ordinatenrichtung so lange verschoben, bis ihre Unterschreitung durch die Schalldämmkurve nicht mehr als 2 dB ausmacht. Den Betrag dieser Verschiebung nennt man L.

Luftschichtdicke, diffusionsäquivalente. → Diffusionswiderstand einzelner Bauteilschichten (Teildiffusionswiderstand).

L-Zement. Langsam erhärtender Zement nach DIN 1164.

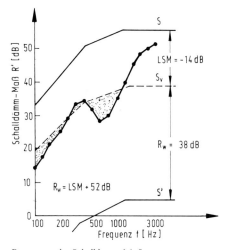

Bewertung des Schalldämm-Maßes

M

Magerbeton. Beton mit geringem Zementgehalt und demzufolge mit geringer Festigkeit. Er wird verwendet für → Sauberkeitsschichten, zum Ausgleichen von Unebenheiten im Untergrund, als Schutzschicht über/unter Dichtungen, Verfestigungen und Verfüllungen.

Magnesiatreiben. Volumenvergrößerung von Beton durch → Hydratation

Magnesiumoxid

von freiem Magnesiumoxyd (MgO, auch Magnesia genannt, → Periklas), das in den meisten Zementen in geringen Mengen enthalten ist. MgO vergrößert sein Volumen bei der Umwandlung in Mg(OH)$_2$ um mehr als das 2,2fache. Der Treibvorgang macht sich erst im Laufe von Jahren bemerkbar und kann durch die → Kochprobe nicht erkannt werden, sondern nur durch eine 3-stündige → Autoklavbehandlung (ASTM C 253-74). Das M. im Beton wird nach DIN 1164 durch Begrenzung des MgO-Gehaltes auf höchstens 5 Gew.-% bezogen auf den glühverlustfreien Portlandzementklinker vermieden; normgerechte Zemente weisen kein M. auf.

Magnesiumoxid (MgO). Nebenbestandteil des Portlandzementklinkers. → Periklas.

Mahlfeinheit. Die M. des Zements wird nach seiner spezifischen Oberfläche beurteilt und anhand von Luftdurchlässigkeitsmessungen in cm^2/g nach DIN 1164, Teil 4, berechnet. DIN 1164 fordert eine M. von wenigstens 2200 cm^2/g, in Sonderfällen darf sie auf 2000 cm^2 gesenkt werden. Eine obere Grenze ist nicht vorgeschrieben, da es hierfür keine zwingende technische Begründung gibt. Als mittlere M. gilt ein Bereich von 2800 bis 4000 cm^2/g. Zemente unter 2800 cm^2/g gelten als grob, solche mit über 4000 cm^2/g als fein und solche zwischen 5000 und 7000 cm^2/g als sehr fein. Feingemahlene Portlandzemente haben eine schnelle → Hydratation, sie weisen eine hohe Anfangsfestigkeit auf.

Mahlhilfen. Zusätze bei der Zementmahlung, um die Agglomeration des Mahlguts zu verhindern (→ Zementherstellung).

Mangel. Im Sinne der Instandhaltung Zustand einer Betrachtungseinheit (z. B. Bauwerk) vor der ersten Funktionserfüllung, bei dem mind. ein Merkmal fehlt, wodurch der Sollzustand nicht erreicht wurde. Unter der ersten Funktionserfüllung ist auch die Funktionserfüllung zu verstehen, die nach einer Instandsetzung erfolgt.

Mängel → Mangel.

Mantelbeton (im Wohnungsbau). Verfahren zum Bau von Wänden. Dabei werden Hohlsteine (aus Leichtbeton, Styropor o. a. Leichtmaterial) trocken aufeinandergeschichtet, so daß ein zweischaliger „Mantel" entsteht, der mit Beton ausgefüllt wird. Dieses Verfahren wird oft für Selbstbauer angeboten und dient zum Bau von Einfamilienhäusern, Garagen usw. Der M.-Stein dient als Schalung, Putzträger und zur Wärmedämmung. Installationen lassen sich leicht im Kern (vor dem Betonieren) oder in der weichen Mantelschale (nach dem Betonieren) unterbringen.

Maschensiebe. Drahtsiebe nach DIN 4188. Seitenlänge der quadratischen Öffnungen 0,125; 0,25; 0,5; 1 oder 2 mm. → Siebsatz.

Maschenweite. Seitenlänge der quadratischen Öffnungen eines Maschensiebes in mm. → Siebsatz.

Maschinenmischen. Beton muß i. d. R. mit geeigneten Mischern für Beton gemischt werden (→ Mischer für Beton).

Massivabsorber

Die zuvor abgemessenen Ausgangsstoffe für den Beton sind so lange miteinander zu mischen, bis ein gleichmäßiges Gemisch entstanden ist. Als ausreichend lange Mischzeiten gelten für Mischer mit besonders guter Mischwirkung wenigstens 30 Sek., für die übrigen Mischer wenigstens 60 Sek. Bei Zugabe von Betonzusätzen empfiehlt es sich, die Mischzeit wegen der geringen Zusatzmengen deutlich zu verlängern.

Maßabweichungen. Baustoffbezogene, zulässige M. sind bei den Genauigkeitsanforderungen der DIN 18 202 zu berücksichtigen. Die zulässigen M. für → Beton-Bausteine sind in den einzelnen Normen festgelegt und betragen im Mittel 3 bis 4 mm.

Maße (im Hochbau) → Bautoleranzen, → Maßordnung.

Maßeinheiten → SI-Einheiten.

Massenbeton. Beton für Bauteile mit Dicken über etwa 1 m. Die Druckfestigkeit spielt meist eine geringere Rolle als die Folgen der bei der Hydratation des Zements frei werdenden Wärme. Durch das langsame Abfließen der Wärme aus dem Inneren bildet sich ein Temperaturgefälle vom Kern zu den oberflächennahen Schichten. Der Beton im Kern will sich mehr ausdehnen als in den Randzonen, was nur mit unterschiedlichen Formänderungen möglich wäre. Es entstehen Eigenspannungen, im Kern Druck-, in der Randzone Zugspannungen. Beim Überschreiten der Zugfestigkeit treten → Schalenrisse auf. Betontechnologische Maßnahmen sind:

- Verwendung von Zementen mit niedriger Wärmeentwicklung (NW-Zemente),
- Kornaufbau mit möglichst geringem → Zementleimanspruch,
- großes Größtkorn des Zuschlags,
- niedrige Frischbetontemperatur ggf. durch Kühlen des Wassers und des Zuschlags (z. B. Zumischen von Eisschnee),
- Verwendung wassersparender Zusatzmittel (z. B. BV),
- Nachbehandlung zum Schutz vor schneller Austrocknung und Auskühlung.

Bautechnische Maßnahmen sind:

- Anordnung von Raumfugen (Dehnungsfugen) oder von Scheinfugen,
- Betonieren in kleineren Abschnitten bzw. Blöcken,
- Rohrinnenkühlung,
- Wärmedämmende Schalung (Holz).

Massenprozent. Prozentanteil bezogen auf das Gewicht des Stoffes.

Maßgenauigkeit (bei Sichtbeton). Verformungen der Schalung durch die Betonlast oder durch ungleichmäßiges Austrocknen dürfen bei Sichtbeton die Angaben der DIN 18 202, Maßtoleranzen im Hochbau, nicht überschreiten.

Massivabsorber. Bauteil aus Beton, das als Wärmeabsorber ausgebildet ist. Er ist Bestandteil einer Wärmepumpen-Heizanlage. Eine Wärmepumpe entzieht dem im Absorber zirkulierenden Flüssigkeitskreislauf Wärme. Dadurch kühlt sich dieser unter die Temperatur der Umgebung ab. Er nimmt so Umweltenergie auf: Aus der vorbeiströmenden Luft, aus den auftreffenden Niederschlägen sowie

Massivbau

aus der diffusen und direkten Sonneneinstrahlung. Einen weiteren Beitrag zur Energiegewinnung liefern Phasenumwandlungen von Wasserdampf in Wasser und Eis. Die bei einem niedrigen Temperaturniveau aus der Umgebung gewonnene Energie wird mittels der Wärmepumpe auf ein höheres Temperaturniveau angehoben und kann so für die Raumheizung bzw. Warmwasserbereitung verwertet werden.

Massivbau. Bauart, bei der als Hauptbaustoffe Beton, Stahlbeton, Natursteine, Mauerziegel und Kalksandsteine verwendet werden.

Massivdecken. Bauteile aus Beton oder Stahlbeton, teilweise auch aus Mauerwerk, die Räume mehr oder weniger waagerecht und eben nach oben abschließen. Neben dem M. gibt es z.B. Holz- und Stahldecken. Die volkswirtschaftliche Bedeutung massiver Decken ist bis heute ständig gestiegen. Vorteile sind: Gute Widerstandsfähigkeit gegen Feuer, Dauerhaftigkeit insbesondere gegenüber tierischen und pflanzlichen Schädlingen, Scheibenwirkung (→ Deckenscheibe), Verankerung und Aussteifung der Wände, Wirtschaftlichkeit. Nachteile können sein: Größeres Gewicht, feuchter Einbau, längere Erhärtungsdauer, Abhängigkeit des Einbaues von Witterung und Jahreszeit.

Maßnahmen, vorbeugende → Betonschutz.

Massivplatte. Flächiges Stahlbetonbauteil, das senkrecht zu seinen Hauptabmessungen belastet wird. → Deckenplatten.

Maßordnung. Für die Planung eines Rohbaus in → Mauerwerk ist die oktametrische M. im Hochbau nach DIN 4172 zugrunde zu legen. Ihre Rasterplanung beruht auf vier Reihen von Richtmaßen mit Maßsprüngen von

100 : 4 = 25,00 cm,
100 : 8 = 12,50 cm,
100 : 12 = 8,33 cm,
100 : 16 = 6,25 cm.

Die sich aus den genannten Maßsprüngen ergebenden Normzahlen sind Planungsmaße und heißen Richtmaße. Die tatsächlichen Maße, die auch in den Bauzeichnungen erscheinen, heißen Nennmaße. Im Mauerwerksbau unterscheiden sich Richtmaß und Nennmaß um die Dicke der Mörtelfugen (Stoßfugen = 10 mm, Lagerfugen = 12 mm). Neben der herkömmlichen M. besteht die international abgestimmte Modulordnung nach DIN 1800, die im Stahl- und Stahlbetonskelettbau bevorzugt wird. Ausgehend vom Grundmodul „M" mit der Größe 100 mm sollen bei der Planung für den Rohbau die „Multimodule" 3 M = 300 mm, 6 M = 600 mm und 12 M = 1.200 mm als Richtmaße im Raster angewendet werden.

Maßtoleranzen → Bautoleranzen.

Material, ungesiebtes. Natürliche Sande und Kiese sowie künstlich hergestellter Splitt.

Material, weitgestuftes. Zusammensetzung eines Materials, z.B. Kies, nach einer über mehrere → Korngrößenbereiche kontinuierlich verlaufenden → Körnungslinie.

Mauersteine

Matrix. Geschlossene zusammenhängende Phase in einem Mehrphasensystem. Zum Beispiel Zementleim oder Zementstein im Zweiphasenstoff Beton. Es kann auch Zuschlag bis 2 mm dazugerechnet werden.

Matten. Umgangssprachlich für → Betonstahlmatten.

Mauerbinder → Putz- und Mauerbinder.

Mauermörtel. Gemisch von → Bindemittel, → Zuschlag und Wasser, ggf. auch → Zusatzstoffen und → Zusatzmitteln. M. haben die Aufgabe, die Zwischenräume (Fugen) zwischen den → Mauersteinen auszufüllen und mit diesen das → Mauerwerk zu bilden, die Mauersteine kraftschlüssig zu verbinden und die auftretenden Spannungen aufzunehmen bzw. zu übertragen sowie einen ausreichenden Feuchtigkeits-, Schall- und Wärmeschutz im Fugenbereich zu gewährleisten. Als Bindemittel dürfen → Baukalke (DIN 1060), → Zemente (DIN 1164), → Mischbinder (DIN 4207) oder → Putz und Mauerbinder (DIN 4211) sowie bauaufsichtlich zugelassene Bindemittel verwendet werden. Die M. werden in → Mörtelgruppen eingeteilt und in DIN 1053 in bewährten Zusammensetzungen beschrieben. Für andere Mörtelzusammensetzungen müssen Eignungsprüfungen durchgeführt werden. Dabei muß die Mörteldruckfestigkeit Tabelle 7, DIN 1053, Blatt 1, entsprechen. Die Mörtel können als → Baustellenmörtel oder → Werkmörtel hergestellt werden.

Der Zuschlag muß Sand mineralischen Ursprungs entsprechend DIN 4226 sein.

Anforderungen an die Mörteldruckfestigkeit nach DIN 1053

	1	2	3
	Mörtelgruppe	\multicolumn{2}{c}{Druckfestigkeit in N/mm² nach 28 Tagen}
		Einzelwert	Mittelwert
1	I	–	–
2	II	≥ 2	$\geq 2{,}5$
3	IIa	≥ 4	≥ 5
4	III	≥ 8	≥ 10

Er soll gemischtkörnig sein und keine schädlichen Bestandteile (z. B. größere Mengen abschlämmbare oder organische Stoffe) enthalten. Zusatzstoffe (Traß, Gesteinsmehl) dürfen z. B. zur Verbesserung der Verarbeitbarkeit zugegeben werden, wenn sie DIN 4226 oder DIN 1060 bzw. DIN 51 043 entsprechen. Sie dürfen das → Erhärten des Bindemittels sowie die Festigkeit und die Beständigkeit des Mörtels nicht beeinträchtigen. Zusatzmittel beeinflussen die Mörteleigenschaften durch chemische und/oder physikalische Wirkung. Sie dürfen nur in geringer Menge zugegeben werden. Ihre Verwendung erfordert stets eine Eignungsprüfung. Bei Mauerwerk mit Bewehrung oder mit stählernen Verankerungen dürfen nur Betonzusatzmittel mit Prüfzeichen verwendet werden.

Mauersteine. Künstliche oder natürliche Steine, die mit → Mauermörtel verbunden ein → Mauerwerk ergeben. Natürliche Steine (Bruchsteine, Naturwerksteine) sind heute für die Herstellung von Mauerwerk im Hochbau bei uns ohne Bedeutung. Bei künstlichen M. unterscheidet man → Beton-Bausteine, Kalksandsteine und Mauerziegel. Von besonderer Bedeutung für ihre Verwen-

Mauersteine, kleinformatige

dung sind → Rohdichte, Festigkeit, Abmessungen und Stückgewicht. Genormte M. gibt es in den Rohdichteklassen 0,4 bis 2,2 kg/dm³ sowie in den Festigkeitsklassen 2 bis 60 N/mm².

Mauersteine, kleinformatige → Vollsteine.

Mauerwerk. Im Verband aufeinandergesetzte → Mauersteine, die i.d.R. mit → Mauermörtel kraftschlüssig untereinander verbunden sind. Die Bemessung und Ausführung von M. erfolgt entsprechend DIN 1053. Die Bemessung beruht auf einer Klassifizierung der Wände nach ihrer statischen Funktion in → Tragende Wände, → Aussteifende Wände und → Nichttragende Wände. Tabellarisch aufbereitete Konstruktionsregeln machen rechnerische Nachweise weitgehend entbehrlich. Die Bemessung des M. kann aber auch als M. nach Eignungsprüfung (EM) oder Rezeptmauerwerk (RM) erfolgen. Dies erfordert eingehendere Berechnungen, kann dafür aber zu wirtschaftlicheren Ergebnissen führen. Die Zuordnung von M. (EM) in Mauerwerkfestigkeitsklassen erfolgt aufgrund von Mauerwerksprüfungen nach DIN 18 534 und ist aus einem „Einstufungsschein" zu ersehen. Die Zuordnung von M. (RM) in Mauerfestigkeitsklassen ist von der Steinfestigkeitsklasse und der → Mörtelgruppe abhängig. Sonderformen des M. sind → Sichtmauerwerk, → zweischaliges M. und → bewehrtes M. Aus Kostengründen gewinnen M. mit → Dünnbettmörtel und → Trockenmauerwerk zunehmend an Bedeutung.

Mauerwerk, bewehrtes. → Mauerwerk nach DIN 1053, das durch Einlagen von horizontalen und/oder vertikalen Stahleinlagen größere Zugkräfte infolge Biegung aufnehmen kann. Die Dicke der Wände darf 11,5 cm, die Steinfestigkeitsklasse 15 N/mm² nicht unterschreiten. Die Bewehrungsstäbe müssen stets Endhaken erhalten und satt in Zementmörtel (→ Mörtelgruppe III) eingebettet werden.

Mauerwerk, einschaliges → Mauerwerk.

Mauerwerk, feuerfestes. In seiner Mindestdicke ist f.M. abhängig von der Funktion (tragendes Mauerwerk, nichttragendes Mauerwerk, s. Wände, tragende, nichttragende) und der erforderlichen Feuerwiderstandsklasse. Alle Steine, Mörtel und Betone aus mineralischen Bestandteilen zählen zur höchsten Baustoffklasse A 1 (nicht brennbare Baustoffe). Für nicht genormte → Beton-Bausteine sind die jeweiligen Zulassungsbestimmungen maßgebend.

Mauerwerksfestigkeitsklassen mit zugehörigen Steinfestigkeiten, Mörtelgruppen und Rechenwerten bei Rezeptmauerwerk nach DIN 1053, Teil 2, Anhang B (Auszug)

Mauerwerksfestigkeitsklasse M	Erforderliche Festigkeitsklasse der Steine bei Verwendung von Mörteln der Mörtelgruppe			Rechenwerte β_R
	IIa	III	IIIa	N/mm²
1,5	2	–	–	1,3
2,5	4	–	–	2,1
3,5	6	–	–	3,0
5	12	–	–	4,3
6	20	12	–	5,1
7	28	20	–	6,0
9	–	28	20	7,7
11	–	36	28	9,0

Mauerwerksspannungen → Wände, tragende.

Mauerwerk, zweischaliges. Mauerwerk, das aus zwei Schalen besteht, die unabhängig voneinander hochgeführt werden und entweder durch eine Luftschicht oder durch eine 2 cm dicke, später mit Mörtel vergossene Schalungsfuge getrennt sind. Z.M. mit Luftschicht für Außenmauerwerk bietet einen guten Schutz gegen Schlagregen und verhindert auch bei längeren Regenperioden ein Eindringen von Feuchtigkeit in die innere, also tragende und wärmedämmende Wandschale. Außen- und Innenschale können sich getrennt bewegen, sie sind lediglich durch Drahtanker (mind. fünf St. pro m²) miteinander verbunden. Die Außenschalen müssen oben und unten Lüftungsöffnungen haben (150 cm² auf 20 m² Wandfläche) und senkrecht verlaufende Dehnfugen erhalten. Die Mindestdicke der Innenschale ist nach Tabelle 8, DIN 1053, Blatt 1, anzunehmen, die Außenschale muß mind. 11,5 cm dick sein. Für die Luftschicht werden 6 cm Dicke empfohlen, bei gleichzeitiger Wärmedämmung auf der Innenschale 4 cm. Der Abstand zwischen den Mauerwerksschalen soll dann aber 12 cm nicht überschreiten. Die Außenschale wird üblicherweise in → Sichtmauerwerk ausgeführt.

Meerwasserbauten. Systematische Untersuchungen über das Verhalten von Beton in natürlichem Meerwasser zeigten, daß dichter Beton nach DIN 1045 im Meerwasser beständig ist. Zu seiner Herstellung können alle Zemente nach DIN 1164 verwendet werden. Voraussetzung für eine hohe Widerstandsfähigkeit sind ein ausreichend hoher → Zementgehalt, ein → w/z-Wert von weniger als 0,50, eine erhöhte Bewehrungsüberdeckung (i.d.R. mehr als 5 cm) und ein günstig aufgebautes Zuschlaggemisch.

Mehlkorn. Feinstkorn im Beton, bestehend aus Zement, Betonzuschlag bis 0,125 mm und ggf. → Betonzusatzstoffen. → Mehlkorngehalt, → Flugasche, → Gesteinsmehl.

Mindestdicken der Innenschale bei zweischaligem Mauerwerk für Außenwände nach DIN 1053

1	2	3
Anzahl der zulässigen Vollgeschosse einschließlich ausgebautem Dachgeschoß	bei Decken, die nur einschalige Querwände belasten (Schottenbauart) und bei Massivdecken mit ausreichender Querverteilung der Lasten, z. B. nach DIN 1045	bei allen übrigen Decken
1	2	11,5[1])	24
2	≧ 3	17,5	24

[1]) Höchste zulässige lotrechte Verkehrslast einschließlich Zuschlag für leichte Trennwände p = 275 kp/m² (2,75 kN/m²)

Mehlkorngehalt

Mehlkorngehalt. Die Menge des → Mehlkorns in 1 m³ Beton. Damit Beton gut verarbeitbar ist, ein geschlossenes Gefüge erhält und kein Wasser absondert, muß er eine gewisse Menge Mehlkorn enthalten. Ein ausreichender M. ist besonders wichtig bei Beton, der über längere Strecken oder in Rohrleitungen gefördert wird, bei Beton für dünnwandige, eng bewehrte Bauteile und bei wasserundurchlässigem Beton. DIN 1045 enthält höchstzulässige M. für Beton mit hohem Frostwiderstand, Beton mit hohem Frost- und Tausalzwiderstand, Beton mit hohem Verschleißwiderstand und Beton für Außenbauteile.

Mehrfeldträger → Durchlaufträger.

Mehrschichtensystem. Rechenmodell zur Spannungsberechnung von Betondecken im Straßenbau. Die Schichten sind der Untergrund, die Tragschicht und die darüber befindliche Decke. Letztere kann mit oder ohne Verbund auf der Tragschicht liegen.

Mehrschichtenplatten (Sperrholzplatten). Sie bestehen aus mehreren aufeinandergeleimten Holzschichten. Dabei verlaufen die Fasern der einzelnen Schichten rechtwinklig zueinander. Dadurch wird erreicht, daß sich die Platten praktisch nicht mehr ausdehnen oder zusammenziehen, da die sehr geringe Längenänderung in der Faserrichtung der einen Schicht die wesentlich größere Änderung quer zur Faser in der anderen Schicht behindert. Die Tragfähigkeit derartiger Sperrholzplatten ist erheblich größer als diejenige gewöhnlicher Platten. Sie werden häufig ohne Kanten- und Eckschutz hergestellt und verwendet, wodurch es ermöglicht wird, → Schalungen so anzufertigen, daß die Stöße der einzelnen Platten am fertigen Bauwerk kaum ins Auge fallen. M. werden als → Furnier- und → Tischlerplatten angeboten.

Melaminharze. Aus Melamin, einem sehr hoch schmelzenden weißen Kristallpulver, und Formaldehyd gebildete, zur Gruppe der Aminoharze gehörende härtbare Harze. M. werden u.a. zur Herstellung härtbarer Formmassen und Schichtpreßstoffe sowie als Lackharze verwendet. In der Betontechnologie finden wasserlösliche M. als verflüssigende Betonzusatzmittel (→ Fließmittel) Anwendung.

Mergel. Kalk- und tonhaltiges Gestein. Bezeichnung je nach überwiegendem Kalk- oder Tongehalt als Kalkmergel bzw. Tonmergel. Natürlicher Ausgangsstoff zur Herstellung von Portlandzementklinker.

Merkblätter. Sie enthalten wichtige (technische) Informationen in kurzgefaßter Form. Hierarchie technischer Regeln: 1. Gesetze, 2. Verordnungen, 3. Erlasse, 4. Normen und Richtlinien, 5. M.

Methacrylat. Polymerisationsprodukte der → Methacrylsäure und ihrer → Ester. Sie dienen u.a. als Rohstoff für schützende Betonanstriche und zeichnen sich durch besonders gute Witterungsbeständigkeit aus.

Methacrylsäure. Eine aus Aceton und Blausäure hergestellte Verbindung, die

Mischbinder

in dem Temperaturbereich zwischen +15 °C und +161 °C als unangenehm riechende Flüssigkeit vorliegt.

Milchsäure. Sie ensteht bei der Silage von Gärfutter und bildet mit dem Kalkhydrat des Zements wasserlösliche Salze, die stark betonangreifend wirken. Im landwirtschaftlichen Bauen kommt dem Schutz des Betons vor der M. somit große Bedeutung zu. Hierzu sind i.d.R. → Anstriche erforderlich.

Minderdicke (bei Betonfahrbahnen). Deckendicke, die unter der Solldicke abzüglich der zulässigen Toleranz liegt. M. führen nach ZTV Beton zu Abzügen vom Angebotspreis.

Mindestabmessungen (von Stahlbetonbauteilen). Die üblichen Toleranzen infolge Herstellungsungenauigkeiten usw. dürfen nicht überschritten werden. Um die M. einhalten zu können, sind bei der Herstellung entsprechende Zuschläge vorzusehen. Es sind gleichzeitig die Forderungen der Mindestbetondeckung der Bewehrung zu beachten. Die Werte müssen in jedem Fall eingehalten werden, auch wenn sie größere Querschnittsabmessungen ergeben als die vorgesehenen M.

Mindestbewehrung. Bewehrungsanteil in einem Querschnitt, der aus Gründen der Lastabtragung mind. notwendig ist (DIN 4227, Teil 1, Abschnitt 6.7).

Mindestdicke → Dicke.

Mindestzementgehalt. Mindestmenge an Zement in einem Kubikmeter Beton nach den Bestimmungen des Deutschen Ausschusses für Stahlbeton (u.a. erforderlich, um den Korrosionsschutz der Bewehrung sicherzustellen).

Mineralfarben. → Anstrichstoffe, die auf anorganischen Bindemitteln, wie z.B. Weißzement, Kalk oder Wasserglas basieren. Ihre Trocknung beruht auf einer chemischen Reaktion, wie z.B. der Carbonatisierung bei Kalkfarben. → Farbpigmente.

Mineralfasern → Faserbeton.

Mineralisierung → Holzbeton, → Holzwolle-Leichtbauplatten.

Mineralwolle. Wärmedämmstoff aus Mineralfasern. → Glaswolle.

Mischbauweise. Kombinierte Anwendung von Ortbeton und Fertigteilen, wobei in der Fuge Kräfte übertragen werden müssen. Die bekanntesten Beispiele sind dünne Deckenplatten, z.B. Kaiser-Decke, die die gesamte Bewehrung der Decke erhalten und auf der Baustelle durch eine Ortbeton-Druckschicht ergänzt werden. Verlegen der Feldbewehrung und der Schalung sind hier in einem Arbeitsgang zusammengefaßt. Ein anderes Beispiel ist das Verlegen von Unterzügen aus Fertigteilen, die später die Ortbetondecke tragen. Hierbei kann das aufwendige Schalen der Unterzüge entfallen.

Mischbinder. Bindemittel, die früher durch gemeinsames werkmäßiges Vermahlen von latent hydraulischen (z.B. Hüttensand) oder puzzolanischen (z.B. Traß) Stoffen und von Anregern (z.B. Portlandzementklinker) nach DIN 4207 hergestellt wurden. M. erhärtete — mit

225

Mischdauer

Wasser angemacht – sowohl an der Luft als auch unter Wasser und blieb unter Wasser fest. Die Norm-Druckfestigkeit nach 28 Tagen lag zwischen 15 N/mm² und 35 N/mm².

Mischdauer → Mischzeit.

Mischen (von Beton). Frischbeton entsteht durch das M. seiner Ausgangsstoffe. In der Regel und für Qualitätsbeton wird maschinell in Mischern gemischt. M. von Hand ist nur in Ausnahmefällen für Beton sehr niedriger Festigkeitsklassen bei geringen Mengen statthaft. Die Stoffe müssen solange gemischt werden, bis eine gleichmäßige Mischung entstanden ist. Das M. darf nur von erfahrenem Personal ausgeführt werden. Dem Mischerführer muß beim Zusammensetzen des Betons bei Baustellenbeton die Mischanweisung vorliegen; bei Transportbeton ist ein Lieferschein erforderlich.

Mischer (für Beton und Mörtel). Baustoffmaschine zur Herstellung von Beton und Mörtel mit hydraulischen Bindemitteln. M. mischen die zuvor abgemessenen Ausgangsstoffe zu einem Baustoffgemisch. Nach ihrer Arbeitsweise wird unterschieden in absatzweise arbeitende und stetig arbeitende M. Absatzweise arbeitende M. mischen das Mischgut in Arbeitsspielen; typische Bauarten sind → Trommelmischer, → Tellermischer und → Trogmischer. Bei stetig arbeitenden M. wird das Mischgut ununterbrochen unter ständigem Einfüllen der Ausgangsstoffe in das Mischgefäß und ständigem Entleeren des Mischgefäßes gemischt. Je nach Bauart werden diese M. als Trommeldurchlaufmischer oder Trogdurchlaufmischer bezeichnet. Größe, Leistung und Beurteilung der Mischwirkung sind in DIN 459, Teile 1 und 2, geregelt.

Mischerleistung. Wird als theoretischer Wert angegeben. Sie entspricht bei absatzweise arbeitenden Mischern dem Volumen des in einer Std. herstellbaren Frischbetons in verdichtetem Zustand (Produkt aus Nenninhalt des Mischers und der Spielzahl je Std.). Für stetig arbeitende Mischer wird die Leistung als Gewicht des in einer Std. herstellbaren Frischbetons angegeben; sie kennzeichnet auch gleichzeitig die Größe des stetig arbeitenden Mischers.

Mischfahrzeug. Der im Werk den einzelnen M. zugemessene Beton wird im M. während der Fahrt oder nach Eintreffen an der Verwendungsstelle ggf. unter Wasserzugabe gemischt. → Transportbeton, fahrzeuggemischter; → Transportbetonfahrzeuge.

Mischgeschwindigkeit → Mischer (für Beton und Mörtel).

Mischgut. Zu vermischende Ausgangsstoffe des Betons sowie das fertige Baustoffgemisch.

Mischkreuzverfahren. Methode, um → Korngruppen zu einem gewünschten Gemisch rechnerisch zusammenzusetzen. Das M. braucht als Hilfsgrößen die → k-Werte der vorhandenen Korngruppen und des gewünschten Gemischs.

Mischmaschinen → Mischer (für Beton und Mörtel).

Mischpolymerisat → Polymere.

Mischtafel. Sie enthält wesentliche Angaben für den herzustellenden Beton sowie die einzelnen Ausgangsstoffe und deren Zugabemassen je Mischerfüllung (Charge).

Mischturm. Betonbereitungsanlage, bei der die Lagerung der Betonausgangsstoffe in Hochsilos, die Abmeßvorrichtungen, der/die Betonmischer sowie Zwischensilos für den Frischbeton untereinander angeordnet sind. Wegen der hohen Investitionskosten eignen sich M. nur für stationäre Mischwerke, z.B. für Transportbetonwerke und für Großbaustellen, die längerfristig große Betonmengen und hohe Betoneinbauleistungen erfordern.

Mischungsberechnung. Das → Mischungsverhältnis eines Betons wird in vielen Fällen auf Grund von Erfahrungswerten bekannt sein oder kann Tabellen entnommen werden. Liegen keine Erfahrungen vor, ist für Beton B II stets, für Beton B I i.d.R. die Zusammensetzung durch Probemischungen bzw. → Eignungsprüfungen festzulegen. Die Zusammensetzung der Probemischung kann unter Zugrundelegung der gewünschten Betoneigenschaft durch sog. M. ermittelt werden. Dazu werden die → Stoffraumrechnung oder die → Zementleimdosierung angewendet.

Mischungsentwurf. Ermittlung der Mischungszusammensetzung entsprechend dem Nenninhalt des vorhandenen Mischers → Mischtafel.

Mittellängsfuge

Mischungsverhältnis (eines Mörtels oder Betons). Das Verhältnis von Bindemittel zu oberflächentrockenem Zuschlag zu Wasser. Es wird in Massenteilen angegeben, da damit die Anteile der einzelnen Komponenten genau festgelegt sind. MV = Zement/Zuschlag/Wasser = z/g/w. Die nachträgliche Bestimmung des M. am Frischbeton und von bereits erhärtetem Beton kann mit einer annähernden Genauigkeit von etwa ±10 % nach DIN 52 170 erfolgen.

Mischungszusammensetzung. Zement-, Wasser- und Zuschlagmengen zur Beschickung eines Mischers → Mischtafel.

Mischwerkzeuge → Tellermischer, → Trogmischer, → Trommelmischer.

Mischzeit. Zeit, die nach Zugabe aller Ausgangsstoffe in den Betonmischer bis zum Beginn des Entleerens vergeht. Die erforderliche M. für die Herstellung eines gleichmäßigen Gemisches hängt von der Mischwirkung des Mischers und der Betonzusammensetzung ab. Sie beträgt 30 Sek. bei Tellermischern, bis 60 Sek. und mehr bei Trommelmischern. Bei Fließbeton sind mehrere Min. nötig.

Mittellängsfuge (im Straßenbau). Die Längsfuge in Betonfahrbahnen, deren Breite größer als 4 m ist. Bei einer Breite der Betonfahrbahn von mehr als 10 m sind 2 Längsfugen vorzusehen. Die M. sind i.a. → Scheinfugen, die entweder sofort im Frischbeton oder durch Schneiden des Festbetons hergestellt werden.

Mittelstreifen

Mittelstreifen (im Straßenbau). Der Trennbereich zwischen zwei Richtungsfahrbahnen. Die Breite des M. ist bei Autobahnen i. a. 4 m.

Mittelwert, arithmetischer. Das arithmetische Mittel (allgemeine Abkürzung x, bei Betonfestigkeitsauswertungen β_w), auch Mittelwert genannt, gibt die mittlere Lage der Beobachtungswerte an. Das Mittel errechnet sich aus der Summe der gemessenen Werte, die durch die Anzahl der Messungen dividiert wird.

Mittelwert, statistischer. Wert, der eine statistische Reihe charakterisiert. Der Mittelwert für die → Druckfestigkeit β_{WM} jeder → Würfelserie wird auch mit → Serienfestigkeit β_{WS} bezeichnet.

Mixed in place (im Straßenbau). Herstellung einer Bodenverfestigung nach ZTVV-StB im → Baumischverfahren. (wörtl.: gemischt am Ort).

Mixed in plant (im Straßenbau). Herstellung eines Boden-Bindemittel-Gemisches nach ZTVV-StB oder ZTVT-StB in einer Mischanlage. (wörtl.: gemischt in der Anlage). → Zentralmischverfahren.

Modulordnung (im Bauwesen). DIN 18 100 regelt Einzelheiten einer Grundordnung, die im gesamten Bauwesen eine sinnvolle Rastereinteilung ermöglichen soll.

Moniereisen. Nach dem französischen Gärtner MONIER benannt. Veraltete Bezeichnung für → Betonstahl.

Monomere. Ungesättigte, niedermolekulare Verbindungen, die als Grundbausteine für Großmoleküle (→ Polymere) dienen.

Montagebau. Fertigteil-Bauweise, die besonders sorgfältige (ingenieurmäßige) Montagearbeit auf der Baustelle verlangt, z. B. → Großtafelbau oder → Skelettbau aus vorgefertigten Teilen. Die Montage schließt zusätzliche und temporäre Abstützungen zur Stabilisierung während der verschiedenen Bauzustände ein.

Montageeisen (Stäbe). Im allgemeinen gerade Längsstäbe zur Stabilisierung von Bewehrungskörben, z. B. in den Ecken von Bügeln.

Montagestahl → Montageeisen.

Montagestützen. Sie werden z. B. unter Stahlbetonfertigteilen eingesetzt, wenn diese durch Ortbeton ergänzt werden und die Tragfähigkeit der so zusammengesetzten Bauteile von der Festigkeitsentwicklung des Ortbetons abhängig ist. Als Anhaltswerte für die → Ausschalfristen gelten dieselben wie für → Hilfsstützen.

Moorwasser → Aggressivität von Böden.

Moräne. Gletschergeröll. Wird in Gebirgsgegenden manchmal als → Betonzuschlag verwendet.

Mörtel. Gemisch aus → Bindemittel, Sand und Wasser, das nach einer bestimmten Zeit erstarrt und erhärtet. M. dienen zum Verbinden von Mauerstei-

Mörtelliegezeit

nen (→ Mauermörtel), zum Verputzen von Bauteilen (→ Putzmörtel) oder zum Ausbessern von Oberflächen (→ Reparaturmörtel). M. geringer Rohdichte zur Verbesserung des Wärmedämmvermögens heißen → Leichtmauermörtel oder → Dämmputz.

Mörtelfestigkeit → Mörtelgruppen.

Mörtelfugen → Mauerwerk, Mauermörtel.

Mörtelgruppen. Entsprechend ihrer Zusammensetzung werden → Mauermörtel in verschiedene M. eingeteilt. Mörtel der Gruppe I ist nur für Wände zugelassen, die mind. 24 cm dick sind, und für Gebäude mit höchstens zwei Vollgeschossen, außerdem für alle unbelasteten Wände. Er darf nicht verwendet werden bei Gewölben, → bewehrtem Mauerwerk und Kellermauerwerk. Er besitzt heute praktisch keine Bedeutung mehr. Mörtel der Gruppen II und IIa eignen sich für alle belasteten Wände auch im Kellergeschoß, mit Ausnahme von bewehrtem Mauerwerk und Gewölben. Sie sind stets dann erforderlich, wenn das Mauerwerk frühzeitig belastet werden soll. Mörtel der Gruppe III ist für alle Wände mit Ausnahme von Außenschalen und Schalenfugen bei zweischaligem Mauerwerk verwendbar. Er wird vor allem bei höher belasteten Bauteilen, wie z. B. Pfeilern oder bei bewehrtem Mauerwerk eingesetzt. Mörtel der Gruppe IIIa findet bei Mauerwerk nach Eignungsprüfung (EM) entsprechend DIN 1053, Blatt 2, Anwendung. Mörtel der Gruppen II und IIa dürfen nicht gleichzeitig auf einer Baustelle verarbeitet werden.

Mörtelliegezeit. Zeit, die ein mit Wasser angemachter → Mörtel – nach vorher erfolgter trockener Mischung des Bindemittels (Baukalk) mit Sand – vor seiner Verarbeitung liegenbleiben muß. Die Zeitangabe ist der Verarbeitungsvorschrift des Lieferwerks zu entnehmen.

Einteilung der Mörtelgruppen nach ihrer Zusammensetzung in Gewichtsteilen

	1	2	3	4	5	6	7
	Mörtel-Gruppe	Luftkalk und Wasserkalk		Hydraul. Kalk	Hochhydr. Kalk, Putz- und Mauerbinder	Zement	Sand (Natursand)
		Kalkteig	Kalkhydrat				
1	I	1					4
2			1				3
3				1			3
4						1	4,5
5	II	1,5				1	8
6			2		.	1	8
7					1		3
8	IIa		1			1	6
9					2	1	8
10	III					1	4

Mörtelmischer

Mörtelmischer → Mischer (für Beton und Mörtel).

Mörtelsorten → Mörtelgruppen.

Müllschlacke → Müllverbrennungsasche.

Müllverbrennungsasche. Rückstände aus der Verbrennung von Hausmüll oder hausmüllähnlichen Gewerbeabfällen in Müllverbrennungsanlagen. Sie fällt im Verbrennungsraum und in den Kesselzügen der Müllverbrennungsanlage an. Nach Aufbereitung kann sie im Straßen- und Wegebau verwendet werden.

Multiplexschalung. → Furnierplattenschalung aus mind. fünf Lagen kreuzweise verleimter Furniere. Verwendung als selbsttragende Schalung oder als Vorsatzschalung. Die Wetterbeständigkeit wird durch beiderseitige Filmbeschichtung erreicht. Die somit nichtsaugende Schalung wird mit Öl, Wachsen, lufttrocknenden Lacken oder chemischen Trennmitteln vorbehandelt. Die Reinigung erfolgt mit Wasser und Schwamm. Bei sorgfältiger Behandlung lassen sich bis zu 100 Einsätze erzielen.

Musterrichtlinie → Mustervorschrift.

Mustersieblinien → Regelsieblinien.

Mustervorschrift (-richtlinie). Sie wird z.B. von der Arbeitsgemeinschaft der für Bau-, Wohnungs- und Siedlungswesen zuständigen Minister der Länder (ARGEBAU) herausgegeben und soll als Vorlage für regionale (untergeordnete) Vorschriften verwendet werden.

N

NABAU → Normenausschuß Bauwesen.

Nachbehandlung. Beton benötigt für den Erhärtungsvorgang ausreichend Feuchtigkeit. Darüber hinaus muß er im jungen Alter vor Schädigung durch Wärme, Kälte, Regen, Schnee, Wind (Austrocknen), fließendes Wasser, chemische Angriffe, Verschmutzungen, ferner gegen Schwingungen und Erschütterungen, sofern diese das Betongefüge lockern können, geschützt werden. Nach Umfang und Art der möglichen Einflüsse richten sich die Nachbehandlungsmaßnahmen. Zum Schutz gegen Austrocknen hat sich die trockene N. (ohne Wasserzufuhr) bewährt, z.B. durch Abdecken mit Folien, die bei Sichtbeton jedoch die Betonfläche nicht berühren sollen. Fremdwasser, hohe Luftfeuchtigkeit und wechselnde Temperaturen begünstigen die Entstehung von Ausblühungen besonders im Frühjahr und Herbst.

Nachbehandlungsfilm. Er wird erzeugt durch frühes, vollflächiges Aufsprühen von flüssigen → Nachbehandlungsmitteln. Dieser N. schützt den → jungen Beton gegen Austrocknen. Die Haftfestigkeit später aufzubringender Schichten kann durch ein Nachbehandlungsmittel beeinträchtigt werden.

Nachbehandlungsmittel. Flüssige Stoffe, die nach dem gleichmäßigen, möglichst maschinellen Aufsprühen auf die noch mattfeuchte Betonoberfläche

Nadelgerät

einen → Nachbehandlungsfilm bilden. Sie können sowohl Lösungen als auch Emulsionen sein, die ggf. pigmentiert sein können.

Nacherhärten. Auch nach dem 28. Tag erhärtet Beton weiter und wird dadurch fester, sofern er nicht vollständig austrocknet. Das Maß für dieses N. ist je nach Zement, Betonzusammensetzung und weiteren Einflußgrößen unterschiedlich. Die Festigkeit kann in besonderen Fällen auf Dauer gegenüber der 28-Tage-Festigkeit sogar den fünffachen Wert erreichen. Im allgemeinen ist das N. über Jahrzehnte weniger von praktischer Bedeutung. Dagegen kann die Festigkeitsentwicklung bis zu einem Alter von drei oder sechs Monaten, in besonderen Fällen sogar einem Jahr, bedeutsam sein. Bezogen auf die 28-Tage-Festigkeit ist mit einem um so größeren N. zu rechnen, je höher der Wasserzementwert und je niedriger die Lagerungstemperatur ist. Liegt der Wasserzementwert im üblichen Bereich von etwa 0,50 bis 0,70 und beträgt die ständige Lagerungstemperatur größenordnungsmäßig + 20 °C, so kann die Festigkeit von 180 Tage altem Beton aus verschiedenen → Zementfestigkeitsklassen bezogen auf die Festigkeit nach 28 Tagen zwischen 105 und 160 % liegen.

Nachlaufglätter → Glätter (im Straßenbau).

Nachnaßbehandlung (im Straßenbau). Feuchthalten einer fertigen Betonoberfläche durch Wasser. Nach ZTV Beton sind mind. drei Tage vorzusehen. → Nachbehandlung.

Nachverdichten (des Betons). Zusätzliche Maßnahme zur weiteren Gütesteigerung. Ohne → Erstarrungsverzögerer kann der Beton zwischen zwei und sieben Std. nach dem Mischen nachverdichtet werden. Schrumpf- und Setzrisse sowie Hohlräume unter waagerechten Bewehrungsstäben und groben Zuschlagkörnern werden geschlossen. Damit wird ein dichteres Betongefüge erreicht.

Nadel, Vicatsche → Nadelgerät (von VICAT).

Nadelgerät (von VICAT). Gerät zur Prüfung des Erstarrungsverhaltens von Zement (→ Erstarren). Es wurde von VICAT eingeführt und heißt daher auch Vicatsche Nadel.

Zementfestigkeitsklassen und Festigkeitsentwicklung

Zement-festigkeits-klasse	Festigkeit in % der 28-Tage-Druckfestigkeit nach				
	3 Tagen	7 Tagen	28 Tagen	90 Tagen	180 Tagen
Z 55, Z 45 F	70...80	80...90	100	100...105	105...110
Z 45 L, Z 35 F	50...60	65...80	100	105...115	110...120
Z 35 L	30...40	50...65	100	110...125	115...130
Z 25	20...30	40...55	100	115...140	130...160

Nagelfluh

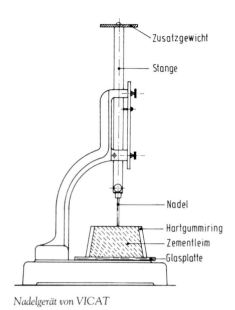

Nadelgerät von VICAT

Nagelfluh. Mit (häufig kalkigen) Bindemitteln zu einem druckfesten Konglomerat verklebte Gerölle („Naturbeton").

Naßmörtel → Werkmörtel.

Naßnachbehandlung. Feuchthalten einer Betonoberfläche durch Wasser, um eine günstige Erhärtung zu erreichen.

Naßsiebung. Absiebung von Zuschlagmaterial < 0,125 mm mit Hilfe eines Wasserstrahls.

Naßspritzverfahren. Verfahren zur Herstellung von → Spritzbeton, bei dem das Naßgemisch entweder im → Dünnstrom oder im → Dichtstrom gefördert wird. Der Beton wird im Mischer komplett vorbereitet (also mit Wasserzugabe) und durch Rohrleitungen oder Schläuche zur Einbaustelle gefördert.

Naßverfahren. Verfahrenstechnik zur → Zementherstellung, die früher bei sehr feuchtem Rohmaterial (Wassergehalt > 20 %) oder in der chemischen Zusammensetzung stark schwankender Vorkommen im Gegensatz zum → Trockenverfahren eingesetzt wurde. Beim N. wird das Rohmaterial unter Wasserzusatz zu Rohschlamm vermahlen, mit Rührwerken unter Einblasen von Luft homogenisiert und ungetrocknet (→ Granalien) oder teilentwässert („Halbnaßverfahren") im Drehofen zu Zementklinker gebrannt.

Natronlauge (NaOH) → Natronlaugeversuch.

Natronlaugeversuch. Versuch, der Hinweise auf das Vorhandensein von feinverteilten, das Erhärten störende, organische Stoffe im Zuschlag bis 8 mm gibt (DIN 4226). Bei der Untersuchung des Zuschlags mit Natronlauge ändert sich die Farbe der Flüssigkeit.

Naturbims. Feinporöses, schaumiges Auswurfgestein vulkanischen Ursprungs, das als Zuschlag für die → Leichtbetonherstellung verwendet wird. Das bekannteste deutsche Vorkommen befindet sich im Laacher-See-Gebiet des Neuwieder Beckens. → Leichtbetonsteine, → Leichtmauermörtel.

Naturzemente. Veraltete Bezeichnung für Zemente, die früher aus geeigneten stückigen Kalkmergeln, die bereits die Zusammensetzung einer guten Zementrohmasse aufwiesen, ohne Feinmahlung und Mischung im Schachtofen gebrannt wurden. Sie werden aufgrund der gestiegenen Qualitätsanforderungen in Deutschland nicht mehr hergestellt.

NA-Zement. Zement mit niedrigem wirksamen → Alkaligehalt. → Zementarten.

Na$_2$O-Äquivalent → Alkaligehalt.

Nennfestigkeit (ß$_{WN}$). → Mindestdruckfestigkeit in N/mm^2, die jeder Betonwürfel einer → Serie von drei zeitlich aufeinanderfolgenden Würfeln erreichen muß. Aus der N. wird die Rechenfestigkeit abgeleitet, die die Grundlage für die Bemessung der → Stahlbetonbauteile und → Spannbetonbauteile ist. Die N. darf bei einer großen Anzahl von Prüfungen nur von höchstens 5 % der Würfel unterschritten werden. → Festigkeitsklassen.

Nenninhalt. Angabe für die Größe eines absatzweise arbeitenden Mischers für Beton und Mörtel. Der N. entspricht dem Volumen der mit einem Arbeitsspiel herstellbaren Frischbetonmenge in verdichtetem Zustand (Verdichtungsmaß 1,45).

Neopren. Handelsname für den synthetischen Kautschuk Polychloropren – Abkürzung CR. Er ist mit vorhandenen Produktionskapazitäten von über 5 Mio. t/a der mengenmäßig bedeutendste Spezialkautschuk. CR gelangt als Festkautschuk und als Latex in den Handel. Typische Eigenschaften sind gute Wetter- und Ozonbeständigkeit, Chemikalienresistenz, mittlere Ölbeständigkeit, Flammwidrigkeit und gutes Alterungsverhalten. Dementsprechend wird CR für viele technische Gummiwaren wie Dichtungen und Schläuche sowie zur Herstellung von Kabelmänteln, Walzenbezügen, Keilriemen, Fördergurten und dgl. eingesetzt. Seine Bedeutung im Betonbau liegt jedoch im Bereich der Auflager für Brücken und Hochbauten. Die Bezeichnung für diese → Lager ist Elastomer- oder Neoprenlager. Sie werden auch häufig technisch nicht korrekt Gummilager genannt. Elastomerlager werden als feste Lager (Neotopflager), als Verformungslager (bewehrte und unbewehrte) und als Gleitlager (Elastomer- bzw. Neoprengleitlager) verwendet.

Nester (im Beton). Ungewollte → Haufwerksporigkeit in Beton mit dichtem Gefüge.

Netzbewehrung. Zusatzbewehrung, die zur Verhinderung von Schwindrissen dient. → Rißbewehrung.

Netzplan. Grafische oder tabellarische Darstellung von Arbeitsabläufen und deren Abhängigkeit im Rahmen der Netzplantechnik, die Verfahren zur Analyse, Beschreibung, Planung, Steuerung und Überwachung von Abläufen auf der Grundlage der Graphentheorie beinhaltet. Die Erarbeitung eines N. ist die intensivste, aber auch die zeitaufwendigste Art der Bauzeitenplanung und daher erst ab einer gewissen Objektgröße und Komplexität der Bauarbeiten vorteilhaft, wie für schlüsselfertige Bauvorhaben.

Netzrisse. Sie können verschiedene Ursachen haben: Entweder können sie über korrodierenden → Betonstahlmatten netzförmig gerichtet sein, oder aber auch als → Krakeleerisse in Erscheinung treten.

Neue österreichische Tunnelbauweise

Neue österreichische Tunnelbauweise (NÖT). Tunnelbauverfahren, bei dem die neu aufgefahrenen Tunnelabschnitte mit einer dicken Lage Spritzbeton gesichert werden. Eine temporäre Abstützung, etwa mit einer Stahlkonstruktion, kann so entfallen. Da ähnliche Verfahren auch vorher bereits angewendet wurden, ist die Bezeichnung umstritten.

Nivellierglätter → Glätter (im Straßenbau).

Nockenstahl → Betonstahl.

Normalbeton. N. hat eine Trockenrohdichte über 2,0 kg/dm³ bis max. 2,8 kg/dm³. Er wird umgangssprachlich → Beton genannt.

Normalbeton-Zuschlag → Zuschlag.

Normalmauermörtel → Mauermörtel.

Normalverteilung (Gaußsche Verteilung). Die Verteilung einer zufälligen Größe in Form einer Gaußschen Glockenkurve (Normalverteilungskurve). Viele Verteilungen der statistischen Praxis sind normal, zumindest näherungsweise. Bei der standardisierten Form der N. ergeben die Wendepunkte der Gaußschen Glockenkurve die Standardabweichung vom Mittelwert M. Bei der statistischen Auswertung von Betonprüfungen wird i.d.R. eine N. zugrunde gelegt.
→ Fraktile.

Normalzuschlag → Zuschlag.

Normen. Herausgegebene Ergebnisse der Normungsarbeit, d.h. der auf nationaler, regionaler und internationaler Ebene durchgeführten Arbeit für die Normung. N. stellen zum Zeitpunkt der Herausgabe den Stand der technischen Entwicklung dar. Bei der Anwendung ist folglich immer zu prüfen, ob der Inhalt noch den „anerkannten Regeln der Technik" entspricht. Eine Deutsche Norm ist eine im → DIN aufgestellte und mit dem DIN-Zeichen herausgegebene Norm, kurz DIN-Norm genannt. Euro-

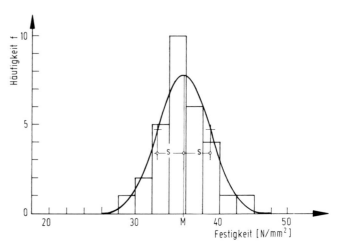

Häufigkeitsverteilung und Glockenkurve (nach BLAUT)

päische Normen werden vom → CEN als Euronorm (EN) herausgegeben. → International Standard Organization.

Normenausschuß Bauwesen (NABAU). Beim → DIN zuständig für die Normungsarbeit im Bereich Bauwesen.

Normenüberwachung. Überwachung nach Norm. → Güteüberwachung.

Normsand. Natürlich gerundeter quarzreicher Sand der Korngruppe 0,08 bis 2,0 mm, der bei der Normprüfung der Zemente verwendet wird. Er wird zu gleichen Gewichtsteilen aus den 3 Korngruppen fein (0,08 bis 0,5 mm), mittel (0,5 bis 1,0 mm) und grob (1,0 bis 2,0 mm) zusammengesetzt.

Normsieblinie, obere stetige. Obere Begrenzung des → Sieblinienbereiches 4. → Regelsieblinie.

Normsieblinie, untere stetige. Untere Begrenzung des → Sieblinienbereiches 3. → Regelsieblinie.

Normsteife. Für die Prüfung des Erstarrens der Zemente wird ein Zementleim mit N. nach DIN 1164, Teil 5, hergestellt. In den meisten Fällen sind hierzu 23 bis 30 Gew.-% Wasser erforderlich, bezogen auf den Zement. Der Zementleim hat N., wenn ein genormter Tauchstab nach einer bestimmten Zeit um ein bestimmtes Maß eingedrungen ist.

Normzement → Zement.

NÖT → Neue österreichische Tunnelbauweise.

Notstützen. Veralteter Begriff für → Hilfsstützen.

Nuten. Meist gleichförmig verlaufende Vertiefungen in Bauteilen. Bei N./Federausbildung können schubfeste Verbindungen entstehen. → Straßenbau, → Fugen, → Schalung.

Nutzungsdauer. Zeitspanne, während der eine bauliche Anlage – oder Teile derselben – einer vorgegebenen Zweckbestimmung unterliegt. Die Nutzungsart kann im Verlauf der N. neu definiert werden.

NW-Zement. Zement mit niedriger Hydratationswärme. Die Wärmemenge, gemessen mit dem → Lösungskalorimeter, darf in den ersten 7 Tagen höchstens 270 J je g Zement betragen. Sowohl Hochofen- als auch Portlandzement können diese Eigenschaft aufweisen und sind dann besonders geeignet für massige Bauteile. → Zementarten.

O

Oberbau (im Straßenbau). Der O. besteht aus einer oder mehreren Tragschichten und der Decke.

Oberbau, hydraulisch gebundener (im Straßenbau). Betonoberbau, bestehend aus einer Betondecke und einer darunter angeordneten Tragschicht mit hydraulischen Bindemitteln, der unmittelbar auf dem Planum des vorhandenen, ggf. verbesserten oder verfestigten Untergrundes bzw. Unterbaus verlegt wird.

Oberbau, vollgebundener

Die üblichen Frostschutzschichten können bei dieser Bauweise entfallen.

Oberbau, vollgebundener → Betonoberbau (im Straßenbau).

Oberbeton (im Straßenbau). Obere Betonschicht bei zweischichtiger Herstellung von Betonfahrbahnen.

Oberfläche → Betonoberfläche, → Sichtbeton.

Oberflächenbearbeitung. Betonwerkstein und Sichtbeton können durch verschiedene Arbeitsgänge je nach beabsichtigter Oberflächenstruktur nachträglich bearbeitet werden (→ Oberflächenbehandlung). Die verschiedenen Bearbeitungsarten sind:
absäuern,
auswaschen,
bossieren,
feinschleifen (schleifen),
polieren (Naturpolitur),
sandstrahlen,
scharrieren,
schleifen (nicht gespachtelt),
spachteln und nachschleifen,
spalten,
spitzen,
stocken.

Oberflächenbehandlung. Die Behandlung der Oberfläche von Betonwerkstein und Sichtbeton erfolgt nach der Herstellung der Teile im Werk oder nach ihrem Einbau bzw. ihrer Herstellung auf der Baustelle. O. können sein:
polieren mit Polierwatte,
fluatieren mit Härtefluat,
versiegeln mit Versiegelungsmasse.

Oberflächenfeuchte. Das außen an den Zuschlagkörnern haftende Wasser, das zusammen mit dem → Zugabewasser für die Zementsteinbildung zur Verfügung steht. Es ist für die Bestimmung der → Konsistenz und des → Wasserzementwerts in Rechnung zu stellen.

Oberflächengestaltung. Die vielfältigen Besonderheiten der Schalung werden genutzt, um ansprechende Betonflächen zu schaffen; eine weitere Bearbeitung ist i.d.R. nicht erforderlich.

Oberflächenhärte. Widerstand der Zuschlagoberfläche gegen mechanische Beanspruchungen, wie Reiben und Schleifen. → Hartgestein.

Oberflächenrauhigkeit (des Zuschlags). Neben der Kornform hat auch die Oberflächenbeschaffenheit des Zuschlags wesentlichen Einfluß auf die Verdichtungswilligkeit und damit auf den Wasseranspruch des Betons — splittige und rauhe Körnungen bedürfen zur Verdichtung eines höheren Sandanteils. Eine oberflächenrauhe Körnung weist jedoch wegen besserer Gefügeverzahnung höhere Biegezugfestigkeiten auf.

Oberflächenrisse → Risse.

Oberflächenrüttler. Verdichtungsgeräte nach DIN 4235, die, auf den Frischbeton aufgesetzt, in diesen Schwingungen einleiten. Sie dienen zum Verdichten von waagerechten oder schwach geneigten Betonschüttungen.

Oberflächenschutz. Maßnahme zum Schutz einer Bauteil(werks)oberfläche

gegenüber Umwelt- und Witterungseinflüssen oder nutzungsbedingten Beanspruchungen physikalisch/mechanischer oder chemischer Art. Als Oberflächenschutzmaßnahme kommen in Frage, je nachdem, ob eine nur zeitweilige oder dauerhafte Schutzwirkung angestrebt wird:
- Abdeckungen mit Folien, Planen oder Matten,
- wasserabweisende oder verfestigende → Imprägnierungen,
- wasser- und/oder gasdichte Anstriche (→ Versiegelungen) sowie
- Verkleidungen mit hochbeanspruchbaren Werkstoffen (z.B. säurefesten Keramikerzeugnissen).

Oberflächenverdichter. Sie bewirken als → Rüttel- oder Abgleichbohle eine Verdichtung der Betonoberfläche bis zu einer bestimmten Tiefe. Schwere → Rüttelplatten sind vorzugsweise für erdfeuchten Beton geeignet. Scheiben- oder Flügelglätter haben nur eine geringe Tiefenwirkung und dienen vornehmlich der oberflächennahen → Nachverdichtung und der Herstellung einer glatten Oberfläche.

Oberflächenwasser. Wasser natürlicher oder künstlicher oberirdischer Gewässer (z.B. Flüsse, Seen oder Talsperren) und oberirdisch abfließendes Niederschlagswasser.

Oberfläche, spezifische. Die auf ein Stoffvolumen bezogene Oberfläche. Die sp.O. des Zuschlags spielt technologisch eine erhebliche Rolle, da sie bestimmt, wieviel Zementleim nötig ist, um alle Zuschlagkörner im Mörtel und Beton umhüllen zu können. Bei der Sieblinie B 32 liefert die Korngruppe 0/0,25 etwa 2/3 und die Gruppe 0,25/32 etwa 1/3 der Gesamtoberfläche. Die sp.O. des Zements in cm^2/g wird aus der Luftdurchlässigkeit eines Zementbettes, seiner Porosität, der → Dichte des Zements und der Viskosität der Luft errechnet. → Blaine-Wert.

Oberputz → Putzlagen.

Offenporigkeit → Beton, haufwerksporiger.

Okratverfahren. Das nach den Okratwerken in Baarn in den Niederlanden benannte Verfahren besteht in einer Behandlung des Betons mit Kieselflußsäuregas. Nach der Behandlung widersteht der Beton weitgehend dem Angriff von → Sulfaten und → Säuren. Die → Zug-, → Druck- und → Haftfestigkeit wird erhöht. Stahlbewehrungen werden nicht angegriffen, sondern geschützt. Ist der Beton porig, so bildet sich um die Bewehrung eine porzellanartige Schicht, die den Stahl auch gegen die Wirkung von Salzsäure und → Chloriden unempfindlich macht. Beim O. wirkt das Kieselflußsäuregas (Siliziumtetrafluoridgas SiF_4) unter Druck auf den Beton ein. Von der Größe des Druckes und der Dauer seiner Einwirkung hängt es ab, wie tief das Gas eindringt und wie dick die okratierte Schicht wird. Das Gas reagiert mit dem freien → Kalkhydrat des → Zementsteines und bildet unlösliches Calciumfluorid und gelförmige Kieselsäure. In der Umgebung der Stahleinlagen bildet sich eine Schutzschicht. Bei diesem Verfahren muß das Gas vollkommen trocken sein und das Alter des Betons darf nicht

Öldichtigkeit

mehr als vier Wochen betragen. Da das Gas unter Druck eingepreßt werden muß, läßt sich das Verfahren nur für Werkstücke mit begrenzten Abmessungen (Kanalrohre, Pfähle, Verkleidungsplatten usw.) oder für verschließbare Behälter anwenden.

Öldichtigkeit. Beton kann so zusammengesetzt und hergestellt werden (→ Beton, wasserundurchlässiger), daß mittel- und schwerflüssige Öle praktisch nicht in ihn eindringen können. Dagegen dringen dünnflüssige Öle, wie Dieselkraftstoff, Heizöl und Benzin auch in einen dichten, gegenüber Druckwasser undurchlässigen Beton ein, wenn dieser trocken ist. Dies kann die Druckfestigkeit des Betons um bis zu 25 % herabsetzen. Ein chemischer Angriff auf Beton geht von feinen Mineralölen und -fetten i.a. nicht aus, wohl aber von pflanzlichen und tierischen Ölen, deren Fettsäuren die Betonoberfläche anlösen oder (durch Verseifung) aufweichen können. Soll das Eindringen dünnflüssiger Öle in den Beton auf Dauer verhindert werden, so muß dieser durch eine ölbeständige Beschichtung, wie sie z. B. für Auffangwannen in Heizöllagerräumen vorgeschrieben ist, geschützt werden.

Ölschiefer. Schiefermaterial, das an der Nordwestflanke der Schwäbischen Alb abgebaut und in Wirbelschichtöfen bei ca. 800 °C gebrannt wird. Während die Verbrennungswärme der Stromerzeugung dient, wird der hydraulische Abbrand mit → Portlandzementklinker zu → Ölschieferzement vermahlen. Zur Herstellung des Klinkers im Drehofen kann man ebenfalls Ö. als Tonkomponente in einem besonderen Wärmetauschersystem zusetzen.

Ölschieferzement. Ein unter dem Namen Portlandölschieferzement genormter Zement, der außer Zementklinker 10 bis 35 Gew.-% Ölschieferabbrand enthalten kann. → Zementarten.

Omnia-Kayser-Fertigplatten. Handelsname für vorgefertigte Deckenplatten, die nach dem Verlegen auf der Baustelle (vornehmlich Geschoßwohnungsbau) mit Ortbeton verfüllt werden.

Opal (SiO_2 x nH_2O). Wasserhaltiges, amorphes Kieselsäurematerial mit einer Dichte um 2,2. Es kann als Zuschlag eine → Alkalireaktion auslösen.

Opus Caementitium. Römische Betonbauweise, auch: Concretum. → Römischer Beton.

Ortbeton. Beton, der als → Frischbeton auf der Baustelle in Bauteile in ihrer endgültigen Lage eingebracht wird und dort erhärtet. (Gegensatz: Fertigteile).

Ortbetonbau. Bauweise, bei der der Beton an seiner Einbaustelle in die Schalung eingebracht und nach dem Erhärten ausgeschalt wird. Große Einheiten werden in mehreren Abschnitten erstellt, die durch Arbeitsfugen getrennt sind. Die Ortbetonbauweise unterscheidet sich von der Fertigteilbauweise und von den klassischen Techniken des Mauerwerksbaus, des Holz- oder Stahlbaus dadurch, daß die Bauteile nicht aus einzelnen kleinen Elementen zusammengesetzt, sondern als große Einheit monolithisch an Ort und Stelle hergestellt werden. Kombinationen mit anderen Bauweisen sind möglich und werden praktiziert. → Mischbauweise.

Ortbetondruckschicht. Druckausgleichende und/oder druckaufnehmende Betonschicht auf Fertigteildecken.

Ortbetonpfähle. Gründungsart, wenn unter einem Bauwerk nicht tragfähiger Baugrund vorhanden ist und deshalb eine Flachgründung nicht möglich ist. Die Pfähle werden bis zu den tragfähigen Bodenschichten heruntergeführt. Man unterscheidet Rammpfähle aus Stahlbeton-Fertigteilen und Bohrpfähle aus Ortbeton. Bei letzteren wird wie beim Bau eines Brunnens eine verrohrte Bohrung abgeteuft, ein Bewehrungskorb eingestellt, das Rohr mit Beton gefüllt und während des Betonierens das Rohr wieder gezogen.

P

Packungsdichte. Verhältnis von Schüttdichte zur Kornrohdichte eines Haufwerks. Sie gibt den Feststoffanteil bzw. Hohlraumgehalt von Lockergesteinen an.

Paketreißen (im Straßenbau). Nur ein Teil der vorhandenen Scheinfugen ist gerissen, mehrere Platten einer Betondecke (ein „Paket") liegen ohne Fugenriß nebeneinander.

Palettenwalze (im Straßenbau). Gerät eines Fertigers, das die gleichmäßige Schütthöhe des unverdichteten Betons gewährleistet. Es besteht aus einem Rohr mit angeschweißten löffelähnlichen Flacheisen, die bei einer Vorwärtsbewegung des Fertigers durch Drehung gegen den Uhrzeigersinn überstehenden Beton vor sich herwerfen.

Papier → Autobahnpapier.

Parkbauten. Bauwerke, die vorwiegend dem Parken von Fahrzeugen dienen. Ihre Errichtung wird dann erwogen, wenn ebenerdige Parkmöglichkeiten erschöpft sind oder die für den ruhenden Verkehr vorgesehenen Flächen anders genutzt werden sollen. Bei den P. unterscheidet man unter- und oberirdische Anlagen. Der Normaltyp unterirdischer P. sind Tiefgaragen mit mehreren, untereinander liegenden Etagen. Sie sind meist in Bau und Betrieb teurer als oberirdische Anlagen in Form von sog. Parkhäusern. Bei letzteren stehen der Höhenentwicklung keine besonderen Hindernisse entgegen und eine spätere Erweiterung ist leicht möglich, sofern Fundamente und Stützen entsprechend bemessen sind. Nach Art der Höhenüberwindung unterscheidet man Rampen-Anlagen, bei denen die Fahrzeuge mit eigener Kraft die Höhe überwinden, und mechanische Anlagen, bei denen dies durch Fremdkraft geschieht. Bei den oberirdischen P. unterscheidet man geschlossene und offene Parkhäuser. Eine offene Bauweise liegt dann vor, wenn in jedem Geschoß die Außenwände, abgesehen von den erforderlichen Brüstungen, mind. an der Hälfte des Umfanges fehlen und überall eine ständige Querlüftung vorhanden ist. Die besondere Temperaturbeanspruchung und damit Rißgefährdung offener Parkhäuser sollte durch den Einbau von

Passivierung

→ Dehnungsfugen und → Gleitlagern berücksichtigt werden.

Passivierung → Korrosionsschutz, passiver.

Passivschicht. Eine auf der Oberfläche einbetonierter Bewehrungsstähle selbsttätig entstehende Schutzschicht, deren chemischer Widerstand gegen atmosphärisch bedingte Korrosionseinflüsse auf der natürlichen Alkalität des umgebenden Zementsteins beruht. Die P. kann zerstört werden durch → Carbonatisierung des Betons sowie durch das Eindringen von → Chloriden.

Pectacrete. Produktbezeichnung für einen → hydrophobierten Zement nach DIN 1164. Er wird zur Bodenverfestigung im Straßenbau verwendet.

Pendelhammer. Veraltetes, nicht genormtes Prüfgerät für ein zerstörungsfreies Verfahren zur Abschätzung der Betonfestigkeit. → Kugelschlaghammer (nach EINBECK).

Periklas. Das freie Magnesiumoxid (MgO) als Nebenbestandteil des Portlandzementklinkers. Es kann → Magnesiatreiben hervorrufen, wenn es in grobkristalliner Form vorliegt, da dann die Reaktion mit Wasser sehr langsam abläuft und noch nicht abgeschlossen ist, wenn die Erhärtung des Zements schon begonnen hat.

Perlite. Wasserhaltiges, vulkanisches Glas etwa von granitischer Zusammensetzung. Durch rasches Erhitzen auf 800 bis 1000 °C erfolgt eine Ausdehnung auf etwa das 20fache Volumen durch die Wasserdampfentwicklung aus gebundenem Wasser bei gleichzeitiger Sinterung der Glasmasse. P. ist ein extrem leichtes Zuschlagmaterial (Schüttdichte etwa 0,06 bis 0,2 kg/dm^3) mit guter Wärmedämmung (Wärmeleitfähigkeit 0,040 bis 0,060 W/mK) und hohem Feuerwiderstand.

Pfähle (aus Beton). Bei nicht tragfähigem Baugrund müssen die Kräfte aus Eigengewicht und Verkehrslast in tiefere, tragfähige Bodenschichten abgeleitet werden. Für diese Tiefgründungen wurde eine Vielzahl von Pfahlarten entwickelt, z. B. Stahl- und Spannbetonrammpfähle, Bohrpfähle (→ Ortbetonpfähle), Preßpfähle, Rüttelpfähle.

Pfeiler (aus Beton). Kurze Wandabschnitte aus → Betonfertigteilen, → Ortbeton oder → Beton-Bausteinen. P. sind i.d.R. stützende Bauteile, deren Höhe im Vergleich zu ihrer Dicke sehr groß ist. Ihr Querschnitt ist im Gegensatz zu den meist runden → Säulen i.d.R. rechteckig. Eine zu große Last bringt einen P., lange bevor sie ihn zerdrückt, zum Ausknicken, und zwar um so eher, je schlanker er ist. Als Schlankheit wird das Verhältnis der lichten Höhe zur kleinsten Dicke (h/d) bezeichnet. Für P. aus Mauerwerk sind in DIN 1053, Teil 1, Mindestdicken und Grenzwerte für Schlankheiten mit den dazugehörenden Druckspannungen angegeben. P. aus → Mauerwerk von → tragenden Außenwänden müssen z. B. bei → Vollsteinen oder → Vollblöcken mind. 24 cm breit sein, bei → Hohlblocksteinen müssen sie mind. 36,5 cm breit sein und im Querschnitt aus einem Stein bestehen.

pH-Wert

Pflaster. Oberbegriff für die Befestigungsart von Verkehrsflächen, die aus kleinformatigen Beton-, Natur- oder Ziegelsteinen sowie aus Holzabschnitten erstellt werden.

Pflasterbettung. Unterlage für → Pflaster. Sie besteht vorwiegend aus Sand 0–4 mm bzw. 0–8 mm.

Pflastersteine (aus Beton). Kleinformatige Fertigteile aus Beton B 60 nach DIN 18 501. Es gibt rechteckige und quadratische Formen, Verbundpflaster mit unterschiedlichen Formaten, Verbundmöglichkeiten, sowie eine Vielfalt von Oberflächen und Farben. Betonpflastersteine sind maßhaltig, griffig, bieten einen hohen Widerstand gegen Frost- und Tausalzangriffe und sind leicht zu verlegen. Die Gestaltungsmöglichkeiten sind vielfältig.

Pflastersteine, wasserdurchlässige. → Pflastersteine aus → haufwerksporigem Beton, die Luft und Wasser ungehindert hindurch lassen. Sie sind bei Verwendung von Tausalzen ungeeignet. Bei → Pflastersteinen aus → gefügedichtem → Normalbeton lassen sich durch die Anordnung von Abstandhaltern an oder zwischen den Pflastersteinen Fugen mit vorgegebener Breite erzielen, die leicht durchwurzelt werden können.

Phase, tobermoritähnliche. Calciumsilikathydrat des erhärteten Zements, dem eine dem natürlich vorkommenden Mineral Tobermorit $5CaO \times 6SiO_2 \times 5H_2O$ ähnliche Kristallstruktur zugeschrieben wird.

Phenolphthalein. Weißes, kristallines Pulver, welches in Alkohol-Lösung als Indikatorflüssigkeit für die Alkalität mineralischer Baustoffe dient. Im Kontakt mit einer basischen Umgebung erfährt die zunächst farblose Flüssigkeit einen Farbumschlag nach rot-violett.

Phonolithzement. Ein → Puzzolanzement, der aus Portlandzementklinker, 20 bis 35 Gew.-% getempertem Phonolith und Gips und/oder Anhydrit besteht.

pH-Wert. Maß der Alkalität. Kurz nach dem Mischen des Betons nimmt das → Anmachwasser einen sehr hohen pH-W. über 12,5 an, weil Alkalien aus dem Zement in Lösung gehen. Auch das Wasser in den Poren des Zementsteins weist stets den hohen pH-W. einer gesättigten → Calciumhydroxidlösung auf. Der Korrosionsschutz der Bewehrung wird maßgeblich vom pH-W. des sie umgebenden Mediums bestimmt. Bei einem Wert über 10 bildet der Stahl eine sog. Passivschicht, die ihn auch bei Hinzutritt von Feuchtigkeit und Sauerstoff vor einer normalen Korrosion schützt. Trocknet der erhärtete Beton aus, so kann die Kohlensäure der Luft in die sehr feinen Poren des Zementsteins eindiffundieren und dort mit dem Calciumhydroxid zu Calciumcarbonat reagieren. Dadurch sinkt der pH-W. der Lösung in den Poren des Zementsteins, d.h. das bisher hochalkalische Milieu wird von außen her langsam neutralisiert. Bei dem unter natürlichen Verhältnissen vorliegenden CO_2-Gehalt der Luft von 0,03 Vol.-% sinkt der pH-W. auf etwas unter 9. Diesen von außen in das Innere des Betons fortschreitenden Vorgang bezeichnet man als → Carbonatisierung. Bei einem

Pigmente

pH-W. unter 9 bleibt die Passivschicht auf dem Stahl nicht stabil, d.h. es kann eine normale abtragende Bewehrungskorrosion stattfinden, wenn gleichzeitig Feuchtigkeit und Sauerstoff zur Verfügung stehen.

Pigmente. Feinkörnige Feststoffteilchen von etwa 0,1 – 1,0 µm Durchmesser, die zur Farbgebung von Beton, Mörtel oder eines transparenten Bindemittels für Anstriche und Beschichtungen dienen. → Farbpigmente.

Pigmentvolumenkonzentration (PVK). Das in Vol.-% ausgedrückte Mengenverhältnis zwischen dem Anteil von Pigmenten und Füllstoffen eines Anstrichmittels zum Gesamtvolumen seiner nichtflüchtigen Bestandteile. Die P. ist somit eine Kenngröße für den → Füllgrad von Anstrichstoffen (je höher die P., desto geringer der Bindemittelanteil).

Planblöcke. Mauersteine mit planebenen Flächen, meistens aus Gasbeton oder Leichtbeton. Die Ebenheit der Flächen und die hohe Maßgenauigkeit gestatten ein leichtes Verarbeiten. Die Steine werden mit einer dünnen Mörtelschicht miteinander verklebt, ein dickes Mörtelbett entfällt. Bei bestimmten Steinen ist auch eine Verklebung nicht notwendig. Die Qualität der Wand, Tragfähigkeit, Wärme- und Schallschutz usw. entsprechen denen der herkömmlich ausgeführten Wände aus gleichem Material.

Planograph (im Straßenbau). Fahrbares Gerät zur Messung der Ebenheit auf Verkehrsflächen. Die Abweichungen werden auf einem Schreibstreifen aufgezeichnet.

Planumschutz (im Straßenbau). Maßnahme, um ein hergestelltes Planum vor Witterungseinflüssen, vor allem vor Erosion, zu schützen. Der P. kann durch eine Bodenverfestigung mit hydraulischen Bindemitteln erfolgen.

Plastifizierer → Betonverflüssiger, → Betonzusatzmittel.

Plastomere. Vom Deutschen Institut für Normung nicht angenommener Benennungsvorschlag für → Thermoplaste.

Platten. Ebene → Flächentragwerke. Sie können ein- oder mehrachsig gespannt und linien- oder punktförmig gestützt sein. Im Betonbau sind P. das wohl einfachste und am meisten verwendete Bauteil z.B. für → Fundamente (Bodenplatten), → Decken, → Wände und → Fassaden. Bezüglich der Form unterscheidet man quadratische P., → Rechteckplatten, Kreisplatten u.ä. mit konstanter und veränderlicher Dicke. Mindestwerte für Auflagertiefen und Plattendicken sowie Bemessungs- und Bewehrungsrichtlinien sind in DIN 1045 festgelegt.

Plattenbalken. Eine der wichtigsten Konstruktionsarten des Stahl- und Spannbetonbaus. Es sind stabförmige Tragwerke, bei denen kraftschlüssig miteinander verbundene → Platten und → Balken (Rippen) bei der Aufnahme der Schnittgrößen zusammenwirken. Ihre Wirtschaftlichkeit beruht darauf, daß die Zugzone kleingehalten wird (geringes to-

Polieren

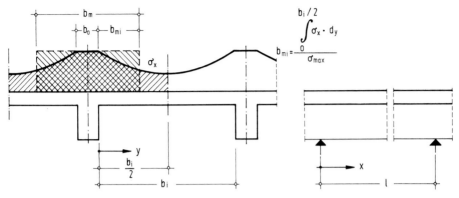

Verteilung der Längsspannungen und Definition des Begriffs der mitwirkenden Plattenbreite (b_m)

tes Gewicht) und die Druckkräfte von der Platte mit übernommen werden. P. können als einzelne Träger mit T-förmigem Querschnitt oder als Plattenbalkendecken ausgeführt werden. Für die Berechnung wird eine rechteckige Spannungsverteilung über die mitwirkende Plattenbreite angenommen. Die mitwirkende Plattenbreite ist nach den Richtlinien des → DAfStb zu ermitteln.

Plattendruckversuch (im Straßenbau). Verfahren zur Ermittlung von Drucksetzungslinien, um anhand dieser die Verformbarkeit und Tragfähigkeit des Bodens zu beurteilen.

Plattenlänge, kritische (im Straßenbau). Bei Betonfahrbahndecken ist das die jeweilige Plattenlänge l, bei der infolge Erwärmung von oben die auftretende Verformung (Wölbung nach oben) und die dadurch wirksame Eigengewichtslast zum Bruch führt (l = krit.l). Sie ist abhängig von der Bettung der Platte und ihrer Dicke.

PM-Binder → Putz- und Mauerbinder.

Poissonsche Zahl. Begriff aus der Elastizitätstheorie. Sie gibt das Verhältnis der Längsdehnung zur Querdehnung an.

Polier. Fachkundiger Vertreter des → Bauleiters auf der Baustelle. Er muß während der Arbeiten auf der Baustelle anwesend sein und hat für die ordnungsgemäße Ausführung der Arbeiten nach den bautechnischen Unterlagen zu sorgen.

Polierbarkeit (von Gestein, im Straßenbau). Sie beeinflußt durch eine Veränderung der Mikrorauheit die → Griffigkeit von Fahrbahnflächen. Im → Oberbeton sollte nur Gestein mit einem großen Widerstand gegen Polieren Verwendung finden.

Polieren. Die Oberfläche des Beton-Werkstücks wird durch Schleifen bearbeitet. Aufeinanderfolgende Schleifvorgänge werden mit immer feineren Schleifsteinen und Schleifmitteln durchgeführt, bis ein Eigenglanz, die sog. Naturpolitur, entsteht. Im Gegensatz hierzu stellt die Wachspolitur eine zusätzliche Oberflächenbehandlung dar.

Polieren

Polieren (mit Polierwachs). Eine Oberflächenbehandlung geschliffener bzw. feingeschliffener Beton-Werkstücke zur Vertiefung der Farbe bzw. zur Erzielung besonderer Glanzwirkung wird als Wachspolitur bezeichnet. Dabei wird flüssiges oder festes Wachs auf die Werkstückoberfläche aufgetragen und nachpoliert.

Polyaddition. Bildung von größeren Molekülen aus kleineren durch Stufenreaktion zwischen zwei mengenmäßig genau abgestimmten Komponenten. Die Reaktion erfordert zum Start einen Katalysator, läuft aber nur oberhalb einer bestimmten Temperaturschwelle selbständig ab. Eine infolge Abkühlung unterbrochene P. kann durch Wärmezufuhr erneut in Gang gesetzt werden.

Polyester. → Polymere, deren Struktureinheiten → Ester-Gruppen in der Kette enthalten. Je nach Aufbau unterscheidet man zwischen gesättigten und ungesättigten, linearen und verzweigten oder modifizierten P. Ungesättigte P. (UP) sind mit mind. einer ungesättigten Komponente aufgebaute P., die im Gemisch mit polymerisierbaren Verbindungen harte, nicht mehr schmelzende und unlösliche Endprodukte (→ Duromere) ergeben. Die gehärteten UP-Harze sind i.a. wasserklar und verfärben sich bei der Alterung nicht. Sie eignen sich vorzüglich als Gießharze sowie als Laminierharze. Die bei der Härtung eintretende Schwindung von 6 bis 8% läßt sich durch Zusatz von Füllstoffen verringern.

Polyethylen. Polymerisationsprodukt des → Ethylens, für dessen Herstellung zahlreiche industrielle Verfahren bekannt sind. Die Eigenschaften von P. werden im wesentlichen durch den Verzweigungsgrad der Moleküle und das Molekulargewicht bestimmt. Je geringer der Verzweigungsgrad ist, um so höher wird durch Vergrößerung des kristallinen Anteils auch die Materialdichte. Hauptanwendungsgebiet für P. niedriger Dichte ($< 0,93$) ist die Herstellung von Folien.

Polykondensation. Umsetzung zwischen einfachen Molekülen, durch die neue, größere Moleküle entstehen und kleine, einfache Moleküle, meist Wasser, aber auch Ammoniak oder Alkohol als Nebenprodukte abgespalten werden. Es handelt sich hierbei um eine Stufenreaktion, die beliebig oft unterbrochen und wieder in Gang gesetzt werden kann.

Polymerbeton (Kunstharzbeton). Gemisch von reaktionsfähigen Kunststoffen und trockenen Zuschlägen. Als Bindemittel (Anteil rd. 5 bis 15%) dienen dabei vor allem → Duromere wie Epoxidharze (EP), ungesättigte Polyester (UP) und Polyurethane (PUR), aber auch Thermoplaste wie Polymethylmethacrylat (PMMA). Durch Verändern von Art und Menge der Zuschläge (Kies, feuergetrockneter Quarzsand, Füller) sowie der Harze lassen sich die Eigenschaften des P. weitgehend variieren. Er zeichnet sich durch besondere Chemikalienbeständigkeit, durch schnelles Erhärten und durch hohe mechanische Festigkeit aus und ergänzt den Zementbeton für spezielle Anwendungen. Der Einsatz von P. für die Herstellung tragender Bauteile wird durch die geltenden Brandschutzvorschriften stark eingeschränkt.

Polymere. Natürliche oder synthetische Stoffe, deren hohes Molekulargewicht auf der strukturellen Bindung einer großen Zahl kleinerer Grundmoleküle (sog. Monomere) beruht. P. aus identischen monomeren Verbindungen heißen auch Homopolymere, solche aus unterschiedlichen Monomeren werden als Misch- oder Copolymere bezeichnet. P. können durch → Polykondensation, → Polyaddition oder → Polymerisation entstehen. Die Bezeichnung → Polymerisat trifft jedoch nur auf die letztgenannte Gruppe zu.

Polymerisate. Moleküle, die durch → Polymerisation entstanden sind.

Polymerisation. Chemischer Zusammenschluß kleiner Moleküle gleicher oder verschiedener einfacher Verbindungen (Monomere) zu größeren Molekülen unter Abgabe von Wärme, jedoch (im Gegensatz zur → Polykondensation) ohne Abspaltung eines Reaktionsprodukts. Die P. ist eine Kettenreaktion, die durch einen Katalysator oder Initiator ausgelöst wird. Einmal zum Stillstand gekommen, kann sie auch durch nachträgliche Wärmezufuhr nicht wieder in Gang gesetzt werden. Die Polymerisationsprodukte nennt man auch → Polymerisate.

Polymerisationsgrad. Anzahl der Grundbausteine, die durch Hauptvalenzen im Makromolekül vereinigt sind. Der P. ist gleich dem Molekulargewicht der betreffenden hochpolymeren Substanz dividiert durch das Molekulargewicht eines Grundbausteins.

Polymethylmethacrylat (PMMA). Acrylharz auf Basis von Methacrylsäure-Methylester. Glasklarer, vielfältig einfärbbarer thermoplastischer Kunststoff, der u. a. als Bindemittel für physikalisch trocknende Anstriche verwendet wird. Diese Beschichtungen zeichnen sich durch hervorragende Alterungs- und Witterungsbeständigkeit, hohe Haftfestigkeit und physiologische Unbedenklichkeit aus.

Polystyrol. Ausgangsstoff für Polystyrol-Hartschaumplatten.

Polystyrolbeton → EPS-Beton.

Polystyrol-Hartschaumschalung → Hartschaumschalung.

Polystyrol-Schaumbeton → Schaumpolystyrol-Beton.

Polystyrol-Schaumschalung → Hartschaumschalung.

Polysulfid-Schalung. → Kunststoffschalung, die aus dauerelastischen Matrizen aus Polysulfid mit strukturierter Oberfläche besteht und zur Verwendung bei strukturiertem → Sichtbeton selbst hergestellt oder fertig bezogen wird. In die tragende Schalkonstruktion wird als sog. Vorsatzschalung die Matrize eingelegt und mit lösungsmittelfreien Zweikomponentenklebern an die Schalung – Stahl oder Holz – angeklebt. Die Dicke der Matrize richtet sich nach der Profiltiefe. Eine Vorbehandlung der 30 bis 50 mal wieder zu verwendenden Schalung ist nicht erforderlich, die Reinigung erfolgt mit Wasser.

Polyurethane (PUR). Umsetzungsprodukte von Poly-Isocyanaten mit OH-

Polyvinylacetat

gruppenhaltigen → Polyestern oder Polyethern. Ihre Bildung erfolgt durch → Polyaddition. P.-Lacke werden als Zweikomponenten- und Einkomponentensysteme für vorwiegend lufttrocknende Anstriche verwendet. PUR-Lackrohstoffe sind wegen ihrer Isocyanat-Gruppen vor Wasserzutritt zu schützen. Beim Einkomponentensystem findet die Härtung durch Zutritt von Feuchtigkeit statt. P.-Lacke ergeben bei Verwendung geeigneter Grundierungen gut haftende, elastische Filme, die sich durch Oberflächenhärte, Chemikalienfestigkeit und Wetterbeständigkeit auszeichnen.

Polyvinylacetat (PVAC). Polymerisationsprodukt des Vinylacetats. Kommt in Form von Festprodukten, Lösungen und Dispersionen auf den Markt.

Polyvinylpropionat. Polymerisationsprodukt des Vinylpropionats. Anwendung als Polymerdispersion für Anstriche und Beschichtungen.

Poren (im Betongefüge). Es werden unterschieden: → Eigenporen, → Gelporen, → Haufwerksporen, → Kapillarporen, → Luftporen und → Verdichtungsporen.

Porenbeton. Beton, der auch im erhärteten Zustand Luftporen im → Gefüge enthält. Nach dem Herstellverfahren wird zwischen → Gasbeton und → Schaumbeton unterschieden.

Porenfeuchte → Porenwasser.

Porenleichtbeton. Sammelbezeichnung für → Schaumbeton und → Gasbeton.

Porenwasser. Wasser, das sich in den → Gelporen und/oder in den → Kapillarporen befindet. Das in den Gelporen verbleibende Wasser wird zum großen Teil als einmolekulare Wasserschicht an der Porenwand chemisch adsorbiert. Diese Bindungskraft erreicht fast die Werte des chemisch gebundenen Wassers. Das in den Kapillarporen verbleibende Wasser ist durch Wasserstoffbrückenbindung der Wassermoleküle untereinander gebunden und haftet in seiner der Porenwand anliegenden Schicht infolge von Kapillarkräften. Diese Bindung ist rel. schwach, so daß die Wassermoleküle verdampfen können.

Porigkeit (des Zuschlags). → Leichtzuschlag hat ein poriges Gefüge wie z.B. Bims, Blähton und Blähschiefer. Diese Kornporigkeit ist eine Stoffeigenschaft, die für die zu erwartende → Rohdichte, → Wärmeleitfähigkeit und → Betonfestigkeit von Bedeutung ist.

Porigkeit, geschlossene. Sie wird im Beton durch → Schaumbildner oder → Treibmittel erzeugt. Durch die so entstandenen, geschlossenen, kugelförmigen Blähporen kann Wasser bei normalen Lagerungsbedingungen nur dampfförmig transportiert werden.

Porosität. 1. des Zementsteins: Sie umfaßt den gesamten Porenraum des → Zementsteins. Er besteht aus den → Gelporen (Durchmesser 10^{-8} bis 10^{-9} m), den → Kapillarporen (Durchmesser 10^{-5} bis 10^{-8} m), den Mikroluftporen durch Zusatzmittel erzeugt (Durchmesser 10^{-3} bis 10^{-4} m) und den → Verdichtungsporen (Durchmesser $> 10^{-3}$ m). 2. des Zuschlags: → Porigkeit des Zuschlags.

Porphyr. Eine Verschmelzung von Feldspat und Glimmer mit unterschiedlichen Quarz-Anteilen. Farbe: gelb, rötlich, violettgrau. Bei reichlichem Quarzgehalt Quarzporphyr genannt. Rohdichte: 2,55 bis 2,80 kg/dm³. Druckfestigkeit: 180 bis 300 N/mm². Anwendung vorwiegend im Straßenbau.

Portlandkompositzement. Zement nach EG-Norm, bestehend aus mind. 65 Gew.-% Portlandzementklinkern sowie in Abhängigkeit von ihrer Wirksamkeit festgelegten Anteilen von Hüttensand, natürlichem Puzzolan, Flugasche und/oder Füller und bis zu 5 Gew.-% anderen Bestandteilen.

Portlandzement (PZ). Genormter Zement, der hergestellt wird durch Feinmahlen von → Portlandzementklinker unter Zusatz von Gipsstein und/oder Anhydrit sowie ggf. von anorganischen mineralischen Stoffen. Weißen P. erhält man aus einem Klinker ohne färbende Bestandteile, insbesondere ohne → Calciumaluminatferrit.

Portlandzementklinker. Wesentlicher Bestandteil des Zements. Der P. wird aus einem Rohstoffgemisch hergestellt, das hauptsächlich → Calciumoxid CaO, → Siliciumdioxid (Kieselsäure) SiO_2, → Aluminiumoxid (Tonerde) Al_2O_3 und → Eisenoxid Fe_2O_3 in bestimmten Anteilen enthält. Durch Erhitzen des Gemisches bis zum → Sintern bilden sich daraus neue Verbindungen, die sog. Klinkerphasen. Diese sind: → Tricalciumsilicat (→ Alit), → Dicalciumsilikat (→ Belit), Calciumaluminatferrit (→ Aluminatferrit), → Trical-

ciumaluminat (→ Aluminat), freies → Calciumoxid und freies → Magnesiumoxid (→ Periklas).

POWERS → Powers-Diagramm.

Powers-Diagramm. Versuche des amerikanischen Zement-Chemikers POWERS zeigten, daß Zement sechs Monate gelagert in Luft mit einer relativen Luftfeuchte bis zu 50 % schüttfähig blieb und bei etwa 70 % klumpig wurde. Erhöhte sich der Feuchtegehalt auf mind. 80 %, kam es plötzlich zu einer Wasseraufnahme, die zu einer schnellen Erhärtung des Zements führte. Diese Erkenntnisse brachte POWERS in ein Diagramm.

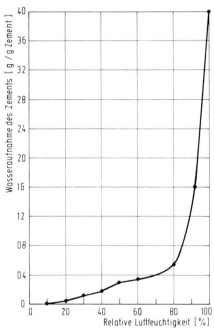

Wasseraufnahme des Zements in Abhängigkeit von der relativen Luftfeuchtigkeit

Prellen

Prellen → Kröneln.

Prellhammer → Kugelschlaghammer.

Prepaktbeton. Patentiertes Sonderbetonverfahren, bei dem die groben Zuschläge (32 bis 750 mm)in die Schalung eingebracht, gerüttelt und dann mit Zementmörtel verfüllt werden. Der Mörtel wird mit Zusätzen (z.B. Flugasche und Einpreßhilfen) hergestellt und über Rohre von unten nach oben in das Korngerüst eingepreßt. Die Rohre werden mit Betonierfortschritt nach oben herausgezogen, so daß sich die Austrittsöffnungen stets im Mörtel befinden. Das Verfahren eignet sich besonders zum Herstellen von Unterwasserbeton und Massenbeton.

Prepakt-Verfahren. Einbauverfahren für → Unterwasserbeton, das zu den sog. Mörtelinjektionsverfahren gehört. Es ähnelt sehr dem → Colcrete-Verfahren und unterscheidet sich von diesem nur durch die Verwendung eines anders zusammengesetzten Mörtels. Während beim → Colcretebeton (-mörtel) meist auf Zusatzmittel verzichtet wird, verwendet man beim Prepaktmörtel verflüssigende und treibende Zusatzmittel, die eine ähnliche Wirkung wie → Einpreßhilfen (EH) haben. Außerdem ist das Größtkorn mit 1,5 bis 2 mm nur etwa halb so groß wie beim Colcretemörtel.

Preßbeton. Beton steifer (erdfeuchter) Konsistenz, der durch Pressen – ggf. kombiniert mit Rütteln – verdichtet wird. Das Verfahren wird meist in Betonwerken eingesetzt. Besonderer Vorteil des P. ist seine hohe → Grünstandsfestigkeit, die ein Ausschalen der Teile direkt nach dem Verdichten erlaubt. Zur Herstellung von Pflastersteinen, kleineren Beton- Bauteilen, Betondachsteinen.

Preßfugen. Fugen zwischen zwei in zeitlichem Abstand nacheinander hergestellten Betonplatten. P. trennen die Platten in ganzer Dicke voneinander. Sie erhalten keine Einlage und können verdübelt, glatt oder mit Nut und Feder hergestellt werden.

Prismendruckfestigkeit. Mörteldruckfestigkeit, die an Prüfkörpern von 40 mm x 40 mm x 160 mm bestimmt wird. → Zementfestigkeitsklassen, → Zementprüfung.

Probebalken. → Probekörper für die → Biegezugfestigkeitsprüfung des Betons. Vorzugsweise sind Balken von 150 mm Höhe, 150 mm Breite und 700 mm Länge zu verwenden. Sie sind bis zur Prüfung unter Wasser bei 15 bis 22 °C zu lagern.

Probekörper. Körper, die eigens zum Zwecke der Prüfung von Materialeigenschaften hergestellt werden. In der Betontechnik unterscheidet man: → Probewürfel, → Probezylinder, → Probebalken, → Probeplatten und Probeprismen (→ Prismendruckfestigkeit). Das kleinste Maß des P. sollte mind. das Vierfache des Maßes des → Größtkorns des verwendeten → Zuschlags betragen.

Probenahme. Die Entnahme von Teilmengen eines Stoffes zur Prüfung bestimmter Eigenschaften muß so erfolgen, daß sich daraus Schlüsse ziehen lassen, die für die Gesamtmenge gelten. In den einschlägigen Normen ist z.B. für Beton, Zement und Zuschlag angegeben, wie die P. zu erfolgen hat.

Prüfsiebe

Probenteiler. Gerät zur repräsentativen Verkleinerung von Zuschlag- Probemengen.

Probeplatte. → Probekörper mit den Abmessungen 200 mm x 200 mm x 120 mm zur Prüfung der Wasserundurchlässigkeit von Beton nach DIN 1048.

Probewürfel. → Probekörper für die Prüfung der Druckfestigkeit. Die P. sollen 100 mm, 150 mm, 200 mm oder 300 mm Seitenlänge haben. Die gedrückten Flächen sollen ebenflächig und parallel sein. Andernfalls müssen sie naß geschliffen oder mit einer dünnen Abgleichschicht (→ Abgleichen) versehen werden.

Probezylinder. → Probekörper aus Beton für die Prüfung der Druckfestigkeit mit einem Durchmesser von 100 mm, 150 mm, 200 mm oder 300 mm, wobei die Höhe gleich dem doppelten Durchmesser sein soll, für die Ermittlung des → Elastizitätsmoduls sowie für die Prüfung der → Spaltzugfestigkeit mit einem Durchmesser von 150 mm und einer Länge von 300 mm.

Proctor-Versuch. Messung der Trockendichte eines Bodens nach Verdichtung unter festgelegten Versuchsbedingungen als Funktion seines Wassergehalts. Die sich daraus ergebende Proctordichte ist die größte mit diesem Boden erreichbare Trockendichte für eine festgelegte Verdichtungsarbeit.

Prüfalter. Alter des → Probekörpers im Augenblick der Prüfung.

Prüfeinrichtung → Prüfstelle.

Prüfen. Verfahren zur Feststellung bestimmter Material- und Stoffeigenschaften.
1. P. des Frischbetons:
z.B. → Betontemperatur, → Konsistenz, → Rohdichte, → Betonzusammensetzung, → Luftgehalt.
2. P. des Festbetons:
z.B. → Druckfestigkeit, → Biegezugfestigkeit, → Spaltzugfestigkeit, → Wasserundurchlässigkeit, → Elastizitätsmodul, → Feuchtegehalt.
3. P. des Zements:
z.B. → Druckfestigkeit, → Erstarrungszeiten, → Raumbeständigkeit, → Mahlfeinheit, → Hydratationswärme, → Zusammensetzung.
4. P. der Zuschläge:
z.B. → Kornzusammensetzung, → Kornform, → Schüttdichte, → Kornrohdichte, → Frostwiderstand, → schädliche Bestandteile.
5. P. der Zusatzmittel und Zusatzstoffe:
z.B. Verträglichkeit, → Wirksamkeit.

Prüfgutmenge. Die Stoffmenge, die mind. vorhanden sein muß, um eine Prüfung durchführen zu können.

Prüfkorngrößen. Die Korngrößen, die nach DIN 66 100 für die Prüfsiebung festgelegt sind und die Korngruppen begrenzen.

Prüfpflicht → Güteüberwachung, → Eigenüberwachung, → Fremdüberwachung.

Prüfsiebe. → Siebe zur Durchführung der → Siebprobe. Sie werden in einem Siebsatz so angeordnet, daß das Sieb mit den weitesten Öffnungen oben liegt und

249

Prüfstelle

nacheinander Siebe mit immer kleiner werdenden Öffnungen folgen. Die → Kornzusammensetzung wird auf P. ermittelt, und zwar bis einschließlich 2 mm Prüfkorngröße auf Maschensieben nach DIN 4188, Teil 1, bei größeren Prüfkorngrößen auf Lochblechen mit Quadratlochung nach DIN 4187, Teil 2. Der Prüfsiebsatz für Betonzuschläge besteht aus Sieben mit folgenden Weiten in mm: 0,125; 0,25; 0,5; 1; 2; 4; 8; 16; 31,5 (Nenngröße 32) und 63.

Prüfstelle → Betonprüfstelle E, → Betonprüfstelle F, → Betonprüfstelle W.

Prüfungen (von Beton) → Eignungsprüfung, → Güteprüfung, → Erhärtungsprüfung, → Kontrollprüfungen, → Wirksamkeitsprüfung, → Würfelprüfung, → Festigkeitsprüfung, → Wasserzementwert-P., → Frischbeton-P., → Gesteinsprüfung, → Kugelschlagprüfung.

Prüfzeichen → Überwachungszeichen, → Gütezeichen.

Pumpbeton. → Frischbeton, der durch Rohr- oder Schlauchleitungen zur Einbringstelle gepumpt wird. Das Pumpen kann durch stationäre oder durch auf Fahrzeuge montierte Systeme erfolgen. Es gibt pneumatische → Betonpumpen mit Luftüberschuß (Dünnstromverfahren) und mechanisch-hydraulische Kolbenpumpen (Dichtstromverfahren). Außerdem gibt es Spezialpumpverfahren wie → Spritzbeton, → Ausgußbeton.

Pumpen (von Betonplatten, im Straßenbau). Auf- und Abwärtsbewegung durch Kornumlagerungen ungebundener Böden infolge Verkehrsbelastung und Wasserwanderung unter den Platten.

Pumpfähigkeit. Beschaffenheit des zu pumpenden Betons, so daß er sich während des Pumpens nicht entmischt und es nicht zur Verstopfung der Rohrleitungen kommt. Wichtig ist ein ausreichender → Mehlkorn- und Feinmörtelanteil. → Fließmittel verbessern die P. durch Verringerung des Betondrucks und Verschleißes, die Leistung wird erhöht. → Pumpbeton.

Pumpverfahren. Das Fördern des Betons mit Pumpen und Rohrleitungen hat sich auf vielen Baustellen durchgesetzt. Man unterscheidet i.w. Kolbenpumpen und Quetschpumpen. Die überwiegende Zahl der Betonpumpenhersteller benutzt das Prinzip der hydraulisch angetriebenen Kolbenpumpe, oft als Zwillingspumpe ausgebildet. Man unterteilt die Pumpen häufig weiter nach den verschiedenen Schiebersystemen. Beim Quetschpumpenprinzip pressen Walzen den Beton durch einen Gummischlauch in die Rohrleitung. → Betonpumpen.

Putz. An Wänden und Decken ein- oder mehrlagig in bestimmter Dicke aufgetragener Belag aus → Putzmörteln oder Beschichtungsstoffen, der seine endgültigen Eigenschaften erst durch Verfestigung am Baukörper erreicht. P. dient der Oberflächengestaltung eines Bauwerks und übernimmt bauphysikalische Aufgaben, wie z. B. den Witterungsschutz (Abwehr von Schlagregen) bei → Außenputz oder die vorübergehende Speicherung von Raumfeuchte bei → Innenputz. Die mittlere Putzdicke muß bei Außenputzen i.a. 20 mm (zulässige Mindestdicke 15 mm) und bei Innenputzen i.a. 15 mm (zulässige Mindestdicke 10 mm) betragen.

Putzgrund

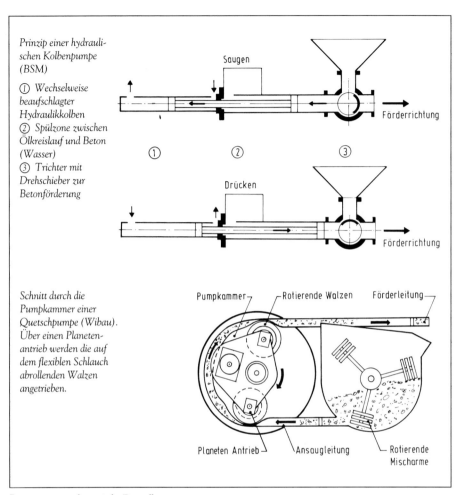

Betonpumpen, schematische Darstellung

Putzbinder → Putz- und Mauerbinder.

Putzgrund. Oberfläche des Bauteils, das geputzt wird. Seine Eigenschaften sowie die Vorbehandlung sind für die Haftung des → Putzmörtels von großer Bedeutung. Dabei spielen für die Verankerung des Mörtels die Saugfähigkeit und Oberflächenrauhigkeit des P. eine besondere Rolle. Verschmutzungen (Staub), Verunreinigungen (Schalöl) oder Ausblühungen auf dem P. müssen entfernt werden. Er sollte wenigstens eine Temperatur von + 5 °C haben. Beton als P. muß im Oberflächenbereich trocken und saugfähig sein, ein → Spritzbewurf ist i.a. erforderlich. Als P. ungeeignete Flächen (Holz, Stahl) sind

251

Putzhaftung

mit Putzträgern (z. B. Gipskartonplatten, Metallgewebe, Holzwolle-Leichtbauplatten) zu überspannen.

Putzhaftung → Putzgrund.

Putzlagen. Putzschichten, die in einem Arbeitsgang durch einen oder mehrere Anwürfe des gleichen → Putzmörtels aufgetragen werden. Es gibt ein- und mehrlagige Putze. Untere P. werden Unterputz, die oberste Lage wird Oberputz genannt. → Spritzbewurf ist keine P. In ihrer Gesamtheit werden die P. auch als Putzsystem bezeichnet, sie sollen so aufeinander abgestimmt sein, daß die in den Berührungsflächen auftretenden Spannungen (Schwinden, Temperaturdehnungen) aufgenommen werden können. Dies wird beispielsweise bei mineralischen Bindemitteln durch geringere oder gleiche Festigkeit des Oberputzes gegenüber der des Unterputzes gewährleistet. Zum schnelleren Austrocknen der Wand sollte der Oberputz feinkörniger als der Unterputz sein. Der Mörtel für die einzelnen P. ist gleichmäßig dicht aufzubringen und ebenflächig zu verziehen oder zu verreiben. Die folgende Lage darf erst aufgetragen werden, wenn die vorhergehende ausreichend trocken und standfest ist. Der Unterputz ist, soweit erforderlich, aufzurauhen und/oder anzunässen.

Putzmörtel. Gemisch aus Bindemittel, Zuschlag, Wasser und ggf. auch Zusätzen. Neben der schmückenden Funktion hat der P. auch Aufgaben des Feuchte-, Wärme- und Brandschutzes und gelegentlich des Schall- und Strahlenschutzes zu erfüllen. Als Bindemittel für Putze dienen sowohl mineralische Bindemittel

Mörtelgruppen für Putzmörtel

Mörtelgruppe		Mörtelart
P I	a	Luftkalkmörtel
	b	Wasserkalkmörtel
	c	Hydraulischer Kalkmörtel
P II	a	Hochhydraulischer Kalkmörtel; Mörtel mit Putz- und Mauerbinder
	b	Kalkzementmörtel
P III	a	Zementmörtel mit Zusatz von Luftkalk
	b	Zementmörtel

Die MG P IV und P V sind nur für Innenputze geeignet.

(DIN 18 550) als auch organische Bindemittel (Kunstharzputze, DIN 18 558). Mineralische Bindemittel sind Baukalke (DIN 1060), → Zemente (DIN 1164), Baugipse (DIN 1168), Anhydritbinder (DIN 4208), → Putz- und Mauerbinder (DIN 4211) sowie bauaufsichtlich zugelassene Bindemittel. Der Zuschlag besteht aus mineralischen oder organischen Stoffen. Sein überwiegender Kornanteil liegt i.d.R. zwischen 0,125 und 4 mm, in Sonderfällen auch über 4 mm. Zusätze (→ Zusatzmittel und → Zusatzstoffe) können die Mörteleigenschaften verbessern. P. werden entsprechend ihrer Zusammensetzung und Eigenschaften Mörtelgruppen zugeordnet. P. können als → Baustellenmörtel oder als → Werkmörtel hergestellt werden.

Putz- und Mauerbinder. Feingemahlenes hydraulisches Bindemittel für → Putz- und → Mauermörtel nach DIN 4211, das als wesentliche Bestandteile → Zement, Gesteinsmehl und → Zusatzmittel (LP, BV, VZ) sowie zuweilen auch

Puzzolanität

→ Kalkhydrat enthält. P.- u. M. erhärten, mit Wasser angemacht, sowohl an der Luft als auch unter Wasser und bleiben unter Wasser fest; sie müssen raumbeständig sein und nach 28 Tagen mind. eine Druckfestigkeit von 5,0 N/mm^2 aufweisen.

Putz, wasserabweisender → Außenputz.

Putz, wasserhemmender → Außenputz.

Putzweisen. Entsprechend ihrer Oberflächenbehandlung und der dadurch entstehenden Struktur werden verschiedene P. der mineralischen Putze unterschieden.

Puzzolane. Nach der Stadt Pozzuoli bei Neapel benannte Stoffe, wie Puzzolanerde, Santorinerde, → Traß als natürliche sowie → Ziegelmehl, → Flugasche als künstliche P. Chemisch bestehen die P. vorwiegend aus reaktionsfähiger Kieselsäure, betontechnologisch gehören sie zu den → Betonzusatzstoffen. P. gehen mit Kalkhydrat wasserunlösliche Verbindungen ein; die Reaktionen verlaufen jedoch sehr langsam und auf niedrigem Festigkeitsniveau.

Puzzolanerde. Vulkanischer Tuff, natürliches → Puzzolan.

Puzzolanität. Eigenschaft von Puzzolanen, bei Wasserzugabe mit Calciumhydroxid zu reagieren.

Einteilung der Putze nach ihrer Oberflächenbeschaffenheit, Putzweisen mit mineralischen Putzen

Putzweise	Oberflächenstruktur	Werkzeug	Besonderheiten
Gefilzter oder geglätteter Putz	feinkornrauh bis glatt	Filzscheibe, Glättkelle	Gefahr der Bindemittelanreicherung an der Oberfläche (Schwindrisse)
geriebener oder Reibeputz	grob- und feinkornrauh, strukturiert	Holzscheibe, Traufel	u. U. eingeschränkter Regenschutz der oberen Putzlage
Kellenwurfputz	gleichmäßig kornrauh	Kelle (zum Anwerfen)	Zuschläge bis 10 mm Durchmesser
Kellenstrichputz	gleichmäßig kornrauh, strukturiert (fächer- oder schuppenförmig)	Kelle (zum Anwerfen und Verstreichen)	
Spritzputz	gleichmäßig rauh	Spritzputzgerät	zwei- oder mehrlagiges Aufsprenkeln von dünnflüssigem Mörtel
Kratzputz	gleichmäßig kraterrauh (durch das herausspringende Korn)	Nagelbrett, Sägeblatt Ziehklinge	bindemittelreiche Oberfläche wird entfernt
Waschputz	körnig	Schwamm, Bürste	Unterputz der MG III sowie ausgew. Zuschläge erforderlich

Puzzolanzement

Puzzolanzement. Zement nach der europäischen Zementnorm, der mind. 60 Gew.-% PZ-Klinker enthalten muß. Höchstens 40 Gew.-% sind natürliches Puzzolan, Flugasche und/oder Füller.

PVC-Brand. Nach einem Brand von → PVC und anderen Kunststoffprodukten in Beton-Gebäuden ist von Fachleuten mit spezieller Erfahrung zu untersuchen, inwieweit sich korrosionsfördernde Gase gebildet haben und ob diese Stoffe (Chloride) in den Beton eindringen konnten.

Pyknometer. Glasgefäß mit geeichtem Volumen, in dem durch Flüssigkeitsverdrängung das Volumen von Materialproben bestimmt werden kann.

PZ → Portlandzement.

Q

Quadratlochsieb. Sieb mit quadratischen Lochöffnungen zur Prüfung von Zuschlägen. → Prüfsiebe.

Qualitätskontrolle. Nachträgliche Überprüfung eines Produkts oder einer Leistung auf Einhaltung vereinbarter oder durch Normen und Vorschriften festgelegter Qualitätsmerkmale, wobei sich der Kontrollumfang nicht nur allein auf das Endprodukt, sondern auch auf Zwischenstufen der Herstellung sowie auf zugelieferte Vorprodukte oder Ausgangsstoffe erstrecken kann. Q. im Betonbau umfaßt im wesentlichen:

– die Betonausgangsstoffe,
– die Betonzusammensetzung,
– die Frischbetoneigenschaften,
– die Betonverarbeitung,
– die Festbetoneigenschaften,
– die Bauwerksbeschaffenheit (soweit hierfür Baustoffeinflüsse maßgebend sind).

Ein sehr wesentliches Element jeder wirksamen Q. ist ihre organisatorische Trennung von der Produktion (Gefahr der Befangenheit). Die in den deutschen Normen zur Güteüberwachung von Baustoffen, Bauteilen und Bauarten vorgesehene Gliederung der Q. in → Eigenüberwachung und → Fremdüberwachung (DIN 18 200 und DIN 1084). Grundsätzlich sind Q. stets nur als Teil umfassenderer Qualitätssicherungssysteme zu verstehen, die über die reine Ergebniskontrolle hinaus bereits während der Herstellung eine gezielte Einflußnahme auf die Mängelfreiheit des jeweiligen Endprodukts ermöglichen.

Qualitätskontrolle, statistische. Sie läßt Rückschlüsse von einer begrenzten Zahl bekannter Meßwerte einer Stichprobe auf die zugehörige, unbekannte Grundgesamtheit zu. Da die st.Q. keine Attributprüfung (gut/schlecht) darstellt, sondern produktionsbedingte Streuungen erfaßt, erlaubt sie eine umfassende Beurteilung gewonnener Prüfergebnisse. Im Betonbau dient die st.Q. u.a. der Festlegung zielsicherer Vorhaltemaße für die Betonherstellung; sie stellt außerdem eine zulässige Alternative für den Nachweis von Nenn- und Serienfestigkeiten im Rahmen der Güteprüfung nach DIN 1045 dar. Die Bedingungen hierfür sind in DIN 1084 beschrieben.

Quarz. Farbloses bis weißliches Mineral, reines SiO_2. Anwendung: Sand und Kies für Mörtel und Beton.

Quarzmehl. Feingemahlener Quarz. → Korngröße bis 0,25 mm. Der natürliche Quarz ist sehr beständig und somit wenig reaktionsfähig. Wenn jedoch die Kristalle durch Feinmahlen zerstört und durch Aufreißen des Kristallgitters zusätzliche Reaktionsflächen gebildet werden, ist auch Quarz reaktionsfähig. Ebenso wird Quarz reaktionsfähig bei hohen Temperaturen, z.B. bei Dampfhärtung (→ Gasbeton) und beim Brennen der Zementkomponente. Q. kann verwendet werden, um eine fehlende Menge an → Mehlkorn im Beton zu decken.

Quarzsand. Zuschlag aus quarzitischem Material bis 4 mm Größtkorn.

Quellen. Die Eigenschaft eines Stoffes, unter Aufnahme von Flüssigkeiten, Dämpfen oder Gasen sein Volumen zu vergrößern. Wird z.B. ein Betonprobekörper unter Wasser gelagert, so nimmt sein Volumen geringfügig zu, beim Austrocknen verringert es sich wieder.

Quellzement. Nicht genormter Zement, der bei der → Hydratation nicht wie alle übrigen Zemente schwindet, sondern sein Volumen etwas vergrößert. Das Quellen, i.d.R. gesteigertes → Ettringittreiben, wird aber so gesteuert, daß sich keine Treibrisse bilden. Q. entsteht meist durch Vermahlen und Mischen von Portlandzement mit den Treibkomponenten → Tonerdeschmelzzement und Gips oder → Calciumaluminatsulfat und freiem Kalk. Er wird in der Bundesrepublik nicht hergestellt.

Querbewehrung. Bewehrung, die quer zur größten Bauteilabmessung eingelegt ist. → Längsbewehrung.

Querdehnung. Jede Kraft bzw. Spannung an einem Werkstoff erzeugt neben den Dehnungen in Kraftrichtung auch Verformungen in Querrichtung. Diese nennt man Q.

Querdehnzahl. Das Verhältnis von → Querdehnung zur Längsdehnung ergibt die Q. Ihr Reziprok-Wert ist die → Poissonsche Zahl. Bei Beton beträgt sie $0,15 \leq \mu \leq 0,25$. Der Rechenwert ist nach DIN 1045 mit $\mu = 0,2$ anzunehmen; zur Vereinfachung darf jedoch auch mit $\mu = 0$ gerechnet werden.

Querneigung (im Straßenbau). Wird an Verkehrsflächen vorgesehen, um Wasser abzuleiten.

Querrippenstahl → Betonstahl.

Querscheinfugen (im Straßenbau). → Scheinfugen quer zur Fahrtrichtung. Ihr Abstand beträgt i.a. die 25fache Plattendicke.

Querschnittsschwächung → Scheinfugen.

R

Radioaktivität. Strahlung, die beim Zerfall radioaktiver Stoffe frei wird. Dabei treten folgende Strahlungsarten auf:
- Alphastrahlen (Heliumkerne mit sehr hoher Energie),
- Betastrahlen (hochenergetische Elektronen),

Rahmen

– Gammastrahlen (hochenergetische elektromagnetische Wellenstrahlung, verwandt mit der Röntgenstrahlung). Die Erdrinde und die aus ihr hergestellten Baustoffe enthalten z.B. Spuren von Uran. Daraus entstehen über eine „Zerfallsreihe" nacheinander weitere radioaktive Elemente. Eines dieser Zerfallsprodukte ist das radioaktive Edelgas Radon. Es tritt vor allem aus dem Boden und weniger aus den Baustoffen in die Atmosphäre und in das Hausinnere ein. Bei unzureichender Lüftung kann es dabei in Innenräumen zu rel. hohen Radonkonzentrationen kommen. Fugenlose Bodenplatten und Kellerwände aus Beton können die Radonbelastung aus dem Erdreich verringern helfen. → Strahlenschutz.

Rahmen. Geknicktes Tragwerk aus → Stahlbeton, Holz oder Stahl mit biegesteifen Ecken. Durch den Einbau eines → Gelenkes wird ein statisch unbestimmter R. bestimmbar, d.h. berechenbar. Verwendung im → Skelettbau z.B. als gelenkiger Stockwerkrahmen.

Rammpfähle → Pfähle.

Rampen. Schräge Auffahrten, die verschieden hohe Ebenen verbinden, z.B. Zu- und Ausfahrten bei → Parkbauten, Dämmen, Einschnitten, Überführungen und Unterführungen (Brückenrampen, Tunnelrampen). Die Neigung sollte nicht zu groß sein – bei Parkbauten in Ausnahmefällen bis 20 % – und die Oberfläche muß griffig und verschleißfest sein. Bei Außenrampen und auch bei R. in offenen Parkhäusern sollte außerdem Beton mit hohem Frost- und Tausalzwiderstand verwendet werden.

Randausbildung (im Straßenbau). Seitlicher Abschluß einer Straßenbefestigung. Bei Betondecken ist er senkrecht.

Randeinfassung (im Straßenbau). Seitliche Begrenzung von Betonpflasterflächen durch Tief- oder Hochbordsteine.

Randeinspannung. Einspannung eines Mehrfeldträgers am Endauflager.

Randfugen. Fugen, die einen Estrich von seitlich angrenzenden Bauteilen trennen.

Rasenplatten. Im Gegensatz zu den Rasensteinen größerformatige Beton-Fertigteile mit Aussparungen für die Begrünung von Verkehrsflächen und Böschungen. Anwendung: Baumscheiben, Garagenzufahrten, Grabenbefestigungen, Parkplätze usw. → Rasensteine.

Rasensteine. Betonsteine mit Aussparungen für eine Begrünung. Der Grünflächenanteil liegt zwischen 30 und 62 %; in Sonderfällen sogar bei 87 %. Anwendung: Garagenzufahrten, Parkplätze, Feuerwehrzufahrten, Grabenbefestigung usw. → Rasenplatten.

Raumbeständigkeit (von Zement). Nach der Zementnorm dürfen nur Zemente ausgeliefert werden, die raumbeständig sind; alle Zemente werden hierauf im Rahmen der → Eigen- und → Fremdüberwachung laufend überprüft. Zement gilt als raumbeständig, wenn aus ihm hergestellte Kuchen nach dem

Recycling

Kochversuch gemäß DIN 1164 scharfkantig und rissefrei sind und sich nicht erheblich verkrümmt haben.

Raumelemente. Fertigelemente in der Größe ganzer Räume. Die Elemente werden im Betonwerk komplett einschließlich Seitenwänden, Decke und ggf. auch Fußboden fertiggestellt und auf der Baustelle zu Bauwerken zusammengesetzt. R. sind in sich standfest und benötigen auf der Baustelle i.d.R. keine zusätzlichen Aussteifungen; sie setzen aber rel. große Transport- und Hebegeräte voraus.

Raumfugen (im Straßenbau). Über die ganze Höhe der Betonplatten reichende Fugen. Sie müssen durch eine Raumfugeneinlage aus Weichholz, Mineralwolle oder Kunststoff Temperaturbewegungen der angrenzenden Betonplatten aufnehmen können. Sie werden angeordnet bei Betonstraßen vor Brücken und Entwässerungseinrichtungen, bei Industrieböden aus Beton vor Konstruktionsteilen wie Stützen oder Wänden.

Raumgewicht. Veralteter Ausdruck für → Rohdichte.

Rauminhalt → Volumen, → Rohdichte, → Schüttdichte.

Raumklima. Zusammenwirken von Temperatur, Feuchte, Bewegung, Zusammensetzung der Luft, raumseitigen Oberflächentemperaturen der Bauteile und von Licht in einem Raum.

Raumteile. Bei der Angabe des → Mischungsverhältnisses nach R. erfolgt das → Abmessen der Ausgangsstoffe einer → Betonmischung nach Volumenteilen. Diese Art der → Dosierung ist sehr empfindlich gegen Schwankungen der Oberflächenfeuchte der Zuschläge hauptsächlich im Sandbereich. Üblich ist die Angabe des Mischungsverhältnisses nach → Gewichtsteilen. Nach R. darf abgemessen werden, wenn die geforderte → Zugabegenauigkeit durch selbsttätige → Abmeßvorrichtungen eingehalten wird.

Raumtemperatur. Empfundene Temperatur in einem Raum, die sich aus der Temperatur der Raumluft und den Oberflächentemperaturen der raumbegrenzenden Flächen ergibt.

Reaktionsharz. Kunstharze, die erst nach Zusammenmischen mehrerer Bestandteile (meist Stammlösung und Härter) chemisch reagieren und ohne Abspaltung flüchtiger Stoffe zu unlöslichen und unschmelzbaren Endprodukten härten.

Reaktionsharzbeton → Polymerbeton.

Reaktorbeton → Schwerbeton.

Rechteckplatten. Nach der Lagerungsart unterscheidet man frei drehbar gelagerte (2-, 3-, 4seitig) und eingespannte (Durchlaufplatten, Kragplatten) R. Für die Ermittlung der Schnittgrößen in → Platten jeder Form und Lagerungsart gelten die Bestimmungen der DIN 1045. Auf der sicheren Seite liegende Näherungsverfahren, wie z.B. das Streifenkreuzverfahren sind für die Berechnung von zweiachsig gespannten R. zulässig.

Recycling. Wiederverwendung bereits einmal verwendeter Baustoffe. Im Straßenbau z.B. werden abgängige Fahrbahndecken weitgehend wieder verwendet.

257

Regelquerschnitt

Regelquerschnitt (im Straßenbau). Anordnungen und Abmessungen der Bestandteile des Straßenquerschnitts. Bestandteile sind z.b. Fahrstreifen, Trennstreifen, Standstreifen und Bankette. Die Bezeichnung der R. ergeben sich aus den Querschnittsbestandteilen. Z.B. bedeutet „a6ms (RQ 37,5)": Sechs Fahrstreifen mit einer Grundbreite der Querschnittsgruppe a (= 3,75 Meter), Mittelstreifen und Standstreifen, gesamte Querschnittsbreite 37,5 Meter.

Regelsieblinie. Die Kornzusammensetzung eines Zuschlaggemisches kann mit einer → Sieblinie gekennzeichnet werden. DIN 1045 enthält R., die die Grenzen gewisser Zuschlagbereiche angeben. Sie tragen die Buchstaben A, B, C und U und als Zusatz eine Zahl, die das Größtkorn des Zuschlaggemisches angibt, z.B. B 16. Der Bereich zwischen A und B gilt technisch als günstig, der Bereich zwischen B und C als brauchbar. Kornzusammensetzungen außerhalb dieser Bereiche sind auch verwendbar, jedoch haben Sieblinien außerhalb C hohen Zementleimbedarf und unterhalb A und U sind sie schwer zu verarbeiten.

Reife. Ausdruck für den aktuellen Stand der Betondruckfestigkeit des noch erhärtenden Betons, angegeben in °C x d oder °C x h. Trägt man die Druckfestigkeit über der R. auf, so erhält man eine Kurve mit einem mehr oder weniger großen Streubereich, die jedoch nur für den jeweiligen Zement gilt. Sie kann jedoch als grobe Näherung auch für andere Zemente herangezogen werden. → Reifezahl, → Saulsche Regel.

Reifegrad → Reifezahl.

Reifezahl (Reifegrad). Sie wird errechnet nach der Formel von SAUL:
$R = t_i \times (T_i + 10)$ [°C x d oder °C x h]
Dabei bedeuten:
t_i Intervalle der Erhärtungszeit bei gleicher Temperatur (d oder h),
T_i Betontemperatur im Intervall (°C).

Aus der Formel ist zu entnehmen, daß bei Minus 10 °C die Reife 0 ist, d.h. die Erhärtung aufhört. → Reife.

Reinacrylatfarben. Anstrichstoffe auf Dispersionsbasis, deren Bindemittel homopolymere Acrylate sind.

Reindichte. Veralteter Begriff für → Dichte.

Reinigungsöffnungen. Jede → Schalung muß vor dem → Betonieren von Holzspänen, Drahtresten, Sand und sonstigen fremden Stoffen gereinigt werden, vornehmlich der Schalungsboden. Überall dort, wohin man nach Fertigstellung der Schalung nicht mehr gelangen kann, sind R. anzuordnen. Bei → Wänden sollten sie im Abstand von etwa 5 m am Wandfuß angebracht werden. Mit Hilfe eines Wasserstrahls wird dann der Schmutz durch diese Öffnungen hinausgeschwemmt, und anschließend werden die Öffnungen mit genau eingepaßten Platten verschlossen. Bei Säulenfüßen ist es zweckmäßig, etwa 30 cm über der R. eine weitere Öffnung anzuordnen, um das Einbringen der untersten Betonschicht ordnungsgemäß durchführen zu können.

Reinwichte. Veralteter Begriff für → Reindichte.

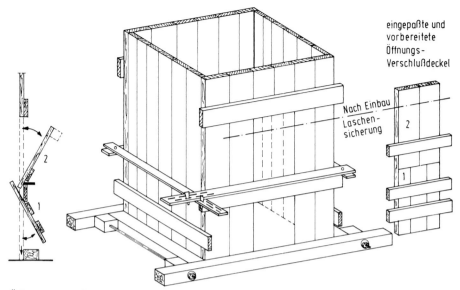

Öffnungen im Säulenfuß zum Reinigen und Betoneinbringen

Relaxation. Zeitabhängige Abnahme der Spannungen in einem Querschnitt unter einer aufgezwungenen, gleichbleibenden Verformung.

Resistenz → Widerstandsfähigkeit.

Restbeton. Übrig gebliebene Mischungsreste fallen vornehmlich in Fertigteil- und Transportbetonwerken an. Dieser R. kann in speziellen Anlagen ausgewaschen werden, um die Zuschläge wiederzugewinnen. Er kann aber auch nach der Erhärtung deponiert werden oder für die Herstellung kleinerer untergeordneter Bauteile, die vom Produktionsablauf unabhängig sind, verwendet werden.

Rezeptbeton. Beton, dessen Zusammensetzung in Vorschriften oder vom Abnehmer so festgelegt ist, daß die gewünschten → Betoneigenschaften erfüllt werden. Betonbaustellen, die unter vereinfachten betontechnologischen Verhältnissen betrieben werden, verarbeiten Beton nach den Bestimmungen für Beton B I mit festgelegten → Mindestzementgehalten und → Kornzusammensetzungen nach DIN 1045.

Rheologie. Die Lehre vom Fließverhalten von Stoffen. Sie beschreibt den Zusammenhang zwischen einem bestimmten Spannungszustand und dem zugehörigen Verformungszustand.

Richtlatte. Gerät zur einfachen Überprüfung der → Ebenheit eines Bauteils bzw. einer Straßenfläche.

Richtlinien → Vorschriften.

Richtungsfahrbahn. Teil einer Straße mit einem oder mehreren Fahrstreifen.

Ringanker

Ringanker. Bauteile aus Stahlbeton zur Aufnahme horizontaler Schub- und Zugkräfte in den Deckenebenen. In alle gemauerten → Außenwände und in Querwände aus Mauerwerk, die als lotrechte → Scheiben der Abtragung waagerechter Lasten (z. B. Wind) dienen, sind bei Bauten mit mehr als zwei Vollgeschossen und solchen von mehr als 18 m Länge sowie bei Wänden mit vielen oder besonders großen Öffnungen, wenn es die Baugrundverhältnisse erfordern, durchlaufende R. anzuordnen. Sie sind in jeder Deckenlage oder unmittelbar darunter anzubringen und können mit → Massivdecken oder Fensterstürzen aus Stahlbeton vereinigt werden. R. werden meist in die Decken integriert, können aber auch aus vorgefertigten → Beton-Bausteinen (U-Steine) ausgebildet sein, die bewehrt und mit Beton verfüllt werden. Berechnung und Ausführung regelt DIN 1053, Teil 1.

Rippendecken. Aus → Plattenbalken gebildete Decken mit einem lichten Abstand der Rippen von höchstens 70 cm, bei denen kein statischer Nachweis für die Platten erforderlich ist. Zwischen den Rippen können unterhalb der Platte statisch nicht mitwirkende Zwischenbauteile liegen. An Stelle der Platte können ganz oder teilweise Zwischenbautei-

le treten, die in Richtung der Platten mittragen. R. sind für Verkehrslasten bis 5,0 kN/m² zulässig; näheres regelt DIN 1045. → Kassettendecken.

Rippenstahl. → Betonstabstahl, der im Gegensatz zum Betonrundstahl mit Schräg- oder Querrippen versehen ist, um mit dem Beton eine bessere Verbundwirkung zu erzielen. → Betonformstahl.

Rippenstreckmetall®. Aus kaltgewalztem Bandstahl höherer Festigkeit (ßz = 38 bis 40 N/mm²) geschnittenes und anschließend gestrecktes Metallgitter. R. wird in folgenden Ausführungsarten angeboten:
- blank,
- galvanisch verzinkt am Band,
- vollackiert,
- galvanisch verzinkt am Band und zusätzlich vollackiert,
- aus Edelstahl.

Vorwiegender Einsatz als verlorene Schalung im Stahlbeton- und Massenbetonbau z. B. in Verbindung mit → Colcrete-Beton; für feuerbeständige Ummantelungen von Stahlskeletten; als verlorene Schalung unter Holzbalkendecken sowie für den modernen Stahl- und Spannbetonbau, genauso wie als Wandbildner im schalungslosen Behälter- und Silobau; als Träger für schallschluckende wärmedämmende Stoffe. R. ist auch zum Abschalen bei Arbeitsfugen und als Putzträger geeignet.

Rippentorstahl. Veraltete Bezeichnung für → Rippenstahl (tordiert).

Rißbewehrung. Zusatzbewehrung zur Aufnahme von Zugspannungen, die

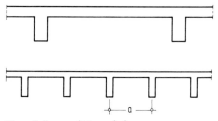

Plattenbalken- und Rippendecke

Rißweite

durch Temperaturänderungen oder → Schwinden hervorgerufen werden. Auch können durch die R. Zwängungen aufgenommen werden → Mindestbewehrung.

Rißbildung. Feine, meistens unsichtbare Risse treten in zug- oder biegebeanspruchten Stahlbetonbauteilen bereits unter Gebrauchsbeanspruchungen auf. Dies ist in den Stahlbetonbestimmungen berücksichtigt. Die wichtigsten konstruktiven Maßnahmen gegen unerwünschte R. sind das Einlegen von Bewehrung, die die Risse nicht verhindert, aber so verteilt, daß viele schmale und damit ungefährliche Risse entstehen, und das Anordnen von Fugen. Je nach den Umweltbedingungen werden Rißbreiten von 0,1 − 0,4 mm als unbedenklich angesehen. In den meisten Fällen genügt es im Stahlbetonbau, Risse nur optisch unsichtbar zu machen. Dies kann durch einen Anstrich oder einen Putz geschehen. In der Regel ist darauf zu achten, daß vor Aufbringen des Anstrichs der Riß zumindest an seiner Oberfläche geschlossen wird.

Rißbreite. Abstand der Rißufer (Ränder), gemessen auf der Bauteiloberfläche, senkrecht zum Rißverlauf. → Rißbildung.

Risse. Es wird zwischen oberflächennahen und Trennrissen unterschieden. Oberflächennahe R. erfassen nur geringe Querschnittsteile und sind häufig netzartig ausgebildet. Trennrisse erfassen wesentliche Teile des Querschnitts (z.B. Zugzone, Steg) oder den gesamten Querschnitt. Die Rißgefahr kann durch bautechnische Maßnahmen, die Betonzusammensetzung, den Betoneinbau, eine sorgfältige Nachbehandlung und die Anordnung von Fugen verringert oder verhindert werden. Bei R. in Brückenbauwerken o.ä. sind die ZTV-RISS zu beachten. → Frühschwindrisse, → Fugen, → Krakeleerisse, → Netzrisse, → Rißbildung, → Schalenrisse, → Spaltrisse, → Injektionen, → Verpressen.

Rißnachweis. Die Beschränkung der Rißbreite nach DIN 1045, Abschnitt 17.6, soll den → Rostschutz der Bewehrung gewährleisten und größere Rißbreiten vermeiden.

Rißsicherheit. In Stahlbetonbauteilen, die wegen ihres Verwendungszweckes rissefrei bleiben sollen, z.B. Flüssigkeitsbehälter, sind die Zugspannungen im Beton durch geeignete Wahl des Tragsystems unter die Zugfestigkeit des Betons abzumindern. Dabei sind auch Zwangbeanspruchungen, z.B. aus gleichmäßigen und ungleichmäßigen Temperaturänderungen und → Schwinden zu berücksichtigen und mit der Bauausführung abzustimmen. → Vorspannung vermindert die Rißbildung.

Rißüberbrückung. Fähigkeit eines Anstrichfilms oder eines ganzen Beschichtungssystems, bewegliche Risse im Untergrund durch elastische Dehnung zu überbrücken, ohne daß die Risse in die Deckschicht durchschlagen.

Rißverzahnung (im Straßenbau). Besondere konstruktive Ausbildung des unteren Bereichs einer Scheinfuge.

Rißweite (im Straßenbau). Breite des unteren verzahnten Teils einer → Scheinfuge. Je enger die R., desto besser

Rödeldraht ist die Querkraftübertragung. Von der R. hängt auch die Ausführung des Nachschnittes zum Vergießen von Scheinfugen ab.

Rödeldraht. Verbindungsmittel für das Verknüpfen von Bewehrung.

Rohdichte. Ist ein Stoff porös, faserig oder körnig und enthält er in seinem Gefüge Hohlräume, z.B. Poren oder Zwischenräume oder beides, so ist bei der Ermittlung der → Dichte das Volumen der Hohlräume einzubeziehen. Die R. ist der Quotient aus der Masse und jenem Volumen, das die Hohlräume einschließt. → Kornrohdichte, → Frischbeton- und → Festbetonrohdichte.

Beispiele:
Quarzkies	2,60–2,65 kg/dm³
dichter Kalkstein	rd. 2,75 kg/dm³
Basalt	rd. 2,90 kg/dm³
Beton	rd. 2,30 kg/dm³
Stahlbeton	rd. 2,40 kg/dm³

Rohdichteklasse. Kennzeichen eines Werkstoffs auf Grund seiner zulässigen Toleranz in der → Trockenrohdichte. So werden der R. von → Leichtbeton z.B. die Rechenwerte für den → Elastizitätsmodul, für die → Wärmeleitzahl und für die Berechnungsgewichte zugeordnet.

Rohmaterial (für die → Zementherstellung). Gemisch, das im wesentlichen aus Calciumoxid CaO, Siliciumdioxid (Kieselsäure) SiO_2, Aluminiumoxid (Tonerde) Al_2O_3 und Eisenoxid Fe_2O_3 besteht. Die Zusammensetzung ist je nach Zementart unterschiedlich. → Homogenisierung.

Rohre → Betonrohre.

Rohrgerät (von NYCANDER). Gerät zur Messung der → Konsistenz von Frischbeton. Es besteht aus einem lotrechten Rohr und einer darunter quer zum Rohr waagerecht angebrachten Rinne. Das Rohr wird zunächst mit der Betonprobe gefüllt, 5 cm angehoben und fallen gelassen. Das Anheben und Fallenlassen wird so lange wiederholt, bis die Oberfläche des Betons um die halbe Rohrhöhe abgesunken ist. Hierauf wird das Rohr noch einmal bis oben gefüllt und so oft gehoben und fallen gelassen, bis es leer ist. Die Zahl der Hübe, die hierzu erforderlich ist, ergibt ein Maß für die Konsistenz des Betons.

Rohrpresse. Maschine zur Herstellung von Betonrohren. Sie besteht aus einer Außenschalung, die aus zwei auseinandernehmbaren Zylinderhälften zusammengesetzt ist, und einem Preßflügel, der im Innern des Rohres rotiert. Während der Beton langsam eingebracht wird, bringt ihn der Preßflügel an seinen endgültigen Platz, verdichtet ihn unter hohem Druck und erzeugt dabei gleichzeitig eine glatte Oberfläche.

Rohwichte. Veralteter Begriff für → Rohdichte.

Rolladenkästen. Sie gehören zu den typischen Wärmebrücken im → Hochbau und müssen deshalb ausreichend gedämmt werden, so daß annähernd der Wärmeschutz der Außenwand erreicht wird. Die Mindestdämmschichtdicke beträgt deshalb 20 mm. Bei Fensterelementen mit integrierten R. muß der k-Wert von Fenster und R. dem erforderlichen Fenster-k-Wert entsprechen.

Römischer Beton (Opus Caementitium). Seit Beginn des 3. Jahrhunderts v. Chr. stellten erstmalig römische Baumeister systematisch Mischungen aus Steinen, Sand, Wasser und gebranntem Kalkstein her, die nach dem Erhärten zusammenhängende Bauteile mit hoher Druckfestigkeit ergaben. Sie nannten dieses Verfahren und diesen Baustoff opus caementitium und verwendeten ihn zunächst für Mauern, Brücken, Hafenmolen usw., später vor allem für Kuppelbauten, teilweise mit riesigen Abmessungen (Kuppeldurchmesser des Pantheon in Rom: 43 m). Die Druckfestigkeiten des R.B. liegen heute zwischen rd. 5 und rd. 40 N/mm². Die Form des Bauteils ergab sich durch eine Schale aus vorher aufgemauerten Steinen und Ziegeln oder durch eine Schalung aus Holzbrettern und -balken. Bei römischen Betonkonstruktionen übernahm meist der Mauerkern die tragende Funktion. Es hat sich eingebürgert, dieses Bauverfahren noch weiter aufzugliedern, indem man die Bauteile nach ihrer Außenschale bezeichnet (z.B. opus incertum: R.B. mit einer Schale aus unregelmäßigem Steinmauerwerk; opus reticulatum: R.B. mit einer Schale aus netzförmigem Steinmauerwerk).

Romanzement. Historische Bezeichnung für einen besonderen, hochhydraulischen Kalk, den Romankalk.

Rost. Stahl wird in Gegenwart von Wasser und Kohlensäure stark angegriffen und bildet das leicht abblätternde Eisenoxid, den R., der ungefähren Zusammensetzung $2Fe_2O_3 \times Fe(OH)_3$. Entscheidend für den Rostvorgang ist das Vorhandensein von Kohlensäure, wodurch sich zunächst Eisen(II)-Karbonat bildet, das gut löslich ist. Durch Wasseraufnahme und Oxidation infolge Luftsauerstoff entsteht Eisen(III)-hydroxid. Dieses spaltet teilweise Wasser ab und geht in R. über. Rostbildung ist mit Volumenvergrößerung verbunden.

Rostschutz → Korrosionsschutz.

Rostschutzanstrich. Im Stahlbetonbau dienen R. dazu, Schäden infolge eingetretener Bewehrungskorrosion im Rahmen aufeinander abgestimmter Materialsysteme fachgerecht auszubessern. Als Anstrichmittel werden überwiegend lösemittelarme oder lösemittelfreie Epoxidharze verwendet, die i.d.R. mit aktiven Rostschutzpigmenten (Zementklinkermehl, Zinkstaub, Bleimennige) angereichert sind. Im Gebrauch sind aber auch mineralische R. in Form polymervergüteter Zementschlämmen. Voraussetzung für die Wirksamkeit des Rostschutzüberzugs ist eine vorherige Entrostung des Bewehrungsstahls durch Sand- oder Wasserstrahlen. Gefordert wird hierbei üblicherweise ein Reinheitsgrad der Kategorie Sa 2½, gemäß DIN 55 928, Teil 4. Bei R. auf Reaktionsharzbasis muß die Stahloberfläche außerdem trocken sein.

Rostschutzpigmente. Feinkörnige Feststoffteilchen, die als Bestandteil von Schutzanstrichen (meist Epoxid-Flüssigharzen) die Funktion haben, Rostbildung auf Stahloberflächen zu verhindern („aktive" R.). Ihre Wirkung kann auf Alkalität, Bleiseifenbildung und/oder chemischer Passivierung beruhen. Als R. dienen u.a. Bleimennige, Zinkstaub und Zementklinkermehl.

Rotationsschalen

Rotationsschalen. Sie entstehen durch die Drehung einer erzeugenden Kurve (Meridiankurve) um eine Rotationsachse und gehören zu den → Flächentragwerken. Es gibt einfach gekrümmte rotationssymmetrische Schalen, z. B. → Zylinder- und Kegelschalen, und doppelt gekrümmte, z. B. Kugelschalen. Diese Flächentragwerke sind hinsichtlich Form und Funktion unmittelbare Nachfolger der klassischen massiven Kuppelbauten (z. B. Pantheon in Rom) und wurden erst durch die Einführung der Stahlbeton- und Spannbetonbauweise ermöglicht. R. führen gegenüber den klassischen Kuppelbauten zu erheblichen Einsparungen von Massen und erlauben damit größere Spannweiten. Sie finden sowohl im → Hoch- als auch im → Industriebau Verwendung und sind beliebte Bauformen für Dachschalen (von z. B. Planetarien, Kuppeln, Hallen usw.), für Öl-, Gas-, Wasser- und Sicherheitsbehälter, Wassertürme, Kühltürme, Fernsehtürme, Silobauten, Kläranlagen (z. B. Sandfänge, Klärbecken, Faultürme), Schornsteine sowie für Fundamente derartiger (turmartiger) Bauwerke.

RStO. Richtlinie für die Standardisierung des Oberbaues von Verkehrsflächen. Sie wird bei der Bemessung von Straßenbefestigungen angewendet.

Rückbiegeversuch. Prüfverfahren für Betonstahl. Nach DIN 488 wird Stabstahl um 90° gebogen, anschließend erwärmt und 30 Min. auf 250 °C belassen, dann um 20° zurückgebogen. Dabei dürfen keine Risse auftreten.

Rückprall. Jener Teil eines Spritzgemisches, der beim Spritzen von der Auftragfläche zurückprallt, also nicht an dieser haftet. Die Menge des R. ist von verschiedenen Einflüssen abhängig (u. a. Beschaffenheit des Untergrundes, Kornaufbau der Mischung, Spritzrichtung, Förderdruck, Düsenabstand). Ein Anteil von 20 % kann beim → Trockenspritzverfahren als durchaus normal gelten. Beim → Naßspritzverfahren ist der R. i. d. R. geringer.

Rückprallhammer. Gerät zur zerstörungsfreien Prüfung von → Festbeton. Es wird die Elastizität des Betons in oberflächennahen Schichten gemessen. Unter bestimmten Voraussetzungen kann auf die → Druckfestigkeit des Betons geschlossen werden. Ein Teil der Schlagenergie wird für die Verformung des Betons, der restliche Teil für den Rückprall des Schlaggewichtes verbraucht. Die Stärke des Rückpralls wird gemessen.

Rückprallprüfung. Zerstörungsfreies Prüfverfahren am → Festbeton mittels → Rückprallhammer. Gemessen wird der Rückprallweg des Schlaggewichtes, der Rückschlüsse auf das elastische Verhalten in oberflächennahen Schichten zuläßt. → Kugelschlagprüfung.

Rückstellprobe. Durchschnittsprobe einer Baustofflieferung zur Wahrung etwaiger Ansprüche. Bei Zement sind etwa 5 kg jeder Lieferung luftdicht verschlossen aufzubewahren.

Rühren. Plastischer und weicherer Frischbeton muß beim Transport entweder während der Fahrt ständig durch ein Rührwerk in Bewegung gehalten oder vor Übergabe des Betons auf der Baustelle nochmals durchgemischt werden. Die

Rührgeschwindigkeit soll etwa die Hälfte der Mischgeschwindigkeit betragen, also 2 bis 6 U/Min.

Rundlochsieb. Eine Blechplatte mit runden eingestanzten Sieböffnungen.

Rundstahl. → Betonstabstahl mit glatter Oberfläche ohne Rippen. → Rippenstahl.

Ruß. Kohlenstoffpigment mit intensiver Farbwirkung.

Rüstungen. Hilfskonstruktion zur Ausführung von Arbeiten an hochgelegenen Punkten eines Bauwerks. Die Rüstmethoden sind in den letzten Jahren ständig weiterentwickelt und verbessert worden. Ausgehend von den zimmermannsmäßig zusammengebauten Tragkonstruktionen haben sich zunächst die Werkstoffe und dann die Verfahren geändert. An Stelle von Holz wird heute meistens Stahl oder Leichtmetall verwendet, und die stationären → Lehrgerüste sind verfahrbaren oder verschieblichen R. gewichen, die bodenunabhängig sind.
R. gehören zu den → Traggerüsten nach DIN 4420. Weitgespannte Schalungen und R. sind statisch nachzuweisen. Für die Berechnung und Bemessung sind besonders die Vorschriften DIN 1052, Holzbauwerke, DIN 1050, Stahl im Hochbau, DIN 1074, Holzbrücken und DIN 1054, zulässige Belastung des Baugrundes zu beachten. Verformungen des Trag- und Bauwerks sind durch entsprechende → Überhöhungen zu berücksichtigen. Die heute verwendeten Rohrrüstungen haben einheitliche Außendurchmesser von 48,3 mm. Die unterschiedlichen Anforderungen an die Tragfähigkeit werden durch verschiedene Wanddicken und Materialien berücksichtigt. So sind alle Teile vielseitig kombinierbar, durch einfache Kupplungsvorrichtungen verbunden und dadurch wirtschaftlich. Das Baukastenprinzip hat sich hier besonders schnell eingeführt und bewährt. Entsprechend ihren Aufgaben haben sich unterschiedliche Rüstsysteme für → Industrie- und → Hochbau und für den schweren Brückenbau entwickelt. Bei stationären R. werden neben der Volleinrüstung versetzbare Rüsttürme und Rüstträger (Fachwerkträger) aus Stahlrohrstützen (Hochbaustützen) eingesetzt. Im Brückenbau haben sich Spezial-Rüstungssysteme wie das → Taktschiebeverfahren, das Vorschubgerüst und der Freivorbau durchgesetzt.

Rüttelbeton. Benennung des Betons nach der Art des → Verdichtens. Beim Rütteln bestimmen Form und Abmessung der Bauteile die Art und Abmessung des geeigneten Verdichtungsgerätes (Rüttler). Man unterscheidet → Innenrüttler, → Oberflächenrüttler und → Schalungsrüttler. → Rüttelverdichtung. Rütteln ist die übliche Verdichtungsart für Beton (→ Konsistenzbereich).

Rüttelbohle. Flächenverdichtungsgerät zum Verdichten von erdfeuchtem Beton bzw. Straßenbeton mit Fließmittel.

Rüttelflasche. Teil des → Innenrüttlers, das in den zu verdichtenden Beton eintaucht.

Rüttelgasse. Um dem Festbeton ein dichtes Gefüge zu verleihen, muß er in frischem Zustand intensiv verdichtet

265

Rüttelgrobbeton

werden. Dies geschieht bei Ortbeton mit der Rüttelflasche, die zwischen der Bewehrung in den frisch geschütteten Beton eingeführt werden muß. Die hierfür vom Statiker in den Bewehrungsplänen vorgesehenen Lücken nennt man R.

Rüttelgrobbeton. Er wird für → Massenbeton verwendet. Es werden in eine 30 bis 50 cm dicke Schicht aus → Frischbeton mit 30 bis 70 mm → Größtkorn Gesteinsbrocken bis 600 mm mit besonderen → Innen- oder → Oberflächenrüttlern eingerüttelt.

Rüttelschwert. Gerät zur Herstellung von Raum- und Scheinfugen in Verkehrsflächen; i.a. ein Stahl-T-Profil mit aufgesetztem Rüttler.

Rütteltisch. Gerät zum Verdichten von → Betonfertigteilen und → Betonwaren sowie beim Herstellen von → Betonprobekörpern. Entweder versetzt eine Unwucht an der Rüttelplatte den elastisch gelagerten Tisch in Schwingungen oder eine Nockenwelle hebt ihn an und läßt ihn wieder fallen.

Rüttelverdichtung. Bei der R. werden durch den Rüttler Vibrationen erzeugt, deren Energie sich auf den Beton überträgt und dafür sorgt, daß die Luft entweicht und die Betonbestandteile eine möglichst dichte Lagerung einnehmen. Praktisch vollständig verdichteter Beton ist dann erreicht, wenn der Beton sich nicht mehr setzt, die Oberfläche mit Feinmörtel geschlossen ist und nur noch vereinzelt Luftblasen austreten. So verdichteter Beton enthält i.a. einen Luftgehalt von etwa 1,5 Vol.-%. → Innenrüttler, → Rütteltisch, → Oberflächenrüttler.

Rüttler. Sie werden zur → Verdichtung des Betons eingesetzt. Man unterscheidet → Innenrüttler, → Außenrüttler, → Oberflächenrüttler, → Schwimmrüttler.

S

Sackschüttung. Einbauverfahren für → Unterwasserbeton. Bei dieser Bauweise wird der Beton in Säcke gefüllt, die von Tauchern ähnlich aufgeschichtet werden wie Sandsäcke bei der Herstellung von Dämmen. Im Schutze der S. kann dann der übrige Beton für ein größeres Bauwerk mit Trichtern (Trichterschüttung) oder mit Förderkübeln (Kastenschüttung) eingebaut werden.

Sackzement. Zement muß in Transportbehältern (z.B. Silowagen) oder verpackt in Säcken ausgeliefert werden. Die Zementsäcke bestehen aus mehreren Lagen Papier und enthalten 50 kg Zement. Bei Normzementen muß aus der Beschriftung der Säcke hervorgehen: Zementart, Zementfestigkeitsklasse, Zusatzbezeichnungen für Zemente mit besonderen Eigenschaften, Lieferwerk und überwachende Stelle. Die Farbe der Zementsäcke muß den → Zementkennfarben der → Zementfestigkeitsklassen entsprechen.

Sägen (von Beton). Zertrennen von erhärteten Betonelementen mit Wandsägen, Bündigsägen, Schrägsägen sowie Fugenschneiden mit Hilfe von Spezialsägeblättern (z.B. Diamant-Sägeblättern), deren wichtigster Teil eine Vielzahl von Schneiden (Sägezähnen) ist. In spezielen

Sandstein

len Fällen verwendet man hydraulisch gesteuerte Sägen. – Eine Wandsäge kann für horizontale oder vertikale Schnitte eingesetzt werden. Es sind Schnittiefen bis zu etwa 40 cm von jeder Seite möglich. Das Sägeblatt wird durch einen Vorschubmotor auf einer Führungsschiene vorwärts und rückwärts bewegt; bis auf eine Entfernung von etwa 3,5 m ist eine Fernsteuerung möglich. Die Führungsschiene ist an Befestigungsblöcken mit dem Beton verdübelt. Die Schnittlänge kann durch Ansetzen weiterer Schienen beliebig verlängert werden.

Salze. Zu dieser sehr umfangreichen Gruppe von Verbindungen rechnet man alle Elektrolyte, die weder Säuren noch Basen sind. Nicht selten bezeichnet man aber auch unlösliche Stoffe noch als S. Anorganische S. entstehen bei der Vereinigung von Metallen, Metalloxiden, Metallhydroxiden oder Carbonaten mit Säuren oder Säureanhydriden. Bei der Auflösung in Wasser spalten sich S. in positiv geladene (zur → Kathode wandernde) → Metall-Ionen (oder NH_4-Ionen und dgl.) und in negativ geladene (zur Anode wandernde) Säure-Anionen. Man unterscheidet zwischen neutralen (normalen), sauren und basischen S. Diejenigen, die sich von sauerstoffhaltigen Säuren herleiten, erhalten die Endung -ate (bei sauerstoffärmeren Säuren -ite). Beispiel: → Sulfate (von Schwefelsäure), → Sulfite (von schwefliger Säure). Werden die S. von sauerstofffreien, einfachen Säuren abgeleitet, so erhalten sie die Endung -id. Beispiele: → Chloride, → Sulfide. → Tausalz.

Salz, Friedelsches → Friedelsches Salz.

Sand. Zuschlag für Mörtel und Beton.

Sandanspruch. Kantige, unregelmäßig geformte Zuschläge und besonders gebrochenes Material verlangen zur Erzielung gut verarbeitbarer Betone eine sandreichere Mischung (→ Korngrößenverteilung) als gedrungene, gerundete aus Sand- und Kiesgruben gewonnene Zuschläge. Zementreiche Betone, Betone mit weicher Konsistenz und Luftporenbetone haben einen geringeren S.

Sand-Kies-Gemisch. Gemisch aus Sand (0 bis 4 mm) und Kies (4 bis 32 mm). Der Ausdruck bezieht sich häufig auf nicht aufbereitetes Zuschlagmaterial.

Sand-Kies-Gemisch, intermittierend gestuftes. Kiese bzw. Sande nach Bodengruppen der DIN 18 196 mit treppenartig verlaufenden Körnungslinien infolge Fehlens eines Korngrößenbereichs oder mehrerer Korngrößenbereiche.

Sandstein. Sedimentgestein, das aus verfestigten Sanden besteht und vorwiegend → Quarz, daneben → Feldspat, → Glimmer und andere Mineralien sowie ein toniges, kalkiges oder kieseliges Bindemittel enthält. Quarzite sind S. mit sehr viel kieseligem Bindemittel und vergleichsweise wenig Quarzkörnern. Im Erdaltertum gebildete graue S. nennt man → Grauwacke. Die Farbe der S. wird durch → Bindemittel und Mineralführung bestimmt. Für Betonzuschlag kommen quarzitische und andere S. in Frage. Die Dichte des Gesteins liegt zwischen 2,64 und 2,72 kg/dm^3 und die Druckfestigkeiten schwanken zwischen 30 und 200 N/mm^2.

Sandstrahlen

Sandstrahlen. 1. Verfahren zum Reinigen oder Aufrauhen von Material- bzw. Baustoffoberflächen, indem ein scharfkörniges festes Strahlmittel wie Basaltsand, Quarzsand, Glas oder Siliciumkorund entweder trocken oder mit Wasser vermischt durch eine Düse unter hohem Druck auf die zu reinigende Fläche geblasen wird. S. ist das wirkungsvollste Verfahren zur Entrostung von Stahloberflächen. 2. Verfahren zur nachträglichen Oberflächenbehandlung von Betonelementen. Das Strahlmittel, Quarzsand oder Schlackensand, wird mit hohem Druck trocken oder angefeuchtet auf die Betonflächen gestrahlt. Es soll die oberste Zementsteinhaut entfernen und das Zuschlagkorn des Festbetons freilegen. Für das Aussehen einer sandgestrahlten Oberfläche sind daher die Farbe des Zementsteines und die Farbe der Zuschläge von Bedeutung. Durch das Aufstrahlen wird auch eine Aufhellung der Werkstückoberfläche erwirkt. Man unterscheidet in:

− Feinstrahlen (Entfernen der obersten Zementhaut),
− Grobstrahlen (Entfernen des Zementmörtels, strukturelles Freilegen des Grobkorns).

Sandwichplatte (Verbundplatte). Eine aus mehreren Schichten bestehende Bauplatte. Sie kommt vorwiegend als vorgefertigtes Beton-Bauteil bei Außenwänden von Gebäuden zum Einsatz.

Sanieren. 1. Wörtlich: Schaffung gesunder Verhältnisse. 2. Im übertragenen Sinne: Beseitigung von Fehlern, Mängeln oder Schäden an Bauwerken oder Bauteilen, wobei von der Bedeutung her eher eine grundlegende, umfassende Maßnahme als eine Korrektur in Teilbereichen gemeint sein dürfte. In Anlehnung an DIN 31 051 wird heute zunehmend der Begriff „Instandsetzen" verwendet.

Santorinerde. Natürliches → Puzzolan von der griechischen Insel Santorin.

Sättigungsdampfgehalt. Max. Wasserdampfgehalt der Luft in g/m^3 (also 100 % rel. Luftfeuchte).

Sauberkeitsschicht. Wird ein Bauteil mit → Stahleinlagen auf der Unterseite unmittelbar auf dem Baugrund hergestellt (z.B. → Fundamentplatte), so ist dieser mit einer mind. 5 cm dicken Betonschicht oder einer gleichwertigen Schicht abzudecken. Die Beton-S. darf nicht auf die Nutzhöhe des Betons oder die → Betondeckung der Stahleinlagen angerechnet werden. Bei bindigen → Böden empfiehlt sich u.U. zunächst die Einbringung einer Sauberkeits-Kiesschicht.

Saugbeton (→ Vakuumbeton). Durch besondere Vorrichtungen, z.B. Saugmatten, Saugschalungen, kann dem frisch eingebauten Beton Wasser entzogen werden. Wenn durch gleichzeitiges Rütteln die Hohlräume, die vorher mit Wasser gefüllt waren, verdichtet werden, erhöht sich durch die Saugbehandlung die Festigkeit und Beständigkeit des Betons. Das Saugverfahren wirkt nicht besonders tief. Es verbessert aber gerade die äußersten Schichten des Betonkörpers, die den härtesten Beanspruchungen ausgesetzt sind. Bauteile und Werkstücke, die nach dem Saugverfahren be-

Schachtofen

handelt werden, können frühzeitig, oft sofort nach der Saugbehandlung ausgeschalt werden. Besonders bewährt hat sich das Saugverfahren bei → Hartbeton.

Saugmatten → Saugbeton.

Saugschalung → Saugbeton.

Saugverfahren → Saugbeton.

Saugverhalten → Saugbeton.

Säulen. Druckglieder mit quadratischem, vieleckigem, meistens aber rundem Querschnitt. Im Betonbau unterscheidet man S. mit Bügelbewehrung, umschnürten Beton und S. mit Formstahlbewehrung. Bei umschnürten S. gibt es nur vieleckige und runde Querschnitte. Vor dem Betonieren muß die Schalung am unteren Ende gereinigt werden. Dazu wird am Säulenfuß ein Fenster in der Schalung vorgesehen, das erst kurz vor dem Betonieren geschlossen wird (→ Reinigungsöffnung). Der Einbau des Betons muß mittig geschehen. Zum Betonieren sind Füllrohre zu verwenden, um Entmischungen zu vermeiden. Die Form darf nicht zu schnell gefüllt werden. Die Verdichtung des Betons erfolgt durch Rütteln. Beklopfen der Schalung genügt normalerweise nicht. Die S. sind frostfrei zu gründen. Mindestabmessungen, Bemessung und Ausführung der S. richten sich nach DIN 1045.

Saulsche Regel. Verfahren zur Abschätzung der aktuellen Betondruckfestigkeit, das besonders bei der → Wärmebehandlung in Fertigteilwerken angewendet wird. Die Regel besagt, daß bei identischen Betonmischungen eine bestimmte → Reifezahl R einer bestimmten Betondruckfestigkeit entspricht. → Reife.

Säurebeständigkeit. Sehr starken Angriffen nach DIN 4030, wie z.B. durch starke Säuren, widersteht Beton nicht, gegen schwache und starke Angriffe ist zweckmäßig zusammengesetzter Beton jedoch hinreichend widerstandsfähig. → Aggressivität.

Säuren. Wasserstoffhaltige Substanzen, die beim Auflösen in Wasser elektrisch geladene Wasserstoffionen abspalten. Je vollständiger der Abspaltungsprozeß abläuft, desto stärker ist die S. Bei starken S., wie z.B. Salzsäure, erfolgt die Spaltung restlos. Als Maß für die Stärke einer S. hat sich die Bezeichnung (→ pH-Wert) pH als Kennwert eingebürgert. Die Skala der pH-Werte reicht von 0 bis 14. Reines, völlig neutrales Wasser besitzt den pH-Wert 7, der pH-Wert 0 entspricht sehr stark sauren, der pH-Wert 14 sehr stark basischen wäßrigen Lösungen.

Schachtofen. Ofen, der bei der → Zementherstellung zum Brennen von → Portlandzementklinkern dient. Er besteht aus einem feuerfest ausgemauerten, senkrechten Zylinder von 2 bis 3 m Durchmesser und 8 bis 10 m Höhe. Der Sch. wird von oben mit Pellets aus Rohmehl und feinkörniger Kohle oder Koks beschickt. Das Brenngut durchwandert im oberen, etwas erweiterten Teil des Ofens eine kurze Sinterzone, wird dann von der von unten eingeblasenen Verbrennungsluft gekühlt und verläßt den

Schaden

Ofen am unteren Ende über einen Austragsrost als Klinker. Die Tagesproduktion eines Sch. liegt unter 300 t Klinker. Sie sind nur für sehr kleine Werke wirtschaftlich und in der Bundesrepublik Deutschland kaum noch gebräuchlich.

Schaden. Zustand einer Betrachtungseinheit (z.B. eines Bauwerks oder Bauteils) nach Unterschreiten eines bestimmten (festzulegenden) Grenzwertes des Abnutzungsvorrats, der eine im Hinblick auf die Verwendung unzulässige Beeinträchtigung der Funktionsfähigkeit bedingt.

Schäden → Schaden.

Schalen (Schalenbauwerke). Plattenartige Bauteile, deren Mittelfläche merklich gewölbt, einfach oder doppelt gekrümmt ist. Die Sch. zeigen ein von Platten wesentlich abweichendes statisches Verhalten. Ihre Beanspruchung ist bei geeigneter Formgebung wesentlich geringer und ihre Steifigkeit entsprechend größer. Der Spannungszustand jeder Sch. kann aus zwei Teilen aufgebaut werden: Membranspannungen und Biegespannungen. Die Biegespannungen entsprechen denen der Platten. Sie werden durch Biegemomente, Drillmomente und Querkräfte hervorgerufen. In der Regel treten jedoch die Biegespannungen bei Sch. nach Größe und Wichtigkeit gegenüber den Membranspannungen zurück, so daß man sie oft ganz vernachlässigen kann. Dann sind die Spannungen gleichmäßig über die Schalenstärke verteilt und tangential zur Mittelfläche gerichtet (Membrantheorie). Die Sch. können die verschiedenartigsten Formen haben. Dank dieser Eigenschaften haben die Schalentragwerke dem Stahlbeton neue Anwendungsgebiete erschlossen und sind besonders für stützenfreie Großhallenbauten geeignet. Man unterscheidet: Zylinderschalen, Vieleckkuppeln, Rotationsschalen, doppelt gekrümmte Sch., die auch aus Fertigteilen errichtet werden können.

Schälen (von Beton) → Flammstrahlen.

Schalenrisse. Sie entstehen durch zu große Temperatur- und Feuchtigkeitsunterschiede zwischen Kern und Schale. Sie sind i.a. wenige Zentimeter tief und schließen sich nach einigen Wochen wieder. Als Faustregel gilt: Sch. treten meist dann auf, wenn der Temperaturunterschied zwischen Kern und Schale 15 K überschreitet. → Risse.

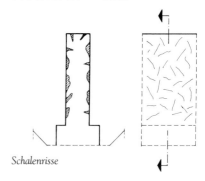

Schalenrisse

Schalfutter → Schalung.

Schalhilfen → Trennmittel.

Schallabsorption. Beim Auftreffen des Schalls auf die Begrenzungsflächen eines Raumes, auf Gegenstände oder Personen wird ein Teil der Schallenergie in Wärmeenergie umgewandelt. Diese Umwandlung nennt man Sch.

Schalung

Schalldämm-Maß (R). Das Sch.-M. eines Bauteiles ist der zehnfache Logarithmus eines bestimmten Schallenergieverhältnisses:

$R = 10 \lg(P_1/P_2)$

P_1 Schallenergie auf der Sendeseite des Bauteils,
P_2 Schallenergie auf der Empfangsseite des Bauteils.

Ein Sch.-M. von z.B. 30 dB bedeutet, daß 1/1000 der auftreffenden Energie in den Nachbarraum gelangt. Da R frequenzabhängig ist, muß es für verschiedene Frequenzen bestimmt werden.

Schalldämm-Maß, bewertetes. Maßeinheit für die Angabe der Luftschallübertragung von Bauteilen. Das früher gebräuchliche → Luftschallschutzmaß hatte den Nachteil, daß als „Nullpunkt" die Mindestanforderung gewählt wurde. Dadurch ergaben sich selbst für schalltechnisch günstige Bauteile negative LSM-Werte, die ein falsches Bild von den untersuchten Bauteilen vortäuschen konnten. Mit dem „b.Sch.-M. R_w" wird dieser Nachteil vermieden, denn als Bezugspunkt wird die Abszisse bei 500 Hz gewählt.

Schalldämmung. Von Sch. spricht man, wenn dem Schall auf seinem Wege vom Entstehungsort zum Empfangsort ein z.B. bauliches Hindernis in den Weg gestellt wird.

Schallmessung → Schallschutz.

Schallschutz. Einerseits Maßnahmen gegen das Entstehen von Schall und andererseits Maßnahmen, die Schallübertragung von einer Schallquelle zum Hörer vermindern.

Schallschutz, erhöhter → Schalldämm-Maß.

Schalöl (Schalungsöl, Entschalungsöl). Es gehört zu den → Trennmitteln und besteht i.d.R. aus wässerigen Emulsionen von chemisch indifferenten Mineralölen; neuerdings auch auf biologischer Basis (z.B. Raps und Rübsen). Sch. wird auf Schalungen gestrichen, damit der Beton beim Ausschalen nicht haften bleibt. Es sollen nur Öle verwendet werden, die auf den Betonflächen keine Flecken hinterlassen. Es ist darauf zu achten, daß kein Öl an die Bewehrung gelangt, damit das Haften des Betons an den Stahleinlagen nicht beeinträchtigt wird.

Schalpasten → Schalwachs.

Schaltafeln → Brettplattenschalung.

Schalung. Formgebende Hilfskonstruktion für nahezu alle Betonbauwerke und Betonbauteile. Gefordert wird eine hohe Maßgenauigkeit, die in vielen Fällen mit einer ausreichenden Tragfähigkeit gekoppelt sein muß. Oberflächenbeschaffenheit und Aussehen des Betonkörpers hängen maßgeblich von der Struktur der Sch. ab und können so weitgehend vorherbestimmt werden (→ Sichtbeton). Verformungen der Sch. sind zu vermeiden, um die Maßhaltigkeit des Betonkörpers zu gewährleisten. Schalhaut und Abstützung werden durch den Schalungsdruck des Betons, durch ihr Eigengewicht und durch zusätzliche Lasten wie Winddruck, Verkehrslasten, Baustoffe

271

Schalung

u.ä. beansprucht. Die Sch. muß gegen Umfallen, Zusammenstürzen, Zusammendrücken, Knicken, Beulen usw. durch Aussteifen mittels druckfester Streben, Stiele, Pfeiler und Anker gesichert werden. Außerdem muß sie sauber und dicht sein. Besonders geeignete Werkstoffe für Sch. sind Holz, Stahl (Stahlformen) und Kunststoff oder Kombinationen aus diesen. Die meisten Sch. müssen vor dem Betonieren mit einem Entschalungsmittel (→ Trennmittel) versehen werden, um eine Verbindung mit dem Beton zu verhindern. Wesentliche Schalungssysteme sind:
- Feste Sch. oder Standschalung, z.B. Fundament-, Wand-, Stützen-, Balken- und Deckenschalung,
- Bewegliche Sch., z.B. Kletter-, Gleit-, und Ziehschalung sowie
- Sonderschalungen, z.B. Vakuum-Sch., aufblasbare Sch.

Schalung (für Sichtbeton). Sichtbeton ist das Spiegelbild der Sch. Als Material für Sichtbetonschalungen können Holz, Stahl und Kunststoff verwendet werden. Die gebräuchlichsten Sichtbeton-Vorsatzschalungen sind:
- Brettschalung,
- Brettschwartenschalung,
- Furnierplattenschalung nach DIN 18 215,
- Glasfaserkunststoff (GFK),
- Hartfaserplatten,
- Kiesbett-Schalung mit Folie,
- Kunststoff- oder Gummischalung (Polysulfid-Schalung),
- Polystyrolschalung (Hartschaumschalung),
- Spanplattenschalung,
- Stahlblech,
- Tischlerplatten nach DIN 68 791.

Schalung, bewegliche. Kletter-, Gleit- und Ziehschalungen. → Schalung.

Schalung, feste. Fundament-, Wand-, Balken- und Stützenschalungen.

Schalungsanker. Sie dienen dazu, Schalungen von Wänden, Pfeilern u.ä. Betonkörpern so miteinander zu verbinden, daß sie durch den Schalungsdruck des eingebrachten Betons ihre Lage nicht verändern. Die einfachste Form des Sch. ist der Rödeldraht. Nach dem Ausschalen werden die Enden, die über die Betonoberfläche herausragen, abgeschnitten. Durch Rost entstehen jedoch häßliche Verfärbungen an der Betonoberfläche. Um dieses zu vermeiden, wurde eine Vielzahl von Systemen entwickelt und patentiert. Die Sch. können entweder vollständig wiedergewonnen werden oder verbleiben teilweise im Betonkörper (Endstücke werden abgeschraubt oder abgebrochen). Der Hohlraum im Beton wird mit Flickmörtel ausgefüllt. Oft sind die Sch. gleichzeitig als → Abstandhalter ausgebildet. Bei Kellerwänden, Gerinnen, Behältern u.ä. müssen die Sch. so ausgebildet werden, daß durch sie kein Sickerweg für Druckwasser entsteht.

Schalungsdruck. Druck, den der noch nicht erstarrte Beton (→ Erstarren) gegen die Schalung ausübt. Er hängt von der Konsistenz des Betons (innerer Reibungswinkel) und der Zeit, die vom Einbau bis zum Beginn des Erstarrens vergeht, ab. Mit z = Abstand von der Betonoberfläche, der Dichte $\varrho = 2,3$ t/m³ und einem inneren Reibungswinkel eines steif-plastischen Betons $\delta = 17,5°$ er-

Schalung

Anwendungsbereiche und Einsatzhäufigkeit von Schalungsarten

Schalungsart	Schalungsmaterial	Anwendungsbereich	Richtwerte über Einsatzhäufigkeit bei geeigneter Vorbehandlung
Schwartenbrettschalung	Tanne bzw. Fichte mit Borkenkante und Astverharzung	Sichtbeton	2 bis 3
Brettschalung, rauh	Tanne bzw. Fichte mit sägerauher Oberfläche	Beton ohne besondere Anforderung an seine Sichtfläche	4 bis 5
Brettschalung, glatt	Tanne bzw. Fichte mit gehobelter Oberfläche	Beton mit besonderen Anforderungen an seine Sichtfläche	bis 10
Brettschalung, einseitig profiliert	Tanne bzw. Fichte mit sandgestrahlter oder abgeflammter Oberfläche	Sichtbeton mit Holzstruktur	bis 10
Brett-Plattenschalung (Schaltafeln)	Tanne bzw. Fichte, imprägniert mit Standardmaß 150 x 50 cm	Beton ohne besondere Anforderung an seine Sichtfläche	bis 50
Sperrholz, beharzt	Tischlerplatte beharzt aus Nadelholz (Stab- oder Stäbchenmittellage)	Beton ohne besondere Anforderung an seine Sichtfläche	bis 30
Sperrholz, befilmt	Tischlerplatte aus Nadelholz (Stab- oder Stäbchenmittellage) mit Natron- oder Kraftpapier		
Sperrholz, polyesterbeschichtet	Tischlerplatte aus Nadelholz (Stäbchenmittellage) mit Polyesterbeschichtung	Glatter Beton	bis 100
Schichtstoffplatten	Melamin- bzw. Phenolbeschichtung auf Stab- bzw. Stäbchenmittellage		80 bis 100
Polysulfid-Schalung	Polysulfid	Strukturierter Sichtbeton	30 bis 50
Gummischalung	Polypropylen-Silikonkautschuk	Strukturierter Sichtbeton (Gummimatrizen); Rohrherstellung (aufblasbare Schalung)	bis 50
Polystyrol-Schalung	Polystyrol-Hartschaum	Strukturierter Sichtbeton, Verdrängungskörper für Systemdecken und Aussparungen	1 bis 5
Stahlschalung	Stahl	Beton ohne besondere Anforderung an seine Sichtfläche	150 bis 500
Stahlblechwickelrohre	Bandstahl mit spiralförmig verlaufenden Falznähten	Sichtbeton	1

Schalung, seitliche

hält man unter Vernachlässigung der Reibung zwischen Beton und Schalung einen Druck p = 1,25 z, somit einen um 25 % größeren Sch. als bei reinem Wasser. Ebenso wie bei Wasser steigt der Druck von oben nach unten linear an. Mit zunehmender Verfestigung des Betons nimmt der Sch. wieder ab. Wird ein → Rüttler eingesetzt, so wird die innere Reibung aufgehoben, und es ergibt sich für den Bereich, in dem der Rüttler wirksam ist, der hydrostatische Druck p = ϱ x z = 2,3 z. Beim Betonieren von Wänden und Stützen ist der Sch. infolge der Reibung des Betons an den Wänden jedoch wesentlich kleiner (Silowirkung).

Schalung, seitliche. Die s. Sch. und die sie stützende Konstruktion aus Schalungsträgern, Kanthölzern, Ankern usw. sind so zu bemessen, daß sie alle lotrechten und waagerechten Kräfte sicher aufnehmen können, wobei auch der Einfluß der Schüttgeschwindigkeit und die Art der Verdichtung des Betons zu berücksichtigen sind. Für Stützen und Wände, die höher als 3 m sind, ist die Schüttgeschwindigkeit auf die Tragfähigkeit der s. Sch. abzustimmen. Für die Bemessung ist neben der Tragfähigkeit oft die Durchbiegung maßgebend.

Schalungsfristen → Ausschalen.

Schalungshilfen → Trennmittel.

Schalungsöl → Schalöl.

Schalungspasten → Schalwachs.

Schalungsrüttler. Rüttler, die an der Schalung befestigt werden und deren Energie über die Schalung auf den Beton übertragen wird. Ihre Wirkung reicht je nach Stärke etwa 20 bis 30 cm tief in den Betonkörper, erfaßt jedoch gerade diejenigen Bereiche, die später den größten Beanspruchungen ausgesetzt sind.

Schalungsschienen (im Straßenbau). Mit Schienen kombinierte Schalungen für den Einbau von Straßenbeton durch einen schienengeführten Deckenzug.

Schalungssteine. Nicht genormte → Beton-Bausteine mit offenen Kammern, die senkrecht zur Lagerfläche verlaufen. Die Steine werden ohne Mauermörtel (ausgenommen die erste Lage) aufeinandergesetzt und anschließend mit Beton oder Leichtbeton weicher → Konsistenz (KR oder KF) verfüllt. Übliche Wanddicken sind 25 bis 30 cm. Die Sch.-Bauart stellt ein Bindeglied zwischen dem traditionellen → Mauerwerk und der Betonbauweise dar. Mauerwerk aus Sch. kann als Sonderbauart sowohl nach DIN 1053 (Mauerwerksbau) als auch nach DIN 1045 (Betonbau) hergestellt werden. Näheres regelt die jeweilige Zulassung. Leichtbeton-Sch., Holzspanbetonsteine sowie Systeme mit eingelegten Schaumkunststoffplatten verbessern die Wärmedämmwirkung des Mauerwerks (k = 0,4 − 0,5 bei 30 cm dicken Wänden). Die Zulassung schränkt jedoch z.T. ihre Verwendung für Brandschutzwände ein.

Schalungsstützen. Ursprünglich wurden fast ausschließlich Rundhölzer, in selteneren Fällen Kanthölzer als Sch. verwendet. Bei hohen Lasten ist mit einer Längenverkürzung zu rechnen, die sich besonders bei hohen und bei solchen Stützen, die Schalungsträger bzw. sonsti-

Schalungssteine

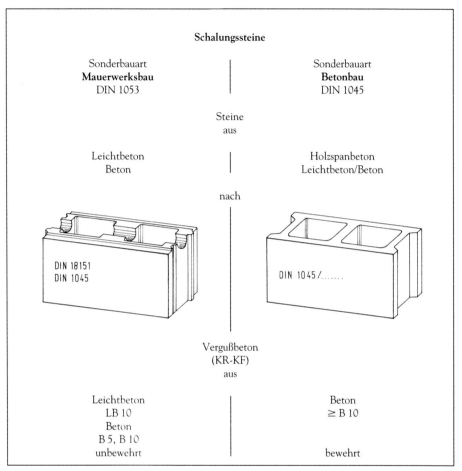

Schalungssteine im Mauerwerks- und Betonbau

ge Schalungskonstruktionen in Betonfeldmitte unterstützen, erheblich auswirken kann. Um den Sch. entsprechende „Überhöhung" zu geben sowie die genaue Schalungshöhe nachstellen zu können, vor allem aber aus Ausschalungsgründen, müssen die Sch. unterkeilt werden. Heute werden vorwiegend höhenverstellbare Sch. aus Stahl für mittige Kraftübertragung verwendet. Zwei ineinander verschiebbare Rohre bilden die Stütze, das Unterteil hat eine Fußplatte, das Oberteil ein Kopfstück zur Auflagerung von Kanthölzern, Schalungsträgern, Stahlprofilen u.ä. in verschiedener Ausführung; die Verstellung erfolgt mittels Bolzen und Gewindestücken oder Klemmvorrichtung.

Schalungsträger

Schalungsträger. Neben dem herkömmlichen Kantholz werden heute vorwiegend industriell hergestellte hölzerne Sch. in Fachwerkbauweise oder in Vollwandbauweise als Konstruktionsmittel bei Wand- und Deckenschalungen, aber auch für Sonderzwecke eingesetzt. Diese hölzernen Sch. bedürfen in der Bundesrepublik Deutschland einer bauaufsichtlichen Zulassung; längenverstellbare Sch. sind prüfzeichenpflichtig. Sch. aus Stahl können so konstruiert sein, daß sie eine Längenänderung zulassen. Hierbei unterscheidet man im wesentlichen zwei Konstruktionsprinzipien: 1. Träger aus mehreren aneinandergesetzten Einzelteilen, 2. Träger aus zwei oder mehr Einzelelementen, die teleskopartig ineinander verschiebbar sind (Teleskopschalungsträger). Für das Einschalen gekrümmter Flächen – konkave und konvexe Krümmung in horizontaler oder vertikaler Richtung – sind flexible Sch. entwickelt worden.

Schalung, verlorene. Sie besteht aus Betonwerkstücken, Naturstein und anderen Materialien wie beispielsweise Rippen-Streckmetall (Streckmetall mit vollwandigen oder durchlochten Rippen) und wird so angeordnet, daß ihre Oberfläche die Außenfläche des künftigen Betonbauwerkes bildet. Anschließend wird die v.Sch. mit Beton hinterfüllt. Gegen den Schalungsdruck des Betons müssen die Schalungselemente nach außen abgestützt oder nach dem Innern des Bauteiles zu verankert werden.

Schalwachs (Schalungspasten, Schalpasten). Es verhindert, auf die Betonschalung aufgebracht, das Verbinden zwischen dieser und dem Frischbeton. Sch. wird wie → Schalöl angewendet.

Schamotte. Zuschlag für Beton oder Mörtel mit einem hohen Widerstand gegen Hitze. Er ist ein in verschiedene Korngrößen zerkleinerter gebrannter Ton, der auch bei hohen Temperaturen (> 1000 °C) praktisch sein Volumen nicht ändert.

Schamottebeton. Ein Beton, dem zur Verbesserung der Hitzebeständigkeit Schamotte als Zuschlag zugegeben wurde. → Beton, hitzebeständiger.

Scharrieren. Eine zunächst glatte Betonoberfläche wird mittels Scharriereisen durch gleichmäßige Schläge fortlaufend aufgeschlagen. In der Regel wird dadurch der Farbton des Materials aufgehellt. Als steinmetzmäßige Bearbeitung erfolgt das Scharrieren mit Hilfe eines Eisens mit breiter Schneide. Man unterscheidet Normal- oder Doppelschlag. Bei Werkstücken mit Hartsteinzuschlägen ist diese Bearbeitungsart nicht möglich.

Schaumbeton. Ein nach DIN 4164 auch als → Porenleichtbeton bezeichneter Beton, der aus → Feinmörtel mit einem gesondert gefertigten Schaum oder durch Zugabe eines → Schaum- oder Luftporenbildners beim → Mischen in schnell laufenden → Zwangsmischern hergestellt wird. Er besitzt „sahneartige" Konsistenz, läßt sich leicht verarbeiten, wird auch als → Transportbeton geliefert. Anwendung: Frostwiderstandsfähige und wärmedämmende → Ausgleichschichten auf Decken und Flachdächern; Unterböden in Industrie- und Sporthallen sowie Viehställen; → Unterbeton und → Tragschicht im Straßen- und Tiefbau. Eigenschaften: → Trockenrohdichte 0,4 bis 1,8 kg/dm^3; → Druckfestigkeit 1,2 bis 20,0 N/mm^2; → Biegezugfestigkeit 0,3 bis 2,5 N/mm^2; → Elastizitätsmodul 500 bis 17.500 N/mm^2; → Endschwinden 3,5 bis 0,8 mm/m.

Schaumbildner. Sie dienen zur Herstellung von → Schaumbeton und für sehr leichte Mörtel. Sie erzeugen entweder direkt im Mörtel oder im Beton eine große Anzahl von kleinen, in sich geschlossenen Luftblasen. Die Zugabe erfolgt beim Mischvorgang (verlängerte Mischzeit zur Schaumbildung erforderlich), oder sie werden zunächst mit Wasser in einem → Schaumgerät zur Erzeugung von → Fertigschaum eingesetzt, der danach dem Mörtel oder Beton untergemischt wird. Stabilisierende Zusätze sorgen dafür, daß der hohe Luftgehalt während des → Verarbeitens erhalten bleibt.

Schaumglas. Wärmedämmstoff aus geschäumtem Glas, der praktisch dampfdicht ist.

Schaumlava. Eine poröse → Lava, die auch als Lavakies oder → Lavaschlacke bezeichnet wird. Sie steht in der Bundesrepublik Deutschland in der Eifel an. Größere europäische Vorkommen von Lavakies liegen in der Auvergne in Frankreich.

Schaumpolystyrol-Beton. Mischung aus → Schaumbeton und → Polystyrol als Zuschlagkomponente. Ausgangsstoff zur Herstellung von Polystyrol (neue Bezeichnung: Polyphenylethen) ist Styrol (Vinylbenzol, Phenylethen), das aus Benzol und Ethylen hergestellt wird.

Schaumschlacke → Hüttenbims.

Scheiben. Im Sinne der Statik ebene Flächentragwerke, die in ihrer Mittelebene belastet sind. Die Dicke der Sch. ist überall gleich und so klein, daß die Spannungen senkrecht zur Mittelfläche mit genügender Genauigkeit vernachlässigt werden dürfen. Es herrscht dadurch ein ebener Spannungszustand. Die technische Biegelehre setzt voraus, daß die Querschnitte bei der Formänderung eben bleiben. Diese Annahme gilt jedoch nur bis zu einem Verhältnis von Balkenhöhe (H) zur Stützweite (L) von $H/L \leq 1/5$. Ist die Balkenhöhe $> 1/5$ der Stützweite, dann versagt die technische Biegelehre, und die Spannungen müssen aufgrund der Theorie elastischer Sch. bestimmt werden.

Scheibenwirkung → Scheiben.

Scheinfugen. Sollbruchstellen in Betonflächen, die unkontrollierte Temperatur- und Schwindrisse aufnehmen. S. werden entweder sofort im Frischbeton durch Einlegen eines Hartfaserstreifens oder einer Folie ausgebildet oder durch frühzeitiges Schneiden des Betons nachträglich angelegt. Bei Estrichen auf Trennschicht sollen durch Einschneiden von Sch. möglichst quadratische Felder gebildet werden, mit einer Seitenlänge von max. 5 m. Anhaltswerte für den Fugenabstand (l) können in Abhängigkeit von der Estrichdicke (d) angegeben werden: Vereinfacht $l_{max} < 30 - 33 \cdot d$.

Schichtdicke (im Straßenbau). Vorgesehene Dicke eines Teils einer Fahrbahnbefestigung gleicher Materialzusammensetzung.

Schichtdickenäquivalenz

Schichtdickenäquivalenz (im Straßenbau). Vergleich der Tragfähigkeit verschiedener Straßenbaustoffe bezogen auf eine Standardausführung.

Schiedsuntersuchung. Wiederholung einer Kontrollprüfung, an deren sachgerechter Durchführung begründete Zweifel des Auftraggebers oder Auftragnehmers (z. B. aufgrund eigener Untersuchungen) bestehen.

Schlacke. Rückstände von Schmelzprozessen (z. B. Roheisengewinnung), die bei Eignung u. a. für die Herstellung von → Hüttenzementen und im Straßenbau verwendet werden. → Hochofenschlakke, → Kesselschlacke, → Müllschlacke, → Stückschlacke.

Schlackensand → Hüttensand.

Schlackenzement → Hüttenzement.

Schlagfestigkeit. Widerstand eines Werkstoffs gegen plötzliche Beanspruchung (Schlagbeanspruchung). Dabei wird eine bestimmte kinetische → Energie in extrem kurzer Zeit übertragen (z. B. beim Rammen von Pfählen). Die Sch. des → Betons wird verbessert durch große Zementsteinfestigkeit, geringe Zementsteindicke, hohen Sandanteil, Zuschläge über 4 mm gebrochen, Zuschläge mit geringem → E- Modul und geringer → Querdehnungszahl.

Schlagregenschutz. Maßnahmen zur Begrenzung der kapillaren Wasseraufnahme von Außenbauteilen infolge Schlagregens. Dies wird i. d. R. dadurch erreicht, daß die Außenoberflächen durch eine wasserdichte, aber dampfdurchlässige Schicht oder durch eine mit Luftabstand vorgesetzte Schale vor Regen geschützt werden.

Schlagzähigkeit → Schlagfestigkeit.

Schlagzertrümmerungswert. Kennzahl für den Widerstand eines Schottermaterials gegen Schlagzertrümmerung.

Schlämme (Schlämpe). Wasser-Zement-Mischung.

Schlämpe → Schlämme.

Schlankheit. Bei der Bemessung von langen, gering dimensionierten Druckgliedern muß nach DIN 1045, Abschnitt 17.4.3, ihre Sch. berücksichtigt werden, um die → Knicksicherheit zu gewährleisten. Sie berechnet sich im Prinzip aus dem Verhältnis von Länge (Höhe) zur Breite (Dicke).

Schlaufen (in der Bewehrung). Bei der Bewehrungsplanung von Stahlbetonbauteilen müssen u. a. auch Stabstöße angeordnet werden, die nach DIN 1045, Abschnitt 18.6.1, auch als Sch. ausgeführt werden können. Dabei müssen die beiden Schlaufenenden eine bestimmte Übergreifungslänge haben. → Übergreifungsstoß.

Schleifen (nicht gespachtelt). Das Beton-Werkstück wird durch Grobschleifen (Fräsen) bearbeitet und kann daher noch Schleifspuren (Rillen) aufweisen. Die freigelegten Poren bleiben offen. In der Regel finden geschliffene (nicht gespachtelte) Werkstücke nur im Freien Verwendung.

Schleifscheibe (nach BÖHME). Gerät zur Prüfung der Verschleißfestigkeit von Beton. Nach DIN 52 108 wird an 50 cm² großen Versuchsstücken, die mit festgelegtem Druck auf eine mit Prüf-Korund bestreute Schleifscheibe gedrückt werden, nach 440 Umdrehungen der Gewichtsverlust gemessen, aus dem über die Verschleißfestigkeit des Betons auch auf seine Güte geschlossen werden kann.

Schleifverschleiß. Verschleiß durch schleifende Beanspruchung an der Betonoberfläche. Der Sch. wird nach DIN 52 108 geprüft und je nach Beanspruchung des Beton-Bauteils als Volumenverlust auf der Nutzfläche in cm³/cm² vorgeschrieben. → Abnutzwiderstand.

Schlempe → Schlämme.

Schleuderbeton. Beton, der durch Schleudern in rotierenden Hohlkörperformen verdichtet wird. Die schweren Teile des plastisch bis weich eingebrachten Betons werden durch die Zentrifugalkraft nach außen gedrückt und das Wasser läuft nach innen ab, wodurch sich ein effektiver → Wasserzementwert von etwa 0,3 ergibt. Sch. wird zur Herstellung von Hohlkörpern, wie z. B. → Schleuderbetonrohren, Masten, Pfählen, Pfeilern, Stützen und zur Auskleidung von Stahl- und Gußeisenrohren als → Korrosionsschutz verwendet.

Schleuderbetonrohre. Betonrohre, die durch schnelle Drehung einer mit Beton gefüllten Rohrform um ihre Längsachse hergestellt werden. Bei der Drehung wird der Beton infolge der Zentrifugalkraft an die Wand der Form geschleudert und so verdichtet. Dabei wird ein Teil des → Anmachwassers nach innen abgesondert, so daß ein günstiger → Wasserzementwert entsteht. Sch. werden schon seit Beginn dieses Jahrhunderts und bis zur Nennweite von 3600 in kreisrunden Querschnitten hergestellt. Zur Herstellung werden Stahlformen verwendet, die aus Halbschalen bestehen. Die Form mit dem eingebauten Bewehrungskorb wird in horizontaler Lage auf eine Rollbank gebracht und in Drehung versetzt, während der Beton mit Hilfe von Fülleinrichtungen über die ganze Rohrlänge hinweg gleichmäßig eingefüllt wird. Nach Beendigung des Füllvorganges wird die Umdrehungsgeschwindigkeit auf das Maß gesteigert, das für eine optimale Betonverdichtung notwendig ist.

Schlitze. An den Sichtflächen offene, längliche Aussparungen, deren Querschnittsgröße sich nach den aufzunehmenden Bauteilen mit entsprechendem Arbeitsraum richtet. Die Sch. können waagerecht, lotrecht oder schräg im Beton oder Mauerwerk liegen; sie können beim Aufbau der Wand ausgespart oder im fertigen Bauwerk eingeschnitten werden. Die nachträgliche Herstellung waagerechter Sch. ist nicht gestattet. → Aussparungen.

Schlitzwand. Bauverfahren, das besonders zur Herstellung von tiefen Kellern und z. B. auch von U-Bahnschächten angewendet wird. Ein schlitzartiger Graben der erforderlichen Tiefe wird ausgehoben und zugleich mit einem Gemisch aus → Bentonit und Wasser gefüllt. Die thixotropen Eigenschaften des Bentonits sichern die senkrechten Wände des anstehenden Baugrundes vor dem Einsturz.

Schluff

Man kann daher auf eine Aussteifung verzichten. Der Schlitz wird dann mit → Unterwasserbeton gefüllt.

Schluff. Zwischen Ton und Sand liegende Korngruppe (Korngröße 0,002 bis 0,06 mm) mit Eigenschaften beider benachbarter Bodengruppen. Stoffe dieses Korngrößenbereichs gehören zum → Mehlkorn bzw. zu den → abschlämmbaren Bestandteilen, deren Anteil im Betonzuschlag bestimmte Werte nicht überschreiten darf. → Absetzversuch.

Schlupfkorn. Korngröße, die gerade noch die Engpässe zwischen den Kugeln der Ausgangskorngruppe passieren kann, wenn diese schon dicht gelagert sind. Theoretisch ist die Schlupfkorngröße $\leq$ 0,155 des nächst größeren Korns.

Schlüpfkorn → Schlupfkorn.

Schmidt-Hammer → Rückprallhammer.

Schneiden (von Beton). Herstellung von Sollbruchstellen in Betonflächen. Neben den mechanischen Verfahren werden auch das Brennen sowie Laser-Strahl- und Hochdruck-Wasserstrahl-Techniken angewendet. → Scheinfugen. → Sägen.

Schnellbinder. Hydraulische Bindemittel, die durch chemische Zusätze (→ Beschleuniger) nach dem → Anmachen besonders rasch erstarren. Sie werden bevorzugt zur Dichtung von Wassereinbrüchen, für Dübelarbeiten und dgl. verwendet. Die Endfestigkeiten liegen jedoch meist weit unter denen, die von Normalbindern erreicht werden. Sch. können auch durch Zugabe von Tonerdeschmelzzement (mind. 20 Gew.-%) zu kalkhaltigen Bindemitteln hergestellt werden.

Schnellerhärten → Schnellerhärter.

Schnellerhärter. Hydraulische Bindemittel, die hohe Anfangsfestigkeiten aufweisen, also besonders rasch erhärten. Der Zeitpunkt des Erstarrungsbeginns unterscheidet sich im Gegensatz zu den → Schnellbindern nicht von dem der Normzemente. → Zemente schnellerhärtende.

Schnellhärtung → Schnellerhärter.

Schnellzement. Er zeichnet sich durch kurze Erstarrungszeit und hohe Anfangsfestigkeit gegenüber den Normzementen aus. Sch. ist als Z 35 SF bauaufsichtlich zugelassen und wird mit einem erhöhten Tonerdegehalt des Rohmehls hergestellt. Vorwiegende Anwendung z. B. bei der Verbindung von Fertigteilen oder beim Einsetzen von Dübeln.

Schnittkräfte. Aus Gründen des Gleichgewichts (actio = reactio) werden bei äußerem Kraftangriff innerhalb eines Bauteilquerschnittes Kräfte aktiviert, die man als Sch. bezeichnet.

Schockbeton. Benennung des Betons nach der Art des → Verdichtens. Schokken der → Schalung mit Beton durch Anheben auf einem Schocktisch mit Nockenwelle und hartem Schlag beim Herabfallen.

Schollenbildung (im Straßenbau). Ergebnis der mechanischen Entspannung einer → hydraulisch gebundenen Tragschicht bzw. einer alten Betondecke, um ein Durchschlagen von Rissen bzw. Fugen in den darüber befindlichen Schichten zu vermeiden.

Schotter. Gebrochenes Material (→ Zuschlag) mit dichtem Gefüge der Korngrößen 32 bis 63 mm aus Naturstein oder künstlich hergestellten Stoffen.

Schottertragschicht (im Straßenbau). Ungebundene, ohne Verwendung von Bindemitteln verfestigte Schicht aus hohlraumarmen, korngestuften Schotter-Splitt-Sand-Gemischen oder aus Splitt-Sand-Gemischen nach ZTVT-StB unter einer Fahrbahndecke.

Schrägrippenstahl → Betonstabstahl.

Schraubanker (im Straßenbau). Geteilte Anker mit einseitigem Gewinde in → Längsfugen, die durch einen Muffenstoß verlängert werden können. Die Verwendung von Sch. in den Längspreßfugen kann durch das Einbauverfahren von Betonflächen erforderlich werden.

Schraubdübel. Dübel mit einseitigem Gewinde, die durch Muffen verlängert werden können.

Schreitbohle (im Straßenbau). Ein mit Kippbewegungen arbeitendes Oberflächenverdichtungsgerät in einem → Betonstraßenfertiger. Die Kippbewegungen ermöglichen das Entweichen der Luft aus dem Frischbeton nach oben.

Schrumpfen. Volumenverminderung, die infolge des Erhärtungsvorgangs, z. B. von Zementstein oder von Reaktionskunststoffen, eintritt. Hauptursache ist, daß die Ausgangsstoffe vor dem Erhärten ein anderes Volumen einnehmen als das Erhärtungsprodukt.

Schub (Schubbeanspruchung). Wird ein Betonquerschnitt in seiner Fläche mit einer Kraft belastet, so entsteht ein Sch. Gegensatz ist die senkrecht zur Fläche wirkende Kraft, die Normalkraft.

Schubbeanspruchung → Schub.

Schubbewehrung. Zur Aufnahme von → Schubspannungen muß in einem Betonquerschnitt Sch. in Form von → Bügeln und Schrägeisen angeordnet werden.

Schubmodul. Nach der → Elastizitätstheorie wird der Sch. zur Berechnung der Schubverformungen von Tragwerken benötigt. Er ist eine Funktion des → Elastizitätsmoduls und der → Querdehnzahl.

Schubspannung. Die in der Ebene eines Querschnitts wirkende Kraft bewirkt die Schubspannung.

Schürze (Injektionsschleier, Injektionsschirm). Verfahren zur Abdichtung gegen Wasserverlust bei Talsperren. Vom Kontrollgang, der sich unmittelbar über der Sohlfuge und in der Nähe der Wasserseite befindet, wird Zementsuspension in das durchlässige Gebirge unterhalb der Talsperre eingepreßt. Solche Sch. können bis zu 100 m tief sein.

Schüttbeton

Schüttbeton. Haufwerksporiger unbewehrter Beton, der meist als → Leichtbeton ohne besonderes Verdichten in die → Schalung eingebracht wird.

Schüttdichte. Quotient aus Masse und Volumen einschließlich eingeschlossener Haufwerksporen. Die Sch. kann wesentlich von der Vorbehandlung, der Art der Lagerung und Schüttung abhängen. → Dichte, → Rohdichte.
Beispiele:
Kiessand Sieblinie B32
– trocken rd. 1,90 kg/dm³
– 3% Oberflächenfeuchte
rd. 1,65 kg/dm³
Zement
– lose eingefüllt 0,90–1,20 kg/dm³
– eingerüttelt 1,60–1,90 kg/dm³

Schüttgeschwindigkeit (Steiggeschwindigkeit). Die max. zulässige Sch. des Frischbetons beim Einbringen in die Schalung begrenzt den Frischbetondruck auf die Schalung und ist der Schalungsfestigkeit anzupassen. Der auftretende Druck ist abhängig von den Frischbetoneigenschaften wie Rohdichte, Konsistenz, Temperatur, → Erstarrungszeit und von der Art des Verdichtens.

Schüttgewicht. Veraltete Bezeichnung für → Schüttdichte.

Schütthöhe → Fallhöhe.

Schüttlage. Der Frischbeton ist lagenweise einzubringen (→ Einbringen) und zu verdichten. Die Höhe der Sch. richtet sich nach der Leistung des Verdichtungsgerätes. Als Richtmaß gilt eine Höhe von höchstens 50 cm.

Schüttrohre → Fallrohre.

Schüttwichte. Veraltete Bezeichnung für → Schüttdichte.

Schutzanstrich → Oberflächenschutz.

Schutzmaßnahmen → Oberflächenschutz.

Schutzraumbau. Separate Räume in Bauwerken aus Stahlbeton, die infolge größerer Decken- und Wanddicken und besonderer Belüftung in der Lage sind, im Falle von Katastrophen oder kriegerischen Auseinandersetzungen Menschen vor herabfallenden Trümmern, radioaktiver und thermischer Strahlung, Druckstößen, Brandeinwirkungen sowie vor biologischen und chemischen Substanzen zu schützen.

Schutzschichten → Oberflächenschutz.

Schutzüberzug → Oberflächenschutz.

Schwankungen (der Betonfestigkeit). Festigkeitsprüfungen bei Beton ergeben immer mehr oder weniger stark streuende Werte. Die Ursachen sind Schwankungen in der Zementfestigkeit, Ungleichmäßigkeiten in der Zuschlagzusammensetzung, dem Wassergehalt, im mehr oder weniger gründlichen Mischen, Verarbeiten und Nachbehandeln. Darüber hinaus führen Prüfstreuungen zu Sch. Sie sind einmal stärker, einmal schwächer, teils wirken sie im gleichen Sinne, teils heben sie einander auf. Sie weisen die Merkmale von zufälligen Abweichungen auf. Die Sch.d.B. werden durch statistische Kennwerte erfaßt. Je kleiner die Sch. sind, desto größer ist i.d.R. die Sorgfalt bei der Betonherstellung und -verarbeitung gewesen. Sie haben Bedeutung für die Sicherheit eines Bauteils, da das Versagen mit großer Wahrscheinlichkeit z.B. an der Stelle geringster Festigkeit eintritt. Im Betonbau werden deshalb Sicherheiten bzw. Vorhaltemaße angewendet, die auf Grund statistischer Auswertungen festgelegt sind.

Schwefelbeton. Beton, bei dem übliche Kies-Sand-Gemische mit flüssigem Schwefel (Schmelzpunkt 120 °C) als Bindemittel verarbeitet werden. Seiner hohen Beständigkeit gegen Säuren und Salzlösungen steht als Nachteil seine Brennbarkeit gegenüber.

Schwefelsäure. Anorganische Säure mit der chemischen Formel H_2SO_4. In Verdünnung können damit → Ausblühungen, → Aussinterungen an Betonoberflächen beseitigt werden. Bei intensiver Einwirkung auf Beton bewirkt S. eine Zerstörung. → Angriff, chemischer.

Schwefelwasserstoff. Gas aus hochfäulnisfähigen Stoffen, das Beton sehr stark angreift. Der Beton ist durch Beschichtungen zu schützen.

Schweißarbeiten → Schweißen.

Schweißen. Metalle oder Kunststoffe werden durch Druck und Wärmezufuhr miteinander verbunden. Für Betonstahl sind die in DIN 1045, Abschn. 6.6, genannten Schweißverfahren zulässig.

Schweißstöße → Abbrennstumpfschweißen.

Schweißverbindungen → Abbrennstumpfschweißen.

Schwellzement → Quellzement.

Schwemmsteine. Veraltete Bezeichnung für → Vollsteine aus Leichtbeton mit Naturbims als Zuschlag.

Schwerbeton. Beton mit einer → Trockenrohdichte von mehr als 2,8 kg/dm³. Die hohe Trockenrohdichte wird durch einen → Schwerzuschlag (Zuschlag mit einer → Kornrohdichte von wesentlich über 3,0 kg/dm³, z.B. Schwerspat, Magnetit, Hämatit, Stahlschrot) erreicht. Er findet Anwendung für den → Strahlenschutz als Abschirmbeton, z.B. im Reaktorbau.

Schwerbetonzuschlag → Schwerzuschlag.

Schwerspat (Baryt, $BaSO_4$). Zuschlag mit hoher → Rohdichte (rund 4,5 kg/dm³) für → Schwerbeton.

Schwerstbeton. Veraltete Bezeichnung für → Schwerbeton.

Schwertrüttler (im Straßenbau). Zur Herstellung von → Scheinfugen in Betonplatten geeignete Stahlprofile mit Rüttelvorrichtung.

Schwerverkehr. Als Sch. DTV$^{(SV)}$ versteht man bei der Bemessung von Verkehrsflächen Lastkraftwagen mit einem zulässigen Gesamtgewicht von mehr als 2,8 t ohne und mit Anhänger, Sattelzüge und Kraftomnibusse mit mehr als neun Sitzplätzen einschließlich Fahrersitz.

Schwerzuschlag

Schwerzuschlag. Zuschlag mit einer → Kornrohdichte von wesentlich über 3 kg/dm³ für → Schwerbeton.

Schwimmrüttler. Auf der Betonoberfläche aufliegende Rütteleinheit, die z. B. beim Betonieren hoher Stützen im Zuge des Betonierfortschritts mit nach oben „schwimmt" und durch den ständigen Kontakt mit der Oberfläche die fortwährende Verdichtung des von oben eingebrachten Betons sicherstellt.

Schwindbewehrung → Rißbewehrung.

Schwinden. Volumenverminderung des Zementsteins infolge Austrocknung.

Schwindfuge. Fuge, die Kontraktionsbewegungen aufnimmt, die insbesondere infolge Schwindens des Betons und infolge thermisch bedingter Verkürzungen auftreten.

Schwindmaß (Grundschwindmaß). Es ist in DIN 4227 angegeben (ε_{so} = + 10 x 10^{-3} in Wasser bis -46 x 10^{-5} in trockener Luft) und ist ganz wesentlich abhängig von den Umgebungsbedingungen des jeweiligen Bauteiles. → Schwinden.

Schwindrisse. Risse, die durch das → Schwinden des Betons entstehen können. → Frühschwindrisse, → Krakelee-Risse, → Netzrisse, → Risse.

Schwindspannungen. Sie entstehen an der Oberfläche eines Stahlbetonbauteiles infolge Austrocknen des Zementsteins und können zur Rißbildung führen.

Schwingsiebe. Beweglich angeordnete Siebe zur Bestimmung der → Kornzusammensetzung von Zuschlaggemischen.

Seewasserbau. Seebauten sind meist sehr massive und große Bauwerke, die i. d. R. in Trockendocks, auf schwimmenden Arbeitsbühnen oder Aufschüttungen hergestellt und nach ihrer Fertigung zu ihrem endgültigen Standort eingeschwommen werden. Dazu zählen Arbeitsplattformen, Förderinseln und Lagertanks ebenso wie Schwimmdocks, Gründungskörper, Sperrbauwerke sowie schwimmende Verkehrstunnel. Aufgrund ihrer Eigenschaften bieten Beton, Stahlbeton und Spannbeton viele Vorteile für Seewasserbauwerke, wie Dauerhaftigkeit, geringe Unterhaltung, hohe Druckfestigkeit, große Steifigkeit, gutes Verhalten bei extrem niedrigen Temperaturen, hohen Widerstand gegen Materialermüdungen und günstige thermische Dämmeigenschaften.

Segmentbauart → Segmentbauweise.

Segmentbauweise. Brückenbauverfahren, bei dem der Brückenträger aus z. B. 2 m langen vorgefertigten Teilen von der Größe des Gesamtquerschnitts besteht, die aneinandergekoppelt werden. Die Segmente werden meist im freien Vorbau aneinandergekoppelt oder über einen Hilfsträger feldweise montiert. Die Fugen werden meist mit Epoxidharzmörtel geschlossen, die Querkraftübertragung übernehmen Verzahnungen im Beton, die Zugkräfte werden von der Vorspannung und die Druckkräfte von der Mörtelfuge aufgenommen.

284

Sicherheitsbeiwert

Seitenbeschickung (im Straßenbau). Seitlicher Antransport des Deckenbetons und die seitliche Übergabe in den → Kübelverteiler. Muß der Beton über den Grünstreifen transportiert werden, verwendet man den sog. Sidefeeder. Dieser ist fahrbar, hat eine Aufgabemulde sowie ein Förderband und ist höhenverstellbar.

Seitenschalung. Seitliche Begrenzung von Betonflächen aus Holz, Kunststoff oder Stahl. Sie muß den → Frischbetondruck während des Einbringens des Betons ohne Verformung sicher aufnehmen. Im Straßenbau kann die S. gleichzeitig die Schiene für den → Deckenzug bilden.

Serienfestigkeit ($ß_{WS}$). Mindestwert für die mittlere → Druckfestigkeit einer → Würfelserie. Die S. liegt bei B 5 um 3 N/mm² und bei den übrigen → Festigkeitsklassen um 5 N/mm² über der → Nennfestigkeit $ß_{WN}$.

Serpentin. Kristallwasserhaltiger Zuschlag für → Strahlenschutzbeton (Neutronenschwächung). Kristallwassergehalt: 11 bis 13 %. Rohdichte: etwa 2,6 kg/dm³.

Setzen (des → Frischbetons) → Bluten.

Setzmaß → Slump-Test, → Setzprobe.

Setzprobe. Meßverfahren zur Bestimmung der → Konsistenz des Betons. Ein kegelstumpfförmiger Trichter wird mit der weiten Öffnung nach unten aufgestellt und mit Beton gefüllt. Nach Abheben des Trichters vermindert sich die Höhe der Betonprobe um das Setzmaß.

Setzrisse. Längsrisse über der oberen Bewehrung, die durch das Setzen des Frischbetons entstanden sind. Rißtiefe meist nur gering (Oberflächenrisse). Solche Risse können durch rechtzeitiges Nachverdichten vermieden werden.

Setzung (im Bauwesen). Die natürliche Senkung eines Bauwerkes durch Zusammendrückung des Baugrundes unter der Bauwerkslast.

Setzungsfuge. → Bewegungsfuge zwischen Bauteilen, die dort vorgesehen wird, wo wegen der Art des Untergrundes unterschiedliche Setzungen zu erwarten sind.

Setzzeitversuch (Vebe-Grad nach BÄHRNER). Der Beton wird in den Setztrichter eingefüllt und verdichtet. Nach dem Abnehmen des Trichters wird der Beton unter der Einwirkung eines Rüttlers und einer Auflast von einem Kegelstumpf in einen Zylinder umgeformt. Die zu dieser Umformung erforderliche Zeit in Sek. (s) ist das → Konsistenzmaß. Die Anwendung ist nur möglich, wenn das → Setzmaß < 20 mm oder das → Ausbreitmaß < 30 cm ist.

Sicherheit (vor Rissen) → Rißsicherheit.

Sicherheitsbeiwert. Für die durch Biegung mit Längskraft beanspruchten Bauteile aus Stahlbeton sind in DIN 1045 S. festgelegt, deren Größe von der Dehnungsverteilung kurz vor der Bruchlast abhängt. Bei einem durch Risse und Durchbiegungen „angekündigten Bruch" begnügt man sich mit einem S. von 1,75. Bei einem Versagen ohne Vorankündi-

285

Sichtbeton

gung müssen bei der Bemessung die → Schnittkräfte mit einem S. von 2,1 angesetzt werden.

Sichtbeton. Beton, dessen Ansichtsflächen gestalterische Funktionen erfüllen und ein vorausbestimmtes Aussehen haben sollen. Eine Ansichtsfläche gilt als gestaltet, wenn im voraus vereinbarte Forderungen an ihre Beschaffenheit erfüllt und die gewünschte optische Wirkung erreicht werden.

Sichtbetonflächen (Beurteilung von). Sie erfolgt nach dem Merkblatt „Sichtbeton – Merkblatt für Ausschreibung, Herstellung und Abnahme von Beton mit gestalteten Ansichtsflächen" des Bundesverbandes der Deutschen Zementindustrie, Köln, sowie nach DIN 18 331 (VOB) „Beton- und Stahlbetonarbeiten", Ausgabe September 1988, Ziffer 3, 3; DIN 18 333 (VOB) „Betonwerksteinarbeiten", Ausgabe September 1981 und DIN 18 500 „Betonwerkstein, Anforderungen, Prüfung, Überwachung", Ausgabe August 1976. Zu den erfüllbaren Forderungen (geringe Toleranz) zählt jede Eigenschaft von Sichtbeton, die meßbar und in den Normen beschrieben ist. Voraussetzungen dafür sind z. B.: gleichbleibende Betonzusammensetzung, geschlossenes Gefüge, sachgemäße Fugen- und Kantenausbildung, dichte, rüttelfeste und saubere Schalung, sachgemäße Nachbehandlung. Nur bedingt erfüllbar (wegen Einflüssen z. B. aus Witterung, Umwelt oder schwankenden Materialeigenschaften) und mit größerer Toleranz zu beurteilen sind vor allem: Ansichtsflächen frei von schwächeren Flecken und Verunreinigungen, Vermeidung von Ausblühungen.

Sichtbetonmängel. Sie können durch die Schalung, das Trennmittel und/oder den Beton selbst entstehen und äußern sich meistens in Verfärbungen bei sonst einwandfreier Oberfläche oder durch ausgesprochene Oberflächenmängel. Sichtbeton ist im Gebrauchszustand aus angemessener Entfernung (bezogen auf Flächengröße und Bauwerkstyp) zu beurteilen. Für die Beurteilung von → Sichtbetonflächen gelten bestimmte Einstufungen. Das Fehlen insbesondere folgender Eigenschaften schließt die vertragsgemäße Erfüllung der Leistung nicht aus: Völlig einheitliche Farbtönung aller Ansichtsflächen, völlig einheitliche Porenstruktur (Porengröße, Porenverteilung). Jede Beschaffenheit der gestalteten Ansichtsfläche, die nur durch subjektives Empfinden beurteilt werden kann, darf nicht zu einer Forderung im Sinne des Werkvertrages erhoben werden. Ausbesserungen von Mängeln können mit farblich angepaßtem, kunstharzvergütetem Fertigmörtel oder durch Mörtel und nachträglichen Anstrich über die gesamte Fläche erfolgen.

Sichtbetonoberflächen (Gestaltung von). Die Gestaltung der am fertigen Bauwerk sichtbaren Betonflächen kann auf drei verschiedene Arten erfolgen:
– Gestaltung der Ansichtsfläche ohne nachträgliche Bearbeitung der Mörtelschicht (Besenstrich, → Durchfärben, Glätten, Schalungsabdruck),
– Gestaltung der Ansichtsfläche durch frühzeitige Bearbeitung (→ Feinwaschen, → Waschbeton),
– Gestaltung der Ansichtsfläche durch nachträgliche Bearbeitung (→ Flammstrahlen, → Krönelen, → Polie-

Sichtbetonmängel

Sichtbetonmängel (Verfärbungen)

Wirkung	Ursache	Gegenmaßnahme
Flecken	Verunreinigung infolge Trennmittels	Nur abtrocknende Trennmittel auf Kunststoffbasis verwenden
	Kunststoffbeschichtete Schaltafeln	Nur einwandfrei hergestellte Tafeln verwenden
	Rostflecken bei Stahlschalung	Schalung gründlich reinigen und mit lufttrocknendem Trennmittel vorbehandeln und schützen
Farbunterschiede	Unterschiediches Saugvermögen der Schalung (alt/neu bzw. Sommer/Winter) ergibt ungleichmäßige Verfärbungen; ungleichmäßig belichtete Bretter und Schaltafeln verursachen diese Farbunterschiede	Schaltafeln nur gleichmäßig der Sonne aussetzen; Vorbehandlung der neuen Schalung mit Zementleim, der sofort wieder abgekratzt werden kann, oder Versiegeln der Schalung

Oberflächenmängel

Wirkung	Ursache	Gegenmaßnahme
Nester	Auslaufen des Zementleims aus der undichten Schalung	Schalung abdichten; vor Betonierbeginn reichlich langfristig wässern
Luftblasen	Geölte Schalung läßt Blasen aus dem Beton nicht aufsteigen	Lufttrocknende Trennmittel verwenden; Rüttler schnell eintauchen und langsam ziehen, so daß Blasen durch unverdichteten Beton nach oben aufsteigen können
Absanden der Oberfläche	Trennmittelkonzentration nicht eingehalten	Richtige Dosierung der Trennmittel beachten; Trennmittel dünner auftragen
Kantenabplatzungen	Quellen von trockener Schalung	Schalung vor der Betonierung feucht halten oder mit Kunststoffanstrich versehen (keine Wasseraufnahme mehr)
	Auslaufen von Zementleim	Schaumstoff in die Stöße einlegen
Krumme Kanten und Flächen	Abweichungen von der Flucht	Steifere Schalungen verwenden

Sichtmauerwerk

ren, → Sandstrahlen, → Scharrieren, → Schleifen, → Spitzen, → Stocken).

Sichtmauerwerk. → Mauerwerk, dessen Ansichtsfläche gestalterische Funktionen erfüllt und deswegen unverputzt bleibt. S. aus → Beton-Bausteinen wird ausgeführt für Innenwände und als einschaliges oder zweischaliges Außenmauerwerk. Bei Innenwänden können sich Einsparungen durch entfallenden Putz oder Verkleidung ergeben. Insbesondere → Leichtbetonsteine mit haufwerksporiger Struktur verbessern die Schalldämmung. Einschaliges S. für Außenwände wird üblicherweise aus bauphysikalischen Gründen mit → Leichtbetonsteinen in Wanddicken zwischen 30 und 36,5 cm ausgeführt. → Zweischaliges Mauerwerk für Außenwände ist der klassische Anwendungsfall für S. Die Außenschale (Verblendschale) wird mit → Vormauersteinen (Vm) oder → Vormauerblöcken (Vmb) in Wanddicken von mind. 11,5 cm ausgeführt. S. soll im Innenbereich mit mineralischen Farben oder Dispersionsfarben gestrichen werden, im Außenbereich empfiehlt sich eine Hydrophobierung der Steine.

Sidefeeder → Seitenbeschickung.

Siebanalyse → Siebversuch.

Siebdurchgang. Beim Siebversuch durch ein Prüfsieb hindurchgegangene Menge eines Korngemisches. → Überkorn, → Unterkorn.

Siebe. Geräte zur Trennung von → Zuschlaggemischen in → Korngruppen. → Maschensieb, → Quadratlochsiebe, → Siebsatz.

Sieben. Die Zusammensetzung eines Zuschlaggemisches wird durch S. der trockenen Zuschläge geprüft. Der Prüfsiebsatz besteht aus dem Drahtsiebboden mit 0,125 (nicht für die Eigenüberwachung und für die Festlegung der → Kennwerte der Kornverteilung); 0,25; 0,5; 1 und 2 mm Maschenweite sowie aus den Blechen mit Quadratlochung mit 4; 8; 16; 31,5; 63 und 90 mm. Das letzte Sieb wird bei der Ermittlung von Kennwerten nicht berücksichtigt. Es sind mind. zwei Siebungen durchzuführen. Für jede Siebung sind mind. die nach DIN 4226, Teil 3, festgelegten Prüfgutmengen zu verwenden.

Prüfgutmenge in Abhängigkeit von Korngruppe und Gefüge

Korngruppe/ Lieferkörnung mit einem Größtkorn (mm)	Prüfgutmenge je Siebung bei Zuschlag	
	mit dichtem Gefüge (g) mindestens	mit porigem Gefüge (g) mindestens
bis 4	500	300
bis 8	2000	1000
bis 16	3500	2000
bis 32	5000	2500
bis 63	10000	–

Sieblinie. Grafische Darstellung der Kornzusammensetzung (→ Korngrößenverteilung) des Betonzuschlags. Sie entsteht durch Auftragung der Siebdurchgänge in % über den zugehörigen Siebweiten. Stetige S. haben einen lückenlosen Kornaufbau, bei unstetigen S. fehlen einzelne Korngruppen (→ Ausfallkörnung). In DIN 1045 sind für Korngemische mit Größtkorn 8 mm, 16 mm,

Sieblinie

Regelsieblinien nach DIN 1045

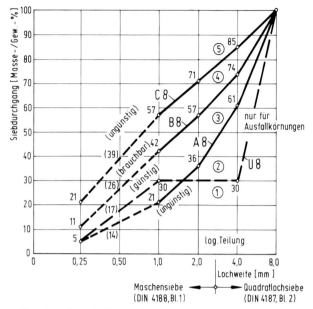

Sieblinienbereiche nach DIN 1045 für Zuschlaggemische 0/8

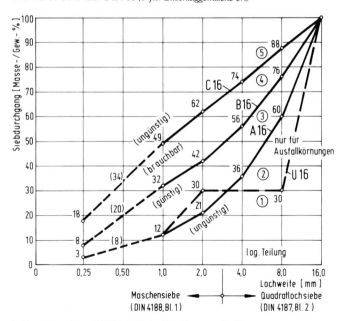

Sieblinienbereiche nach DIN 1045 für Zuschlaggemische 0/16

289

Sieblinie

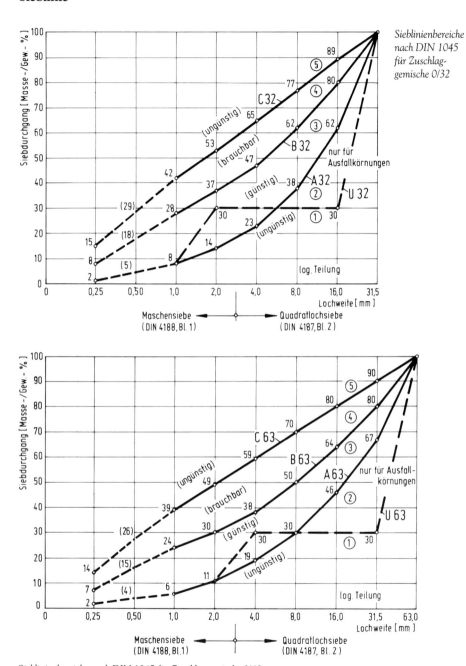

Sieblinienbereiche nach DIN 1045 für Zuschlaggemische 0/63

32 mm und 63 mm Regelsieblinien angegeben. Unabhängig vom Größtkorn wird einheitlich die untere (grobe) Regelsieblinie mit A, die unstetige Regelsieblinie mit U, die mittlere mit B und die obere (feine) Regelsieblinie mit C bezeichnet. Das jeweilige → Größtkorn ist als Beiwert angegeben.

Sieblinienbereich. Fläche zwischen zwei Sieblinien, z.B. zwischen den → Regelsieblinien A und B. Die Tatsache, daß es keine → Idealsieblinie gibt, führte dazu, daß die linienmäßigen Festlegungen für die Kornzusammensetzungen den S. weichen mußten, zumal in der Praxis Linien ohnedies nicht einzuhalten sind.

Sieblinienfläche → Sieblinienbereich.

Sieblinien-Prozentwaage. Gerät zur schnellen und einfachen Ermittlung der Sieblinie eines Zuschlaggemisches. Es handelt sich um eine Federwaage mit angehängtem Eimer. Eine auf der Waage angebrachte verstellbare Skala ist so eingeteilt, daß man unmittelbar die Siebdurchgänge in % ablesen kann.

Sieblochweite. Durchmesser der Öffnungen im Rundlochsieb oder die Seitenlänge der Öffnungen im Quadratlochsieb. → Siebe, → Siebsatz.

Siebprobe → Siebversuch.

Siebreihe. Anordnung der → Siebe innerhalb eines → Siebsatzes z.B. 0,25; 1,0; 8,0 mm.

Siebrückstand. Beim → Siebversuch auf einem → Prüfsieb liegengebliebene Menge des Prüfgutes. Der S. wird in % der untersuchten Probe mit dem Durchmesser der Sieböffnung, bei der er ermittelt wurde, angegeben, z.B. 70 % Rückstand auf Sieb 16 mm. → Überkorn, → Sieblinien, → Siebversuch.

Siebsatz. Eine Anordnung von → Sieben zur Trennung von Schüttgütern. Für die Trennung von Zuschlagmaterial steht der sog. große S. mit den Einzelsieben 90; 63; 31,5; 16; 8; 4; 2; 1; 0,5; 0,25 und 0,125 mm sowie einem Auffangkasten zur Verfügung.

Siebtrommel. Gerät zur maschinellen Siebung von Zuschlaggemischen.

Siebversuch. Prüfung zur Feststellung der → Kornzusammensetzung. Der Versuch wird maschinell oder von Hand mit trockenen Zuschlägen durchgeführt. In Zweifelsfällen ist die Handsiebung maßgebend. Es sind mind. zwei Siebungen durchzuführen. → Sieben.

SI-Einheiten. Das Gesetz über Einheiten im Meßwesen vom 2. Juli 1969 bestimmt, daß im geschäftlichen Verkehr die Basiseinheiten des Internationalen Einheitensystems (SI) zu verwenden sind. Darin wird z.B. die früher gebräuchliche Krafteinheit kp durch die neue Einheit N ersetzt. 1 kp = 10 N.

Silane. Monomere siliciumorganische Verbindungen, die mit sich selbst zu silikonharzähnlichen Verbindungen reagieren. Sie können deshalb auch als Vorprodukte der Silikonharze bezeichnet werden. Aufgrund ihrer geringen Molekülgröße dringen sie gut in den Betonuntergrund ein, wo es durch Reaktion mit

291

Siliciumdioxid

dem alkalischen Medium zu einer sehr festen chemischen Bindung kommt. Da für diese Reaktion Feuchtigkeit benötigt wird, kann auch bereits ein rel. junger Beton mit alkoholischen Silanlösungen erfolgreich hydrophobiert werden.

Siliciumdioxid (SiO_2). Rohstoff für die Zementherstellung.

Silikatbetone. Sie entstehen entweder auf der Basis nicht naturgewonnener Grundstoffe mit Dampfhärtung unter Verwendung von Kalk oder Zement oder aus einem Gemisch von Kalk und gemahlenem (silikatischem aufgeschlossenem) Natursand. Dadurch lassen sich Fertigteile, wie Balken, Stützen, Wände und Platten, mit Druckfestigkeiten bis über 100 N/mm² herstellen. Durch den geringen Gehalt an freiem Kalk ist ein → Korrosionsschutz der Bewehrung erforderlich.

Silikatfarben. Fertig pigmentierte oder selbst zu mischende Anstrichstoffe, denen ein kieselsäurereiches Kaliwasserglas als Bindemittel dient. Bedingt durch kristalline Versteinerung ergibt sich eine gegen atmosphärische Einflüsse und Alkalien sehr beständige Beschichtung. Im Unterschied zu den → Dispersionssilikatfarben enthalten reine Silikatfarben keine organischen Zusätze.

Silikatmodul. Begriff aus der Zementchemie. Der S. gibt einen Anhaltswert für das Verhältnis von Kieselsäure zu dem in der Schmelze vorliegenden Al_2O_3- und Fe_2O_3-Anteil.

Silikone → Silikonharze.

Silikonharze. Bereits vor der Anwendung vernetzte polymere siliciumorganische Verbindungen. Charakteristische Eigenschaften: Gute Verträglichkeit mit mineralischen Untergründen, wasserabweisend, UV- und wärmebeständig. Imprägnierlösungen auf Silikonharzbasis enthalten etwa 4–5 % Silikonharz, welches durch Verdunsten des organischen Lösungsmittels physikalisch trocknet und danach sofort hydrophobierend wirkt. Eine Silikonharzbehandlung ist auch bei niedrigen Temperaturen (bis etwa 0 °C) möglich.

Silikonkautschuk → Silikonharze.

Siliziumkarbid (SiC). Synthetisch hergestelltes Carborundum. Härte nach MOHS 9½, ; Farbe blau bis schwarz, dunkelgrün; Dichte 3,1 ... 3,2 kg/dm³. Zuschlag nach DIN 1100 für → Hartstoffestriche und andere Oberflächen mit hohem → Verschleißwiderstand. → Schleifverschleiß.

Silodruck. Kraft je Flächeneinheit, die sich aus der Belastung von Materialien auf Wände ergibt, z. B. Wasser in einem Gefäß oder Frischbeton in der Schalung (→ Schalungsdruck). Der S. ist an der Oberfläche des Füllgutes gleich Null und nimmt mit der Tiefe zu, beim Wasser mehr als beim Frischbeton, denn Wasser ist praktisch reibungslos, während Frischbeton eine innere Reibung besitzt und zwischen der Schalhaut und dem Beton ebenfalls eine Reibung (führt zu Silowirkung) besteht. Diese Reibungen vermindern die Druckzunahme.

Silosteine. Konisch geformte Schalungs- oder Formsteine zum Bau von

Hoch- und Tiefbehältern mit kreisrundem Grundriß, z.B. Gärfuttersilos.

Silowirkung → Silodruck.

Siloxane. Niedermolekulare siliciumorganische Verbindungen, die zwischen den Silanen und Silikonharzen stehen und durch Teilvernetzung von Silanen gebildet werden. Ihr Einsatzgebiet ist ebenfalls die Hydrophobierung von Betonflächen. Auf den Unterschied zur Stoffgruppe der → Siloxanfarben sei ausdrücklich hingewiesen.

Siloxanfarben. Lösemittelhaltige, pigmentierte Acrylharzfarben, denen Siloxan als Kombinationsbindemittel zugesetzt wird, um die wasserabweisende Wirkung an Fehlstellen des Anstrichfilms zu erhöhen.

Silozement. Loser Zement, der im Gegensatz zum → Sackzement unverpackt in Spezialfahrzeugen zum Verbraucher ausgeliefert wird. Er wird dort durch Druckluftförderung direkt in stationäre Silos umgefüllt.

Sinter (Kalksinter). Kalkablagerungen, z.B. in Wasserleitungen.

Sinterbildung → Aussintern.

Sinterbims. Durch Sinterung künstlich hergestelltes, bimsartiges Material, das als Betonzuschlag verwendet werden kann.

Sintern. 1. Erhitzen eines Stoffs auf seine Schmelz- bzw. Sintertemperatur. 2. Teigig weiche Konsistenz mineralischer Stoffe kurz vor dem Schmelzen.

Slump-Test

Sinterung. Erhitzen eines pulverförmigen oder pelletierten Materials bis in Schmelzpunktnähe; es erweicht und wird teigig, die Körner verkleben. Bei der Zementherstellung wird das Rohmehl bis zum Sintern (1400 − 1450 °C) erhitzt, und es entsteht als Brennprodukt der Zementklinker. Die Sintergrenzen, also der Temperaturbereich, in dem erhitztes Rohmehl teigig- zähflüssig wird, hängen von der Zusammensetzung des Rohmehls ab. Eisenoxyd wirkt z.B. als Flußmittel, hoher Kalkgehalt setzt die Sintergrenze hinauf.

Skelettbau. Bezeichnung für stark aufgelöste Konstruktionen, bei denen die vertikalen Kräfte hauptsächlich über Stützen und Rahmen abgetragen und die raumabschließenden Funktionen besonderen Ausfachungen zugewiesen werden. Hauptvorteil der Skelettbauweise ist die große Flexibilität in der Grundrißgestaltung. Skelettbauten können sowohl aus Ortbeton als auch aus Fertigteilen erstellt werden. Horizontalkräfte werden meist über die Deckenscheiben in den Gebäudekern mit Fahrstuhlschacht und Treppenhaus abgetragen.

Slipformpaver → Gleitschalungsfertiger.

Slump-Test (Trichterversuch nach ABRAMS und ASTM C 143-74). Der Beton wird in einen Setztrichter von 300 mm Höhe in drei Schichten etwa gleichen Volumens eingefüllt. Jede Schicht wird mit einem 1,5 kg schweren Stampfer 25mal gestampft. 5 bis 10 Sek. nach dem Füllen wird die Blechform abgehoben. Das Setzmaß ist der Unterschied zwischen Höhe der Form und Höhe des

Sollbruchstelle

Kegelstumpfes nach dem Abziehen der Form. Die Gesamtzeit des Versuchs soll kleiner als 2,5 Min. sein.

Sollbruchstelle → Scheinfuge.

Sommerloch. Ausdruck für das Absinken der 28-Tage-Druckfestigkeit auf Baustellen in den heißen Sommermonaten gegenüber der bei gleicher Betonzusammensetzung in kühleren Jahreszeiten. Für dieses Absinken ist überwiegend die Betontemperatur in den ersten Std. der Erhärtung maßgebend. Eine hohe Frischbetontemperatur bringt, analog zur Warmbehandlung von Beton, eine erhöhte Frühfestigkeit, während die Festigkeiten im späteren Alter zurückgehen. Außerdem steigt der Wasseranspruch. Aus diesem Grunde müssen in heißen Sommern Rezepturen mit größerem Vorhaltemaß in der Betonfestigkeit und in der Ausgangskonsistenz verwendet werden.

Sonderbetonstahl. → Betonstahlmatten, die im Aufbau und in den Abmessungen für spezielle Anwendungsgebiete besonders angepaßt sind.

Sonderzemente → Zementarten.

Sorelzement. Veraltete und falsche Bezeichnung für Magnesiabinder. Das nicht hydraulische Bindemittel dient zur Herstellung von Steinholz.

Sorption (Wasserdampfsorption). Eigenschaft oberflächennaher Schichten von Bauteilen, bei zunehmender relativer Luftfeuchte Wasserdampf aufzunehmen (→ Absorption), zu speichern und bei abnehmender relativer Luftfeuchte wieder abzugeben (→ Desorption).

Spachtelmasse. Pigmentierter, hoch gefüllter Beschichtungsstoff vorwiegend zum Ausgleich von Unebenheiten des Untergrundes. Er kann zieh-, streich- oder spritzbar eingestellt werden. Die verfestigte Schicht muß schleifbar sein. Man kann die Sp. unterscheiden nach dem Auftragsverfahren, nach dem Bindemittel und nach dem Verwendungszweck.

Spaltrisse. Sie können dann entstehen, wenn z. B. ein aufgehendes Bauteil auf ein bereits erhärtetes Fundament betoniert wird. Das aufgehende Bauteil erwärmt sich beim Erhärten des Betons. Beim Abkühlen will sich das später betonierte Teil zusammenziehen, wird aber durch den Verbund mit dem Fundament daran gehindert. Sp. verlaufen meist senkrecht zur Kontaktfläche und gehen als Trennrisse durch die gesamte Konstruktion. → Schalenrisse.

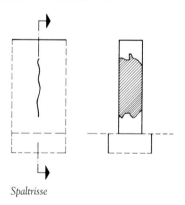

Spaltrisse

Spaltsteine. Plattenförmige rechteckige Beton-Werkstücke werden in einer Spaltmaschine gespalten. Es entstehen Steine mit einer bruchrauhen (gespaltenen) Oberfläche: Sp., Bossensteine und Spaltenriemchen.

Spannglieder

Spaltzugfestigkeit. Zur Prüfung belastet man nach DIN 1048 einen Zylinder mit 150 mm Durchmesser und 300 mm Länge längs zweier gegenüberliegender Mantellinien. Dabei treten quer zur Belastungsebene überall gleich große Zugspannungen auf.

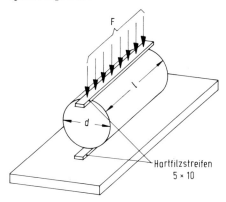

Spaltzugfestigkeitsprüfung an Zylindern

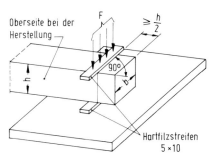

Spaltzugfestigkeitsprüfung an prismatischen Probekörpern

Spannbahn → Spannbett.

Spannbeton. Bewehrter Beton, der sich vom → Stahlbeton dadurch unterscheidet, daß die Stahleinlagen mit einer Zugkraft vorgespannt werden. Durch die Druckspannung, die dadurch im Beton hervorgerufen wird, bleiben Bauteile aus Sp. auch bei Auftreten von Zug- und Biegekräften rissefrei. Es muß auf der Zugseite erst die Druckvorspannung abgebaut werden, bevor Zug im Betonquerschnitt auftritt. Infolgedessen kann der gesamte Betonquerschnitt zum Tragen herangezogen werden. Dadurch kann der Bauteilquerschnitt verkleinert werden. Man unterscheidet: Vorspannung mit Verbund, Vorspannung → ohne Verbund, Vorspannung mit → nachträglichem Verbund, → beschränkte Vorspannung, → volle Vorspannung, formtreue Vorspannung. Die unter hoher Zugspannung stehenden Spannglieder der Spannbetonbauteile sind durch Korrosion (→ Spannungsrißkorrosion) besonders gefährdet. Der Schutz durch die Betonumhüllung ist daher besonders wichtig. Richtlinien für Bemessung und Ausführung von Sp. sind in DIN 4227 zusammengefaßt. Hieraus sind die zulässigen Beanspruchungen sowie die physikalischen Beiwerte des → Kriechens und → Schwindens zu entnehmen.

Spannbett. Schalung im Fertigteilwerk, in der die Spannstähle vor dem Betonieren des Spannbetonbauteils vorgespannt werden.

Spannbewehrung. Bewehrung, die in Bauteile aus → Spannbeton eingelegt wird. Für die Ausführung gelten die Abschnitte 13 und 18 der DIN 1045. Für Bauteile aus Spannbeton mit → beschränkter oder → voller Vorspannung ist DIN 4227 zu beachten.

Spannglieder. Zugglieder aus → Spannstahl, die zur Erzeugung einer → Vorspannung dienen. Hierunter sind auch

Spannkanal

Einzeldrähte, Einzelstäbe und Litzen zu verstehen, die werkmäßig vorgefertigt werden.

Spannkanal. → Hüllrohre, in denen die → Spannglieder geführt werden, um sie bei → nachträglichem Verbund mit Einpreßmörtel zum Zwecke des → Korrosionsschutzes zu verfüllen.

Spannkräfte. Zugkräfte, mit denen die → Spannglieder vorgespannt werden.

Spannleichtbeton → Leichtspannbeton.

Spannstahl. Stähle, die für Spannbetonbauteile eingesetzt werden. Sie müssen vom Institut für Bautechnik zugelassen sein. Diese Zulassung wird auf begrenzte Zeit erteilt. Spanndrähte müssen mind. 5,0 mm Durchmesser oder bei nicht runden Querschnitten mind. 30 mm² Querschnittsfläche haben. Litzen müssen min. 30 mm² Querschnittsfläche haben, wobei die einzelnen Drähte mind. 3,0 mm Durchmesser aufweisen müssen. Für Sonderzwecke, z.B. für vorübergehend erforderliche Bewehrung oder Rohre aus Spannbeton, sind Einzeldrähte von mind. 3,0 mm Durchmesser bzw. bei nicht runden Querschnitten von mind. 20 mm² Querschnittsfläche zulässig.

Spannung. In der Festigkeitslehre versteht man hierunter den Quotienten aus einer Kraft und einer Fläche.

Spannungen, zulässige. Um ein Bauteil nicht bis zum Bruch zu belasten, sind je nach → Festigkeitsklasse des verwendeten Betons durch den Statiker z.Sp. einzuhalten, die in DIN 1045 angegeben sind.

Spannungs-Dehnungs-Linie. Für die Bemessung von Stahlbetonbauteilen sind in DIN 1045 die Rechenwerte für die S.-D.-L. von Beton und von Betonstahl angegeben.

Spannungsrißkorrosion. Wird ein → Spannstahl nur ungenügend gegen schädigende Einflüsse geschützt, schreitet die → Korrosion von der Oberfläche her ins Innere fort und bildet im Spannstahl eine Kerbe. Wenn die Vorspannung die Zugfestigkeit des Stahls überschreitet, erfolgt ohne Vorankündigung der Bruch (Einsturz eines Teils des Vordachs der Berliner Kongreßhalle im Jahre 1980).

Spannungsverlust. Abnahme der Spannung in einem Bauteilquerschnitt, z.B. infolge → Kriechens des Betons.

Spannungszustand. Der → Stahlbeton verdankt seine günstigen Eigenschaften der schubfesten Verbindung zwischen dem Beton und den eingelegten Stahlstäben. Man unterscheidet zwei Sp.:
Sp. I — Der Beton ist in der Zugzone nicht gerissen und trägt bei Zug mit.
Sp. II — Der Beton ist in der Zugzone mehrfach gerissen; die Zugkräfte müssen ausschließlich von den Stahleinlagen aufgenommen werden.

Spannvorrichtung. Vorrichtung, mit der die → Spannglieder eines Bauteils die erforderliche → Vorspannung erhalten. Die S. muß Zugkräfte der Größenordnung von 50 − 80 kN ausüben können.

Sperranstrich. Anstrich, der die unerwünschte Einwirkung von Stoffen aus dem Untergrund auf eine Beschichtung oder umgekehrt das zu starke Abwandern von Bindemittel aus einer Beschichtung in den Untergrund verhindern soll.

Sperrbeton. Damit wird in DIN 4117 (1960, Abdichtung von Bauwerken gegen Bodenfeuchtigkeit) Beton mit Zusatz von → Dichtungsmitteln und entsprechender Zusammensetzung bezeichnet. Der Begriff Sp. ist umstritten und veraltet. Er wird in der grundlegenden Beton-Norm DIN 1045 (1988, Beton- und Stahlbetonbau) nicht mehr verwendet. → Wasserdichtheit, → wasserundurchlässiger Beton).

Sperrfrist (im Straßenbau). Zeitraum nach der Herstellung von Betonflächen bis zur ersten Benutzung durch den Verkehr.

Sperrigkeit. Eigenschaft von Betongemischen von geringer → Verdichtungswilligkeit und großer Neigung zum → Entmischen. Zur Sp. neigen Gemische mit geringem Gehalt an → Feinstteilen und Gemische mit kantigem Zuschlag. Luftporen wirken der Sp. entgegen.

Sperrkorn. Korngröße, die kleiner als das Stützkorn (meist → Größtkorn), aber größer als das → Schlupfkorn ist und so die gegenseitige Berührung des Stützkorns eines → Haufwerks verhindert. Theoretisch ist die Sperrkorngröße $\geq$ 0,225 des nächst größeren Korns.

Sperrschicht. Schutzschicht gegen seitlich eindringende bzw. aufsteigende Feuchtigkeit in Bauwerken. → Feuchteschutz.

Spezialzemente. Zemente für spezielle Anwendungsgebiete. Sie können in Zusammensetzung, Herstellung oder Eigenschaften von DIN 1164 abweichen. Sp. sind z.B.: Hydrophobierter Zement, Tiefbohrzement, Schnellzement, Quellzement und Tonerdezement. Für bauaufsichtlich genehmigungspflichtige Arbeiten dürfen nur solche Zemente verwendet werden, die DIN 1164 entsprechen oder bauaufsichtlich zugelassen sind (→ Zementarten).

Spinellblau. Licht- und alkalibeständiges → Farbpigment. → Betonzusatzstoff nach DIN 1045.

Spiralbewehrung → Wendelbewehrung.

Spitzen. Die Gesteinsoberfläche z.B. eines Beton-Werkstücks wird mit einem Spitzeisen bearbeitet. Hierbei wird Schlag neben Schlag gesetzt. Die Betonoberfläche nimmt durch das Sp. die Farbe der Bruchflächen der Zuschlagkörner an und erhält dadurch ein lebhaftes Aussehen. Zweckmäßigerweise werden die Kanten gefast oder mit dem Prelleisen bearbeitet, da sonst eine exakte Eckausbildung nicht möglich ist.

Splitt. 1. Gebrochener → Betonzuschlag mit Kleinstkorn 4 mm und Größtkorn 32 mm (→ Edelsplitt). 2. Gebrochener Mineralstoff mit Kleinstkorn 2 mm und Größtkorn 32 mm.

Splittbeton. Bei der Herstellung von Sp. wird als Betonzuschlag gebrochenes Natursteinmaterial verwendet. Er läßt sich meistens ebenso gut wie → Kiesbeton verarbeiten. Für die Konsistenzprüfung

Sporn

ist der Verdichtungsversuch vorzuziehen. Die Biegezug- und die Spaltzugfestigkeit von Sp. sind wegen der unregelmäßigen kubischen bis splittrigen → Kornform und wegen der kantigen und rauhen Oberfläche des gebrochenen Zuschlags bei gleicher Druckfestigkeit um etwa 10 – 20 % größer als bei Kiesbeton. Auch die → Grünstandfestigkeit ist besser. Sp. findet in allen Bereichen des Betonbaus Anwendung.

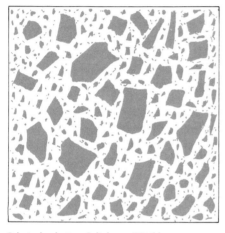

Schnitt durch einen Splittbeton-Würfel

Sporn (im Straßenbau). In Betonfahrbahnen vor Brücken bzw. bituminösen Befestigungen sollen Sp. Längsbewegungen der Fahrbahnplatten verhindern.

Sprengen. Sehr harte Böden und harter Fels, die in ihrer natürlichen Lagerung maschinell nicht oder nur unwirtschaftlich zu lösen sind, werden durch Sprengen aufgelockert und zerkleinert. Dazu wird Sprengstoff in zuvor gebohrte Löcher gefüllt und zur Explosion gebracht. Die wichtigen Rohstoffe für die Zementherstellung – Kalkstein und Kalksteinmergel – werden in Steinbrüchen hauptsächlich durch Sp. gewonnen. Je nach Werksgröße fallen dort bei einer Sprengung Gesteinsmengen bis 100 000 t und mehr an.

Spritzbeton. Beton, der in einer geschlossenen, überdruckfesten Schlauch- oder Rohrleitung zur Einbaustelle gefördert und dort durch Spritzen aufgetragen wird, wobei er eine hohe Verdichtung erhält. Man unterscheidet nach DIN 18551 das Trockenspritzverfahren (Wasserzugabe erst an der Spritzdüse) und das Naßspritzverfahren (Druckförderung der feuchten Mischung). → Betonspritzmaschinen.

Spritzbetonhilfen. Flüssige oder pulverförmige Betonzusatzmittel der Wirkungsgruppen BE (Beschleuniger) und – seltener – ST (Stabilisierer), deren Zusammensetzung speziell auf den Einsatz bei Spritzbetonarbeiten abgestimmt ist. Die wichtigsten Anforderungen an die Wirkungsweise einer Sp. sind das rasche Erstarren und eine möglichst geringe Beeinträchtigung der Beton-Endfestigkeit. Der Zusatz reduziert den Rückprall und verbessert im besonderen die Haftung auch dickerer Materialschichten auf lotrechten und überhängenden Spritzflächen. Ermöglicht wird ferner die Verarbeitung von Spritzbeton auf nassen, leicht wasserführenden Unterlagen.

Spritzbewurf. Er dient zur Vorbereitung des → Putzgrundes. Er soll einen zu schnellen, unterschiedlichen oder zu schwachen Wasserentzug durch den Putzgrund verhindern und einen festen und dauerhaften Verbund des → Putzes mit dem Bauteil fördern. Sp. soll möglichst ein schnellerhärtendes hydraulisches Bindemittel sowie grobkörnigen Sand enthalten. Stark saugender Putzgrund sowie ein Putzgrund aus unterschiedlichen Baustoffen erhält meist einen vollflächigen Sp., schwach saugender Putzgrund einen nicht voll deckenden (warzenförmigen) Bewurf. Die Oberfläche des Sp. soll nicht bearbeitet werden. Betonflächen erfordern i.a. immer einen Sp. zur Putzgrundvorbereitung (Mörtelgruppe P III). Auf einen Sp. darf die erste Putzart erst aufgetragen werden, wenn der Bewurf ausreichend erhärtet ist, frühestens jedoch nach 12 Std.

Spritzmörtel. Zementmörtel mit Zuschlag bis höchstens 4 mm Korndurchmesser, der wie → Spritzbeton hergestellt wird.

Spritzputz → Putzweisen.

Sprühfilm. Nachbehandlungsmittel gemäß den „Technischen Lieferbedingungen für flüssige Beton-Nachbehandlungsmittel" für Straßenbetonflächen. Er soll ein vorzeitiges Verdunsten von Wasser aus dem Frischbeton verhindern.

Spundwand. In den Baugrund gerammte Flächentragwerke aus einzelnen biegungssteifen und knicksicheren Elementen, den Spundbohlen. Sie dienen der Aufnahme und Übertragung vornehmlich horizontal wirkender Erd- und Wasserdrücke, z.B. um Bauwerke während der Bauzeit grund- bzw. druckwasserfrei zu halten, können aber auch senkrechte Lasten in den Baugrund übertragen.

Spurbahnwege → Spurwege (aus Beton).

Spurwege (Spurbahnwege, aus Beton). Mit Ortbeton oder Beton- Bauteilen befestigte ländliche Wege, bei denen eine Befestigung nur im Bereich der Radspuren vorgesehen ist. Ökologisch betrachtet haben sie Vorteile gegenüber einer Befestigung über die ganze Wegbreite.

St → Stabilisierer.

Stababstand. Bei der Bemessung der Zugzone eines Betonquerschnittes muß den Einzelstäben und den → Bügeln ein St. zugeordnet werden, so daß eine einwandfreie Frischbetonverarbeitung des betreffenden Bauteiles und eine vollständige Umhüllung der Bewehrung mit Beton möglich ist.

Stäbe → Montageeisen.

Stabilisieren → Stabilisierer.

Stabilisierer (ST). → Betonzusatzmittel, das das Zusammenhaltevermögen und die Verarbeitbarkeit des Frischbetons verbessern sowie ein Wasserabsetzen und ein Entmischen verhindern soll. Sie wirken in erster Linie physikalisch durch eine Viskositätserhöhung des Zementleims und eine Veränderung der Oberflächenspannung des Wassers.

Stabilisierung (im Straßenbau). Verfestigung des Untergrundes bzw. der Frostschutzschicht mit hydraulischen Bindemitteln. → Bodenverfestigung, → Bodenverbesserung.

Stabilität → Standsicherheit.

Stabstahl → Betonstabstahl.

Stahl

Stahl. Metallischer Stoff, der im kalten oder warmen Zustand formbar ist. Er wird aus Roheisen hergestellt, dem unerwünschte Begleitstoffe (z.B. Kohlenstoff) entzogen werden.

Stahlbesen (St., englischer; im Straßenbau). Gerät zur Herstellung des → Besenstrichs für die → Anfangsgriffigkeit von Betonfahrbahnen. Der St. muß mind. 45 cm breit sein und zwei gegeneinander versetzte Büschelreihen aus Federstahl besitzen.

Stahlbesen, englischer → Stahlbesen.

Stahlbeton (bewehrter Beton). Verbundbaustoff aus Beton und Stahl (i.d.R. → Betonstahl). Dabei wirkt sich die annähernd gleichgroße Wärmedehnzahl vorteilhaft aus. Beton ist ein druckfester, jedoch nicht sehr zugfester Baustoff. Werden Bauteile aus Beton auf Zug beansprucht, so können diese Kräfte durch ein zugfestes Material, z.B. Stahl, aufgenommen werden. Dieser Stahl wird normalerweise auf der Zugseite des Bauteils im Betonquerschnitt vollkommen eingebettet (ausreichende Betonüberdeckung). Wegen der kraftschlüssigen Verbindung zwischen Stahl und Beton spricht man von dem Verbundbaustoff St. bzw. von bewehrtem Beton. Reicht der Betonquerschnitt nicht aus, um die auftretenden Druckkräfte abzutragen, so können Bewehrungsstäbe auch in der Druckzone angeordnet werden. In Stützen übernehmen Stahl und Beton gemeinsam die Druckkräfte.

Stahlbetonfertigteile. Im Gegensatz zu Bauteilen aus → Ortbeton werden St. zumeist in einer Fabrikanlage gefertigt, von dort aus auf die Baustelle transportiert und montiert bzw. verlegt. → Betonfertigteile.

Stahlbetonhohldielen. Hohlplatten als → Betonfertigteile für Decken oder Wände mit mehreren Metern Spannweite. Je nach Fertigungsverfahren besitzen die Hohlräume unterschiedliche Querschnitte – hauptsächlich rund, oval oder rechteckig. St. können schlaff bewehrt oder vorgespannt sein und haben, aus Leichtbeton hergestellt, gute Wärmedämmeigenschaften. Hinsichtlich der Abmessungen und Lastannahmen gilt DIN 1045. → Betonfertigteile.

Stahlbetonrippendecken. → Plattenbalkendecken nach DIN 1045 aus → Ortbeton oder → Betonfertigteilen mit einem lichten Abstand der Rippen von höchstens 70 cm, deren Platte eine Dicke von mind. 5 cm aufweist und die mit verteilten Nutzlasten von nicht mehr als 5 kN/m² belastet werden. Die Zwischenräume zwischen den Rippen werden durch Hohlkörper gebildet, denen statisch keine Tragfunktion zukommt.

Stahlbetonrohre. Rohre aus → Stahlbeton für drucklos betriebene → Kanäle und Leitungen mit kreisförmigen oder sonstigen Durchflußquerschnitten, die nach den Regeln des Stahlbetons (DIN 1045) für Beanspruchungen rechtwinklig und in Richtung der Rohrachse unter Berücksichtigung des Herstellverfahrens bemessen, bewehrt und nach DIN 4035 ausgeführt sind.

Stahldehnung → Spannungs-Dehnungs-Linie.

Stahleinlage. Umgangssprachlich für → Bewehrung.

Stähle, kaltverformte. Weiche, kohlenstoffarme Stähle, die erst nach einer Verformung in kaltem Zustand, z.B. durch Verwindung oder Recken, ihre hohe Festigkeit erhalten.

Stähle, naturharte. Niedrig-legierte Stähle, die ihre Festigkeit dem Kohlenstoffgehalt, der zwischen 0,25 % und 0,6 % schwankt, verdanken. Zusätzlich enthalten sie noch bis 2,5 % Mangan und bis 0,6 % Silizium.

Stahlfaserbeton. Die Zugabe von Stahlfasern zum Frischbeton erhöht die Druck-, Biegezug-, Spaltzug- und Schlagfestigkeit sowie das Formänderungsvermögen und die → Rißsicherheit des fertigen Betons.

Stahlfaserspritzbeton. → Spritzbeton nach DIN 18 551, dem zum Erreichen bestimmter Eigenschaften Stahlfasern zugegeben werden. Günstig beeinflußt werden durch den Faserzusatz u.a.:
– Zugfestigkeit,
– Scherfestigkeit,
– Schlagfestigkeit,
– Abnutzwiderstand.

Die zur Verwendung kommenden Stahlfasern sollen etwa 0,3 – 0,5 mm Durchmesser aufweisen bei 20 – 30 mm Länge. Sie werden dem Naß- oder Trockengemisch der Ausgangsmischung in unterschiedlichen Techniken beigegeben. Als Zugabemenge sind Faseranteile von etwa 5 – 8 % (bezogen auf das Trockengewicht des Betons) üblich. Die Fasern sind im Festbeton dreidimensional verteilt, jedoch überwiegend parallel zur Auftragsfläche orientiert. Das Korrosionsverhalten freiliegender Stahlfaserteile im Betonrandbereich hat nur ästhetische Bedeutung.

Stahlkorrosion → Korrosion, → Korrosionsschutz.

Stahlleichtbeton. Leichtbeton für die Herstellung tragender, bewehrter und gelegentlich vorgespannter Bauteile und Bauwerke ist ein Beton mit geschlossenem Gefüge, also ohne Haufwerksporen, der ganz oder teilweise unter Verwendung von leichten Zuschlägen hergestellt wird. Im Unterschied zum Normalbeton zeichnet sich der St. durch ein geringeres Eigengewicht aus (max. 2,0 kg/dm^3). Die Zuschläge bestehen hauptsächlich aus → Blähton, → Blähschiefer, → Hüttenbims und → Naturbims, wodurch auch die → Wärmeleitzahl gegenüber Normalbeton wesentlich günstiger liegt. St. ist in DIN 4219 genormt und entspricht mind. der Betonfestigkeitsklasse LB 15 (→ Leichtbeton, gefügedichter). Die für eine bestimmte Festigkeit und Rohdichte zweckmäßige Zusammensetzung kann nur durch eine Eignungsprüfung ermittelt werden. Dabei muß der Mindestzementgehalt 300 kg/m^3 betragen.

Stahlschalung. Systemschalung für die Herstellung von Decken und Wänden aus Ortbeton sowie Fertigteilen aller Art. Die Schaltafeln bestehen aus 2 bis 3 mm dicken Blechen, die in der Fläche durch Stahlprofile und am Rand durch Abbördelungen oder Profile verstärkt sind. Beim Einschalen werden sie an den Randverstärkungen gegeneinander ver-

Stahlsorten

schraubt. Unterstützungs- und Aussteifungskonstruktionen sowie die Verbindungsmittel sind aufeinander abgestimmt. Verschiedene Systeme sind daher nicht untereinander austauschbar. St. können bis zu 150 mal verwendet werden.

Stahlsorten → Baustahlsorten.

Stahlspannungen → Spannungs-Dehnungs-Linie.

Stahlsteindecke. Decken aus Deckenziegeln, Beton oder Zementmörtel und Betonstahl, bei denen das Zusammenwirken der genannten Baustoffe zur Aufnahme von Schnittgrößen nötig ist. Der Zementmörtel muß wie Beton verdichtet werden. Anwendungsbereich und Ausbildung richten sich nach DIN 1045.

Stahlverbundbau. Bauweise, in der Profilträger und -bleche aus Stahl mit Beton zu einer gemeinsamen Konstruktion verbunden werden.

Stahlverbundträger. Stahlträger und Betonplatte werden durch besondere → Verbundmittel schubfest so miteinander verankert, daß beide Teile statisch zusammenwirken.

Stampfbeton. Benennung des Betons nach der Art des → Verdichtens. Beim Stampfen wird der → Frischbeton durch Druckstöße verdichtet. Im allgemeinen ist Stampfen nur für Beton der → Konsistenz KS sinnvoll. Wegen der begrenzten Tiefenwirkung soll die fertig gestampfte Schicht nicht dicker als 15 cm sein. Mit Hand-, besser Maschinenstampfer sind die Schichten so lange zu verdichten, bis

der Beton weich wird und eine geschlossene Oberfläche erhält.

Standardabweichung (Streuung). Maß für die Abweichung der Einzelwerte vom → arithmetischen Mittelwert. Mit Hilfe der St. (s) können Intervalle um den arithmetischen Mittelwert (x) abgegrenzt werden, die einen vorgegebenen Anteil (→ Fraktile) der Beobachtungswerte enthalten. In einer normal verteilten → Grundgesamtheit entspricht die St. dem Abstand der Wendepunkte (Punkte einer Kurve, an der ein Richtungswechsel vorliegt) vom Mittelwert.

Standardbauweisen (im Straßenbau). In den Richtlinien für die Standardisierung des Oberbaues von Verkehrsflächen (RStO) als Standardausführung empfohlene Fahrbahnbefestigungen.

Standardleistungsbuch (StLB). Bei der Ausschreibung, Vergabe und Abrechnung von Bauleistungen sollte eine gemeinsame Sprache aller am Bau Beteiligten vorherrschen. Daher wurde Anfang der 70er Jahre vom „Gemeinsamen Ausschuß Elektronik im Bauwesen" das St. herausgegeben, das für nahezu alle Bauleistungen in 99 verschiedenen Leistungsbereichen aufbereitete Texte bereithält. Der Leistungsbereich 013 behandelt die Beton- und Stahlbetonarbeiten. → Standardleistungskatalog.

Standardleistungskatalog (StLK). Eine nach Leistungsbereichen gegliederte Sammlung standardisierter, datenverarbeitungsgerechter Texte zur Beschreibung von Bauleistungen. Er ist so konzipiert, daß er Leistungsverzeichnissen für

Bauleistungen zugrunde gelegt werden kann.

Standsicherheit. Sicherheit von Bauwerken gegen Einstürzen unter Gebrauchslast.

Statistik. 1. Im engeren Sinn: Informationen aus geordneten Zahlen. 2. Im weiteren Sinn: Methoden zur Gewinnung, Darstellung, Verarbeitung und Auswertung von Zahlen. Sie hat das Ziel, zufallsabhängige Vorgänge zu erfassen, um Entscheidungen darüber herbeizuführen. Bei Beton kann durch eine statistische Auswertung z.b. von Festigkeitsergebnissen der Gütenachweis erbracht werden.

Stege. Insbesondere bei T- oder I-förmigen Biegeträgern die senkrecht stehenden Querschnittsteile. Sie dienen vorwiegend der Aufnahme der Quer- und Schubkräfte. → Plattenbalken.

Steifigkeit. 1. In der Mechanik: Produkt aus dem → Elastizitätsmodul (E) und dem → Trägheitsmoment (J). 2. In der Statik: Fähigkeit einer Konstruktion, dynamische und statische Lasten aufzunehmen. 3. In der Bauphysik: Festigkeit von Konstruktionsschichten, z.B. für die Schalldämmung. 4. In der Betontechnologie: Grad der → Konsistenz einer Beton- oder Mörtelmischung.

Steifplastisch. Nicht genormte → Konsistenz, die zwischen steif (KS) und plastisch (KP) liegt. → Konsistenzbereiche.

Steildach. Dächer, bei denen die Dachneigung mehr als 22° beträgt. → Dachformen.

Stockwerkrahmen

Steinkohleflugasche → Flugasche, → Betonzusatzstoffe.

Steinmehl → Gesteinsmehl.

Sternanlage. Betonbereitungsanlage, bei der die Betonzuschläge ebenerdig in sternförmig angeordneten Boxen lagern. Im Zentrum des Sterns befinden sich die Abzugsvorrichtungen für die Korngruppen des Zuschlags sowie die Schrapperanlage, ein an einem Ausleger hängender Schrapperkübel, der die Aktivlager in den einzelnen Boxen auffüllt.

StLB → Standardleistungsbuch, → Standardleistungskatalog.

StLK → Standardleistungskatalog.

Stochern. Art des → Verdichtens von → Frischbeton, bei der der Beton mit Latten o.ä. so durchgearbeitet wird, daß die in ihm eingeschlossenen Luftblasen entweichen können. Nur Beton mit einem → Ausbreitmaß von 45 cm und mehr (→ Konsistenzbereiche KR und KF) läßt sich durch St. ausreichend verdichten.

Stocken. Die Betonfläche wird mit einem Stockhammer oder einer Stockmaschine bearbeitet, wobei die Oberfläche gleichmäßig aufgeschlagen wird.

Stockhammer. Gerät zur Oberflächenbearbeitung von erhärtetem Beton. → Stocken.

Stockwerkrahmen. Mehrstieliges stockwerkhohes Rahmentragwerk, bestehend aus Stützen und Riegeln. Es bil-

Stoffe, abschlämmbare

det das Gerippe eines mehrgeschossigen Bauwerkes. → Skelettbau.

Stoffe, abschlämmbare → Bestandteile, abschlämmbare.

Stoffe, anorganische. Unter a.St. versteht man (mit wenigen Ausnahmen) chemische Verbindungen, die keinen Kohlenstoff enthalten. Sämtliche Kohlenstoffverbindungen (und damit auch die Kunststoffe) werden dagegen den → organischen Stoffen zugeordnet.

Stoffe, betonangreifende. Betonangreifend können Wässer und Böden sein, die freie Säuren, Sulfide, Sulfate, bestimmte Magnesium- und Ammoniumsalze oder bestimmte organische Verbindungen enthalten, ferner Gase mit Anteilen von Schwefelwasserstoff oder Schwefeldioxid. Nach der Wirkungsweise unterscheidet man zwei Arten des chemischen Angriffs: Treibend wirken Sulfate, lösend wirken saure und weiche Wässer, austauschfähige Salze sowie pflanzliche und tierische Öle und Fette. In DIN 4030 sind Kriterien angegeben, nach denen die Beurteilung des Angriffsgrades von natürlichen Wässern und Böden erfolgen kann. → Aggressivität.

Stoffe, hochmolekulare. Chemische Verbindungen mit einem hohen Molekulargewicht.

Stoffe, hydraulische. Bindemittel, die mit Wasser gemischt, selbständig, auch unter Wasser erhärten. Sie sind dann an der Luft und unter Wasser dauerhaft fest und raumbeständig. → Zement; → Kalk, hydraulischer; → Kalk, hochhydraulischer.

Stoffe, hydrophobierende → Hydrophobierung.

Stoffe, latent hydraulische. Stoffe, die allein mit Wasser keine Bindemittel ergeben, die aber hydraulisch erhärten, wenn ihnen Calciumhydroxid $(Ca(OH)_2)$ oder in ähnlicher Weise wirkende Stoffe zugesetzt werden. Da l.h.St. keine selbständigen Bindemittel sind, gelten sie als Zusatzstoffe. Für die Zement- und Betonherstellung ist vor allem Hochofenschlacke (→ Hüttensand) in geeigneter Zusammensetzung von Bedeutung. → Eisenportlandzement, → Hochofenzement.

Stoffe, mehlfeine → Zement, → Betonzusatzstoffe, → Gesteinsmehl, → Flugasche, → Puzzolane.

Stoffe, niedermolekulare. Chemische Verbindungen mit einem niedrigen Molekulargewicht.

Stoffe, organische. Sämtliche Kohlenstoffverbindungen (und damit auch die Kunststoffe) werden den o.St. zugeordnet. Unter → anorganischen Stoffen versteht man dagegen (mit wenigen Ausnahmen) chemische Verbindungen, die keinen Kohlenstoff enthalten.

Stoffe, stahlangreifende. Zuschlag für bewehrten Beton darf keine schädlichen Mengen an Salzen enthalten, die den Korrosionsschutz der Bewehrung beeinträchtigen, wie z.B. Nitrate oder Halogenide (außer Fluorid). Der Gehalt an wasserlöslichem Chlorid darf die Grenzwerte der DIN 4226 nicht überschreiten.

Stoffraum (→ Festraum). Volumen, das ein Stoff einnimmt. Zur Berechnung wird die Masse eines Stoffs durch seine → Dichte dividiert. 1 m³ verdichteter Beton setzt sich im wesentlichen aus dem St. (Volumen) des Zements, des Zuschlags, des Wassers und aus dem Luftporenvolumen zusammen.

Stoffraumrechnung (→ Festraumrechnung). Rechnerische Ermittlung der Zusammensetzung des Betonvolumens (i.d.R. für 1 m³) aus dem Volumen der Ausgangsstoffe. → Stoffraum, → Betonmischung, → Betonzusammensetzung.

Stollen. Sammelbegriff für unterirdische Röhren und Gänge. St. dienen vornehmlich der Förderung von Trink-, Nutz- und Abwasser sowie der Erschließung und Gewinnung von Bodenschätzen. Als Richt-, First- oder Sohlstollen sind sie Hilfsbauten im → Tunnelbau.

Stollenbau → Tunnelbau.

Stoßbeanspruchung. Bei stützenden Bauteilen in ein- und mehrgeschossigen Gebäuden mit Räumen, in denen Fahrzeuge verkehren, ist nach DIN 1055, Teil 3, zur Berücksichtigung eines möglichen Anpralls bei Lastkraftwagen in 1,2 m Höhe eine Horizontallast von 100 kN anzusetzen. Bei Gabelstaplern und Personenkraftwagen gelten andere Werte.

Stoßfugen. Die kraftschlüssige Verbindung von Fertigteilen erfolgt in den St. durch Zementmörtel und ggf. eine → Bewehrung. Einzelheiten regelt DIN 1045. St. im Mauerwerksbau → Fugen. → Betonfertigteile.

Stoßverbindungen (Stöße). Nach DIN 1045 können Stöße von Bewehrungen hergestellt werden durch:
1. Übergreifen von Stäben mit geraden Stabenden, mit Haken, Winkelhaken oder Schlaufen,
2. Verschrauben,
3. Verschweißen,
4. Muffenverbindungen nach allgemeiner bauaufsichtlicher Zulassung,
5. Kontakt der Stabstirnflächen (nur Druckstöße).

Strahlenschutz. Maßnahmen zum Schutz vor radioaktiver Strahlung. Im Bauwesen ist St. z.B. beim Bau von Kernreaktoren erforderlich. Dieser Strahlenschutzbeton ist ein → Schwerbeton.

Strahlenschutzbeton → Schwerbeton.

Strahlung → Radioaktivität.

Straßenaufbau. Beschreibung des Schichtenaufbaus von Verkehrsflächen (→ Untergrund, → Unterbau, → Oberbau), der zur Aufnahme von Verkehrslasten notwendig ist.

Straßenbeton, frühhochfester. Beton mit → Fließmittel zur Herstellung von Verkehrsflächen, die möglichst frühzeitig befahren werden sollen (Ampelstauraum, Einzelplattenauswechselung). Ein Kornaufbau gem. ZTV Beton, ein Zement der Festigkeitsklasse Z 45 F nach DIN 1164, die Zugabe eines hochwirksamen Betonverflüssigers (Fließmittel), eine Frischbetontemperatur von ca. 22 °C sowie eine Folien-Nachbehandlung sind notwendig, um in 6 Std. eine Betonfestigkeit von mind. 10 N/mm² zu erhalten.

Straßendecken

Straßendecken. Der obere Bereich eines Straßenaufbaus, speziell der Abschluß des → Oberbaus. Sie schützen die darunterliegenden Schichten vor Witterungseinflüssen und der Verkehrsbeanspruchung.

Straßenfertiger. Schienengeführte oder auf Raupen fahrende Geräte zum Einbau des Frischbetons in Fahrbahndecken.

Straßenquerschnitt → Regelquerschnitt.

Streubereich. Statistische Betrachtung einer Gesamtheit oder einer Meßreihe, in der Einzelwerte liegen. → Streuung.

Streusalz → Tausalz.

Streuung. In der Statistik im weiteren Sinne ein Maß für die Dispersion oder Variabilität einer Gesamtheit oder Reihe. Streumaße sind der mittlere Abstand (Abweichung), die Spannweite, die → Variationszahl und die Quantile. In der Wahrscheinlichkeitsrechnung ist die St. ein Maß für die Abweichung der Meßwerte vom Mittelwert infolge zufälliger Fehler, die während der Messung durch nicht erfaßbare und nicht beeinflußbare Änderungen z.B. der Prüfgeräte und Prüfverfahren hervorgerufen werden. Die zufälligen Fehler schwanken ungleich nach Betrag und Vorzeichen. Das gebräuchlichste Maß für die St. ist die → Standardabweichung.

Strohmatten. Material zum Abdecken von frischen Betonflächen im Rahmen der → Nachbehandlung.

Strukturbeton. Ergebnis einer gezielten Formgebung der Schalung, der nachträglichen Bearbeitung der Betonoberfläche oder der Gestaltung von Frischbetonflächen. Um feine Strukturen wiedergeben zu können, muß der Beton eine entsprechende Menge Mehlkorn (→ Mehlkorngehalt) enthalten. Nach dem Einbringen ist der Beton gut zu verdichten. Die Verwendung unterschiedlichster Schalungen ist möglich. Von der Industrie angebotene Vorsatzschalungen gewinnen zunehmend an Bedeutung. Bei der Bearbeitung der Oberfläche wird durch steinmetzmäßige Methoden (→ Bearbeitung, steinmetzmäßige), durch → Sand- oder → Flammstrahlen oder auch durch → Auswaschen die äußere Mörtelschicht entfernt und das Gefüge des Betons mehr oder weniger freigelegt. Für den bearbeiteten → Sichtbeton muß deshalb das Korn > 4 mm nach Qualität, Form und Abstufung (→ Kornabstufung) besonders sorgfältig ausgesucht werden.

Die Gestaltung der Betonoberflächen in frischem Zustand geschieht dagegen, ohne die oberste Mörtelschicht zu entfernen. Hierbei wird der Beton vorher durch Zugabe von Glas- oder Kunststofffasern „stabilisiert", so daß einmal eingedrückte Muster erhalten bleiben.

Stückschlacke. Langsam gekühlte, kristallisierte Hochofenschlacke. Sie ist nicht → latent hydraulisch.

Stufenbildung (im Straßenbau). Unterschiedliche Höhe angrenzender Betonplatten. St. zwischen einzelnen Platten von Betonfahrbahnen ist bei unverdübelten Schein- bzw. Raumfugen unter

Verkehr möglich. Ursache der St. ist eine durch das → Pumpen der Betonplatten ermöglichte ungleichmäßige Anreicherung von Feinstteilen zwischen Tragschicht und Decke.

Stufung → Korngrößenverteilung.

Sturz → Unterzug.

Stützen. Bauteile, die der senkrechten Lastabtragung in Bauwerken dienen. Dabei handelt es sich um Druckglieder, bei denen zwischen stabförmigen Druckgliedern mit $b \leq 5\,d$ und Wänden mit $b \geq 5\,d$ unterschieden wird, wobei die Breite b $\geq$ Dicke d des Bauteils ist. → Pfeiler. → Säule.

Stützwände. Bauwerke, die Erdkörper abfangen, deren eigene Stabilität nicht gewährleistet ist und die insbesondere bei Niederschlägen zum Rutschen kämen. Aufgrund der statischen und Materialeigenschaften werden St. i.d.R. als Stahlbetonkonstruktionen ausgeführt.

Stützweite. Abstand zwischen den Auflagern einer Tragwerkskonstruktion. Ist die St. nicht schon durch die Art der Lagerung (z. B. Kipp- oder Punktlager) eindeutig gegeben, regelt DIN 1045 die in der statischen Berechnung anzusetzende St.

Styropor. Handelsbezeichnung für expandiertes (aufgeschäumtes) Polystyrol. Treibmittelhaltiges Granulat wird zunächst vorgeschäumt und in einer zweiten Stufe unter Dampfeinwirkung in Formen oberflächlich erweicht und weiter aufgebläht, so daß ein zusammenhängender Schaumstoff mit geschlossener Zellstruktur entsteht. Die Rohdichten liegen zwischen 15 kg/m³ und 40 kg/m³. Dieser Schaumstoff wird vor allem für Wärme- und Trittschalldämmung verwendet.

Styroporbeton. Ein → Porenbeton, bei dem der Zuschlag teilweise aus geschäumtem Polystyrol besteht. Die Rohdichten liegen zwischen 0,3 kg/dm³ und 1,6 kg/dm³. Der Baustoff findet hauptsächlich Anwendung als → Dämmputz.

Suevit-Traßzement. → Traßzement mit Traß aus dem Nördlinger Ries. (Sueven = Schwaben).

Sulfatangriff. Beim treibend wirkenden S. bilden Sulfate mit der Klinkerphase → Tricalciumaluminat (C_3A) des Zements eine kristallwasserreiche Verbindung, das → Ettringit („Zementbazillus"), die eine Gefügelockerung und das Zertreiben des Betons bewirkt. → Aggressivität, → Sulfatwiderstand.

Sulfate. Sie kommen als natürliche Stoffe manchmal im Boden oder gelöst im Grundwasser vor. Durch Anreicherung bei der Verdunstung der Lösung an einer freien Fläche können die Konzentration und das Angriffsvermögen erhöht werden. → Sulfatangriff ist in trockenen Gebieten ein besonderes Problem. Auch das Wasser in Kühltürmen kann sich durch Verdampfen mit S. anreichern, besonders wenn ein System mit wenig Zusatzwasser arbeitet. S. kommen gelegentlich auch im Grundwasser von Aufschüttungen aus Hochofenschlacke und Kohlenschlacke vor.

Sulfatgehalt

Sulfatgehalt. Konzentration von → Sulfaten im Grundwasser oder in Böden, Angabe in mg/l.

Sulfathüttenzement (SHZ). Zement, der in der Bundesrepublik nicht mehr hergestellt wird. Deshalb wurde seine Norm, DIN 4210, ersatzlos gestrichen.

Sulfattreiben → Sulfatangriff.

Sulfatwässer. Wässer, in denen → Sulfate gelöst sind, Angabe in mg/l.

Sulfatwiderstand. HS-Zemente haben einen hohen S. Sie sind bei einem Sulfatgehalt des Grundwassers über 400 mg/l erforderlich. HS-Zemente können sein: 1. Portlandzemente mit höchstens 3 M.-% C_3A und höchstens 5 M.-% Al_2O_3. 2. Hochofenzemente mit mind. 70 M.-% Hüttensand. → Sulfatangriff.

Superverflüssiger. Veralteter Ausdruck für → Fließmittel. → Betonverflüssiger.

Suspension. Aufschwemmung feinstverteilter fester Stoffe in einer Flüssigkeit.

Syntholit. Ein der → Hochofenschlacke ähnlicher Stoff, der bei der Erzeugung von Phosphorsäure entsteht. Er wurde früher als Zuschlag für Beton verwendet. → Synthoporit.

Synthoporit. Ein dem → Hüttenbims ähnlicher Stoff, der durch Aufschäumen von → Syntholit erzeugt und früher für die Herstellung von Leichtbeton verwendet wurde.

T

Tagesabschnitt (im Straßenbau). Die an einem Tag hergestellte Fahrbahndecke.

Tagesendfuge (im Straßenbau). Abschluß der täglichen Betonierarbeiten einer Betonstraßendecke. Die Fuge wird verdübelt und als → Preßfuge ausgebildet.

Taktschiebeverfahren. Brückenbauverfahren, geeignet für lange, gerade oder gleichmäßig gekrümmte Brücken. Der Überbau der Brücke wird abschnittsweise in einer Feldfabrik, die in der Brückenachse liegt, gefertigt und in Längsrichtung taktweise bis in die endgültige Lage verschoben.

Tauchrüttler → Rüttler, → Verdichten (von Beton).

Taumittel (im Straßenbau). Chemische Substanzen, wie Natriumchlorid, Urea, Frigantin, die Eisbildung auf Verkehrsflächen verhindern. → Tausalz.

Taupunkt. Lufttemperatur bei 100 % relativer Luftfeuchte oder Sättigungsdampfdruck der Luft.

Tausalz. Es setzt chemisch den Gefrierpunkt des Wassers herab und hindert dadurch das Überfrieren von nassen Verkehrsflächen. Als Auftausalze zur Beseitigung von Eis und Schnee werden verwendet: Vergälltes Steinsalz (NaCl), vergälltes Siedesalz (NaCl), Rückstandsalz aus der Verarbeitung von Kalirohsalzen (KCl), Magnesiumchlorid ($MgCl_2$), Chlorcalcium / Kalziumchlorid ($CaCl_2$). → Taumittel.

Tetrapoden

Tausalzschäden → Frost-Tausalz-Widerstand.

Tauwasserbildung → Kondenswasserbildung.

Tauwasserschutz. Maßnahmen zur Verhinderung einer schädlichen → Kondenswasserbildung an Oberflächen oder im Inneren von Bauteilen.

Tbn → T-Hohlblöcke (aus Normalbeton).

Tellermischer. Mischer für Beton und Mörtel mit feststehendem oder drehendem zylindrischem Mischgefäß mit senkrechter oder geneigter Achse. In dem Mischteller sind drehende oder feststehende Mischwerkzeuge zentrisch oder exzentrisch angeordnet. Das Mischgut wird durch die Mischwerkzeuge auf verschiedene geometrische Bahnen gelenkt und dadurch intensiv gemischt.

Temperaturamplitudenverhältnis (TAV). Quotient aus den Temperaturamplituden auf der Raumseite und der Außenseite eines Bauteils. Ein T. von 0,1 bedeutet, daß 10 % der äußeren Temperaturschwankungen im Verlauf eines Tages auf die Raumseite übertragen werden.

Temperaturausdehnungszahl → Wärmedehnzahl.

Temperaturspannungen. Sie entstehen, wenn die durch Temperaturänderungen (→ Wärmedehnzahl) hervorgerufenen Verformungen behindert werden. Dabei können am jungen Beton → Risse entstehen, wenn schroffe und schnelle Abkühlung vorliegt.

Terrazzo. Monolithischer, am Ort eingebrachter Betonbelag, der nach Erhärtung geschliffen wird. → T.-platten, → Betonwerkstein.

Terrazzoplatten. Veraltete Bezeichnung für → Betonwerksteine.

Tetrapoden (Vierfüßer). Sperrige Betonformkörper ohne Bewehrung, die hauptsächlich im Seewasserbau zum Schutz der Ufer und Molen gegen Bran-

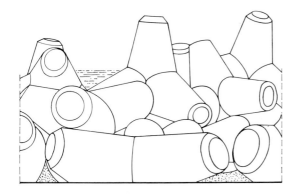

Tetrapoden für den Uferschutz

dungsangriffe eingesetzt werden. Sie werden als Fertigteile hergestellt und haben — wie der Name sagt — vier Füße, die zur Abstützung am Boden und zur Verklammerung mit den benachbarten T. dienen. Damit hergestellte Schutzwerke weisen einen großen → Hohlraumgehalt auf. Sie setzen dadurch den größten Teil der Wellenenergie schadlos um, indem der große Wasserkörper der angreifenden Welle in den zahlreichen Hohlräumen in kleine turbulente Strömungen mit verschiedenen Stoßrichtungen aufgeteilt wird. T. werden i.d.R. in Baustellennähe in Stahlformen hergestellt und entsprechen mind. der → Festigkeitsklasse B 35. Der Einbau erfolgt mit Kränen und Seilbaggern.

Thaulow-Verfahren. Verfahren nach THAULOW, das i.a. der Wasserzementwertbestimmung von → Frischbeton aus Zuschlag mit dichtem Gefüge dient. In einem wassergefüllten Meßtopf wird nach Art einer → pyknometrischen Bestimmung (Volumenermittlung) die luftporenfreie Rohdichte einer Frischbetonprobe ermittelt. Aus der Rohdichte errechnet sich unter Verwendung der Dichten von Zement, Zuschlag und Wasser sowie des Gewichtsverhältnisses Zement zu Zuschlag der → Wasserzementwert. Prüfvorschrift ist DIN 1048. Auch die Bestimmung der Rohdichte und der → Oberflächenfeuchte von Zuschlag kann durch → Unterwasserwägung nach dem Th.-V. erfolgen.

Thermoplaste. Synthetische hochmolekulare Stoffe, deren einzelne Molekülketten nicht durch chemische Bindungen miteinander verknüpft sind. Ihr typisches Kennzeichen besteht darin, daß sie bei Erhöhung der Temperatur weich werden und bei Abkühlung wieder erhärten. Zu den Th. gehören u.a. → Polyvinylchlorid (PVC) sowie die meisten → Acrylharze.

Thiokol. Reaktive Fugenfüllmasse aus Polysulfid, ein kalt zu verarbeitendes Zweikomponenten-System. Th. ist sehr resistent, z.B. gegenüber Treibstoffen und Taumitteln.

T-Hohlblöcke (aus Normalbeton, Tbn). Großformatige T-förmige → Beton-Bausteine mit Kammern senkrecht zur Lagerfläche nach DIN 18 153. Sie werden in Höhen von 17,5 und 23,8 cm hergestellt und werden für Wandanschlüsse eingesetzt. Steinrohdichte: 0,9 — 2,0 kg/dm^3, Steindruckfestigkeit: 2 — 12 N/mm^2.

Tiefbau. Nicht exakt begrenzbare Bezeichnung für das Bauen in und mit der Erde, z.B. Erdbau, Leitungsbau, Verkehrsbau, Wasserbau. → Hochbau.

Tiefbohrzement. Nicht genormter Zement, der zum Auskleiden von tiefen Bohrlöchern, z.B. bei der Erdölgewinnung verwendet wird. Es handelt sich dabei um → Portland- und → Puzzolanzemente, die aufgrund ihrer Zusammensetzung auch bei höheren Temperaturen normal erstarren. Sie werden, je nach Tiefe des geplanten Verwendungsbereichs, in verschiedenen Typen hergestellt.

Tiefeinbau (im Straßenbau). Erneuerung eines Fahrbahnoberbaus durch Ausbau der vorhandenen Trag- und Deckschichten und Einbau neuer Schichten im Gegensatz zum → Hocheinbau.

Tischlerplatten → Schalung (für Sichtbeton).

Titanweiß (Titandioxid). Farbstoff für Beton, der u.a. zum Aufhellen von Farben verwendet wird.

Toleranz. Differenz zwischen dem oberen Grenzmaß (Größtmaß) und dem unteren Grenzmaß (Kleinstmaß). Das Grenzmaß ist das zulässige äußerste Maß (→ Abmaße, → Bautoleranzen). Die T. begrenzen herstellungsbedingte → Maßabweichungen.

Tonerde (Aluminiumoxid, Al_2O_3). Bestandteil des Tons und wichtiger Ausgangsstoff für die Zementherstellung.

Tonerdemodul. Begriff aus der Zementchemie. Der T. gibt Aufschluß über das Mengenverhältnis von Al_2O_3 zu Fe_2O_3 in der Klinkerschmelze.

Tonerdeschmelzzement (TSZ). Ein in der Bundesrepublik Deutschland nicht genormter Zement. Im Gegensatz zu den silicatischen Zementen besteht er im wesentlichen aus Calciumaluminaten. Er wird in erster Linie als Bindemittel für feuerfesten Mörtel und Beton verwendet. Für tragende Bauteile aus Beton, Stahlbeton und Spannbeton ist er seit 1962 nicht mehr zugelassen.

Tonerdezement → Tonerdeschmelzzement (TSZ).

Topfzeit. Verarbeitungsdauer von kalthärtenden Reaktionsharzmassen, Reaktionslacken und Reaktionsklebern nach dem Vermischen der Komponenten oder nach Zugabe des Härters.

Torkret-Beton → Spritzbeton.

Torkretieren. Veraltete Bezeichnung für die Verarbeitung von → Spritzbeton. Der Begriff geht zurück auf die 1921 gegründete Torkret-Baugesellschaft, die das Betonspritzverfahren in Deutschland einführte.

Torkretierhilfen → Spritzbetonhilfen.

Torkretverfahren → Torkretieren.

Torsion. Verdrehung, die in der Schnittfläche eines Bauteils ein Torsionsmoment hervorruft.

Torstahl. Veraltete Bezeichnung für kalt verformten Betonstabstahl mit Längs- und Schrägrippen. Nach DIN 488 lautet der Kurzname BSt 420/500 RK, d.h. Betonstahl, Streckgrenze 420 N/mm^2, Zugfestigkeit 500 N/mm^2, gerippt R, kalt verformt K. Das Kurzzeichen für Zeichnungen ist: III K.

Trägerrost. Er wird gebildet aus sich kreuzenden Trägern, die torsionsweich oder torsionssteif miteinander verbunden sind. T. aus Stahl- oder Spannbeton weisen eine hohe Tragfähigkeit bei geringem Eigengewicht auf und sind daher günstige und beliebte Konstruktionen im Brücken- und Hochbau.

Tragfähigkeit. Mögliche Lastaufnahme unter Ausschluß der Sicherheitsfaktoren.

Traggerüst

Traggerüst. Gerüst bei der Herstellung von Bauwerken zur Unterstützung von Bauteilen im Bauzustand, bis diese sich selbst zu tragen vermögen. Zu unterscheiden sind Lehrgerüste im Ortbetonbau und Montagegerüste für den Betonfertigteilbau. Wesentliche Bauteile des T. sind Rüstträger und Rüststützen aus Holz (nur bei kleinen Bauwerken), Stahl oder Leichtmetall. T. müssen alle bauwerksbedingten Belastungen sicher abtragen. Sie stellen schwierige Konstruktionen dar, die wie das Bauwerk selbst mit gleicher Sorgfalt statisch berechnet und bis ins Detail geplant werden müssen.

Traglastverfahren. Zur Bemessung eines Bauteils geht man von den gewählten Abmessungen aus. Es wird ermittelt, wie groß die Last (P_u) im Augenblick des Bruchs sein dürfte, und diese dann mit der wirklichen Last ($P_{vorh.}$) verglichen. Das Verhältnis $P_u : P_{vorh.} \geq 3,0$ ist der Sicherheitsbeiwert. Bei biegebeanspruchten Bauteilen im Spannbeton (DIN 4227) werden die Biegemomente im Bruchzustand (M_u) mit den wirklich vorhandenen Momenten ($M_{vorh.}$) verglichen. Es gilt $M_u : M_{vorh.} \geq 1,75$.

Tragschicht (im Straßenbau). Eine innerhalb des → Oberbaus vorhandene Schicht, deren Aufgabe es ist, Verkehrslasten aus der Fahrbahndecke auf den Untergrund bzw. Unterbau abzutragen. Man kennt ungebundene T. (z.B. Frostschutzschicht) und gebundene T. (z.B. T. mit hydraulischen Bindemitteln nach ZTVT-StB).

Tragschicht, hydraulisch gebundene (im Straßenbau). Unterkonstruktion, kurz HGT genannt, nach → ZTVT. Sie verbessert die Verteilung der Verkehrslast aus der Decke und verhindert Kornumlagerungen aus der dynamischen Belastung und durch Witterungseinflüsse. Die mineralischen Stoffe müssen nach Sieblinien zusammengesetzt werden. Als Bindemittel sind verwendbar alle Zemente nach DIN 1164, Mischbinder nach DIN 4207, Tragschichtbinder nach DIN 18 506 sowie alle bauaufsichtlich als gleichwertig zugelassenen hydraulischen Bindemittel. Das Mineralstoff-Bindemittelgemisch wird im → Zentralmischverfahren hergestellt, mit Straßenfertigern eingebaut und mit Walzen verdichtet.

Tragschichtbinder (im Straßenbau). Hydraulisches Bindemittel gemäß DIN 18 506 zur Verfestigung von Sand, Kies und Schotter.

Tragschichten, wärmedämmende (im Straßenbau). Schichten, die unter Fahrbahndecken anstelle von Frostschutzschichten eingebaut werden. Sie bestehen aus → EPS-Beton oder Leichtbeton mit Blähton als Zuschlag. Sie können auch bei Hallenböden Anwendung finden.

Tragverhalten, monolithisches. Durch monolithische Verbindung von verschiedenen Bauteilen zu einem Tragsystem – z.B. Stützen und Balken zu Rahmen – stellt sich ein m.T. ein.

Tragwerk. Bezeichnung aus der Statik. Das häufigste T. ist der Stab, z.B. Balken, Stützen, Plattenbalken. Aus Stützen und Balken zusammengesetzt ergeben sich Rahmentragwerke. Platten sind ebene Flächentragwerke; gekrümmte Platten nennt man Schalen, Schalentragwerke.

Transmissionswärmeverlust. Wärmeverlust durch Bauteile infolge Transmission (Wärmedurchgang).

Transportbeton. Beton, dessen Bestandteile außerhalb der Baustelle zugemessen werden und der in Fahrzeugen an der Baustelle in einbaufertigem Zustand übergeben wird. Es wird zwischen → werk- und → fahrzeuggemischtem T. unterschieden. Heute bestehen rd. 85 % des auf der Baustelle verwendeten Betons aus T.

Transportbetonfahrzeuge. Muldenfahrzeuge (mit oder ohne Rührwerk) und → Mischfahrzeuge. Mulden- oder auch übliche Kipperfahrzeuge dienen nur dem Transport eines bereits in einer stationären Anlage gemischten Betons mit steifer → Konsistenz (KS). Boden und Wände des Kastens oder der Mulde müssen glatt sein, damit der Beton beim Entladen durch Kippen nicht festhängt. Mischfahrzeuge sind Lkws mit aufgebautem → Betonmischer, üblich sind → Trommelmischer. Die Drehrichtung der Trommel kann zum Be- bzw. Entladen umgekehrt werden. Die Drehgeschwindigkeit ist etwa zwischen 2 und 20 Umdrehungen/Min. zu verändern. Die Mischwirkung wird durch eine oder mehrere als Mischwerkzeug wirkende Spiralen erreicht. Der beste Mischeffekt wird bei 10 bis 12 U/Min., ein „In-Bewegung-Halten" (Agitieren → Rühren) des fertig gemischten Frischbetons, um → Entmischungen oder Wasserabsetzungen zu verhindern, wird bei 2 bis 6 U/Min. erzielt. Agitatoren oder → Fahrzeuge mit Rührwerk haben den Frischbeton, der bereits in einem stationären Mischer fertig gemischt ist, zu bewegen, um ein Entmischen zu verhindern. Sie sind zum Mischen oder Nachmischen nicht geeignet.

Transportbeton, fahrzeuggemischter. Beton, der während der Fahrt oder nach Eintreffen auf der Baustelle im → Mischfahrzeug gemischt wird.

Transportbetonmischer → Fahrmischer.

Transportbetonwerke. Werke, die → Transportbeton herstellen und zur Baustelle liefern oder an Abholer abgeben. Es müssen Bestimmungen hinsichtlich des Technischen Werkleiters und des sonstigen Personals, hinsichtlich der Ausstattung des Werkes und der Fahrzeuge für das → Mischen und den Transport des Betons erfüllt sein. Die zur Lieferung vorgesehenen Betone sind in einem → Betonsortenverzeichnis enthalten. In T. darf Beton aller → Festigkeitsklassen hergestellt werden. Für den Transportbeton ist eine Überwachung (→ Güteüberwachung) durchzuführen.

Transportbeton, werkgemischter. Beton, der im Werk fertig gemischt und in Fahrzeugen zur Baustelle gebracht wird.

Transportmörtel → Werkmörtel.

Transportputz → Werkmörtel.

Traß

Traß. Feingemahlener Tuffstein, der zu den natürlichen → Puzzolanen gehört. Der vulkanische rheinische → Tuff steht in der vorderen Eifel, der durch Meteoriteneinschlag entstandene Suevit (bayerischer Traß) im Nördlinger Ries an. Für die Zement- bzw. Betonherstellung darf nur Traß verwendet werden, der hinsichtlich Zusammensetzung und Eigenschaften den Anforderungen der DIN 51 043 entspricht.

Traßhochofenzement. Ein bauaufsichtlich zugelassener Zement, der aus → Zementklinker, Gips und/oder Anhydrit, bis zu 25 Gew.-% Traß und bis zu 50 Gew.-% Hüttensand besteht.

Traßzement. Genormter Zement, der außer → Zementklinker und Gipsstein und/oder Anhydrit sowie ggf. einer Zumahlung von anorganischen mineralischen Stoffen 20 bis 40 Gew.-% → Traß enthält, der der Traßnorm DIN 51 043 entsprechen muß.

Travertin. Gelblicher oder rötlicher sedimentierter Kalkstein (Kalktuff), porös mit geringer Festigkeit. → Betonwerksteine mit Travertinstruktur sehen dem Naturstein sehr ähnlich und eignen sich als Wandverkleidung und Bodenbelag.

Treiben. Zerstörung durch Volumenvergrößerung. Vom erhärtenden Zement wird Raumbeständigkeit gefordert, d.h. es darf durch T. keine Zerstörung eintreten. Bei den chemischen Vorgängen, die zum T. führen, wird zwischen → Kalk-, → Magnesia-, → Gips- (Sulfat-) und → Alkalitreiben unterschieden. Kalk- und Magnesiatreiben treten bei normgerecht zusammengesetzten Zementen nicht auf. Sulfat- und Alkalitreiben sind auf äußere Einwirkungen zurückzuführen (chemischer Angriff, ungeeignete Zuschläge) und lassen sich durch Wahl geeigneter Ausgangsstoffe vermeiden.

Treibmittel. Gasbildendes Mittel, meist Aluminiumpulver, das nach Reaktion mit Calciumhydroxid Wasserstoff abspaltet, ferner auch Wasserstoff-Peroxid oder Calciumcarbid. → Gasbeton.

Trennen (von Beton). Verfahren zum kontrollierten Zerteilen des erhärteten Betons bzw. zur nachträglichen Herstellung von Öffnungen oder Durchbrüchen in Bauteilen aus Beton und Stahlbeton. Neben dem Sägen, Bohren und Brennen kommt hierfür in jüngerer Zeit auch vermehrt das Höchstdruckwasserstrahlen (Jet-Cutting) zur Anwendung.

Trennmittel. Die Vorbehandlung einer Schalung soll vor allem bei Sichtbeton der Herstellung einer farblich gleichen Fläche, mühelosem Ausschalen ohne Beschädigung des Betons sowie der Schonung des Schalmaterials dienen. Verschiedene Materialien haben hier unterschiedliche Wirkungen. Zu beachten sind die Richtlinien des Deutschen Beton-Vereins für die Lieferung, Anwendung und Prüfung von T.

Trennrisse → Risse.

Trennschicht. Schicht zur Trennung von Estrich und tragendem Untergrund. Sie wird in zwei Lagen verlegt. Material z.B.: Polyethylenfolie, nackte Bitumenbahn mit Schrenzpapiereinlage, Roh-

Treppen

Übersicht über die allgemeinen Wirkungen von Trennmitteln

Typ	Material	verstärkt oder vermindert die			
		Haftung	Luftblasen-bildung	Bildung von Farbunter-schieden	Lebens-dauer der Schalung
1	Schweröl	vermindert	verstärkt	vermindert	verstärkt (Holz, Stahl)
2[1]	wie 1, mit oberflächenaktiven Stoffen	vermindert	vermindert	vermindert	verstärkt (Holz, Stahl)
3[1]	Wasser in Ölemulsion	vermindert	vermindert	vermindert	verstärkt (Holz)
4[1]	Öl in Wasseremulsion	vermindert	vermindert	verstärkt	verstärkt (Holz)
5	Wachsarten, Lacke	vermindert	verstärkt	vermindert	verstärkt (Holz)
6	chemische Mittel	vermindert	verstärkt	vermindert	verstärkt (Holz)

[1]) Emulgatoranteil höchstens 2%.

glasvlies u.ä. Erzeugnisse. → Estrich auf Trennschicht.

Trennwände. Alle Wände, die Räume und damit auch Gebäude trennen; Innenwände zwischen Räumen gleicher o.ä. Nutzung, tragend oder nichttragend. Die Mindestdicke tragender Wände hängt von der Anzahl der Vollgeschosse, der Verkehrslast und der Geschoßhöhe ab. Nichttragende Innenwände von geringer Dicke und geringem Gewicht haben keine wesentlichen Lasten zu tragen und müssen DIN 4103 „Leichte T." entsprechen. Sie erhalten ihre Standfestigkeit i.d.R. durch Befestigung an den umgebenden Wänden. Leichte T. sind oft nur dann funktionsgerecht, wenn sie die Anforderungen an Schallschutz, Brandschutz, Eigenstabilität und Korrosionsbeständigkeit erfüllen. Sie müssen raumbeständig, biege-

zugfest und stoßfest sein. Bestimmungen über T. enthalten die Bauordnungen sowie die Rechtsverordnungen für:

– Gebäudetrennwände und Brandwände,
– Treppenräume,
– allgemein zugängliche Flure,
– Aufenthaltsräume im Kellergeschoß,
– Aufenthaltsräume im Dachgeschoß,
– Aufstellräume von Feuerstätten,
– Heizräume,
– Versammlungsräume und deren Fluchtwege,
– Verkaufsräume und deren Fluchtwege,
– Garagen.

Treppen (aus Beton). Bauteil, das aus mind. drei aufeinanderfolgenden Stufen besteht. Jedes nicht zu ebener Erde liegende Geschoß muß über mind. eine

Tresorbeton

„notwendige T." erreichbar sein. Form und Gestalt einer T. hängen vorwiegend von der Größe und Bedeutung des Gebäudes, dem verfügbaren Raum sowie von der Konstruktion und dem Baustoff ab. Grundrißformen sind gerade Läufe und gerade Stufen, gewendelte T. mit keilförmigen Stufen sowie Kombinationen beider Grundformen. Sicherheit und bequeme Begehbarkeit einer T. hängen von ihrer Steigung ab. Steigungsmaß, Stufenbreite und Laufbreite richten sich nach der Nutzung des Gebäudes und des Geschosses. T. aus Betonfertigteilen haben zunehmend an Bedeutung gewonnen. Sie ermöglichen eine schnelle Montage und frühe Nutzung im Bauablauf und weisen eine große Maßgenauigkeit sowie eine gleichbleibend hohe Qualität auf. Die Betonfertigteile werden sowohl in Treppenlauflänge als auch in einzelnen Stufen hergestellt.

Tresorbeton. Nach den Empfehlungen für den Bau von Tresorräumen der Forschungs- und Prüfgemeinschaft Geldschränke und Tresoranlagen e.V., Frankfurt, vom Juli 1978, ein Beton B 55 mit Zuschlägen aus Kiessand oder Hartgestein.

Tricalciumaluminat ($3CaO \times Al_2O_3$). Stoff, der den Sulfatwiderstand von Zement verringert − in der Zementchemie kurz C_3A genannt. Er wird nach DIN 1164 berechnet. Der Gehalt an T. läßt sich nur bei Portlandzement bestimmen.

Tricalciumsilicat ($3CAO \times SiO_2$). → Klinkerphase des Zements. Kurzbezeichnung: C_3S, → Alit.

Trichter (Trichterrohr). Einfache Vorrichtungen zum Betonieren unter Wasser. → Contractor-Verfahren, → Hydroventil-Verfahren.

Trichterrohr → Trichter.

Trittschallschutz. Die → Körperschallübertragung von einem Raum in einen darunterliegenden nennt man Trittschallübertragung. Hierbei wird die Geschoßdecke in Biegeschwingungen versetzt. Der Widerstand, den eine Dekke dieser Übertragung entgegenstellt, heißt T.

Trittschallschutzmaß (TSM). Ähnlich wie beim → Luftschallschutzmaß werden mögliche Parallel-Verschiebungen einer vorgegebenen Bezugskurve gegenüber einer − unter bestimmten Bedingungen gemessenen − Normtrittschallkurve zur Beurteilung des → Trittschallschutzes herangezogen. Die max. mögliche Verschiebung ist das T.

Trockenbeton. Baustoffgemisch, das aus Zement, getrockneten Zuschlägen und ggf. Betonzusätzen in einer gleichbleibenden Zusammensetzung werkmäßig hergestellt wird und lagerungsfähig verpackt ist. Nach Zugabe einer bestimmten Wassermenge und anschließendem Mischen, entsprechend der Richtlinie für die Herstellung von T. und Trockenmörtel 7/88, erhält man Normalbeton nach DIN 1045.

Trockendichte (von Böden, v). Meßgröße zur Beurteilung der → Proctordichte.

Trockenestrich. → Estrich, dessen Ausgangsstoffe werkmäßig gemischt werden. Auf der Baustelle wird vor dem Einbau lediglich das → Anmachwasser zugegeben. → Baustellenestrich, → Fertigestrich.

Trockenmauerwerk. 1. Engfugig, im Verband aufeinandergeschichtete Bruchsteine, die nicht vermörtelt werden. 2. Bauaufsichtlich zugelassenes Mauerwerk aus besonders maßgenauen → Beton-Bausteinen, das im Verband ohne → Mauermörtel in den Stoß- und Lagerfugen errichtet wird. T. ist nur standsicher, wenn es eine kontinuierliche Auflast hat. Deshalb muß es auf seiner gesamten Länge, z. B. durch Decken, belastet sein. Die Zulassung beschränkt die Verwendung u. a. auf → tragende und → aussteifende Wände.

Trockenmörtel. Im Werk fertig hergestellte Mörtelmischung, der auf der Baustelle lediglich das Anmachwasser zugegeben werden muß.

Trockenputz. Im Werk fertig hergestellte Putzmischung, der auf der Baustelle lediglich das Anmachwasser zugegeben werden muß.

Trockenrohdichte. Das Verhältnis von trockener Masse (Gewicht) eines Stoffes zu seinem Volumen in kg/dm^3.

Trockenspritzverfahren. Verfahren zur Herstellung von → Spritzbeton, bei dem das Trockengemisch aus Bindemittel, Zuschlägen und ggf. Betonzusätzen pneumatisch (→ Dünnstromförderung) zur Spritzdüse gefördert wird, wo das Zugabewasser, ggf. mit flüssigen Betonzusatzmitteln, beigemengt wird.

Trockenverfahren. Übliche Verfahrenstechnik bei der → Zementherstellung in der Bundesrepublik Deutschland. Es ist im Gegensatz zum → Naßverfahren weniger brennstoffintensiv. Beim T. werden die Rohmaterialien ohne Wasserzugabe aufbereitet, vermischt und zusätzlich in Trommeltrocknern oder während des Mahlens mit Heißgas getrocknet.

Trocknung. Die T. bzw. Härtung eines (aufgetragenen) Anstrichfilms ist der Übergang vom flüssigen in den festen Zustand. Man unterscheidet:
1. Physikalisch härtende Systeme:
   − Erstarren aus der Schmelze,
   − Verdunsten des Lösemittels,
   − „Verkleben" aus der Dispersion mit gleichzeitiger Wasserverdunstung.
2. Chemisch härtende Systeme:
   − oxidativ durch Aufnahme von Sauerstoff,
   − reaktiv durch zwei Komponenten.

Trocknungsrisse → Schwindrisse.

Trogmischer. → Mischer für Beton und Mörtel mit einem trogförmigen Mischgefäß, in dem sich eine oder mehrere in Troglängsrichtung eingebaute Wellen mit Mischwerkzeugen in waagerechter oder geneigter Anordnung drehen. Die Mischwerkzeuge lenken das Mischgut in Quer- und Längsrichtung um, wodurch eine intensive Vermischung des Mischgutes erfolgt.

Trommelmischer. → Mischer für Beton und Mörtel mit einem trommelförmigen Mischgefäß. An der Innenwand der sich um eine horizontale oder geneigte Achse drehenden Trommel sind Mischwerkzeuge angebracht, die das Mischgut beim Drehen der Trommel teils durchkämmen, teils heben und beim Weiterdrehen frei fallen lassen. Die sich dabei überkreuzenden Materialströme tragen zur Durchmischung bei. Je nach Art des Entleerens wird unterschieden in Kipptrommelmischer (Entleeren durch Neigen der Trommelachse), Umkehrmischer (Entleeren durch Umkehr der Drehrichtung) und Gleichlaufmischer (Entleeren bei gleichbleibender Drehrichtung durch Einschwenken einer Auslaufschurre oder bei einer zweiteiligen Trommel durch Trennung der beiden Schalenhälften).

TrZ → Traßzement.

Tübbings. Fertigteile aus Stahlbeton für den Bau von Tunnel, Stollen und Schächten, z.B. zum Ausbau des kreisförmigen Ausbruchquerschnitts im → Tunnelbau durch Schildvortrieb. Mehrere T. ergeben zusammengesetzt einen Tunnelring. Die Pressen der Vortriebsmaschine stützen sich gegen den zuletzt eingebauten Ring ab. Beim zweischaligen Ausbau bilden die T. die Außenschale und erste Ausbruchsicherung, beim einschaligen Ausbau müssen sie alle im Bau- und Endzustand auftretenden Belastungen übernehmen. Bei Verwendung von wasserundurchlässigem Beton für die T. bzw. für die Innenschale aus Ortbeton und bei entsprechender Fugenausbildung ist eine besondere Abdichtung nicht erforderlich.

Tuff → Tuffgestein.

Tuffgestein. Ein bei Vulkanausbrüchen emporgeschleudertes und meistens mit Luft vermischtes Magma. Die Zusammensetzung des T. entspricht der des jeweiligen Magmas. Deshalb gibt es Tuffe zu jedem Ergußgestein, z.B. Basalttuff, Porphyrtuff. → Traß.

Tunnelbau. Tunnelbauwerke sind unterirdische Verkehrsanlagen (Eisenbahn, Straßen, Schiffahrtskanäle, S- und U-Bahn). Sie unterscheiden sich von → Stollen dadurch, daß die Tunnelröhre an beiden Seiten zutage tritt. Nach Art der Herstellung wird unterschieden in offene und geschlossene Bauweisen sowie in Bauweisen unter Wasser. Offene Bauweisen sind durch Baugruben gekennzeichnet, in denen die Tunnel von der Geländeoberfläche aus hergestellt werden. Geschlossene Bauweisen werden teilweise oder vollständig untertage ausgeführt. Hierzu zählt die sog. → Deckelbauweise, bei der zunächst die Baugrubenwände und in einem nächsten Arbeitsgang die Tunneldecke – der Deckel – hergestellt werden. Erdaushub und Bau der Tunnelröhre aus Beton erfolgen im Schutze des Deckels.

Bei den Untertagebauweisen wird der Tunnel von Schächten oder Seitenstollen aus vorgetrieben in klassischen, bergmännischen Verfahren, im Schutze eines Schildes (Schildvortrieb), mit Teil- oder Vollschnittmaschinen, oder aber die Tunnelröhre wird mittels Hydraulikzylindern Stück für Stück durch das Erdreich vorgepreßt. Bei diesen Bauweisen wird das anstehende Gebirge/der anstehende Boden an der Ortsbrust gelöst und weggeräumt (geschuttert), wenn erforderlich, der Ausbruch gesichert und die

Tunnelröhre ausgebaut, z.B. mit → Tübbings. Bei Ausführungen im offenen Wasser werden einzelne Tunnelabschnitte meist in einem Trockendock hergestellt, dann zur Einbaustelle eingeschwommen, dort auf die vorbereitete Gründung abgesenkt und miteinander verbunden. Bei allen Tunnelbauwerken kommt zur Sicherung überwiegend und beim Ausbau i.d.R. Beton zum Einsatz. Dabei hat die Verwendung von wasserundurchlässigem Beton seit Beginn der sechziger Jahre zunehmend an Bedeutung gewonnen. → Tunnelbauweisen.

Tunnelbauweisen. Wenn der → Tunnelbau unterirdisch durchgeführt wird, spricht man von geschlossener Bauweise im Schildvortrieb oder bergmännischem Vortrieb. Bei der → "Neuen österreichischen T." (NÖT) wird das Ausbruchprofil abschnittsweise zunächst mit → Spritzbeton gefestigt und unmittelbar danach wird mit Hilfe einer umsetzbaren Stahlschalung der Beton für den tragenden Ring eingebracht. Dagegen sind offene Bauweisen durch Baugruben gekennzeichnet, in denen nach Abschluß der Aushubarbeiten das Bauwerk von unten nach oben hergestellt wird.

U

Überdeckung → Betondeckung.

Überdeckungsstoß. Kraftschlüssige Verbindung gestoßener Bewehrung durch Überdeckung in bestimmter Länge. → Übergreifungsstoß.

Übergangsschicht. Untere Schicht eines zwei- oder mehrschichtigen → Estrichs. Sie muß die Verbindung zwischen Tragbeton und Estrich herstellen. Ihre Eigenschaften müssen auf die des Tragbetons und des Estrichs abgestimmt sein.

Übergreifungsstoß. Stöße von Bewehrungseisen können hergestellt werden durch Übergreifen von Stäben, wobei die Übergreifungslänge nach DIN 1045 von ≥ 20 cm einzuhalten ist. Der Anteil der gestoßenen Stäbe in einem Bauteilquerschnitt darf bei Rippenstahl 100 %, bei glatten oder profilierten Stählen höchstens 33 % des Querschnitts der jeweiligen Bewehrungslage betragen.

Überhöhung. 1. Das Maß, um das ein Tragwerk bei der Herstellung, vor allem der zu erwartenden → Durchbiegung entsprechend, in der Mitte höher ausgeführt werden muß. Dieses Maß ist bei → Schalungen und → Rüstungen zu berücksichtigen. 2. Die einseitige, nach innen gerichtete Querneigung in Kurven bei Straßen, Bahnkörpern usw. zur Aufnahme der Fliehkraftwirkung.

Überkorn. Nach DIN 4226 der Anteil eines Korngemischs, der auf dem entsprechenden oberen Prüfsieb liegen bleibt. → Siebung.

Überschleifen, nachträgliches. Bearbeitungsart, die auf Bodenbelägen, z.B. → Betonwerkstein-Platten oder → Terrazzo-Belägen, angewandt wird. Nach der Verlegung werden die Beläge vollflächig mit einer Fußbodenschleifmaschine überschliffen. Diese Bearbeitung setzt drei Arbeitsgänge voraus: Schleifen, Spachteln und Feinschleifen (auch Abziehen des Spachtels genannt).

Überschußwasser

Überschußwasser. Der Zement kann nur eine Wassermenge von etwa 40 % seiner Masse binden, was einem → Wasserzementwert von w/z = 0,40 entspricht. Weist ein → Zementleim einen höheren Wasserzementwert auf (Regelfall), so bezeichnet man das Wasser, das vom Zement nicht gebunden werden kann, als Ü. Bei Luftlagerung des Betons verdunstet es und hinterläßt → Kapillarporen.

Überstreichbarkeit. Die Eigenschaft, auf einen Anstrich eine oder mehrere weitere Schichten auftragen zu können, ohne daß sich schädliche Wechselwirkungen zwischen den Schichten ergeben.

Überwachung → Güteüberwachung.

Überwachungsgemeinschaft → Gütegemeinschaft, → Güteüberwachung, → Güteüberwachungsgemeinschaft.

Überwachungsvertrag. Ist ein Unternehmen verpflichtet, sich einer → Fremdüberwachung zu unterwerfen, muß es Mitglied einer → Überwachungsgemeinschaft bzw. → Gütegemeinschaft sein oder einen längerfristigen Ü. mit einer → Betonprüfstelle F abgeschlossen

Überwachungszeichen

Umrechnungsfaktoren

haben. → Güteüberwachung, → Gütegemeinschaft.

Überwachungszeichen. Kennzeichen für eine bestehende Güteüberwachung (→ Eigen- und → Fremdüberwachung), z.B. auf Lieferschein, Sack, Gebinde, Bauteil, Aushang. → Gütezeichen.

Uferbefestigung. An den Böschungen von Flüssen, Kanälen und an der Küste können U. durch offene (durchlässige) und geschlossene Deckwerke aus Betonsteinen ausgeführt werden. Offene Deckwerke ermöglichen einen raschen Spiegelausgleich zwischen Außenwasser und Grundwasser, was besonders für Flüsse und Kanäle vorteilhaft ist.

Ufereinfassung. Sicherungsanlagen bei Hafenanlagen. Sie bestehen aus der Ufermauer und dem Überbau, das ist der rückwärtige Bereich anschließend an die Mauerkrone. Für die Gründung von U. sind bei schlechtem Baugrund häufig Pfahlgründungen (→ Pfähle) erforderlich.

Ultraschallprüfung (von Beton). Zerstörungsfreies Prüfverfahren zur Ermittlung von Fehlstellen im Betongefüge mittels Durchschallung (Absorption) oder Impuls-Echo. Das Verfahren eignet sich auch zur Bestimmung des Elastizitätsmoduls über die Schallgeschwindigkeit.

Umfassungswände. Die → Außenwände eines Gebäudes.

Umkehrdach. → Nicht belüftetes Dach, bei dem die Wärmedämmschicht oberhalb der Dachhaut liegt. Entscheidend ist die Verwendung völlig geschlossenzelliger Dämmplatten, die kein Wasser aufnehmen. Um ein Aufschwimmen der Dämmschicht zu verhindern, muß die Abdeckung schwer genug sein (z.B. Kiesschüttung, Gehwegplatten oder Betonpflastersteine).

Umlenkkräfte. Sie entstehen an Bauteilen mit gebogenen oder geknickten Leibungen und werden durch zusätzliche Bewehrung aufgenommen (DIN 1045).

Umrechnung → Umrechnungsfaktoren.

Umrechnungsfaktoren. Sie sind bei der Auswertung von Baustoffuntersu-

Umrechnungsfaktoren bei Normalbeton

Wenn kein Verhältniswert durch eine Eignungsprüfung ermittelt wurde, darf bei Normalbeton von der 7-Tage- auf die 28-Tage-Würfeldruckfestigkeit wie folgt geschlossen werden:			
Z 25	$\beta_{W28} = 1{,}4 \cdot \beta_{W7}$	Z 35 F und Z 45 L	$\beta_{W28} = 1{,}2 \cdot \beta_{W7}$
Z 35 L	$\beta_{W28} = 1{,}3 \cdot \beta_{W7}$	Z 45 F und Z 55	$\beta_{W28} = 1{,}1 \cdot \beta_{W7}$
Bei gleichartiger Lagerung darf die Druckfestigkeit von 20-cm-Würfeln β_W aus der an 15-cm-Würfeln oder an Zylindern gemessenen Druckfestigkeit abgeleitet werden:			
15-cm-Würfel		$\beta_W = 0{,}95 \cdot \beta_{W150}$	
Zylinder $\varnothing = 15$ cm, h = 30 cm		bei $\leq$ B 15: $\beta_W = 1{,}25 \cdot \beta_C$	bei $\geq$ B 25: $\beta_W = 1{,}18 \cdot \beta_C$

Umschlagen

chungen z.B. dann erforderlich, wenn die Festigkeitsprüfung nicht nach 28 Tagen und/oder nicht an 200-mm-Würfeln durchgeführt wurde. Von den in einer Norm genannten U. darf abgewichen werden, wenn die Werte durch Eignungsprüfungen ermittelt worden sind.

Umschlagen. Vorgang, bei dem ein Zementleim infolge Veränderung von äußeren Einflußfaktoren wie z.B. Zusatzmitteldosierung (→ Betonzusatzmittel) sofort erstarrt.

Umschnürung. Bewehrung, die bei runden Stahlbetonstützen die Längsstäbe wendelförmig umschnürt. Sie verhindert ebenso wie die → Bügel das Ausknicken der Längsstäbe.

Undurchlässigkeit. Wichtige Eigenschaft des Betons für viele Anwendungsgebiete. U. besagt, daß der Durchtritt flüssigen Wassers verhindert wird und daß die dem Wasser abgewandte Seite der Bauteile keinen Wasseraustritt und keine feuchten Flecken zeigt. Soll ein Bauteil undurchlässig gegen Wasser und andere Flüssigkeiten oder Gase gemacht werden, kann der Beton selbst undurchlässig ausgeführt werden, kann die Oberfläche chemisch behandelt oder mit einer undurchlässigen Schicht (Überzug) versehen werden. Bei der Herstellung undurchlässiger Bauteile muß durch Bauausführungs- und konstruktive Maßnahmen dafür gesorgt werden, daß solche Bauteile keine Mängel aufweisen, welche die Wasserundurchlässigkeit aufheben, wie z.B. undichte Stellen, Risse und undichte Fugen.

Unebenheit → Ebenheit.

Ungleichförmigkeitszahl. Bodenkennwert im Straßenbau. Maß für den Anstieg der → Körnungslinie im Bereich der M.-% von 10 bzw. 60 % der Gesamtmenge.

Unterbau. Geschütteter Boden im Bereich einer Straßenbefestigung (Damm).

Unterbeton (im Straßenbau). Untere Schicht bei zweischichtiger Herstellung von Betondecken.

Untergrund. Natürlich anstehender Boden bzw. Fels unmittelbar unter dem Oberbau bzw. Unterbau.

Unterhaltung (bei Bauwerken) → Instandhaltung.

Unterkorn. Nach DIN 4226 der Anteil eines Korngemischs, der bei der Prüfsiebung durch das untere Prüfsieb hindurchfällt.

Unterlagen, bautechnische. Sie umfassen die wesentlichen Zeichnungen, die statischen Berechnungen und − wenn nötig wie i.d.R. bei Bauten mit Stahlbetonfertigteilen − eine ergänzende Baubeschreibung sowie etwaige Zulassungs- und Prüfbescheide.

Unterlagsfolie → Unterlagspapier.

Unterlagspapier (Unterlagsfolie, im Straßenbau). Unter Betondecken soll das U. verhindern, daß dem Frischbeton Wasser entzogen wird und daß sich der Frischbeton beim Einbau mit ungebundenem Tragschichtmaterial vermengt.

Unterzug

Das Unterlagsmaterial muß bestimmten Anforderungen entsprechen.

Unternehmen (im Betonbau). Ausführende Firma. Das U. darf als Fachkräfte (Bauleiter, Poliere usw.) nur zuverlässige Personen einsetzen, die bei Beton- und Stahlbetonarbeiten bereits mit Erfolg tätig waren und ausreichende Kenntnisse und Erfahrungen für das ordnungsgemäße Herstellen, Verarbeiten, Prüfen und Überwachen des Betons besitzen. Das U. hat dafür zu sorgen, daß die Baustellen mit den Geräten und Einrichtungen ausgestattet sind, die eine ordnungsgemäße Ausführung der Arbeiten, eine gleichmäßige Betonerhärtung und die verlangten Prüfungen ermöglichen, daß diese Geräte und Einrichtungen ständig gewartet werden und daß die Eigenüberwachung der Betonherstellung durchgeführt wird.

Unterpressen (von Betonplatten, im Straßenbau). Es erfolgt bei → Stufenbildung oder Hohllagerung von Betonplatten infolge → Pumpen. Als Unterpreßmaterial wird i.a. → Dämmer bzw. Blitzdämmer verwendet. Das sind Gemische aus u.a. Bindemittel und Steinmehl zum Verfüllen unterirdischer Hohlräume.

Unterputz. Erste Putzlage zur Verbesserung der Haftung auf dem Untergrund bzw. zum Ausgleich von Unebenheiten.

Unterstopfmörtel. Mörtel von steifer bis steif-plastischer Konsistenz, der durch Unterstopfen eingebaut wird und im Regelfall zur Ableitung der Auflagerdrücke von Montagebauteilen (wie z.B. Kranschienen oder Stützenfüße) in einen tragfähigen Gründungskörper dient. Der nachträgliche Einbau des Bettungsmörtels ermöglicht eine Höhenjustierung der Montagebauteile vor Herstellung des kraftschlüssigen Verbundes. Besondere Anforderungen werden an die Schwindarmut von U. gestellt.

Unterwasserbeton. Unter Wasser eingebauter Beton nach → DIN 1045. → Contractor-Verfahren, → Hydroventil-Verfahren, → Kübelverfahren.

Unterwasserlagerung. Art der Lagerung von → Probekörpern aus Beton oder Mörtel.

Unterwasserwägung. Der Wasserzementwert eines Betons sowie die Rohdichte und die Eigenfeuchtigkeit des Zuschlags lassen sich nach dem Verfahren des Norwegers THAULOW durch U. nach dem Satz von ARCHIMEDES bestimmen: Ein Körper verliert unter Wasser so viel an Gewicht, wie die von ihm verdrängte Wassermenge wiegt.

Unterzug. Träger, der die Last einer über ihm liegenden Balkenlage, Decke oder Wand aufnimmt und auf Wände, Stützen oder Pfeiler überträgt. U. kommen als → Konstruktionselemente sowohl im Ortbeton als auch im Fertigteilbau zum Einsatz. Durch den Einbau eines U. kann z.B. bei einer Decke die Spannweite oder die Tragkraft – auch nachträglich – erhöht werden. U. verringern allerdings die lichte Durchgangshöhe. Falls dies nicht erwünscht ist, können deckengleiche U. (in der Deckenebene liegend) oder Überzüge verwendet werden.

V

Vakuumbeton. Besondere Art der Nachbehandlung des eingebrachten und verdichteten Betons: Über Filtermatten wird der Betonoberfläche mit Hilfe eines Vakuums Wasser (Überschußwasser) entzogen. Dadurch sinkt der Wasserzementwert (z. B. um 0,1), die Frühfestigkeit und Endfestigkeit steigen und das Schwinden nimmt ab. Das Vakuumverfahren kann an vertikalen und horizontalen Flächen eingesetzt werden.

Variationskoeffizient (Variationszahl). Statistische Meßzahl einer Häufigkeitsverteilung. Auf den Mittelwert bezogene Standardabweichung in % : v = s / ß x 100 (%), d. h. das Verhältnis der Standardabweichung zum Mittelwert einer Stichprobe. Richtwerte für den V. können als zusätzliche Kontrolle der Gleichmäßigkeit einer Betonproduktion angegeben werden.

Variationszahl → Variationskoeffizient.

Vbl → Vollblöcke (aus Leichtbeton).

Vbn → Vollblöcke (aus Normalbeton).

VDZ → Verein Deutscher Zementwerke.

Vebe-Konsistenzmesser → Setzzeitversuch.

Verankerung. Im → Spannbetonbau ohne Verbund wird die Konstruktion, durch welche die Vorspannkraft auf den Beton abgegeben wird, mit V. bezeichnet. Eine Zulassung durch das Institut für Bautechnik ist erforderlich.

Verankerungslänge. Länge, die notwendig ist, um die vorhandene Zugkraft vom einen Stab über den Beton auf den anderen, überlappten Stab zu übertragen.

Verarbeitbarkeit. Sammelbegriff für Beweglichkeit, Zusammenhalt und Verdichtbarkeit des Frischbetons. Kenngröße ist die Konsistenz. Das Ende der V. ist bei plastischen und weichen Betonen dann erreicht, wenn sich beim Herausziehen des Innenrüttlers die Eintauchstelle im Frischbeton nicht mehr schließt.

Verarbeiten. Zum V. des → Frischbetons gehören das → Einbringen, Verdichten (→ Verdichtungsarten) und die Abschlußbearbeitung der ungeschalten Oberfläche. Der Beton muß verarbeitet sein, ehe er die für seine Verarbeitung erforderliche → Konsistenz verliert bzw. → erstarrt. Dem V. schließt sich die → Nachbehandlung an.

Verarbeitungszeit. Beton ist möglichst bald nach dem → Mischen, → Transportbeton möglichst sofort nach der Anlieferung auf der Baustelle zu → verarbeiten. Ist dies nicht möglich, so muß er gegen Witterungseinflüsse (Sonne, Wind, Regen) geschützt werden. Im allgemeinen sollte → Baustellenbeton bei trockenem und warmem Wetter innerhalb einer halben Std. eingebracht und verdichtet sein. Der Beton muß verarbeitet sein, bevor er die für seine Verarbeitung erforderliche → Konsistenz verliert.

Verbindungen, gesättigte. Stoffe aus der organischen Chemie, in denen sämtliche vier Valenzen (Wertigkeiten) des Kohlenstoffs besetzt (d.h. „abgesättigt") sind. Beispiel: Methan CH_4.

Verbund. Zwischen → Stahl und → Zementstein ist eine „Klebewirkung" vorhanden, die auf Adhäsion oder Kapillarkräften beruht. Diese „Klebewirkung" oder Haftung hängt u.a. von der Rauhigkeit und Sauberkeit der Stahloberfläche ab; sie allein ist für einen guten V. nicht ausreichend und wird schon bei kleinen Verschiebungen zerstört. Geht die Haftung verloren, dann wird zwischen Stahl und Beton Reibungswiderstand geweckt, wenn quer auf die Stahleinlagen wirkende Pressungen vorhanden sind. (Solche Querspannungen können von quergerichteten Druckspannungen aus Lasten oder vom → Schwinden oder → Quellen des Betons herrühren. Der Reibungsbeiwert ist wegen der Oberflächenrauhigkeit des Stahles hoch ($\mu = 0{,}3$ bis $0{,}6$). Bei mechanischer, dübelartiger Verzahnung von Stahloberfläche und Beton müssen erst in die Verzahnung eingreifende „Betonkonsolen" abgeschert werden, bevor der Stab im Beton gleiten kann.) Der Scherwiderstand ist die wirksamste und zuverlässigste Verbundart und zur Nutzung hoher Stahlfestigkeiten notwendig. Er wird i.d.R. durch aufgewalzte Rippen (→ Betonstabstahl) erzielt, entsteht aber auch bei stark verdrillten Stäben mit geeignetem Profil durch Korkenzieherwirkung. Bei gerippten Betonstabstahl hängt die Größe des Scherwiderstandes von der Form und Neigung der Rippen, ihrer Höhe und ihrem lichten Abstand ab.

Verbundanker. Dübelkonstruktion, bei der die Kraft durch Klebewirkung im Bohrloch übertragen wird. V. benötigen eine Zulassung des Instituts für Bautechnik.

Verbunddecken. Aus Stahl- oder Stahlbetonträgern und Ortbetonplatten zusammengesetzte → Decken. Bei dieser Konstruktionsart werden → Verbundträger durch besondere Anker oder Dübel (→ Verbundmittel) schubfest mit der Ortbetonplatte zum gemeinsamen Tragen verbunden.

Verbundestrich. Mit dem tragenden Untergrund verbundener Estrich. Er hat die Aufgabe, die Oberfläche eines tragenden Untergrundes nutzfähig zu gestalten. Der V. kann unmittelbar genutzt oder mit einem Belag versehen werden. Er wird nach DIN 18 560 mit einem Kurzzeichen für → Festigkeitsklasse, Nenndicke sowie mit dem Buchstaben „V" bezeichnet. Beispiel: Zementestrich der Festigkeitsklasse 30 (ZE 30) als V. (V) mit 25 mm Nenndicke: Estrich nach DIN 18 560 – ZE 30 – V 25.

Verbundmittel. Anker, Bolzen, Dübel, Nägel und Schrauben haben die Aufgabe, einzelne Konstruktionsteile zusammenzuhalten. Für den Beton- und Stahlbetonbau haben Anker und Dübel sowie hochfeste Schrauben eine Bedeutung. Bolzen, Schrauben sowie Schweißnähte spielen im Stahlbau eine große Rolle; Nägel gehören zu den V. des Holzbaus.

Verbund, nachträglicher. Bei der → Vorspannung mit n. V. wird das →

Verbund, ohne

Spannglied gewöhnlich in kleinen Kanälen (→ Hüllrohren), die beim Betonieren des Bauteils freigelassen werden, untergebracht. Nachdem der Beton die erforderliche Festigkeit erlangt hat, wird das Spannglied mittels einer hydraulischen Spezialpresse angespannt und — wenn es bis zur vorgesehenen Spannung angezogen ist — am Ende des Bauteils verankert. Nach dem Spannen wird unter hohem Druck → Einpreßmörtel in den → Spannkanal gedrückt, um den → Spannstahl gegen → Korrosion zu schützen und die Tragfähigkeit zu verbessern (DIN 4427, Teil 5).

Verbund, ohne. Das → Spannglied einer Spannbetonkonstruktion wird im Gegensatz zum → nachträglichen Verbund nicht ausgepreßt.

Verbundpflastersteine. Pflastersteine, deren besondere Formgebung einen Verbund der Steine untereinander bewirkt und ein Loslösen von Einzelsteinen durch die Einwirkung von Verkehrslasten und -kräften vermeidet.

Verbundplatte. → Betonplatte (Betonwaren), die durch spezielle Formgebung einen Horizontal- und/oder Vertikalverbund ermöglicht. Anwendung z. B. im Wasserbau, bei Uferbefestigungen. → Verbundpflastersteine, → Pflastersteine.

Verbundquerschnitt. Querschnitt eines Bauteils, das aus mehreren, sich ergänzenden und zusammenwirkenden Schichten besteht.

Verbund, sofortiger. Der s. V. ist ein Verfahren, bei dem die → Spannglieder einer Spannbetonkonstruktion vor dem Betonieren gespannt werden. Wenn der Beton eine Festigkeit von mind. $0,8 \times \beta_{w28}$ erreicht hat, wird das Spannglied von seiner einstweiligen Verankerung gelöst, und die Vorspannkraft wird über die Haftung zwischen Stahl und Beton in das Bauteil eingeleitet.

Verbundstahl-Matten. Veraltete Bezeichnung für → Lagermatten und → Listenmatten.

Verbundträger. Unter einem V. versteht man einen aus einem Stahlträger oder einem Betonfertigteilbalken und einer Ortbetonplatte zusammengesetzten Träger. Die beiden Bauteile sind durch Anker oder Dübel schubfest miteinander verbunden. An die Güte des Betons werden besonders hohe Anforderungen gestellt. Häufig wird ein B 55 verwendet.

Verbundwirkung → Verbund.

Verdichten. Der dem → Einbringen folgende Arbeitsschritt, bei dem durch Austreiben der Luftblasen ein porenarmes, dichtes Betongefüge erzielt wird. → Verdichtungsarten. Estriche werden i. d. R. mit leichten Plattenrüttlern verdichtet. → Fließestrich.

Verdichtungsarten. Beton kann je nach Einbauart und Konsistenz mit unterschiedlichen Verfahren verdichtet werden:
— Stampfen,
— Stochern,
— Rütteln (Rüttelbeton),
— Schocken (Schockbeton),

Verdünnungsmittel

– Pressen,
– Schleudern (→ Schleuderbeton),
– Vakuumieren (→ Vakuumbeton),
– Walzen (→ Walzbeton).

Verdichtungsgrad. Maß für die Verdichtung eines Bodens. Die Größe des möglichen Verdichtungsgrades ist abhängig von der Bodenart und der Schichtdicke.

Verdichtungsmaß (nach WALZ). Eine Information über die → Konsistenz des Frischbetons, die mit dem → Verdichtungsversuch bestimmt wird. → Konsistenzbereiche, → Konsistenzprüfverfahren.

Verdichtungsporen. Lufteinschlüsse, die auch nach sorgfältigem Verdichten im Beton verbleiben.

Verdichtungsversuch (nach WALZ). Der Beton wird in einen 400 mm hohen, oben offenen Blechkasten mit 200 mm x 200 mm Querschnitt oder in eine 200 mm-Würfelform mit Aufsatzrahmen von 200 mm Höhe ohne zusätzliche Verdichtung gefüllt. Dazu wird der Beton von einer trapezförmigen Kelle (rd. 160 mm x 100 mm) über eine Längskante der Kelle in den Behälter gekippt. Der überstehende Beton wird mit einem Lineal leicht abgestrichen. Danach wird der eingefüllte Beton auf einem Rütteltisch, durch Innenrüttler oder durch Stampfen möglichst vollkommen verdichtet. An vier Stellen mißt man den Abstich und bildet den Mittelwert (s). Das Verdichtungsmaß (v) ist das Verhältnis der Höhe des locker eingefüllten Betons (h + s) zur Höhe des Betons nach dem Verdichten (h):

$$v = \frac{h+s}{h} = \frac{400}{400-s}$$

Das Verfahren kann mit größeren Behältern auch für Massenbeton mit beliebigem Größtkorn angewendet werden.

Verdichtungswilligkeit. Frischbetoneigenschaft, die aussagt, wieviel Arbeit aufgewendet werden muß, um eine bestimmte Menge Beton zu verdichten. Die V. ist ein Teil der → Verarbeitbarkeit.

Verdingungsordnung für Bauleistungen (VOB). Seit 1926 die Grundlage von Bauverträgen zwischen Auftraggebern und Auftragnehmern. § 13.4 sieht in Fällen, bei denen keine Verjährungsfrist im Vertrag vereinbart wurde, für Bauwerke eine Gewährleistungsdauer des Auftragnehmers von zwei Jahren vor (→ BGB: fünf Jahre). Sie ergänzt das → Bürgerliche Gesetzbuch (BGB) durch spezielle Vertragsbedingungen, die auf die besonderen Bedingungen des Bauens abgestellt sind.

Verdübelung. Bei Betonfahrbahnplatten soll die V. an den Raum- bzw. Scheinfugen eine Lastübertragung an den Plattenrändern auf die Nachbarplatten ermöglichen. Sie erfolgt durch Stahldübel bzw. durch eine Nut- und Federausbildung im Beton.

Verdünnungsmittel. Ein- oder mehrkomponentige Flüssigkeiten, die Anstrich- oder Beschichtungsstoffen während der Herstellung oder der Anwendung zugesetzt werden, um die erforderli-

Verdunsten

che Verarbeitungsviskosität einzustellen. Sie brauchen im Gegensatz zu den Lösungsmitteln das Bindemittel nicht zu lösen, müssen jedoch unter den jeweiligen Filmbildungsbedingungen flüchtig sein. Alle Lösungsmittel wirken als V., aber nicht alle V. sind als Lösungsmittel verwendbar.

Verdunsten (des Anmachwassers). Bei ungünstigen Verhältnissen kann in 1 Std. rd. 1 l Wasser und mehr je m^2 Oberfläche aus dem frischen oder jungen Beton durch V. entweichen. Es ist darauf zu achten, daß die für die → Hydratation des Zementes notwendige Menge Wasser auch in den oberflächennahen Schichten des Betons vorhanden bleibt. → Verdursten.

Verdursten. Vorgang, bei dem dem erhärtenden Beton das für die → Hydratation des Zementes notwendige Wasser entzogen wird (z. B. durch Hitze, Wind). Die → Erhärtung kommt zum Stillstand.

Verein Deutscher Zementwerke e.V. (VDZ). Technisch-wissenschaftliche Einrichtung der deutschen Zementindustrie. Er wurde 1948 in Düsseldorf gegründet und setzt die kriegsbedingte Unterbrechung der Tätigkeit des 1877 in Berlin gegründeten Vereins Deutscher Cement-Fabrikanten fort. Dem VDZ gehören 1990 mehr als 30 Zementunternehmen der Bundesrepublik Deutschland mit mehr als 60 Zementwerken als ordentliche Mitglieder sowie mehr als 30 ausländische Zementunternehmen als außerordentliche Mitglieder an. Zweck des Vereins ist die Förderung von Technik und Wissenschaft insbesondere Forschung und Entwicklung auf dem Gebiet der Herstellung und Anwendung von hydraulischen Bindemitteln und aller damit zusammenhängenden Fragen. Die Tätigkeit umfaßt z. B.:

— die Entwicklung hydraulischer Bindemittel einschließlich der Zusätze auf technisch-wissenschaftlicher Grundlage,

— die gutachterliche und beratende Unterstützung in fachlichen Angelegenheiten im Rahmen des Vereinszwecks,

— die Güteüberwachung der von den Mitgliedern hergestellten Zemente und anderen zementartigen Bindemittel, für die Normen oder bauaufsichtliche Zulassungen bestehen,

— die Förderung von Maßnahmen für den Umweltschutz,

— die Unfallforschung und Förderung von Maßnahmen für die Arbeitssicherheit,

— die Aufklärungsarbeit durch Beratung, Versammlung und sonstige geeignete Maßnahmen,

— die Förderung der sachgerechten Anwendung hydraulischer Bindemittel im Bauwesen,

— die Veröffentlichung gesicherter Forschungsergebnisse und der übrigen wissenschaftlichen Tätigkeit in der Fachliteratur.

Der VDZ verfolgt ausschließlich gemeinnützige Zwecke und ist von der Finanzbehörde als gemeinnützig anerkannt. Sein Aufgabengebiet ist auf die Bereiche Technik und Wissenschaft beschränkt, d. h. der VDZ verfolgt keine politischen, auf Erwerb abzielenden oder eigenwirtschaftlichen Zwecke.

Verfahren, gravimetrisches. Das Gewicht eines Stoffes berücksichtigendes Verfahren.

Verfahren, volumetrisches. Den Rauminhalt eines Stoffes berücksichtigendes Verfahren.

Verfestigung → Bodenverfestigung.

Verfestigung, hydraulisch gebundene (im Straßenbau). Bodenverfestigung nach ZTVV-StB und Bodenverbesserung durch Verwendung hydraulischer Bindemittel zur Erhöhung der Widerstandsfähigkeit des Bodens gegen Beanspruchung durch Verkehr und Klima. Der Boden wird dadurch dauerhaft tragfähig und frostbeständig. Verwendbar sind Böden fast aller Bodengruppen nach DIN 18 196 sowie sonstige vergleichbare Materialien oder Mineralstoffe, z. B. Vorsiebmaterial, Haldenabraum, Industrieaschen, Schlacken, Waschberge o. ä., soweit sie keine erhärtungsstörenden Stoffe enthalten. Eine Sieblinie ist nicht vorgeschrieben. Als Bindemittel werden alle Zemente nach DIN 1164, Mischbinder nach DIN 4207, Tragschichtbinder nach DIN 18 506 sowie alle bauaufsichtlich als gleichwertig zugelassenen hydraulischen Bindemittel verwendet. Die Herstellung des Boden-Bindemittelgemisches erfolgt entweder im Bau- oder im Zentralmischverfahren.

Verflüssiger → Betonverflüssiger, → Betonzusatzmittel.

Verflüssiger, luftporenbildende → Betonzusatzmittel.

Verformbarkeit → Verformung.

Verformung. Eine Formänderung kann im Beton durch Belastung oder durch andere Einwirkungen wie Temperaturänderung, Wasserentzug oder -aufnahme sowie durch innere Vorgänge wie Hydratation oder Sedimentation hervorgerufen werden, die umkehrbar (reversibel, elastisch) oder nicht umkehrbar (irreversibel, plastisch, viskos) sein können.

Verformung, elastische. Eine umkehrbare Verformung, nach der der ursprüngliche Zustand wieder hergestellt wird.

Verformung, plastische. Eine nicht umkehrbare Verformung, die beim → Kriechen, → Schrumpfen, → Treiben und Sedimentieren (→ Bluten) auftritt. → Verformung.

Verformungsgerät (nach POWERS). Gerät zum Messen des Verformungswiderstandes von Beton. → Verformungsversuch.

Verformungsversuch (nach POWERS). Der Beton wird in den Setztrichter eingefüllt und verdichtet. Nach dem Abnehmen des Trichters wird der Beton unter Einwirkung von Fallstößen und einer Auflast von 1,9 kg von dem 300 mm hohen Kegelstumpf in einen Zylinder von 300 mm Durchmesser umgeformt. Die Zahl der dazu erforderlichen Fallstöße ist ein Maß für die Verformbarkeit. → Konsistenzprüfverfahren.

Verfugen. Füllen einer Fuge, vor allem das nachträgliche Füllen mit Mörtel oder einem speziellen Fugenmaterial. → Fugendichtungsmasse.

Vergilben

Vergilben. Annahme eines unerwünschten gelblichen bis braun-fahlen Farbtons, bedingt durch Eigenschaften bestimmter Bestandteile eines Anstrich- oder Beschichtungsstoffes. Zu unterscheiden sind: V. im direkten Licht, V. unter Lichtabschluß und V. infolge Hitzeeinwirkung. Eine deutliche Vergilbungsneigung haben Epoxidharze.

Vergußbeton (Vergußmörtel). Beton bzw. Mörtel von fließfähiger Konsistenz, der zum Vergießen von Aussparungen, Montageöffnungen u. ä., aber auch zum Untergießen von Auflagerkörpern verwendet wird, die sich wegen ihrer Ausdehnung oder Lage nicht zum Unterstopfen eignen. V. enthalten meist Quellmittel zur Kompensierung des Schwindmaßes. Ihre Fließfähigkeit wird durch Zugabe kugeliger Zusatzstoffe (z. B. Elektrofilterasche) deutlich verbessert.

Vergußmasse → Fugenvergußmasse.

Vergußmörtel → Vergußbeton.

Verkehrsbelastung. → Verkehrsbelastungszahl.

Verkehrsbelastungszahl. Die V. (VB) in 24 Std. ergibt sich aus der durchschnittlichen täglichen Verkehrsstärke der Fahrzeugarten des Schwerverkehrs DTV$^{(SV)}$ zum Zeitpunkt der Verkehrsübergabe sowie der durchschnittlichen Änderung dieses Verkehrs im vorgesehenen Nutzungszeitraum, und wird berechnet für den Fahrstreifen mit der höchsten Verkehrsbelastung durch → Schwerverkehr in Abhängigkeit von der Anzahl der Fahrstreifen im Querschnitt, der Breite des Fahrstreifens und der Längsneigung.

Verkehrsflächen. Bereiche, die von Fahrzeugen oder Fußgängern beansprucht werden.

Verkehrsfreigabe (im Straßenbau). Zeitpunkt, von dem ab der Verkehr über eine Verkehrsfläche rollen kann, ohne daß die Straßenbefestigung beschädigt wird.

Verkehrslast. Nutzlasten, die Hoch- und Tiefbauten sowie Verkehrsflächen belasten.

Verkieselung. Bildung eines Kieselsäuregels ($CaSiO_3$) infolge einer chemischen Umsetzung von → Wasserglas mit reaktionsfähigen Bestandteilen des Zementsteins. Das Kapillarsystem der Betonoberfläche wird hierbei bis zu einer Tiefe von 1-2 mm durch silikatische Verbindungen verfestigt, die einen schmelzartigen Belag bilden und die Widerstandsfähigkeit der Betonrandzone erhöhen. Einen wirksamen Karbonatisierungsschutz stellt die V. jedoch nicht dar.

Verlegeplan. Die Anordnung von Baustoffen und Bauteilen muß je nach den gestellten Anforderungen in einem V. beschrieben sein. Beispielsweise sind als Grundlage für das Verlegen der Bewehrung Bewehrungszeichnungen anzufertigen, die den Anforderungen der DIN 1045 genügen müssen. Nur so lassen sich die richtigen Stähle an der vom Statiker vorgesehenen Stelle mit der notwendigen Betonüberdeckung fachgerecht verlegen.

Vermiculite. Durch Erhitzen aufgeblähtes glimmerartiges Mineral mit Blättchenstruktur. Ein extrem leichtes Material (Schüttdichte etwa 0,07 bis 0,09 kg/dm^3) mit guter Wärmedämmung (Wärmeleitfähigkeit 0,046 bis 0,058 W/mK) und hohem Feuerwiderstand.

Vermischbarkeit (von Zementen). Jeder Zement ist hinsichtlich des → Ansteifens und → Erstarrens jeweils für sich optimiert. Zemente sollten deshalb möglichst nicht miteinander vermischt werden. Läßt sich ein Vermischen nicht vermeiden, ist mit einer Eignungsprüfung die Unbedenklichkeit der Mischung nachzuweisen.

Vermörtelung → Bodenverfestigung.

Vernetzung. Bildung eines dreidimensionalen molekularen Netzwerks über Hauptvalenzen, ein chemischer Vorgang bei der Filmbildung zahlreicher Lacke. Die V. kann durch Zusatz chemischer Substanzen, durch Wärme oder durch Strahlung bewirkt werden, bzw. durch Kombination dieser Einwirkungen. Vernetzte Kunststoffe (→ Duromere) weisen wegen ihrer räumlichen Molekularstruktur eine hohe mechanische Festigkeit auf.

Vernetzungszeit. Zeitspanne zwischen Beginn und Abschluß des Vernetzungsvorgangs. Die V. ist stets temperaturabhängig.

Verpreßanker. Sie dienen als Erd- und Felsanker der rückwärtigen Verankerung von Lasten im Ingenieurbau, Felshohlraumbau und Bergbau. Nach dem Niederbringen einer Bohrung und Ausfüllen dieser Bohrung mit Zementmörtel werden Gewindestähle mit einem seitlich befestigten Verpreß-Schlauch in den frischen Mörtel gedrückt. Ist der Mörtel erhärtet, wird durch den Verpreß-Schlauch Zementsuspension injiziert und somit der vordere Teil des Gewindestahls fest im Erdreich verankert. Nach einer ausreichenden Wartezeit kann der Anker auf die beabsichtigte Traglast vorgespannt werden.

Verpressen. 1. Bei Spannbeton mit → nachträglichem Verbund werden die Hohlräume im → Spannkanal unter Druck mit → Einpreßmörtel gefüllt. Dieser Vorgang wird mit V. bezeichnet. 2. Bei Rissen in Stahlbetonaußenbauteilen kann der → Rostschutz der Bewehrung beeinträchtigt werden. Ab einer Rißbreite > 0,3 mm ist es ratsam, die Risse z. B. mit Epoxidharzen zu verpressen. In der unmittelbaren Verpreßzone sind dann auch höhere Zugkräfte übertragbar. 3. Bei Rißinjektionen an Brückenbauwerken u. ä. sind die Vorschriften ZTV-RISS zu beachten. → Injektion.

Verpreßverfahren. Verpressen von Injektionsankern. 1. Beim Bau von Erdankern wird durch Einpressen von Zementschlämme oder -mörtel ein Verpreßkörper hergestellt, der im hinteren Teil eines in den Boden eingebrachten Stahlzuggliedes entsteht. 2. Beim Verpressen von verdämmten Rissen im Beton wird unter hohem Druck Epoxidharz durch Bohrpacker gepreßt, um Bauteile abzudichten und die Rißufer kraftschlüssig miteinander zu verbinden.

Verschleißfestigkeit

Verschleißfestigkeit → Verschleißwiderstand.

Verschleißschicht. Oberste mit Hartzuschlägen bzw. Hartstoffen hergestellte Schicht einer Verkehrsfläche im Industriebau.

Verschleißwiderstand. Widerstand, den Mörtel oder Beton den zerstörenden Einwirkungen fester, über seine Oberfläche gleitender oder rollender Gegenstände entgegensetzt. Die Verschleißfestigkeit von Mörtel und Beton ist abhängig von der Härte und dem Kornaufbau der Zuschläge, dem Wasserzementwert und der Nachbehandlung. Für ihre Prüfung ist die DIN 52 108 maßgebend. → EBENER-Verfahren, → Schleifscheibe nach BÖHME, → Abnutzwiderstand.

Verschmutzungen, Beseitigung von (auf Beton). Es kommen hauptsächlich mechanische oder chemische, in selteneren Fällen (z.B. Ölverschmutzung) auch thermische Reinigungsverfahren in Frage. Die Wahl des Verfahrens hängt ab von der Stoffbasis der Verschmutzung, ihrer Eindringtiefe in den Untergrund sowie von der Beschaffenheit (bzw. Empfindlichkeit) der zu reinigenden Betonoberfläche. Als baustoffschonendstes Verfahren ist 1. die Wasserreinigung anzusprechen, deren Wirkung sich durch Verwendung von überhitztem Wasser (Dampfstufe) und den Zusatz von Tensiden (Netzmitteln) noch erheblich steigern läßt. Die Entwicklung moderner Hochdruckstrahlgeräte (mit Drücken bis zu 3000 bar) erlaubt bei entsprechender Düsenwahl und -anordnung eine optimale Reinigungsleistung bei niedrigem Wasserverbrauch.

2. Das Strahlen mit festen Strahlmitteln (Quarzsand, Siliziumkarbid, Schlackenstaub) hat zwar ebenfalls einen hervorragenden Reinigungseffekt, es unterliegt aber wegen der starken Staubentwicklung umweltbedingten Anwendungsbeschränkungen. Zudem wird die Oberfläche freiliegender Zuschlagkörner (z.B. bei Waschbeton) durch scharfkantiges Strahlgut aufgerauht und dadurch anfällig für neue Verschmutzungen. Beim Feuchtsandstrahlen ist mit ähnlichen Auswirkungen zu rechnen, wenn auch in abgeschwächter Form.

3. Die Naßreinigung mit chemischen Mitteln setzt große Erfahrung und eine genaue Produktkenntnis voraus, um Schädigungen der Baustoffoberfläche v.a. empfindlicher Bauteile (z.B. aus Glas oder Aluminium) zu vermeiden. Zum Einsatz kommen sowohl alkalische als auch saure Naßreinigungsmittel sowie organische Lösungsmittelgemische, z.T. auch in Pastenform. Bei der Entsorgung überschüssiger Reinigungsstoffe und des zum Nachspülen verwendeten Waschwassers sind behördliche Auflagen zu beachten.

4. Die Entfernung von Schmierereien und Parolen von Gebäudewänden ist mit Lösemittelgemischen allein meist nicht erreichbar, sondern erfordert oft den zusätzlichen Einsatz abrasiver Strahlverfahren. Marktgängige „Anti-Grafitti"-Produkte besitzen neben einer öl- und fettabweisenden auch eine hydrophobierende Wirkung, die das Eindringen von Farbsprays in den tieferen Untergrund verhindern und so eine spätere Reinigung erleichtern soll. Sie eignen sich somit in erster Linie für den vorbeugenden Einsatz.

Verschubtechnik. Das ganze Bauwerk oder große Bauwerksabschnitte werden neben ihrer endgültigen Lage fertiggestellt und auf speziellen Schubbahnen (meist Kunststoff auf Stahl) hydraulisch in die endgültige Lage verschoben. Die V. wird eingesetzt beim Bau von Brücken (Querverschub, Taktschiebeverfahren), Rohrleitungen und Tunnels (Längsverschub, Durchpreßverfahren).

Verseifung. Chemische Aufspaltung von → Estern in ihre Bestandteile Säure und Alkohol. Alle Ester, darunter alle trocknenden Anstrichöle und die daraus hergestellten Lacke, zeigen eine starke Neigung, unter der Einwirkung von alkalischen Stoffen wieder zu zerfallen. Dabei lagern sich die Fettsäuren an freies Calciumhydroxid zu unlöslichen Stoffen an (Kalkseifenbildung).

Versiegelung. Schutzmaßnahme auf porösen Baustoffoberflächen, die durch mehrfaches → Imprägnieren zur Verfüllung aller Oberflächenporen und zur Ausbildung eines geschlossenen Films von 0,1 − 0,3 mm Dicke führt. Die verwendeten Werkstoffe (in erster Linie Epoxidharzlösungen und Lösungen feuchtigkeitshärtender Polyurethane) sind i.a. frei von Pigmenten und Füllstoffen. Anwendung hauptsächlich auf Verkehrs- und Lagerflächen, die gegen Abrieb und schwache chemische Angriffe geschützt werden sollen.

Versprödung. Trockene Brüchigkeit von Anstrichfilmen, die stellenweise zum Abplatzen führt. Folgende Ursachen kommen in Frage:

− zu hoher Harzanteil,
− Abwanderung wesentlicher Teile von Bindemitteln und Weichmachern in den Untergrund,
− Aufbringen des Anstrichs bei zu niedriger Temperatur,
− zu lange Hitzebelastung des Films,
− natürliche Alterung.

Verstärken (von Bauteilen). Nachträgliche Vergrößerung der Abmessungen oder Verbesserung der Materialeigenschaften eines Bauteils mit dem Ziel, dessen Tragfähigkeit oder Dauerhaftigkeit zu erhöhen. Als Verstärkungsmaßnahmen bei Stahlbetonbauten kommen u.a. in Frage:

− Querschnittsergänzungen mittels Spritzbeton oder Fließbeton,
− Auftrag von Verschleißschichten aus mineralischen oder reaktionsharzgebundenen Mörteln,
− Kunstharzinjektionen,
− V. der Zugbewehrung durch aufgeklebte Stahllaschen,
− Einbau zusätzlicher Spannglieder.

Verteilermaste. Kranähnlicher Aufbau auf Auto-Betonpumpen oder auf der Baustelle fest installiertes Gerät zur Aufnahme von Rohrleitungen, durch die der Frischbeton gefördert wird. V. sind um ihre senkrechte Achse drehbar und besitzen mehrere mit Hydraulikzylindern ausgestattete Gelenke zwischen den dreh- und kippbaren Teilen, damit sie den Beton in verschiedene Höhen verteilen und in der Fläche verteilen können. Das Ende der Rohrleitung bildet ein flexibler Schlauch, mit dem der Beton verteilt wird. V. können praktisch jede Einbaustelle innerhalb ihrer Reichweite von rd.

Verteilerstäbe

50 m mit Beton versorgen. Auf der Baustelle montierte V. sind bei flächenhafter Ausdehnung des Bauwerks verfahrbar und mit ballastiertem Untergestell versehen, bei Bauwerken, die sich in die Höhe entwickeln, wachsen V. nach dem Prinzip der Kletterkrane mit dem Bauwerk in die Höhe.

Verteilerstäbe. Bewehrungsstäbe, die die Querzugkräfte der → Hauptbewehrung aufnehmen.

Verteilung, Gaußsche → Normalverteilung.

Verwitterung. Zerstörung eines Werkstoffes oder Anstrichs durch langdauernde Einwirkung der Witterung. Die Zerstörung metallischer Werkstoffe durch Witterungseinflüsse wird meist als → Korrosion bezeichnet.

Verzögerer. 1. → Erstarrungsverzögerer, 2. Chemisches Mittel, das, auf die Schalung aufgebracht, die Erhärtung eines Betons an der Oberfläche (ca. 1 mm tief) hinauszögern kann. Es findet Anwendung beim → Feinwaschen von Sichtbetonelementen.

Vibrostampfer. Gerät zum Verdichten von Beton, das gleichzeitig → Rütteln und → Stampfen kann.

Vierfüßer → Tetrapoden.

Vinsol-Resin. Kiefernwurzelharz, das als → Luftporenbildner für Beton mit hohem → Frost-Tausalz- Widerstand verwendet wird.

Viskosität. Die Zähigkeit eines fließfähigen Stoffes. Man unterscheidet niedrigviskose (dünnflüssige) und hochviskose Flüssigkeiten.

VITRUV (eigentlich VITRUVIUS). Römischer Baumeister, geboren etwa 80 v.Chr., gestorben etwa 10 v.Chr. Seine überragende Bedeutung liegt in den „Zehn Bücher über die Baukunst", da das einzige erhaltene Werk über die Baukunst im Altertum sind.

Vm → Vormauersteine (aus Normalbeton).

Vmb → Vormauerblöcke (aus Normalbeton).

Vn → Vollsteine (aus Normalbeton).

VOB → Verdingungsordnung für Bauleistungen.

Vollblöcke (aus Leichtbeton, Vbl). → Beton-Bausteine ohne Kammern nach DIN 18 152, die aber auch mit schmalen Luftschlitzen (Vbl-S) senkrecht zur Lagerfläche hergestellt werden. V. werden in folgenden Abmessungen und Festigkeiten hergestellt:
Längen: 24; 36,5; 49 cm
Breiten: 17,5; 24; 30; 36,5 cm
Höhe: 23,8 cm
Rohdichteklassen: 0,5 − 2,0 kg/dm³
Festigkeitsklassen: 2; 4; 6; 8; 12 N/mm².
Wird als Zuschlag ausschließlich → Naturbims und/oder → Blähton verwendet, werden sie als geschlitzte V. mit besonderen Wärmedämmeigenschaften (Vbl-

Vormauerblöcke

SW) bezeichnet. Als solche sind sie nur in den Festigkeitsklassen 2, 4, 6 und 8 N/mm² und mit entsprechend niedrigen Rohdichten zwischen 0,5 und 0,8 kg/dm³ erhältlich. Sie werden vorwiegend für hochwärmedämmendes Außenmauerwerk eingesetzt. V. , die aufgrund besonderer Herstellverfahren oder Formgebung im Detail von der Norm abweichen, bedürfen einer bauaufsichtlichen Zulassung, wie z. B. großformatige V. aus Leichtbeton, die 24, 30 oder 36,5 cm breit, 1 m lang und 0,5 m hoch sind.

Vollblöcke (aus Normalbeton, Vbn). → Beton- Bausteine ohne Kammern mit einer Höhe von 17,5 oder 23,8 cm nach DIN 18 153.
Längen: 24; 24,5; 30; 30,5; 36,5; 37; 49,5 cm
Breiten: 11,5; 17,5; 24; 30; 36,5 cm
Höhen: 17,5; 23,8 cm
Rohdichteklassen: 1,4 − 2,4 kg/dm³
Festigkeitsklassen. 4 − 28 N/mm².

Vollsteine (aus Leichtbeton, V). → Beton- Bausteine ohne Kammern nach DIN 18 152. Sie sind max. 11,5 cm hohe → Mauersteine im Einhandformat oder sog. Bauplatten, die auch hochkant vermauert werden können. V. sind universell einsetzbar und auch geeignet als Ergänzungssteine für Hohlblock- und Vollblock-Mauerwerk, in höheren Rohdichte- und Festigkeitsklassen ideal für schalldämmende Trennwände.
Längen: 24; 30; 36,5; 49 cm
Breiten: 9,5; 11,5; 14,5; 17,5; 24 cm
Höhen: 5,2; 7,1; 9,5; 11,5; 17,5; 24 cm
Rohdichteklassen: 0,5 − 2,0 kg/dm³
Festigkeitsklassen: 2; 4; 6; 8; 12 N/mm².

Vollsteine (aus Normalbeton, Vn). → Beton- Bausteine ohne Kammern mit einer Höhe bis 11,5 cm nach DIN 18 153.
Längen: 24; 30; 36,5; 49 cm
Breiten: 11,5; 14,5; 17,5; 24; 30; 36,5 cm
Höhen: 5,2; 7,1; 9,5; 11,3; 11,5 cm
Rohdichteklassen: 1,4 − 2,4 kg/dm³
Festigkeitsklassen: 4 − 28 N/mm².

Volumen. Rauminhalt eines Körpers.

Volumenprozent. Anteil des Rauminhaltes eines Stoffes in einem Stoffgemenge in %.

Vorfertigung → Betonfertigteile.

Vorhaltemaß (der Betondeckung). Die in DIN 1045 angegebenen Werte der Betondeckung der Bewehrung sind Mindestwerte. Um diese an jeder Stelle eines Bauteils unter Baustellenbedingungen einhalten zu können, muß der Statiker diesen Mindestwerten (min c) ein V. (Δc) hinzufügen. Das Nennmaß der Betondeckung (c) beträgt dann: c = min c + Δc. Gemäß den Empfehlungen des Deutschen Ausschusses für Stahlbeton beträgt das V. bei Außenbauteilen allgemein 1,0 cm, bei Beachtung besonderer Maßnahmen 0,5 cm.

Vormauerblöcke (aus Normalbeton, Vmb). → Beton- Bausteine mit Kammern und ebener werksmäßig bearbeiteter Sichtfläche nach DIN 18 153. Vorzugsmaße (Zwischenmaße sind zulässig):
Längen: 19; 24; 29; 49 cm
Breiten: 9; 10; 11,5; 14; 19; 24 cm
Höhen: 17,5; 19; 23,8 cm
Rohdichteklassen: 1,6 − 2,4 kg/dm³
Festigkeitsklassen: 6 − 48 N/mm².

Vormauersteine

Vormauersteine (aus Normalbeton, Vm). → Beton- Bausteine aus Normalbeton mit ebener, naturrauher, bruchrauher, werksmäßig bearbeiteter oder besonders gestalteter Oberfläche (Läuferseite) nach DIN 18 153. Sie werden als → Sichtmauerwerk für Innenwände, Außenwände in einschaliger Ausführung, als Vormauerwerk für zweischalige Außenwände, aber auch für Gartenmauern verwendet. Vorzugsmaße (Zwischenmaße sind zulässig):
Längen: 19; 24; 49 cm
Breiten: 9; 10; 11,5; 14; 19 cm
Höhen: 5,2; 7,1; 9,5; 11,3; 11,5; 17,5; 23,8 cm
Rohdichteklassen: 1,6 ... 2,4 kg/dm³
Festigkeitsklassen: 6 ... 48 N/mm².

Vorsatzbeton. Aus gestalterischen, bauphysikalischen oder auch akustischen Gründen dem tragenden Beton von Platten, Tafeln und anderen Elementen vorgesetzte Betonschicht anderer Zusammensetzung. → Pflastersteine aus Beton können ebenfalls sowohl einschichtig als auch zweischichtig (Kern- und V.) hergestellt werden. Der V. muß mit dem Kernbeton fest verbunden sein und soll mind. eine Dicke von 1 cm aufweisen. Die Zementgehalte können je nach Zusammensetzung zwischen 350 und 450 kg/m³ schwanken. Aus Gründen der Frost- und Tausalzbeständigkeit soll im V. keine Flugasche verwendet werden.

Vorschriften. Alle technischen Regelwerke, die zwischen den Vertragspartnern vereinbart werden. Hierzu zählen z.B. die DIN-Normen, Richtlinien, Merkblätter, Arbeitsanleitungen. Stillschweigend vereinbart gelten die allgemeinen Regeln der Technik (Baukunst). Auch wenn im Vertrag nichts vereinbart ist, haben die Normen die Vermutung für sich, daß sie den allgemeinen Regeln der Technik entsprechen.

Vorschubrüstung. Rüstsystem für den Brückenbau, bei dem ein Hilfsträger – die V. – z.B. ein Feld überspannt und nach dem Erhärten des Betons zum nächsten Feld vorgeschoben wird.

Vorspanntermine. Zeitplan zum Aufbringen der → Vorspannung auf den erhärteten Beton.

Vorspannung. Beton hat eine hohe Druckfestigkeit, jedoch eine geringe Zugfestigkeit (etwa 1/10). Um ein Betonbauteil in seinem gesamten Querschnitt bei Biegebeanspruchung auf Druck belasten zu können, wird der Querschnittsbereich mit → Spannbewehrung vorgespannt. Die Druckfestigkeit des gesamten Betonquerschnitts wird so voll ausgenutzt (→ Spannungszustand). Dadurch sind wesentlich höhere Belastungen und größere Spannweiten (z.B. im Brückenbau) möglich.

Vorspannung, beschränkte. Im Betonquerschnitt dürfen auch bestimmte Zugspannungen auftreten.

Vorspannung, teilweise. In Deutschland nicht zugelassenes Verfahren, bei dem der eingelegte → Spannstahl nur mit geringen Kräften vorgespannt wird.

Vorspannung, volle. Im Betonquerschnitt dürfen keine Zugspannungen auftreten, der Querschnitt ist voll überdrückt.

Walzsche Kurven

Vorverformung → Verformung.

Vouten. Verstärkungen bei zwischengestützten Balken oder Platten, um die Belastung aus Momenten an den Stützen vollständig aufnehmen zu können.

VZ → Erstarrungsverzögerer, → Betonzusatzmittel.

W

Wahrscheinlichkeitsnetz. Koordinatenpapier, dessen Ordinate die Summenhäufigkeit der → Normalverteilung und dessen Abszisse den Merkmalwert der beobachteten Größe enthält.

Walzbeton (im Straßenbau). Erdfeuchter, mit Straßenfertiger eingebrachter Beton, der durch Walzübergänge (Gummiradwalze, Glattmantelwalze statisch oder mit Vibration) vollständig verdichtet wird. Er findet Anwendung als direkt befahrene Decke, als Tragschicht unter Straßendecken, unter Betondecken im → Hocheinbau als Ausgleichbeton, bei Industrieflächen, unter Estrichen.

Walzhaut. Bei Profilstählen und bei → Betonstählen entsteht beim Walzen eine Zunderschicht, die man mit W. bezeichnet.

Walzsche Kurven. Sie veranschaulichen den von WALZ empirisch ermittelten Zusammenhang zwischen Beton-

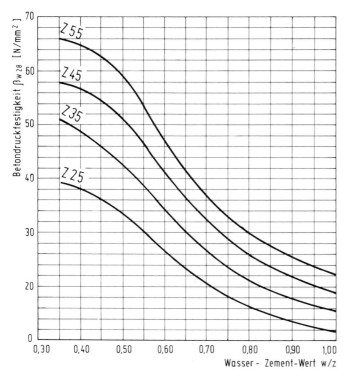

Walzsche Kurven für Z 25−Z 55

Wandanschlüsse

Würfeldruckfestigkeit $ß_{W28}$, dem Wasserzementwert und der Normdruckfestigkeit N_{28} des Zementes. Dem Diagramm liegen mittlere Zementfestigkeiten zugrunde, die um 10 N/mm² über der Nennfestigkeit, bei Z 55 um 8,5 N/mm² über der Nennfestigkeit liegen. Die W. K. gestatten es, bei bekannter Normdruckfestigkeit des Zementes entweder den für eine bestimmte Betondruckfestigkeit erforderlichen Wasserzementwert oder die sich aus einem bestimmten Wasserzementwert ergebende Betondruckfestigkeit abzuschätzen.

Wandanschlüsse. Zur Verbindung von tragenden und aussteifenden Wänden sind statisch wirksame W. erforderlich. Da in erster Linie die Knickaussteifung der auszusteifenden Wand sicherzustellen ist, muß eine über die Wandhöhe weitgehend stetige druck-, zug- und möglichst auch schubfeste Verbindung hergestellt werden. Diese kraftschlüssige Verbindung erreicht man sowohl im Mauerwerksbau als auch im Stahlbetonbau durch gleichzeitiges Hochführen der Wände. Ist dies nicht möglich, müssen statisch gleichwertige Maßnahmen getroffen werden. Im Stahlbetonbau geschieht das durch den Einbau von Anschlußeisen oder rationeller durch die Verwendung von vorgefertigten Bewehrungsanschlüssen. Im Mauerwerksbau werden zur Übertragung der Zugkräfte Stahlanker verwendet. Deren Bemessung kann in Anlehnung an DIN 1045 für kraftschlüssige Verbindungen von Betonfertigteilwänden erfolgen. Danach sind die Verbindungen mind. in Deckenhöhe anzuordnen und für eine Zugkraft von 1/100 der senkrechten Last der auszusteifenden tragenden Wand zu bemessen. In Verbindung mit einer Loch- oder stehenden Verzahnung können so aussteifende Wände bei Gebäuden bis zu sechs Vollgeschossen auch nachträglich hochgeführt werden.

Wandbauplatten. Bauplatten mit begrenzter Rohdichte aus Leichtbeton. Sie werden für massive wärmedämmende Wandkonstruktionen im Industrie-, Wohnungs- und Kommunalbau verwendet. Man unterscheidet zwei Arten: 1. W. aus Leichtbeton nach DIN 18 162 mit der Kurzbezeichnung (Wpl), hergestellt aus mineralischen Zuschlägen und hydraulischen Bindemitteln mit Wandstärken von 5 bis 10 cm, rel. kurzen Längen von 49 und 99 cm und Höhen von 24 und 32 cm; die Rohdichteklassen liegen zwischen 0,8 und 1,4 kg/dm³ (→ Leichtbeton- Mauerwerk). 2. Gasbeton-Bauplatten nach DIN 4166 mit Wandstärken von 5 bis 30 cm und rel. großen Längen bis zu 6 m. W. sind in Verbindung mit Tragkonstruktionen variabel einsetzbar und werden zur Ausfachung von Stahl-, Stahlbeton- oder Holzkonstruktionen sowohl vor als auch zwischen den Stützen verwendet.

Wandbausteine → Beton-Bausteine.

Wände. Die den Raum seitlich abschließenden Bauwerksteile. Neben der raumabschließenden Funktion haben sie noch statische und bauphysikalische Aufgaben. Entsprechend der statischen Aufgaben unterscheidet man → tragende, → aussteifende und → nichttragende W. Maßgebend für die Berechnung und Ausführung sind DIN 1045 für W. aus Beton und Stahlbeton sowie DIN 1053 für W. aus Mauerwerk. Nach bauphysikalischen

Wände, aussteifende

Gesichtspunkten lassen sich folgende Wandarten unterscheiden:
- W. mit Anforderungen an den Wärmeschutz (DIN 4108): Hierzu zählen alle → Außenwände von Räumen, die dem dauernden Aufenthalt von Menschen dienen, sowie Wohnungstrenn- und Treppenraumwände.
- W. mit Anforderungen an den Schallschutz (DIN 4109): In diese Gruppe gehören alle Wohnungstrenn- und Treppenraumwände. Eine bestimmte Mindest-Schalldämmung wird aber auch von W. verlangt, die beispielsweise Arbeits-, Maschinen- und Gemeinschaftsräume sowie Gaststätten von Wohnräumen trennen.
- W. mit Anforderungen an den Brandschutz (DIN 4102): Hierbei handelt es sich speziell um → Brandwände, die das Übergreifen von Feuer auf benachbarte Bauteile verhindern oder verzögern sollen.

Statisch-konstruktive und dämmende Anforderungen lassen sich miteinander verbinden. Eine tragende W. kann zugleich den Bedingungen des Schallschutzes genügen, eine aussteifende den Wärmeschutz garantieren. Der Baustoff Beton läßt sich je nach Anforderung dicht oder porig herstellen und kann dadurch mehrere Wandfunktionen gleichzeitig erfüllen. Betonwände aus Ortbeton (Beton, Stahlbeton und Leichtbeton), Betonbausteinen (Leichtbetonsteine) oder Betonfertigteilen lassen sich deshalb für alle Arten von W. günstig einsetzen. → Keller-Außenwände, → Innenwände (tragende, nichttragende), → W., gemauerte, → W., unbewehrte.

Wände, aussteifende. Scheibenartige Bauteile, die tragende → Wände aussteifen und so deren Ausknicken verhindern. Da ein Knicken bereits mit sehr geringen horizontalen Abstützkräften verhindert werden kann, sind an a.W. keine besonders strengen Anforderungen zu stellen, so daß auch voll ausgenützte tragende Wände noch die Aufgaben von a.W. übernehmen können. Wenn sie mehr als ihr Eigengewicht zu tragen haben oder Horizontallasten aufnehmen müssen, sind sie als tragende Wände zu bemessen. A.W. müssen mit den tragenden Wänden gleichzeitig hochgeführt oder kraftschlüssig verbunden werden und eine Mindestlänge von 1/5 der Geschoßhöhe aufweisen. Genauere Anga-

Dicken und Abstände aussteifender Wände nach DIN 1053

	1		2	3	4	5
	Dicke der auszusteifenden tragenden Wand cm		Geschoßhöhe m	Aussteifende Wand im 1. bis 4. Vollgeschoß von oben Dicke cm	im 5. und 6. Vollgeschoß von oben Dicke cm	Abstand m
1	$\geq 11,5$	$< 17,5$	$\leq 3,25$	$\geq 11,5$	$\geq 17,5$	$\leq 4,50$
2	$\geq 17,5$	< 24				$\leq 6,00$
3	≥ 24	< 30	$\leq 3,50$			$\leq 8,00$
4	≥ 30		$\leq 5,00$			

Wände, bewehrte

ben über ihre Bemessung und Ausführung sind in DIN 1045 für Wände aus Beton und Stahlbeton sowie in DIN 1053 für solche aus Mauerwerk enthalten.

Wände, bewehrte. Sie müssen eine Bewehrung von mehr als 0,5 % des für die Belastung statisch erforderlichen Querschnitts aufweisen. Ist die Bewehrung geringer als 0,5 %, gelten die Wände als unbewehrt und müssen als solche bemessen werden. In b.W. müssen die Durchmesser der Tragstäbe bei Betonstahl mind. 8 mm und bei Betonstahlmatten mind. 5 mm betragen. Der Abstand dieser Stäbe darf höchstens 20 cm sein. Außerdem ist eine Querbewehrung anzuordnen, deren Querschnitt 1/5 des Querschnitts der Tragbewehrung betragen muß. Näheres regelt DIN 1045, Abschnitt 25.5.5.2.

Wände, gemauerte. Sie werden aus natürlichen oder künstlichen Mauersteinen erstellt. Ihre Berechnung und Ausführung ist in DIN 1053, Teil 1, geregelt. G.W. müssen sowohl statische (tragende, aussteifende, nicht aussteifende) als auch bauphysikalische Funktionen (Wärme-, Schall-, Brandschutz) erfüllen. Betonbausteine lassen sich je nach Anforderung mit dichtem oder porigem Gefüge herstellen. G.W. aus Betonbausteinen sind dadurch in der Lage, sowohl die Forderungen des Wärmeschutzes (DIN 4108), des Schallschutzes (DIN 4109) als auch des baulichen Brandschutzes (DIN 4102) besonders gut zu erfüllen.

Wände, nichttragende. Scheibenartige Bauteile, die überwiegend nur durch ihr Eigengewicht beansprucht werden und lediglich raumabschließende, jedoch keine statische Funktion haben. Sie dürfen nicht zur Knickaussteifung tragender Wände herangezogen werden. Nichttragende → Außenwände müssen allerdings die auf ihre Fläche wirkenden Windlasten auf tragende Bauteile abtragen können. Gemauerte nichttragende Ausfachungswände müssen daher z.B. vierseitig gehalten sein, mit → Mörtelgruppe IIa oder III gemauert werden und mind. 11,5 cm dick sein. Zur sicheren Aufnahme der Windlasten gelten für die Größen der Ausfachungsflächen

Zulässige Größtwerte der Ausfachungsfläche von nichttragenden Außenwänden ohne rechnerischen Nachweis nach DIN 1053

	1	2	3	4	5	6	7
	Wanddicke	Zulässiger Größtwert der Ausfachungsfläche bei einer Höhe über Gelände von					
		0 bis 8 m		8 bis 20 m		20 bis 100 m	
		$\varepsilon = 1,0$	$\varepsilon \geq 2,0$	$\varepsilon = 1,0$	$\varepsilon \geq 2,0$	$\varepsilon = 1,0$	$\varepsilon \geq 2,0$
	cm	m^2	m^2	m^2	m^2	m^2	m^2
1	11,5[1])	12	8	8	5	6	4
2	17,5	20	14	13	9	9	6
3	≥ 24	36	25	23	16	16	12

[1]) Bei Verwendung von Steinen der Festigkeitsklasse 15 N/mm^2 und höher dürfen die Werte dieser Zeile um 1/3 vergrößert werden.

Hierbei ist ε das Verhältnis der größeren zur kleineren Seite der Ausfachungsfläche. Bei Seitenverhältnissen 1,0 < ε < 2,0 dürfen die zulässigen Größtwerte der Ausfachungsflächen geradlinig interpoliert werden.

Wände, unbewehrte

Höchstwerte, die sich nach dem Seitenverhältnis und der Höhe der Wände über Gelände richten. Nichttragende → Innenwände, die weder durch Windlasten beansprucht werden noch bauphysikalische Forderungen zu erfüllen haben, werden nach DIN 4103 als „Leichte Trennwände" ausgeführt. Sie müssen in der Lage sein, Konsollasten aufzunehmen und einen Mindestwiderstand gegen stoßartige und statische Horizontallasten gewährleisten. Die üblichen Wanddicken gemauerter nichttragender Innenwände liegen zwischen 5 und 17,5 cm.

Wanderschalungen. Sie gehören zu den beweglichen Schalungen. W. sind in waagerechter Richtung umsetzbar oder verfahrbar und werden vorzugsweise für langgestreckte Bauwerke mit gleichbleibendem Querschnitt (z.B. Tunnel, Stollen, Kanäle, Brücken) verwendet. Schalungshaut, Unterkonstruktion (oft stählern) und Rüstung sind i.a. zu einem sog. Schalungswagen zusammengebaut. Bei Hohlkastenbrücken verwendet man sie z.B. für die Außenschalung als Vorschub- und Vorfahrwagen mit abklappbaren Seitenwänden und Gesimsen, und für die Innenschalung als → Zieh-, Fahr- und Schleppschalung. Auch Bauwerke mit veränderlichem Querschnitt und gekrümmter Achse können mit W. hergestellt werden.

Wände, tragende. Überwiegend auf Druck beanspruchte, scheibenartige Bauteile. Sie dienen neben der Raumabtrennung zur Aufnahme der lotrechten Lasten (Deckenlasten) und waagerechter Lasten (Windlasten). Sie bilden z.B. das Endauflager von Geschoßdecken oder das Zwischenauflager von Decken mit Durchlaufwirkung. T.W. können auch zur Aussteifung anderer t.W. herangezogen werden (→ Wände, aussteifende). Je nach Lage im Bauwerk unterscheidet man tragende → Innen- und → Außenwände. Auch → Keller-Außenwände sind immer t.W. Die Mindestdicke tragender gemauerter Außenwände beträgt 24 cm, ausgenommen eingeschossige Bauten, die nicht zum dauernden Aufenthalt von Menschen dienen (Garagen, Schuppen, Lagerräume). Tragende gemauerte Innenwände können auch mit Dicken unter 24 cm ausgeführt werden. Die zulässigen Druckspannungen von belastetem Mauerwerk richten sich nach der Steinfestigkeitsklasse und der Mörtelgruppe.

Wände, unbewehrte. → Wände, die keine Bewehrung enthalten oder deren Bewehrung nicht den Mindestanforderungen der DIN 1045 entspricht. Eine solche Bewehrung wird z.B. als Transportbewehrung bei Fertigteilen oder als Schwindbewehrung zur Vermeidung von größeren Rissen eingebaut. Auch bei u.W. muß die Ableitung von waagerechten Kräften der Deckenscheiben über die Wände sichergestellt sein. U.W. sollten

Rechenwerte der Druckfestigkeit des Mauerwerks nach DIN 1053

Mauerwerksfestigkeitsklasse M	1,5	2,5	3,5	5	6	7	9	11	13	16	20	25
Rechenwert [N/mm^2]	1,3	2,1	3,0	4,3	5,1	6,0	7,7	9,0	10,5	12,5	15,0	17,5

Wandöffnungen

zur Vermeidung von Schwindrissen eine Schwindbewehrung erhalten, die zunächst das Reißen des Betons behindert und bei höherer Beanspruchung die Risse verteilt und dadurch klein hält. Bei Bauwerken mit u.W. sind diese in jedem Fall in Höhe der Deckenscheiben mit einem Ringanker zu bewehren. Diese Bewehrung umfaßt jeweils das gesamte Gebäude. Der Ringanker hat die Aufgabe, geringe Beanspruchungen aufzunehmen bzw. bei Auftreten von Rissen Zugkräfte, die vorher vom Beton aufgenommen wurden, zu übertragen. Querschnittsschwächungen (z.B. Aussparungen oder Durchbrüche) führen bei u.W. meistens zu Rissen, die von diesen Schwächungen ausgehen. Sie sollten deshalb nach Möglichkeit vermieden werden. Werden sie dennoch ausgeführt, so sind sie bei der Bemessung zu berücksichtigen und möglichst durch eine reichliche konstruktive Bewehrung zu umfassen.

Wandöffnungen. Türen, Fenster, Durchgänge u.ä.; ihre Zahl und Größe ist nicht begrenzt. Im Stahlbetonbau können entsprechende Zusatzbewehrungen für Unterzüge und Pfeiler im Wandquerschnitt untergebracht und nachgewiesen werden. Im Mauerwerksbau müssen die Pfeiler zwischen den W. sowie die Sturz- und Abfangträger ebenfalls statisch nachgewiesen werden. Bei letzteren kann unter Wänden eine Gewölbewirkung berücksichtigt werden, wenn neben und oberhalb des Trägers keine störenden Öffnungen liegen und der Gewölbeschub aufgenommen werden kann. Als Belastung braucht dann nur das Gewicht des Teils der Wände eingesetzt zu werden, der durch ein gleichseitiges Dreieck über dem Träger umschlossen wird. Gleichmäßig verteilte Deckenlasten werden nur innerhalb dieses Belastungsdreiecks als gleichmäßig verteilte Lasten nach DIN 1053 eingesetzt.

Wandschalungen. Bei W. wird der Seitendruck des Betons am einfachsten dadurch aufgenommen, daß zwei einander gegenüberliegende Schalwände mitein-

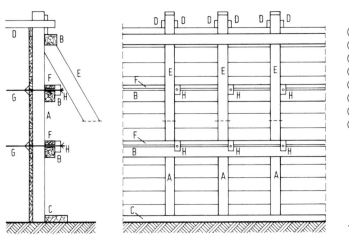

Ⓐ Standholz
Ⓑ Gurtholz
Ⓒ Drängholz
Ⓓ Zange
Ⓔ Strebe
Ⓕ Beibrett
Ⓖ Anker
Ⓗ Spannschloß

Teile der Wandschalung

Wärmebehandlung

ander verankert werden. Die Schalhaut besteht bei Holzschalungen i.a. aus Schalbrettern, Dielen oder Schaltafeln. Als Unterstützungskonstruktion dient ein Rost aus Kanthölzern üblicher Abmessung. Im Normalfall wird die Schalhaut waagerecht gespannt, so daß die Schalung durch senkrechte Kanthölzer, die sog. Standhölzer unterstützt und durch waagerechte → Gurthölzer ausgesteift wird. Die Gurthölzer werden zur Aufnahme der Spannvorrichtungen entweder doppelt oder mit Beibrettern ausgeführt, und die Schalung wird nach hinten abgestrebt. Zur Verankerung werden Gewindestäbe mit Verschlüssen nach DIN 18216 verwendet. Neben den herkömmlichen Holzschalungen werden heute für W. fast ausschließlich wirtschaftliche Systemschalungen verwendet, die zu großen Schalelementen zusammengebaut und mit dem Kran versetzt werden.

Wandscheiben. Lotrecht stehende → Scheiben zur Abtragung waagerechter Lasten (z.B. Windlasten). Sie gelten als tragende Wände und werden ihrer Funktion entsprechend auch Windscheiben genannt. Auf die räumliche Steifigkeit der Bauwerke und ihre Stabilität ist besonders zu achten. Deshalb sind nach den einschlägigen Normen (DIN 1045 und DIN 1053) entsprechende Standsicherheitsnachweise für W. zu führen.

Warmbehandlung. Bei der W. werden entweder die Betonausgangsstoffe vor dem Mischen oder das Mischgut während des Mischens auf eine wesentlich höhere Temperatur als die Normaltemperatur erwärmt. Der so erwärmte Frischbeton wird in die Schalung eingebracht und verdichtet. Die W. soll den Erhärtungsprozeß des Betons merkbar beschleunigen. → Warmbeton, → Heißbeton, → Dampfmischen.

Warmbeton. Vorerwärmter Frischbeton, dessen Temperatur zwischen 30 °C und 60 °C liegt. → Warmbehandlung.

Warmdach → Dach, nicht belüftetes.

Wärmeausdehnungskoeffizient → Wärmedehnzahl.

Wärmeausdehnungszahl → Wärmedehnzahl.

Wärmebehandlung. Die Erhärtung des Betons wird durch hohe Temperaturen beschleunigt. Zur Erzielung einer hohen Frühfestigkeit setzt man den verarbeiteten Beton einer W. aus. Neben dem Aufwärmen einzelner oder mehrerer Betonbestandteile und dem Erwärmen des Betons beim Mischen kommt die Erwärmung des verdichteten Betons durch die bei der Hydratation des Zementes entstehende Wärme, durch ungespannten Dampf (→ Dampfbehandlung), durch warme Luft, durch Aufheizen der Formen und Schalungen, durch Wärmestrahlung, durch elektrische → Erwärmung oder durch gespannten Dampf (→ Dampfhärtung) in Frage. Die W. kann zeitlich in vier Abschnitte gegliedert werden (Vorlagerung, Aufwärmzeit, Verweilzeit, Abkühlzeit). Die meisten der Verfahren eignen sich nur für die Herstellung von Betonwaren und Betonfertigteilen. Für die sachgerechte Anwendung der W. müssen bestimmte Hinweise beachtet werden. Die 28-Tage-

343

Wärmedämmputz

Druckfestigkeit der bei höherer Temperatur erhärteten Betone fällt i.d.R. etwas geringer aus als die Druckfestigkeit von Beton, der anfangs bei niederer oder normaler Temperatur erhärtete.

Wärmedämmputz. Außenputze, die zur Verbesserung der Wärmedämmung von Außenwänden eingesetzt werden. Sie lassen sich unter Verwendung von Zuschlägen mit niedriger Rohdichte (Blähton, Bims, Perlite, geschäumtes Polystyrol) und/oder durch Einführen von künstlichen Luftporen herstellen. Nach DIN 18 550 muß bei W. der Rechenwert der Wärmeleitfähigkeit $\leq 0,2$ W/m K sein. Dies gilt als erfüllt, wenn die Trockenrohdichte des erhärteten Mörtels ≤ 600 kg/m³ beträgt. W. sind aus → Werkmörteln herzustellen. Sie werden heute vorwiegend als System aus zwei Putzlagen angeboten. Der Unterputz besteht aus mineralischen Bindemitteln, organischen und mineralischen Zuschlägen sowie Zusätzen. Der Oberputz muß wasserabweisende Eigenschaften haben. Im Hinblick auf den Brandschutz müssen solche Dämmputz-Systeme mind. „schwer entflammbar" (Klasse B1 nach DIN 4102, Teil 1) sein. Sie bedürfen im Regelfall einer bauaufsichtlichen Zulassung.

Wärmedämmschicht. Schicht aus → Wärmedämmstoffen, die bei mehrschichtigen Bauteilen den Wärmeschutz sicherstellt.

Wärmedämmstoffe. Baustoffe mit niedriger Rohdichte und einer Wärmeleitfähigkeit λ von kleiner als 0,1 W/mK, wie Holzwolleleichtbauplatten, Schaumkunststoffe, mineralische und pflanzliche Faserdämmstoffe sowie Schaumglas.

Wärmedämmung. Widerstand eines Bauteils gegen Wärmeübertragung von der warmen zur kalten Seite. Umgangssprachlich auch für → Wärmedämmschicht verwendet. → Wärmedurchlaßwiderstand.

Wärmedehnung. Die durch Erwärmung eines Bauteiles entstehende Längenänderung. Sie berechnet sich aus $\alpha_T \times l \times \Delta T$. → Wärmedehnzahl.

α_T Wärmedehnzahl in 1/K
l Länge des Bauteiles in m
ΔT Temperaturänderung in K.

Wärmedehnzahl (α_T). Maß für die Temperaturverformung. Sie beträgt für Beton im Mittel 10×10^{-6} pro Kelvin. Ein 5 m langer Betonbalken dehnt sich bei einer Temperaturänderung von 40 Kelvin um $5000 \times 40 \times 10 \times 10^{-6} = 2$ mm.

Wärmedurchgangskoeffizient (k [W/m² K]). Wärmemenge, die stündlich durch 1 m² eines Bauteils von einer Dicke d (in m) geht, wenn zwischen der beiderseits angrenzenden Luft ein Temperaturunterschied von 1 K besteht. Es gilt die Beziehung:

$$k = \frac{1}{\frac{1}{\alpha_i} + \frac{1}{\Lambda} + \frac{1}{\alpha_a}}$$

Hierin bedeuten $\frac{1}{\alpha_i}$ und $\frac{1}{\alpha_a}$
→ Wärmeübergangswiderstände
und $\frac{1}{\Lambda}$ → Wärmedurchlaßwiderstand.

Je kleiner der W. eines Bauteils, desto geringer ist der Wärmeverlust. Der mittlere W. (km) ist der flächengewidmete k-Wert von Bauteilen oder ganzen Gebäuden, die aus Flächen mit unterschiedlichen W. zusammengesetzt sind. Es gilt:

$$k_m = \frac{k_1 \times A_1 + k_2 \times A_2 + \ldots k_n \times A_n}{A}$$

Darin bedeutet A Fläche.

Wärmedurchlaßkoeffizient → Wärmedurchlaßwiderstand.

Wärmedurchlaßwiderstand (1/Λ [m²K/W]). Quotient aus der Dicke d eines Bauteils und der Wärmeleitfähigkeit λ des Baustoffes. Bei mehrschichtigen Bauteilen ist 1/Δ die Summe der W. der einzelnen Schichten. Je höher der W., desto besser die Wärmedämmung.

Wärmeentwicklung → Hydratationswärme.

Wärmekapazität, spezifische (Stoffwärme, c [kJ/kg K]). Wärmemenge, die nötig ist, um 1 kg eines Baustoffes um 1 K zu erwärmen. Wasser besitzt die größte Stoffwärme (c = 4,2). In trockenem Zustand haben Steine und Erden, also auch Mauerwerk und Beton, einheitlich eine spezifische Wärme von c = 1 kJ/kg K. → Wärmespeichervermögen.

Wärmeleitfähigkeit (Wärmeleitzahl, λ [W/m K]). Sie gibt an, welche Wärmemenge 1 m² einer ebenen Platte von 1 m Dicke stündlich durchwandert, wenn die Temperaturdifferenz beider Oberflächen 1 K beträgt. Bei der rechnerischen Bestimmung der Wärmedämmung von Bauteilen müssen Rechenwerte der W. verwendet werden, die den praktischen Verhältnissen im normal ausgetrockneten Bauwerk entsprechen, bei denen also der praktische Feuchtegehalt berücksichtigt ist. Solche Werte sind in DIN 4108, Teil 4, „Wärmeschutz im Hochbau; Wärme- und feuchteschutztechnische Kennwerte", zusammengestellt.

Wärmeleitzahl → Wärmeleitfähigkeit.

Wärmeschutz (im Hochbau). Umfaßt alle Maßnahmen zur Verringerung der Wärmeübertragung durch die Umfassungsflächen eines Gebäudes und durch die Trennflächen von Räumen unterschiedlicher Temperaturen. Der W. hat bei Gebäuden Bedeutung für:
- die Gesundheit der Bewohner durch ein hygienisches → Raumklima,
- den Schutz der Baukonstruktion vor klimabedingten Feuchteeinwirkungen und deren Folgeschäden (→ Feuchtschutz),
- einen geringeren Energieverbrauch bei der Heizung und Kühlung,
- die Herstellungs- und Bewirtschaftungskosten.

Wärmespannungen → Temperaturspannungen.

Wärmespeicherung. Eigenschaft eines Baustoffs oder Bauteils, zugeführte Wärmemengen aufzunehmen, zu speichern und bei Abkühlung der Umgebungsluft oder der angrenzenden Bauteile wieder abzugeben.

Wärmespeichervermögen (Q_s [kJ/m² K]). In einem Bauteil gespeicherte Wärmemenge. Sie wächst verhältnisgleich mit der spezifischen Wärmekapazität des Baustoffs und dem Flächengewicht des Bauteils. Da die Stoffwärme der verschiedenen Mauersteine und Betone praktisch gleich groß ist, wird das W. nur durch das Flächengewicht der Bauteile bestimmt. Es gilt der Zusammenhang:

$Q_s = c \times p \times s$

c spezifische Wärmekapazität
p Rohdichte
s Schichtdicke.

Wärmetönung. Veralteter Begriff für → Hydratationswärme.

Wärmeübergangskoeffizient (α [W/m² K]). Wärmemenge, die stündlich zwischen einer Bauteiloberfläche von 1 m² und der angrenzenden Luft ausgetauscht wird, wenn die Temperaturdifferenz zwischen der Oberfläche und der Luft 1 K beträgt. → Wärmeübergangswiderstand.

Wärmeübergangswiderstand (1/α [m² K/W]). Kehrwert des Wärmeübergangskoeffizienten. Je nach Lage des Bauteils und der Richtung des Wärmestromes sind nach DIN 4108 „Wärmeschutz im Hochbau", Teil 4, unterschiedliche Rechenwerte für die W. anzusetzen.

Wärmeverlust. Wärmemenge, die einem beheizten Raum oder Gebäude infolge Wärmedurchgang durch die Bauteile (Transmission) und durch Lüftung verloren geht. Sollen im Winter gleichbleibend hohe Raumtemperaturen aufrechterhalten werden, dann muß der W. durch Heizung ausgeglichen werden.

Warmdach. → Nicht belüftetes Dach, bei dem die Dachhaut oberhalb der Wärmedämmschicht liegt. Um Wasserdampfkondensation in der Wärmedämmschicht zu verhindern, muß eine Dampfsperre auf der warmen Seite eingebaut werden, deren Wasserdampfdiffusionswiderstand (gleichwertige Luftschichtdicke) mind. 100 m betragen muß.

Warmluftbehandlung. Eine → Winterbaumaßnahme auf Betonbaustellen.

Wartung (bei Bauwerken). Maßnahmen zur Bewahrung des Sollzustandes von technischen Mitteln eines Systems (z.B. Bauwerks).

Waschbeton. Oberfläche eines Betons mit freigelegten Zuschlägen. Die Zementhaut wird entweder sofort nach der Herstellung des Betons mit Wasser und Bürste abgewaschen, oder – bei tragenden Bauteilen – die Erhärtung der Betonoberfläche wird durch Vorbehandlung der Schalung mit einem Verzögerer (Anstrich oder Papiereinlage) verhindert, um nach dem Ausschalen die Zementhaut noch abwaschen zu können. Betonzusammensetzung und Temperatur beeinflussen die Auswaschzeit. → Feinwaschen.

Waschputz → Putzweisen.

Wasser. Chemische Verbindung von Wasserstoff und Sauerstoff (H_2O). 1 cm³ W. von 4 °C besitzt die Masse von 1 g. Beim → Erstarren dehnt sich W. aus, was z.B. ein wesentliches Element der mechanischen → Verwitterung ist. Zement benötigt zum Erhärten W. Wenn es dem Beton im Mischer zugegeben wird, wird es als Zugabewasser bezeich-

Wasserdampfdiffusionswiderstand

net. Zugabewasser und → Oberflächenfeuchte des Zuschlags ergeben zusammen den Wassergehalt. Wassergehalt zuzüglich der → Porenfeuchte (Kornfeuchte) des Zuschlags ergeben die → Gesamtwassermenge eines Betons. Um die Schädigung eines Betons durch → angreifende W. zu verhindern ist → wasserundurchlässiger Beton erforderlich.

Wasserabsonderung (des → Zementleims). Sie entsteht durch Absinken der Zementteilchen (Sedimentieren) und Entweichen des leichteren Wassers nach oben. Dieser Vorgang wird auch → Bluten genannt.

Wässer, angreifende → Aggressivität von Wässern; → Stoffe, betonangreifende.

Wasseranspruch (Wasserbedarf). Der zur Erzielung einer bestimmten → Konsistenz des Frischbetons erforderliche → Wassergehalt (l/m³). Der W. kann bei einiger Erfahrung anhand der Sieblinie oder der → Kennwerte abgeschätzt werden.

Wasseranspruchzahl. Eine empirisch ermittelte Zahl, die angibt, wieviel Wasser ein Beton benötigt, wenn er mit einem bestimmten Zuschlag eine festgelegte Konsistenz erreichen soll. Kornzusammensetzung, Kornform und Korngröße beeinflussen den → Wasseranspruch. → Kennwerte.

Wasseraufnahme → Wasserdichtheit.

Wasserbedarf (Wasseranspruch). Der W. des Betons ist abhängig von der Konsistenz und wird bestimmt von Art, Größtkorn und Sieblinie des Zuschlags und vom Mehlkorngehalt. Für die Abschätzung des W. von 1 m³ verdichteten Frischbetons gibt es empirische Tabellenwerte, Formeln und Kurvenscharen, in denen er in kg/m³ und in Abhängigkeit von der Konsistenz und der Kornzusammensetzung des Zuschlags (z.B. ausgedrückt durch → D-Summe oder → Körnungsziffer) angegeben wird. Die Werte gelten i.d.R. für Kiesbeton ohne Zusatzstoffe und -mittel. Sie sind zu erhöhen, wenn gebrochenes Korn verwendet wird und/oder Zusatzstoffe zugegeben werden, bzw. zu verringern bei Zugabe von BV- oder LP-Mitteln. Der tatsächlich erforderliche W. zur Erreichung einer bestimmten Konsistenz läßt sich genau erst durch die Probemischung (→ Eignungsprüfung) ermitteln.

Wasserbedarfszahl → Wasseranspruchzahl.

Wasserbeständigkeit (des Bindemittels) → Bindemittel, hydraulisches.

Wasserdampfdiffusion. Eigenbewegung des Wasserdampfes durch Bau- und Dämmstoffe hindurch. Die Temperatur der Luft und die relative Luftfeuchte beeinflussen die Geschwindigkeit der Diffusion und damit die Menge des diffundierenden Dampfes.

Wasserdampfdiffusionswiderstand. Er gibt an, um wieviel der Widerstand einer Bauteilschicht gegen Wasserdampfdiffusion größer ist als derjenige einer gleich dicken Luftschicht. Er wird daher auch diffusionsäquivalente Luftschichtdicke genannt ($\mu \times s$ in m).

Wasserdampfdiffusionswiderstandszahl

Wasserdampfdiffusionswiderstandszahl (μ). Maß für die Dampfdichtigkeit eines Stoffes. Es handelt sich um eine Vergleichszahl, die angibt, um wieviel der Widerstand gegen Wasserdampfdiffusion eines Stoffes größer ist als der von Luft. Die Diffusionswiderstandszahl μ ist eine dimensionslose Größe (Luft = 1).

Wasserdampfsorption → Sorption.

Wasserdichtheit (Wasserdichtigkeit). 1. Die W. des Zementsteins bestimmt, wenn übliche Normalzuschläge verwendet werden, die → Wasserundurchlässigkeit des Betons. Die W. des Zementsteins ist abhängig von der Größe des → Kapillarporenraums. Bis zu einem Kapillarporenraum von etwa 20 Vol.-% sind die Kapillarporen untereinander nicht verbunden, so daß die Wasserdurchlässigkeit praktisch gleich Null ist. Das ist bei vollständiger Hydratation bis zu einem Wasserzementwert von etwa 0,50 der Fall. Ab Wasserzementwert gleich größer 0,70 bleibt Zementstein auch nach vollständiger Hydratation wasserdurchlässig. Bei der Forderung nach W. von Beton handelt es sich darum, daß der Durchtritt flüssigen Wassers verhindert wird und daß die dem Wasser abgewandte Seite der Bauteile keinen Wasseraustritt und keine feuchten Flecken zeigt. 2. Die W. des Betons im Bauteil oder Bauwerk wird darüber hinaus auch durch herstellungsbedingte Einflüsse, wie Temperatur, Nachbehandlung und Bewehrung, mitbestimmt. Bei der Herstellung wasserdichter → Bauteile muß insbesondere durch Bauausführungs- und konstruktive Maßnahmen dafür gesorgt werden, daß solche Bauteile keine Mängel aufweisen, wie z.B. undichte Stellen, → Risse und undichte → Fugen.

Wasserdichtigkeit → Wasserdichtheit.

Wasserdurchlässigkeit (von Beton) → Filterbeton.

Wassereindringtiefe. Sie wird bei der Prüfung der → Wasserundurchlässigkeit von Festbeton an → Probekörpern ermittelt. Die W. wird in mm gemessen und ist ein Maß für den Widerstand des Festbetons gegen Eindringen von drückendem Wasser. Als W. gilt der Mittelwert der größten Eindringtiefen von drei Probekörpern.

Wasserentzug → Vakuumbeton, → Windeinwirkung.

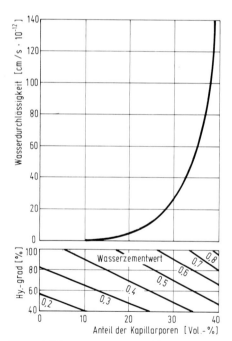

Wasserdichtheit eines Betons in Abhängigkeit vom Wasserzementwert

Wasser, freies. Ungebundenes Wasser in den Kapillaren des Festbetons.

Wassergehalt. 1. Summe von → Zugabewasser und → Oberflächenfeuchte des Zuschlags einer Betonmischung. → Feuchtigkeitsgehalt. 2. Der W. von Böden ist entscheidend für ihre Verdichtungswilligkeit. → Proctorversuch.

Wassergehalt, optimaler (im Straßenbau). Wassermenge, die beim → Proctorversuch die größte Trockenrohdichte des Boden-Bindemittel-Gemisches ermöglicht.

Wassergehalt, wirksamer. Er besteht aus dem → Zugabewasser und dem Wasser, das auf der Oberfläche der Zuschläge oder in Zusatzmitteln und Zusatzstoffen bereits vorhanden ist.

Wasserglas. Wäßrige Auflösung einer Natrium- oder Kaliumsilikatschmelze, die etwa 27 % kolloidale Kieselsäure gelöst enthält. Unverdünntes W. wird an der Luft durch Kohlensäure langsam zersetzt, wobei die Kieselsäure ausflockt und das Ganze zu einer spröden, glasigen Masse eintrocknet. Man muß zwischen Natronwasserglas und Kaliwasserglas unterscheiden. Letzteres wird in wäßriger Lösung als Bindemittel für mineralische Anstrichstoffe (→ Silikatfarben) verwendet.

Wasserlagerung. Lagerungsbedingung für → Probekörper aus Beton oder Mörtel. Nach DIN 1045 vorgeschrieben für die → Eignungsprüfung und → Güteprüfung. Die Probekörper sind auf einem Lattenrost unter Wasser oder in ständig naß zu haltendem Sand oder Sägemehl bei Temperaturen zwischen + 15 °C und 22 °C zu lagern. Das Einhalten der Lagerungsbedingungen wird durch Verwendung einer Klimakiste mit selbsttätiger Temperaturregelung erleichtert.

Wassermeßvorrichtung → Wasserzugabe.

Wasserrückhaltevermögen. Eigenschaft des Mehlkorns (Bindemittel und Feinstzuschlag), das bei der Mörtel- bzw. Betonherstellung zugegebene Anmachwasser zurückzuhalten und nicht abzustoßen.

Wassersättigung. Zustand eines Betonkörpers, bei dem alle Poren, die Wasser aufnehmen können, mit Wasser gefüllt sind.

Wasserstoff-Versprödung. Schädigung des Spannstahls durch kathodisch gebildeten Wasserstoff. Er lagert sich bevorzugt an Korngrenzen, Fehlstellen oder in den Gefügebestandteilen, die ein besonders großes Aufnahmevermögen für Wasserstoff haben, ab. Damit wird die Verformungsfähigkeit der Stähle, insbesondere das plastische Verhalten, sehr ungünstig beeinflußt. Bei der W.-V. handelt es sich um ähnliche Probleme wie bei der → Spannungsrißkorrosion.

Wassertemperatur (des → Zugabewassers). 1. Vorerwärmen des Zugabewassers als → Winterbaumaßnahme. 2. Vorerwärmen des Zugabewassers als → Warmbehandlung. Bei W. > 60 °C ist es zweckmäßig erst den → Zuschlag mit dem Zugabewasser zu mischen und danach den Zement zuzugeben.

Wasserundurchlässigkeit

Wasserundurchlässigkeit. Sie gehört zu den besonderen Eigenschaften des → Festbetons. Die nachzuweisende → Wassereindringtiefe darf 50 mm nicht überschreiten. Um dies zu erreichen, muß der Beton sachgemäß hergestellt, entmischungsfrei gefördert und eingebracht, vollständig verdichtet und sorgfältig nachbehandelt werden. Die Begrenzung des → Wasserzementwertes ist besonders zu beachten. → Wasserdichtheit.

Wasseruntersuchung. Analyse des Wassers, um seine gelösten und ungelösten Inhaltsstoffe qualitativ und quantitativ zu erfassen. → Aggressivität.

Wasser, weiches. Wasser mit einer Gesamthärte unter 1,1 mval/l, das durch einen deutlichen Mangel an Erdalkalisalzen (Calcium- und Magnesiumsalze) gekennzeichnet ist. Aufgrund dieser Tatsache kann es aber um so mehr diese Salze, z.B. das Calciumhydroxid des → Zementsteins, aus anderen Stoffen, z.B. Beton, herauslösen. So kann durch sehr weiches Wasser (< 3° dH) die Oberfläche des Betons angegriffen werden. Zu Schäden kommt es aber i.d.R. nur dann, wenn der Beton nicht sachgemäß dicht hergestellt wurde. → Wasserundurchlässiger Beton wird praktisch nicht angegriffen. W.W. kommt in der Natur als Gletscherwasser, Niederschlagswasser sowie in Bächen und Seen vor. Kondenswasser und viele Industrieabwässer sind ebenfalls weich.

Wasserzementwert. Das Massenverhältnis von Wassergehalt (w) und Zementgehalt (z) wird als Wasserzementwert (w/z) bezeichnet. Die Größe des W. ist von ausschlaggebender Bedeutung für die → Porosität im Zementstein und damit für die Dichtigkeit und Festigkeit von Beton. Zement bindet chemisch und physikalisch nur etwa 40 % seiner Masse an Wasser. Das entspricht einem W. von 0,40. Das darüber hinausgehende Wasser (→ Überschußwasser) hinterläßt im Zementstein → Kapillarporen. Je größer der W. wird, umso geringer sind Dichtigkeit und Festigkeit des Betons. Günstig sind W. zwischen 0,40 und 0,60. Zur Gewährleistung des Korrosionsschutzes der Bewehrung bei Stahlbeton, bei Betonen für Außenbauteile und für besondere → Eigenschaften sind höchstzulässige W. durch Normen vorgeschrieben.

Wasserzementwert, effektiver → Wasserzementwert, wirksamer.

Wasserzementwert-Gesetz. Zusammenhang zwischen Beton-Würfeldruckfestigkeit, → Wasserzementwert und Zementnormfestigkeit. → Walzsche Kurven, → Wasserzementwert, → Würfeldruckfestigkeit.

Wasserzementwert-Prüfung. Die → Güteprüfung bei → Beton B II schließt die Bestimmung des → Wasserzementwertes ein. Die Prüfung des Wasserzementwertes am Frischbeton wird entweder mit Hilfe des → Darrverfahrens oder durch das → Thaulow-Verfahren durchgeführt. Prüfvorschrift ist DIN 1048, die Häufigkeit der W.-P. wird in DIN 1084 geregelt.

Wasserzementwert, wirksamer (effektiver). 1. Die für den → Wasserzementwert bestimmende Wassermenge ergibt sich aus der → Oberflächenfeuchte des Zuschlags und der → Zugabewas-

Weiße Wanne

sermenge. Wird ein Teil des Wassers im Zementleim durch die Zuschläge (insbesondere Leichtzuschläge) aufgesaugt, errechnet sich aus der für die → Hydratation zur Verfügung stehenden Restwassermenge, dividiert durch den Zementgehalt, der w.W. (e.W.). Ein vorgesehener w.W. wird in verhältnismäßig engen Grenzen gehalten, wenn die erforderliche → Anmachwassermenge um diejenige Menge erhöht wird, die die trockenen Zuschläge (insbes. Leichtzuschläge) innerhalb der ersten 30 Min. aufsaugen. 2. Werden z.B. durch Zusatzmittel höhere Luftporengehalte als 1,5 Vol.-% erreicht, so ist der über 15 l/m³ hinausgehende Luftporengehalt p dem → Wassergehalt w in kg/m³ hinzuzufügen. Hieraus errechnet sich der w.W. = (w + p) / z.

Wasserzugabe. Die → Menge an Zugabewasser des Frischbetons ergibt sich aus dem → Wasseranspruch von Zement und Zuschlag (unter Berücksichtigung seiner → Oberflächenfeuchte). Für die W. befinden sich an stationären Mischanlagen Meßgeräte, die die Oberflächenfeuchte des Zuschlags bestimmen (durch elektrische Leitfähigkeit o.ä.). Die W. erfolgt mit einer Genauigkeit von 3 M.-%, bezogen auf das Gesamtwasser, mit einem Durchlaufmesser oder einer Waage. Zusammen mit der Bestimmung der Feuchte des Sandes können über das Messen verschiedener Frischbetoneigenschaften im Mischer, z.B. des elektrischen Widerstandes der Betonmischung oder des Leistungsbedarfs am Mischerantrieb Schwankungen in der Kornzusammensetzung und in der Feuchte des Zuschlags ermittelt und über einen Rechner die W. (und Sandzugabe) automatisch berücksichtigt werden.

Wegebau, ländlicher. Befestigung von Verkehrsflächen für die Landwirtschaft. Sie kann u.a. erfolgen mit Betondecken und Betonpflastersteinen nach → ZTV-LW, mit Spurwegen aus Betonplatten oder Ortbeton, mit Bodenverfestigung mit Zement nach → TVV-LW.

Weichmacher. Flüssige oder feste organische Substanzen überwiegend esterartiger Natur, die sehr langsam verdunsten und den Anstrichfilmen, in denen sie enthalten sind, ohne chemische Reaktion bestimmte physikalische Eigenschaften verleihen, wie z.B. erhöhtes Formänderungsvermögen, verringerte Härte oder erhöhte Elastizität.

Weiße Wanne. Fachausdruck für im Grundwasserbereich liegende Baukörper aus wasserundurchlässigem Beton ohne zusätzliche Dichtungsschicht. Die Bezeichnung hebt auf den Unterschied des hellen Betons zur schwarzfarbenen, bituminösen Abdichtungshaut ab. Bei dem System w.W. ist der Beton in Wand und Sohle zugleich tragendes Element und Abdichtung. Zusätzliche Schutzschichten oder Abdichtungsmaßnahmen sind überflüssig. Besondere Aufmerksamkeit erfordert jedoch die Ausbildung der Arbeits- und Dehnungsfugen, für die i.d.R. der Einbau von Fugenbändern erforderlich ist. Das Planen, Konstruieren und Herstellen ist sowohl ein Konstruktions- als auch ein Baustoffproblem. Die Bauart stellt hohe Anforderungen an die fachgerechte Ausführung, bietet aber beachtliche wirtschaftliche Vorteile gegenüber den komplizierten und aufwendigen Hautabdichtungen.

Weißzement

Weißzement. Handelsname für weißen Zement. → Zement, weißer.

Wendelbewehrung. Spiralenförmige Verbügelung umschnürter Druckglieder.

Werk-Frischmörtel. Er ist wie Transportbeton in verarbeitbarer Konsistenz ohne Zugabe von Wasser und anderen Stoffen gebrauchsfertig. W.-F. wird in Fahrzeugen geliefert, wobei eine gleichmäßige Zusammensetzung des Mörtels bei der Übergabe auf der Baustelle gewährleistet sein muß. Er ist nach DIN 18557 genormt.

Werksleiter. Der verantwortliche Vertreter der Firma im → Betonfertigteilwerk. Er hat sinngemäß die gleichen Aufgaben zu erfüllen wie der → Bauleiter und außerdem dafür zu sorgen, daß nur ausreichend erhärtete und unbeschädigte Bauteile das Werk verlassen. Gleiches gilt sinngemäß bei → Transportbeton. → Betonwerk.

Werkmörtel. → Putz- und Mauermörtel, deren Ausgangsstoffe im Gegensatz zu → Baustellenmörtel in einem Werk zusammengesetzt und gemischt werden. Man unterscheidet 1. Werk- Trockenmörtel: Ein Gemisch der Ausgangsstoffe ohne Wasser, wird auf der Baustelle durch ausschließliche Zugabe einer vom Hersteller anzugebenden Menge Wasser durch Mischen verarbeitbar gemacht. Trockenmörtel wird als Sack- oder Siloware geliefert. 2. Werk-Naßmörtel: Ein Gemisch aus Zuschlägen und Luft- bzw. Wasserkalken als Bindemittel sowie ggf. Zusätzen, erhält als Vormörtel nach Zugabe von Wasser und ggf. zusätzlichem Bindemittel seine endgültige Zusammensetzung und wird durch Mischen auf der Baustelle verarbeitbar gemacht. 3. Werk-Frischmörtel (Transportmörtel): Ein gebrauchsfertiger Mörtel in verarbeitbarer Konsistenz. Jeder Lieferung von Werkmörtel muß ein Lieferschein beigegeben werden, aus dem eindeutig die → Mörtelgruppe, das Mischungsverhältnis, die Art des verwendeten Bindemittels und ggf. die Art und Menge der Zusätze zu erkennen ist. Bei Naßmörtel ist zusätzlich jeder Lieferung eine Anweisung über die Weiterbehandlung des gelieferten Mörtels auf der Baustelle mitzugeben. W. soll an der Verwendungsstelle so gelagert werden, daß er sich zur Verarbeitung nicht nachteilig verändert.

Werkstein → Betonwerkstein.

Wichte. Veralteter Begriff für → Dichte.

Wickelverfahren. Spannverfahren für runde Betonbehälter. Die endlosen Spannlitzen werden von einer Wickelmaschine — oft in mehreren Lagen — unter Spannung um den Behälter gewickelt, bis die vorgesehene Vorspannkraft aufgebracht ist. Anschließend werden die Spannstähle — z.B. durch einen Spritzbetonauftrag — gegen Korrosion geschützt.

Widerlager. Bauteile, die außer senkrechten Lasten auch seitlichen Druck (z.B. Erddruck oder Bogenschub) aufnehmen können. Der Begriff W. kommt von den Bogenbrücken, bei denen sich an den Bogenenden die Konstruktion über die W. gegen den anstehenden Baugrund abstützt. Heute bezeichnet man als W. allgemein die Konstruktion, die den Übergang zwischen Brücke und Damm als selbständiger Baukörper herstellt.

Widerstand (gegen chemische Angriffe). Beton kann durch längere Einwirkung von Wässern, Böden und Gasen, die chemisch angreifende Stoffe enthalten, zerstört werden. Die Beurteilung des Angriffsvermögens erfolgt nach DIN 4030. Der W. des Betons hängt weitgehend von seiner Dichtigkeit ab. Er muß so dicht sein, daß die größte → Wassereindringtiefe bei Prüfung nach DIN 1048 bei „schwachem" Angriff nicht mehr als 5 cm und bei „starkem" Angriff nicht mehr als 3 cm beträgt. Für Beton mit hohem Widerstand gegen „schwachen" chemischen Angriff darf der → Wasserzementwert 0,60 und bei „starkem" chemischen Angriff 0,50 nicht überschreiten. Beton, der längere Zeit „sehr starken" chemischen Angriffen ausgesetzt wird, muß vor unmittelbarem Zutritt der angreifenden Stoffe geschützt werden. Außerdem muß er so aufgebaut sein, wie dies bei „starkem" Angriff notwendig ist. → Angriff, chemischer.

Widerstand (gegen Frost-Tau-Wechsel, Frostbeständigkeit). Aufgrund eines Frost-Tau-Wechsel-Versuchs beurteilte Beständigkeit von Gesteinen, Mineralstoffen und Beton.

Widerstand (gegen physikalische Angriffe). Je älter der Beton, je kleiner der Wasserzementwert, je besser die Verdichtung, je geringer der Hohlraumgehalt und je sorgfältiger die Nachbehandlung sind, desto besser ist sein W. Bei einem Frost-, insbesondere bei einem Frost- und Tausalzangriff wird der Widerstand vor allem durch die Einführung künstlicher → Luftporen erhöht (→ Luftporenbeton). Der Widerstand von hitzebeständigem Beton wird bestimmt durch die → Hitzebeständigkeit des Zementsteins und des Zuschlags. Einheitliche Prüfverfahren zur Bestimmung des W. gibt es z.Zt. noch nicht.

Widerstandsfähigkeit (Resistenz). Die auf Grund der Stoffeigenschaften vorhandene Fähigkeit, chemischen, physikalischen und biologischen Einwirkungen Widerstand zu leisten.

Widerstandsfähigkeit, chemische → Betoneigenschaften, besondere.

Widerstandspunktschweißung. Wird an Bewehrungsstäben oder Bewehrungsmatten zur kraftschlüssigen Verbindung oder Lagesicherung (→ Heftschweißung) vorgenommen.

Wiederverwendung (von Beton) → Recycling (von Beton).

Windeinwirkung. W., Temperatur und rel. Luftfeuchte definieren die Umgebungsbedingungen, unter denen ein junger Beton erhärten soll. Bei starker W. besteht die Gefahr des zu frühen Austrocknens des Betons (→ Verdursten). Dies muß durch geeignete Nachbehandlungsmaßnahmen vermieden werden. → Nachbehandeln.

Winkelhaken. Hilfsmittel zur Verkürzung der → Verankerungslänge von Stabstählen nach DIN 1045, Abschnitt 18.5.2.

Winkelstützwand. → Stützwand, deren Fuß zur aufgehenden Wand aus Standsicherheitsgründen abgewinkelt ist.

Winterbau. Bei kühler Witterung und bei Frost sind besondere Vorkehrungen

Winterbaumaßnahmen

notwendig, weil der Zementleim und damit der Beton mit abnehmender Temperatur immer langsamer und schließlich bei Frost praktisch überhaupt nicht mehr erhärtet. Gefriert noch nicht genügend erhärteter Beton, so kann das Betongefüge bleibend gelockert werden. Aus diesen Gründen muß Beton im Winter mit einer bestimmten Mindesttemperatur eingebracht und eine gewisse Zeit gegen Wärmeverlust, Durchfrieren und Austrocknen geschützt werden. → Winterbaumaßnahmen.

Winterbaumaßnahmen. Besondere Vorkehrungen, die bei kühler Witterung (unter + 5 °C) getroffen werden müssen. W. bei der Herstellung des Betons sind: Erhöhung des Zementgehalts, höhere Zementfestigkeitsklasse, Erhöhung der Frischbetontemperatur, (→ Beton-Erwärmung). W. zum Schutz des erhärtenden Betons sind: Wärmedämmende Ummantelung, Beheizungsverfahren, Verlängerung der Ausschalfristen. Nach DIN 1045 werden Mindesttemperaturen für den Frischbeton gefordert.

des Mittels für die beantragte Wirkungsgruppe nachgewiesen werden.

Wirkung, lastverteilende (im Straßenbau). Eigenschaft aller mit hydraulischen Bindemitteln verfestigten Oberbauschichten im Straßenbau. Vor allem der → Betonoberbau ist in der Lage, 1. bei vorübergehender Verschlechterung der Tragfähigkeit des Untergrundes, z. B. in der Auftauperiode, eine hinreichende Lastverteilung sicherzustellen und 2. die evtl. als Folge einer Frosteindringung in den Untergrund auftretenden Frosthebungen aufzunehmen.

Wirtschaftsweg → Wegebau.

Witterungsbeständigkeit → Beton für Außenbauteile.

Wohnen, gesundes → Bauen, gesundes.

Wohnhygiene. Vorbeugender Gesundheitsschutz von Menschen in Wohnungen.

Mindesttemperaturen für Frischbeton nach DIN 1045	Lufttemperatur	Mindesttemperatur des Frischbetons beim Einbau	
	−3 °C und darüber	+ 5 °C	allgemein
		+ 10 °C	bei Zementgehalt kleiner als 240 kg/m³; bei NW-Zementen
	unter −3 °C	+ 10 °C	außerdem soll die Temperatur wenigstens 3 Tage gehalten werden

Winterbeton → Warmbeton, → Winterbau, → Winterbaumaßnahmen.

Wirksamkeitsprüfung. → Betonzusatzmittel bedürfen nach den bauaufsichtlichen Vorschriften eines Prüfzeichens. Zur Erlangung dieses Prüfzeichens muß in einer Prüfung die Wirksamkeit

Wohnungstrenndecken. Bauteile, die wie → Wohnungstrennwände Wohnungen voneinander trennen. Ihre wesentliche akustische Aufgabe ist es, ausreichenden → Luftschallschutz und einen ausreichenden → Trittschallschutz zu bieten. Die → Körperschallübertragung entlang der flankierenden Bauteile muß durch die Ausbildung von Fugen vermindert werden.

Wohnungstrennwände. Bauteile, die wie → Wohnungstrenndecken Wohnungen voneinander trennen. Ihre wesentliche akustische Aufgabe ist es, einen ausreichenden → Luftschallschutz zu bieten. Ihre Schutzwirkung wird – bei einschaligen Konstruktionen – im wesentlichen durch ihre flächenbezogene Masse bestimmt. Die → Körperschallübertragung entlang der flankierenden Bauteile muß durch die Ausbildung von Fugen vermindert werden.

Wölbspannungen. Zugspannungen in Bodenplatten, die infolge einseitiger Erwärmung oder Abkühlung entstehen.

Würfeldruckfestigkeit. Die Festigkeit in N/mm², die bei der → Würfelprüfung festgestellt wird. Über die W. wird der Beton in → Festigkeitsklassen eingeteilt. Man unterscheidet die → Nennfestigkeit und die → Serienfestigkeit.

Würfelfestigkeit → Würfeldruckfestigkeit.

Würfelprüfung. In einer Druckprüfmaschine wird ein würfelförmiger → Probekörper bis zum Bruch auf Druck belastet. Die ermittelte Bruchlast wird durch die Würfeldruckfläche geteilt und das Ergebnis in N/mm² angegeben.

Würfelserie. Anzahl von würfelförmigen → Probekörpern, die zum Prüfen von Festbetoneigenschaften hergestellt werden. Die genaue Anzahl, z. B. für die Prüfung der Druckfestigkeit, ist durch die DIN 1045 vorgeschrieben.

Würfelserie nach DIN 1045

Druckfestigkeit		tragende Wände und Stützen aus	3 Würfel	je 500 m³ Beton oder je Geschoß oder je 7 Betoniertage²)
	B I	B 5, B 10		
		B 15, B 25		
	B II	B 35, B 45, B 55	6 Würfel¹)	

¹) Die Hälfte der geforderten Würfelprüfungen kann durch zusätzliche w/z-Wert-Bestimmungen ersetzt werden. Zwei w/z-Werte ersetzen einen Würfel.
²) Die Forderung, die die größte Anzahl von Würfeln ergibt, ist maßgebend.

Wurzelmaßstab. Bei der Darstellung von Vorgängen durch Diagramme wird die Abszisse häufig im W. aufgeteilt, um eine gedrängte Darstellung zu ermöglichen, wie z. B. bei der Darstellung der Festigkeit eines Betons in Abhängigkeit von seinem Alter.

Alter in Tagen:
1   3   7   28   90   180
Wurzelmaßstab:
1   1,732   2,646   5,292   9,487   13,416

Z

Zahl, Poissonsche → Poissonsche Zahl.

Zeitbeiwert. Einfluß der Zeit auf die Festigkeit von Beton bei der Umrechnung von der Bohrkernfestigkeit auf die Würfelfestigkeit im Alter von 28 Tagen. Der Z. gilt für → Kontrollprüfungen nach ZTV-Beton.

Zeltzug

Zeltzug (im Straßenbau). Aneinanderreihung mehrerer fahrbarer Zelte zum Zweck der → Nachbehandlung von Betonflächen nach der Herstellung. Der Z. soll ein zusätzliches Aufheizen der frischen Betonflächen durch Sonneneinstrahlung verringern, ein Ausspülen durch Regen sowie ein zu schnelles Austrocknen durch Wind verhindern.

Zement. 1. Feingemahlenes hydraulisches Bindemittel nach DIN 1164 für Mörtel und Beton, das im wesentlichen aus Verbindungen von Calciumoxid mit Siliciumdioxid, Aluminiumoxid und Eisenoxid besteht, die durch Sintern oder Schmelzen entstanden sind. Z. erhärtet, mit Wasser angemacht, sowohl an der Luft als auch unter Wasser und bleibt unter Wasser fest; er muß raumbeständig sein und nach 28 Tagen eine Druckfestigkeit von mind. 25 N/mm² erreichen. Durch die Höhe seiner Druckfestigkeit unterscheidet sich Z. von anderen hydraulischen Bindemitteln, z.B. von hydraulisch erhärtenden Kalken und von Putz- und Mauerbindern. 2. Der Begriff Z. wird umgangssprachlich gelegentlich noch als Bezeichnung für zementgebundene Mörtel, Estriche usw. benutzt. Dies war früher auch in der Fachwelt üblich, wie ältere Publikationen zeigen. Der Begriff → Asbestzement ist ein Beispiel dafür. Heute steht Z. nur für das Bindemittel. Zur Vermeidung von Mißverständnissen wird bei Beton- oder Mörtelprodukten ggf. der Begriff „zementgebunden" hinzugefügt.

Zement (für Estriche). Er muß i.a. DIN 1164 entsprechen. Vorwiegend wird Zement der → Festigkeitsklasse Z 35 verwendet. Für Estriche, die nach kurzer Zeit benutzt werden sollen, kann Z 45 Verwendung finden.

Zement (mit hohem Sulfatwiderstand) → Zementarten.

Zement (mit niedrigem wirksamen Alkaligehalt) → Zementarten.

Zement (mit niedriger Wärmeentwicklung) → Zementarten.

Zementanspruch. Betone mit bestimmter Güte erfordern einen Zement- und Wassergehalt in einem bestimmten Verhältnis zueinander (→ Wasserzementwert). Ändert sich z.B. die Kornzusammensetzung des Zuschlaggemisches oder die Konsistenz der Betonmischung, so ändert sich dadurch der Wasser- oder → Zementleimanspruch, d.h. bei gleichbleibendem Wasserzementwert auch der Z.

Zementarten. DIN 1164 normt folgende Z.:

Portlandzement	PZ
Eisenportlandzement	EPZ
Hochofenzement	HOZ
Traßzement	TrZ
Portlandölschieferzement	PÖZ

Zemente mit langsamerer Anfangserhärtung erhalten die Zusatzbezeichnung L. Zemente mit höherer Anfangsfestigkeit erhalten die Zusatzbezeichnung F. Zemente mit besonderen Eigenschaften erhalten zusätzlich die folgenden Kennbuchstaben:

— Zement mit niedriger Hydratationswärme	NW
— Zement mit hohem Sulfatwiderstand	HS
— Zement mit niedrigem wirksamen Alkaligehalt	NA

Zementestrich

Weitere besondere Zementarten → Spezialzemente.

Zementbazillus. Volkstümliche Bezeichnung der stäbchenförmigen Kristalle des → Ettringits.

Zemente (für den Straßenbau). Sie unterliegen einer über die Festlegungen der DIN 1164 hinausgehenden besonderen Überwachung. Sie sollen u.a. eine längere Verarbeitungszeit ermöglichen und dürfen eine bestimmte Mahlfeinheit nicht überschreiten.

Zemente, hydrophobierte. Wasserabstoßende Portland-Zemente nach DIN 1164, denen bei der Herstellung in geringer Menge hydrophobierende Stoffe zugesetzt werden. Sie sind gegen Feuchtigkeit (Regen) unempfindlich und reagieren mit Wasser erst beim maschinellen Mischen nach Aufschluß des Zementkorns durch Reibung mit Zuschlägen oder dem Boden. H. Z. werden in der Festigkeitsklasse Z 35 F hergestellt und vorwiegend zur Bodenverfestigung eingesetzt.

Zementeigenschaften → Zementarten.

Zemente, nicht genormte. Außer den in DIN 1164 genormten Zementen (→ Zementarten), gibt es noch solche mit bauaufsichtlicher Zulassung des Instituts für Bautechnik, Berlin, z.B.:

Flugaschezement (FAZ),
Traßhochofenzement (TrHOZ),
Flugaschehüttenzement (FAHZ),
Portlandkalksteinzement (PKZ),
Wittener Schnellzement.

Zementerzeugung → Zementherstellung.

Zemente, schnellerhärtende. Zemente, die hohe Anfangsfestigkeiten aufweisen, also besonders rasch erhärten. Der Zeitpunkt des Erstarrungsbeginns unterscheidet sich im Gegensatz zu den → Schnellbindern i.a. nicht von dem der Normzemente. → Zementarten.

Zementestrich. → Estrich nach DIN 18 560, der aus Zement, Zuschlag und Was-

Festigkeitsklassen von Zementestrich nach DIN 18560

Festigkeitsklasse Kurzzeichen	Güteprüfung Druckfestigkeit	
	Kleinster Einzelwert (Nennfestigkeit) N/mm²	Mittelwert jeder Serie (Serienfestigkeit) N/mm²
ZE 12	≥ 12	≥ 15
ZE 20	≥ 20	≥ 25
ZE 30	≥ 30	≥ 35
ZE 40	≥ 40	≥ 45
ZE 50	≥ 50	≥ 55
ZE 55 M	≥ 55	≥ 70
ZE 65 A ZE 65 KS	≥ 65	≥ 75

Zementfarbe

ser sowie ggf. unter Zugabe von Zusätzen (Zusatzstoffe, Zusatzmittel) hergestellt wird. Er wird nach seiner bei der Güteprüfung einer Prismenserie im Alter von 28 Tagen ermittelten Druckfestigkeit in Festigkeitsklassen unterteilt. Z. der Festigkeitsklasse ZE 55 und ZE 65, werden i.d.R. als → Hartstoffestriche hergestellt. → Hartstoffe.

Zementfarbe. Vorherrschende Farbe der Zemente sind Grautönungen, es werden aber auch → weiße Zemente und braun getönte Zemente (→ Ölschieferzement) hergestellt. Die Farbe des Zements ist kein Gütemerkmal. Sie hängt u.a. von den verwendeten Rohstoffen, der Zementart, der Mahlfeinheit und dem Herstellverfahren ab. Gewisse Schwankungen im Grauton sind daher unvermeidlich. Bei Zementen aus gleichem Lieferwerk und gleicher Festigkeitsklasse sind Farbabweichungen der Zemente auf die Farbe des Betons ohne Bedeutung. Farbtonabweichungen des Betons unterliegen wesentlich stärker Einflüssen aus der Betonrezeptur und der Verarbeitung, wie z.B. örtlich begrenzten Schwankungen des Wasserzementwerts, unterschiedlicher Kornzusammensetzung des Zuschlags, verschieden saugfähiger Schalung und unterschiedlich intensivem Rütteln.

Zement-Festigkeitsklassen. Die Zemente werden nach DIN 1164 in Festigkeitsklassen unterteilt. Als Kennzahl der Festigkeitsklasse gilt die Mindestdruckfestigkeit nach 28 Tagen, ggf. mit einem nachgestellten zusätzlichen Kennbuchstaben L bzw. F für die Art der Anfangserhärtung. → Zementarten.

Zement-Festigkeitsklassen nach DIN 1164

Festigkeits-klasse	Druckfestigkeit [N/mm^2] nach			
	2 Tagen min.	7 Tagen min.	28 Tagen min.	28 Tagen max.
Z 25[1])	–	10	25	45
Z 35 L[2])	–	18	35	55
Z 35 F[3])	10	–	35	55
Z 45 L[2])	10	–	45	65
Z 45 F[3])	20	–	45	65
Z 55	30	–	55	–

[1]) Nur für Zement mit niedriger Hydratationswärme (NW) und/oder hohem Sulfatwiderstand (HS).
[2]) L = Zement mit langsamerer Anfangserhärtung.
[3]) F = Zement mit höherer Anfangsfestigkeit.

Zement, frühhochfester. Zement mit schneller Anfangserhärtung.

Zementgehalt. Der Z. beeinflußt erheblich die Eigenschaften des Betons im Hinblick auf die Verarbeitbarkeit, die Festigkeit und die Dauerhaftigkeit. Entsprechend DIN 1045 sind bestimmte Grenzwerte für den Z. für Beton- und Stahlbeton einzuhalten.

Zementherstellung

Grenzwerte für den
Zementgehalt nach
DIN 1045

	Festigkeits-klasse des Zements	Festigkeits-klasse des Betons	Zement-gehalt [kg/m^3]
Unbewehrter Beton	–	–	≥ 100
Stahlbeton allgemein	Z 25 ≥ Z 35	– ≥ B 15	≥ 280 ≥ 240
Stahlbeton für Außen-bauteile	≤ Z 35 ≥ Z 45	≥ B 25	≥ 300[1])[2]) ≥ 270

[1]) ≥ 270 kg/m^3 bei Z 35 und laufender Überwachung nach DIN 1084
[2]) 270 kg/m^3, wenn:
– Flugaschenmenge f ≥ 2 mal Zementverringerungsmenge
– Betonherstellung mit laufender Überwachung nach DIN 1084
– Flugasche mit Prüfzeichen
– min. Z 35
– HOZ mit Hüttensandgehalt < 70%, PZ oder EPZ
– um 2 Tage verlängerte Nachbehandlungszeit

Zementgel. Es entsteht während der → Hydratation des Zements aus dem → Zementleim. Die Hydratationsprodukte (im wesentlichen Calciumsilicathydrat und Calciumhydroxid) werden als Z. bezeichnet. Zunächst ist das Zementkorn nur von einer dünnen Schicht umgeben. Die Hydratationsprodukte entstehen im wassergefüllten Raum, der die einzelnen Zementkörner umgibt. Sie beanspruchen etwas mehr als doppelt so viel Raum wie der Zement, aus dem sie entstehen, haben aber ein geringeres Volumen, als es der ursprüngliche Zement mit dem ungebundenen Wasser einnahm. Die zwischen den tafel- und schichtförmigen sowie folien- und faserförmigen Hydratationsprodukten verbleibenden Zwischenräume nennt man → Gelporen.

Zement-Güteklassen → Zement-Festigkeitsklassen.

Zement, heißer. Angelieferter Zement, dessen Temperatur 70 bis 80 °C beträgt. Diese hohen Temperaturen können in Zeiten großen Zementversandes, insbesondere im Sommer, im Zement auftreten, wenn er für das Abkühlen nicht lange genug gelagert werden konnte. Der Einfluß der Zementtemperatur auf die Frischbetontemperatur wird meist überschätzt: Bei einem Zementgehalt von 300 kg/m^3 bewirkt eine um 10 °C höhere Zementtemperatur nur eine Erhöhung um 1 °C der Frischbetontemperatur. „Heißer" oder „mühlenwarmer" Zement kann ohne Nachteile für den Beton verarbeitet werden.

Zementherstellung. Die wichtigsten Grundstoffe für die Zementerzeugung sind → Kalkstein und Ton, die meist getrennt abgebaut und danach im geeigneten Verhältnis gemischt werden. Die Z. umfaßt fünf Hauptbereiche:

Zementherstellung

1. Gewinnung und Aufbereitung des Rohmaterials: Lockerung des Gesteins im Sprengverfahren und Verladung mit Löffelbaggern oder Radschaufelladern auf Schwerlastwagen. In einer Brecheranlage Zerkleinerung zu Schotter. Aufschüttung von Mischbetten zum Ausgleich grober Schwankungen der Rohstoffe. Der Calciumcarbonatgehalt sollte 76 − 78 % der Mischung betragen. Zugabe von Korrekturstoffen (Sand, Löß, Eisenoxid), um das Verhältnis von Kieselsäure (SiO_2) zu Tonerde (Al_2O_3) und Eisenoxid (Fe_2O_3) in engen Grenzen zu halten. Mahlen und Trocknen der Rohmischung in Mahltrocknungsanlagen (Rohrmühlen mit Füllung aus Stahlkugeln oder Wälzmühlen mit Stahlwalzen). Dabei werden ca. 90 % des Mahlgutes zu Körnern unter 90 µm Größe vermahlen. Das fertige Mahlgut (Rohmehl) wird in hintereinandergeschalteten Silos durch systematisches Abziehen und Befüllen „homogenisiert", d.h. innig und gleichmäßig vermischt.

2. Brennen des Zementklinkers: erfolgt in Drehrohröfen von mehreren Metern Durchmesser und 50 − 200 Metern Länge, die mit feuerfesten Steinen ausgekleidet sind. Die Öfen rotieren langsam um ihre Längsachse. Infolge eines leichten Gefälles wandert das an einem Ende eingegebene Rohmehl der Flamme am anderen Ende des Ofens entgegen. Öfen mit Zyklonvorwärmer (Schwebegas-Wärmetauscheröfen) besitzen einen Wärmetauscher, der aus einem System mehrerer Zyklone besteht, in denen das Rohmehl auf rd. 800 °C erhitzt wird. Öfen mit Rostvorwärmer (Lepol-Öfen) besitzen einen Wanderrost mit zahlreichen Schlitzen, auf dem ein kugelförmiges Granulat aus Rohmehl und Wasser (→ Granalien) von heißen Abgasen durchströmt wird. Am Ende des Drehofens − in der Sinterzone − wird das Brenngut auf 1400 −1450 °C erhitzt, es beginnt teilweise zu schmelzen. Das Brennprodukt, der Klinker, verläßt den Ofen, wird gekühlt und gelangt zum Klinkerlager.

3. Mahlen der Zemente: Damit aus dem Klinker das reaktionsfähige Produkt Zement entsteht, muß er äußerst fein gemahlen werden (→ Mahlfeinheit). Bei der Produktion von Portlandzementen wird der Mühle Zementklinker und etwa 5 Gew.-% Gipsstein und/oder Anhydrit als Erstarrungsregler aufgegeben. Zur Erzeugung von Eisenportland- und Hochofenzement werden die nach DIN 1164 vorgeschriebenen Mengen Hüttensand zugemahlen. Auch bei anderen Zementarten werden Zementklinker und Zumahlstoffe in dem meist mehrstufigen Prozeß i.d.R. gemeinsam gemahlen. Das fertige Mahlgut, der Zement, wird von den Mühlen zu den Zementsilos gefördert und gelangt von dort zu den Packmaschinen und zur losen Verladung.

4. Überwachung, Güteüberwachung: Die Anforderungen an Zement werden in DIN 1164 gestellt. Die Einhaltung der Zusammensetzung und der Eigenschaften des Zements wird durch Eigen- und Fremdüberwachung überprüft. Gleichmäßige Eigenschaften des Zements werden durch weitgehend automatische Probennahme und Analyse der Roh-, Zwischen- und Endprodukte bei der Zementherstellung und entsprechende Steuer- und Regelmaßnahmen erreicht.

5. Umweltschutz: Emissionen von Stäuben und Gasen sind durch verfahrenstechnische Umstellungen bei der Ze-

Zementherstellung

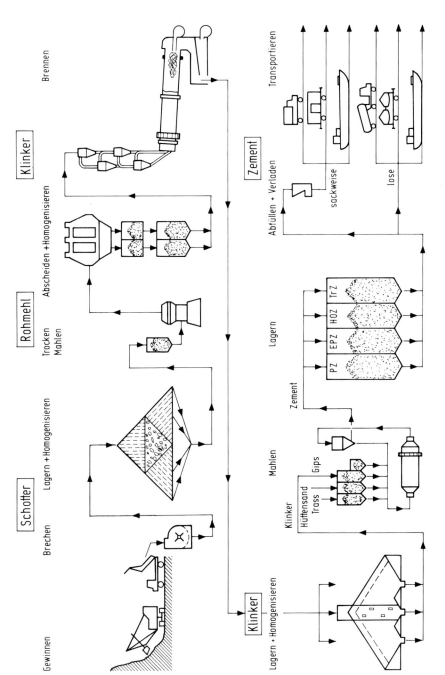

Prozeßstufen der Zementherstellung (Trockenverfahren)

Zement-Kennfarben

mentherstellung drastisch vermindert worden. Zu Beginn der 90er Jahre betrug der Anteil der Zementindustrie an der gesamten industriellen Staubemission rd. 1 %, bei Stickoxiden rd. 1,5 %. Eingriffe in die Natur durch Abbauflächen und Steinbrüche werden durch intensive Rekultivierung in land- und forstwirtschaftliche Nutzflächen, in Biotope oder in Freizeit- und Naherholungsgebiete abgemildert.

Zement-Kennfarben. Um Verwechslungen insbesondere auf der Baustelle vorzubeugen, sind den Zementen unterschiedlicher Festigkeitsklassen Kennfarben zugeordnet. Bei Sackzement muß das Papier der Zementsäcke entsprechend eingefärbt sein, bei losem Zement ist dem Lieferschein ein witterungsfestes Blatt zum Anheften an den Silo mitzugeben, das ebenfalls entsprechend der Z.-K. gefärbt und bedruckt sein muß.

Zement-Kennfarben nach DIN 1164

Festigkeits-klasse		Kennfarbe	Farbe des Aufdrucks
Z 25		violett	schwarz
Z 35	L	hellbraun	schwarz
	F		rot
Z 45	L	grün	schwarz
	F		rot
Z 55		rot	schwarz

Zementklinker (→ Portlandzementklinker). Er entsteht bei der → Zementherstellung im Drehofen durch Erhitzen des Rohmaterials bis zur Sinterung. Dabei entstehen verschiedene Klinkerphasen.

Zementkuchen. Die Raumbeständigkeit des Zements wird an einer Probe in Form eines Kuchens von ca. 10 cm Durchmesser mit dem Kochversuch nach DIN 1164, Teil 6, geprüft. Dabei dürfen keine Treibrisse oder unzulässig großen Verformungen auftreten (→ Zementprüfungen).

Zement, „kurzer". Zement mit geringerer Mahlfeinheit, der ein niedrigeres Wasserrückhaltevermögen besitzt und daher zum Wasserabsondern (→ Bluten) neigt. Das Wasserabsondern des Betons kann durch gut abgestuften Zuschlag im Feinstbereich oder durch Zugabe von fein gemahlenen Gesteinsmehlen oder Zusatzstoffen (Traß, Flugasche) vermindert werden.

Zement, „langer". Sehr fein gemahlener Zement für Spezialanwendungen, der einen erhöhten Wasseranspruch hat. Dies kann zu einem zähklebrigen Zementleim führen, der für die Verarbeitung und Verdichtung von Beton einen höheren Aufwand erfordert.

Zementleim. Gemisch aus Wasser und Zement, von dessen Mengenverhältnis (→ Wasserzementwert) die Güte, besonders die Druckfestigkeit des erhärteten Betons abhängt. Bei einem vorgegebenen Zuschlaggemisch ist eine bestimmte Menge Z. erforderlich, um die für die Verarbeitung notwendige Konsistenz zu erzielen.

Zementleimanspruch. Zement (ggf. Mischbinder), Wasser, ggf. Betonzusatzmittel und Betonzusatzstoffe bilden im → Frischbeton den → Zementleim. Der

Zement, sulfatbeständiger

Z. ist abhängig vom Zuschlag und von der → Konsistenz des Betons. Gedrungene (kugelige, würfelige), glatte Zuschlagkörner haben, da sie eine kleinere Oberfläche haben und sich besser verarbeiten und verdichten lassen, einen geringeren Z. als bruchrauhes, plattiges, längliches und splittriges Material. Der Z. wird durch Laborversuche bestimmt. Dazu wird Zementleim mit dem erforderlichen Wasserzementwert hergestellt und einer abgewogenen oberflächentrockenen Zuschlagmenge so lange zugegeben, bis die gewünschte Konsistenz erreicht ist. Dieses Verfahren ist besonders bei gebrochenem Zuschlag, bei Ausfallkörnungen oder bei hohen Mehlkorngehalten anzuwenden.

Zementleimdosierung. Verfahren zur Herstellung von Beton. Im Gegensatz zu der üblichen Methode, bei der die Ausgangsstoffe dosiert werden, nachdem sie für die Einheit 1 m³ Frischbeton errechnet worden sind, wird bei der Z. soviel Zementleim mit dem gewünschten Wasserzementwert einem trockenen Korngemisch zugegeben, bis die geforderte → Konsistenz sich einstellt. So kann ohne Kenntnis der speziellen Korngemischdaten und ohne Wiegeeinrichtung eine konstante Beton- und Mörtelqualität erreicht werden.

Zement, loser → Silozement.

Zementmilch → Zementleim.

Zementmörtel. Gemisch aus Zement, Sand und Wasser sowie ggf. Zusätzen, das als → Mauermörtel oder → Putzmörtel verwendet wird.

Zementmühle. Kugelmühle zur Zerkleinerung des → Zementklinkers im Rahmen der Zementherstellung. Energiesparende Walzenmühlen sind in Erprobung.

Zementnormfestigkeit. Druckfestigkeit in N/mm^2 eines Normmörtels nach DIN 1164 nach 2, 7 oder 28 Tagen, bestimmt an Prismen von 40 mm x 40 mm x 160 mm.

Zementprüfungen. Sie stellen im Rahmen der Eigen- und Fremdüberwachung der Zementwerke sicher, daß die in DIN 1164 geforderten Zusammensetzungen und Eigenschaften der Zemente eingehalten werden. In der DIN 1164 werden u.a. folgende Prüf-Verfahren beschrieben: Zusammensetzung, Mahlfeinheit, Erstarren, Raumbeständigkeit, Druckfestigkeit, Hydratationswärme bei NW-Zement. Z. durch den Zementverarbeiter sind nicht erforderlich. Zur Wahrung etwaiger Gewährleistungsansprüche sind Rückstellproben zu nehmen, beweiskräftig zu kennzeichnen und in luftdicht verschlossenen Behältern aufzubewahren.

Zementputz → Zementmörtel.

Zementschlämme → Schlämme.

Zementspritzbewurf → Spritzbewurf.

Zementstabilisierung → Bodenverfestigung.

Zementstein. Erhärteter → Zementleim, → Zementgel.

Zement, sulfatbeständiger → Zementarten.

Zementwaren

Zementwaren. Veralteter Sammelbegriff für alle Erzeugnisse, die werkmäßig aus Zement, Beton oder Leichtbeton hergestellt werden. → Betonwaren, → Faserbeton.

Zement, weißer. Portlandzement, der aus weitgehend eisenfreien Rohstoffen (Kalkstein und Kaolin) hergestellt wird. Zusätzlich kann durch reduzierende Brennbedingungen die Bildung der dunkelfarbigen Bestandteile des → Portlandzementklinkers (Aluminatferrit) verhindert werden. W.Z. wird als PZ 45 F nach DIN 1164 hergestellt und kann ohne Einschränkung wie dieser verwendet werden. Er wird vorwiegend für Sichtbeton, farbigen Beton oder Betonwerkstein sowie andere Zwecke eingesetzt, bei denen neben den hydraulischen Eigenschaften des Zements die Farbe eine besondere Rolle spielt. Kennzeichnung: Weiße Säcke mit schwarzem Aufdruck.

Zement-Zuschlag-Reaktion → Alkalireaktion.

Zentralmischverfahren (im Straßenbau). Herstellung von Tragschichten mit hydraulischen Bindemitteln nach → ZTVV-StB und → ZTVT-StB in einer Mischanlage. Das Material wird zur Einbaustelle transportiert und eingebaut.

Zersetzung, anaerobe. Faulung organischer Stoffe unter Luftabschluß. Die a.Z. wird bei der Abwasserreinigung in → Kläranlagen in großem Maßstab in den Faulbehältern durchgeführt, wo der anfallende organische Schlamm in eine mineralische, inerte geruchlose Masse übergeführt wird.

Ziegelmehl. Ein feingemahlener, gebrannter Ton mit geringer hydraulischer Wirkung (→ Puzzolane). Z. wurde in der Antike und im Mittelalter häufig dem Kalkmörtel zugesetzt.

Ziegelsplitt. Gebrochenes Ziegeltrümmergut oder Ziegeleibruch. Das Gefüge ist annähernd dicht bis porös. Nach dem 2. Weltkrieg hatte Z. als Betonzuschlag eine gewisse Bedeutung.

Ziehschalung. Horizontal bewegte Variante der → Gleitschalung, z.B. im → Fertigteilbau als → Gleitschalungsfertiger.

Zinkweiß. Betonfarbstoff.

ZTV-BEL-B. Vorläufige Zusätzliche Technische Vorschriften und Richtlinien für die Herstellung von Brückenbelägen auf Beton.

ZTV-Beton. Zusätzliche Technische Vorschriften und Richtlinien für den Bau von Fahrbahndecken aus Beton.

ZTVE-StB 76. Zusätzliche Technische Vorschriften und Richtlinien für Erdarbeiten im Straßenbau.

ZTV-K 88. Zusätzliche Technische Vertragsbedingungen für Kunstbauten.

ZTV-RISS 88. Zusätzliche Technische Vorschriften und Richtlinien für das Füllen von Rissen in Betonbauteilen.

ZTV-SIB 87. Vorläufige Zusätzliche Technische Vorschriften und Richtlinien für Schutz und Instandsetzen von Betonbauteilen.

ZTVT-StB. Zusätzliche Technische Vorschriften und Richtlinien für die Ausführung von Tragschichten im Straßenbau.

ZTVV-StB. Zusätzliche Technische Vorschriften und Richtlinien für die Ausführung von Bodenverfestigungen und Bodenverbesserungen im Straßenbau.

Zucker. Ein Beton schädigender Stoff. Schon geringe Zuckermengen im Frischbeton können das → Erstarren und das → Erhärten des Betons beeinträchtigen. Zuckerhaltige Erzeugnisse können Festbeton langsam zersetzen.

Zugabegenauigkeit. Die Genauigkeit, die beim → Abmessen der Ausgangsstoffe für Betonmischungen eingehalten werden muß. Die Anforderungen sind nach EN 206 geregelt.

Genauigkeit beim Dosieren der Ausgangsstoffe nach EN 206

Ausgangsstoff	Genauigkeit
Zement	± 3% der erforderlichen Menge
Wasser	± 3% der erforderlichen Menge
Zuschläge insgesamt	± 3% der erforderlichen Menge
Zusatzstoffe	± 3% der erforderlichen Menge
Zusatzmittel	+ 5% der erforderlichen Menge

Zugabewasser. Jedes in der Natur vorkommende Wasser ist als Z. geeignet, soweit es nicht Bestandteile enthält, die das Erhärten o.a. Eigenschaften des Betons ungünstig beeinflussen oder den Korrosionsschutz der Bewehrung beeinträchtigen. → Gesamtwassermenge, → Wassergehalt, → Wasserzementwert.

Zulassung, bauaufsichtliche

Zuganker. Stahlvorrichtungen zur Aufnahme von meist horizontalen Kräften. Beispiel: Rückwärtige Verankerung von Spundwänden oder bei Felssicherungen. Sie liegen im Gegensatz zur → Zugbewehrung außerhalb des Betonquerschnitts.

Zugbeanspruchung. Beton ist ein Werkstoff, der nur sehr geringe Zugspannungen aufnehmen kann, ein Bruch erfolgt bei etwa 5 N/mm². Als Faustregel gilt: $ß_z$ = 1/8 bis 1/10 $ß_D$. ($ß_z$ = Zugfestigkeit, $ß_D$ = Druckfestigkeit).

Zugbewehrung. Stahleinlagen, die ausschließlich auf Zug beansprucht werden.

Zugfestigkeit. Beton verfügt über eine besonders hohe Druckfestigkeit, kann jedoch nur geringe Zugspannungen aufnehmen. Im Stahl- und Spannbeton übernehmen daher die Stahleinlagen diese Kräfte und erhöhen so die Z. der Betonkonstruktion. → Zugbeanspruchung.

Zulassung. Gebräuchliche Abkürzung für bauaufsichtliche Z.

Zulassung, bauaufsichtliche. Neue Baustoffe, Bauteile und Bauarten, die noch nicht allgemein gebräuchlich und bewährt sind, dürfen nur verwendet werden, wenn ihre Brauchbarkeit für den Verwendungszweck nachgewiesen ist. Dieser besondere Nachweis erfolgt im Bundesgebiet einheitlich durch eine sog. b.Z. beim Institut für Bautechnik in Berlin. Der Nachweis muß dartun, daß der neue Baustoff, das Bauteil oder die neue Bauart den Anforderungen der öffentli-

Zumahlstoffe

chen Sicherheit und Ordnung genügt, also z. B. fest, dauerhaft, tragfähig, frostbeständig, wasserundurchlässig, widerstandsfähig gegen Feuer, Wärme und schädliche Einflüsse, rauch- und gasdicht, wärme- und schalldämmend ist und damit für den Verwendungszweck brauchbar und technisch geeignet ist. Die b. Z. kann die Vorstufe für die Normung (Erlaß einer DIN-Vorschrift) sein, wenn der zugelassene Gegenstand häufig und von mehreren Firmen hergestellt und verwendet wird. Sie wird auf der Grundlage des Gutachtens eines Sachverständigenausschußes widerruflich auf fünf Jahre erteilt und kann auf Antrag um jeweils höchstens fünf Jahre verlängert werden.

Zumahlstoffe. Zusatzstoffe, die dem Zement beim Mahlen zugegeben werden.

Zumessung → Abmessen.

Zusammendrückbarkeit (von Dämmstoffen). Differenz zwischen der Lieferdicke (dL) und der Dicke unter Belastung (dB). Sie ist aus der Kennzeichnung der Dämmstoffe ersichtlich, z. B. 20/15: dL = 20 mm, dB = 15 mm. Bei mehreren Lagen ist die Z. der einzelnen Lagen zu addieren.

Zusammenhaltevermögen. Es ist Voraussetzung für die gute → Verarbeitbarkeit des Frischbetons und abhängig von der Betonzusammensetzung, insbesondere vom Wassergehalt, von Feinheit und Menge der Feinststoffe sowie von der Art und der Kornzusammensetzung des Zuschlags. Das Z. hat besondere Bedeutung bei Beton für Unterwasserschüttung. → Unterwasserbeton.

Zusammensetzung (der Zemente). Hauptbestandteile sind Portlandzementklinker und ggf. Hüttensand, Traß, Ölschieferabbrand, Lava, Flugasche, Phonolith oder Kalksteinmehl. Nebenbestandteil ist das zur Regelung des Erstarrens zugesetzte Calciumsulfat in Form von Gipsstein $CaSO_4$ x $2H_2O$ und/oder Anhydrit $CaSO_4$. Portlandzementklinker besteht hauptsächlich aus Calciumsilikaten.

Zusätze → Betonzusätze.

Zusätzliche Technische Vorschriften und Richtlinien. → ZTV-BEL-B, → ZTV-Beton, → ZTV-K, → ZTV RISS, → ZTV SIB, → ZTVV-StB, → ZTVT-StB, → ZTVE-StB. Sind Ergänzungen zu den „Allgemeinen Technischen Vorschriften" (ab 1989 V = „Vertragsbedingungen").

Zusatzmittel → Betonzusatzmittel.

Zusatzstoffe → Betonzusatzstoffe.

Zusatzstoffe, mineralische → Betonzusatzstoffe.

Zusatzstoffe, organische → Betonzusatzstoffe.

Zuschlag (Betonzuschlag). Ein Gemenge oder Haufwerk von ungebrochenen und/oder gebrochenen Körnern aus natürlichen und/oder künstlichen mineralischen Stoffen mit dichtem oder porigem Gefüge. Es wird unterschieden in: → Leichtzuschlag, → Normalzuschlag und → Schwerzuschlag. → Alkaliempfindlichkeit, → Sand, → Kies, → Korngruppen, → Sieblinien, → Gesteinsprüfung.

Zusammensetzung

Zusammensetzung der Zemente in der Bundesrepublik Deutschland nach BONZEL

Zement	Vorschrift	Zusammensetzung in Gew.-%				Festigkeits-klassen Z
		Portland-zement-klinker	Hüttensand bzw. Ölschiefer-abbrand	Traß bzw. Lava	Flugasche bzw. Phonolith bzw. Kalksteinmehl	
1	2	3	4	5	6	7
Portlandzement	DIN 1164	100	–	–	–	35, 45, 55
Eisenportlandzement	DIN 1164	94 bis 65	6 bis 35	–	–	35, 45
Hochofenzement	DIN 1164	64 bis 15	36 bis 85	–	–	35 L, 45 L
Traßzement	DIN 1164	80 bis 60	–	20 bis 40	–	35
Portlandölschieferzement	DIN 1164	90 bis 65	10 bis 35	–	–	35 F, 45 F, 55
Portlandzement-HS	DIN 1164	100	–	–	–	35, 45
Portlandzement-NW	DIN 1164	100	–	–	–	35 L
Portlandzement-NA	DIN 1164	100	–	–	–	35, 45, 55
Hochofenzement-HS	DIN 1164	30 bis 15	70 bis 85	–	–	25, 35 L
Hochofenzement-NW	DIN 1164	64 bis 15	36 bis 85	–	–	25, 35
Hochofenzement-NA	DIN 1164	50 bis 36	50 bis 64	–	–	35 L
		35 bis 15	65 bis 85	–	–	35 L
Flugaschezement	Zulassung	77,5 ± 7,5	–	–	22,5 ± 7,5	35 F
Flugaschehüttenzement	Zulassung	72,5 ± 7,5	15 ± 5	–	15 ± 5	35 F
Phonolithzement	Zulassung	72,5 ± 7,5	–	–	27,5 ± 7,5	35 F
Traß-Hochofenzement	Zulassung	55 ± 7,5	30 ± 7,5	15 ± 7,5	–	35 L
Traß-Hochofen-zement-NW/HS	Zulassung	30 ± 7,5	50 ± 7,5	20 ± 7,5	–	25
Vulkanzement (Lavazement)	Zulassung	75 ± 7,5	–	25 ± 7,5	–	35 F
Portlandkalksteinzement	Zulassung	85 ± 5	–	–	15 ± 5	35 F

Zuschlag

Zuschlag (für Zementestrich). Er soll DIN 4226 bzw. DIN 1100 entsprechen. Das → Größtkorn ist so groß wie möglich zu wählen − bei Estrichdicken bis 40 mm jedoch nicht größer als 8 mm und bei Dicken über 40 mm nicht größer als 16 mm.

Zuschlag, abgestufter → Kornzusammensetzung.

Zuschlag, gebrochener (→ Splitt). Natürlicher und künstlicher Zuschlag für Beton, der durch mechanische Zerkleinerung in die → Korngruppen/Lieferkörnungen nach DIN 4226 einteilbar ist. Je nach Korngruppe sind folgende zusätzliche Bezeichnungen üblich: → Brechsand / Edelbrechsand, → Splitt / → Edelsplitt, → Schotter. Lieferkörnungen dürfen nach der TL Min-StB 83 zulässige Höchstwerte an → Unterkorn und → Überkorn enthalten.

Zuschlag, gefrorener. Er darf bei der Betonherstellung nicht verwendet werden, um Schäden im Festbeton zu vermeiden.

Zuschlaggehalt. Das Volumen des Zuschlags in dm^3/m^3 Beton.

Zuschlaggemisch. Gemenge aus mehreren Korngruppen, das durch eine obere und eine untere → Prüfkorngröße bezeichnet wird.

Zuschlag, künstlicher. Hierzu gehören künstlich hergestellte, gebrochene und ungebrochene, dichte und porige Zuschläge, wie kristalliner → Hochofenschlacke, ungemahlener → Hüttensand nach DIN 4301, Schmelzkammergranulat mit 4 mm Größtkorn sowie → Blähton, → Blähschiefer und gesinterte → Steinkohlenflugasche.

Zuschlag, natürlicher. Sand, Kies und Gestein.

Zuschlag, poriger → Leichtzuschlag.

Zuschlagstoffe. Veralteter Begriff für → Zuschläge.

Zuschlag, werkgemischter. Ein von Betonzuschlaglieferanten zusammengesetztes Gemisch aus ungebrochenen und/oder gebrochenen Körnern mit einem Größtkorn von höchstens 32 mm und einer Sieblinie nach DIN 1045. Der w.Z. darf nur für Beton B I verwendet werden.

Zustand I, II → Spannungszustand.

Zuteilung, raummäßige. → Abmessen der Bestandteile einer Betonmischung nach → Raumteilen.

Zwang. Spannungszustand, der in statisch unbestimmten Tragwerken oder innerhalb von Querschnitten mit größeren Abmessungen z.B. durch → Kriechen, → Schwinden und Temperaturänderungen des Betons oder Baugrundbewegungen entsteht.

Zwangsmischer. Veraltete Bezeichnung für → Teller- und → Trogmischer. Die Bezeichnung ist noch in „Illustrierte Terminologie für Betonmischer" des Europäischen Baumaschinen- Komitees (CECE) enthalten.

Zwangsspannungen. Sie treten immer dann auf, wenn sich einzelne Konstruktionsteile bei statischer Unbestimmtheit unterschiedlich verformen wollen, und

Zylinder

können durch Schwinden, Kriechen und Temperaturänderungen entstehen.

Zwängsspannungen → Zwangsspannungen.

Zwangsvorspannung → Vorspannung.

Zweikomponentenlacke. Reaktionslacke, die erst kurz vor der Verarbeitung in genau abzuwiegendem oder abzumessendem Verhältnis aus zwei Bestandteilen (Flüssigkeiten) gemischt werden. Hierzu gehören die DD-Lacke (Polyurethane), aminhärtbare Epoxidharzlacke und ungesättigte Polyesterharzlacke. Da die beiden Bestandteile chemisch unter Bildung eines trockenen Films reagieren, muß die Arbeit auf die Zeit abgestellt werden, in der diese Reaktion beendet

um mind. das 6fache des Stabdurchmessers hinter die Auflagervorderkante geführt werden.

Zwischenbauteile. Statisch mitwirkende oder nicht mitwirkende → Fertigteile aus bewehrtem oder unbewehrtem Normal- oder Leichtbeton oder aus gebranntem Ton, die bei → Balkendecken oder → Stahlbetonrippendecken oder → Stahlsteindecken verwendet werden. Sie müssen DIN 4158 entsprechen. Statisch mitwirkende Z. müssen zur Gewährleistung der Druckübertragung in Balken- bzw. Rippenlängsrichtung und ggf. zur Aufnahme der Querbewehrung mit Beton verfüllbare Stoßfugenaussparungen haben. Sie können über die volle Höhe der Rohdecke oder nur über einen Teil dieser Höhe reichen.

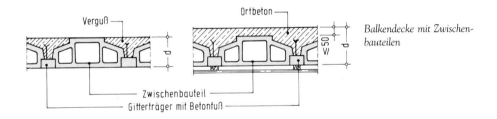

Balkendecke mit Zwischenbauteilen

ist. Es sind also nur jeweils Mengen anzumischen, die innerhalb dieser Zeit (der sog. Topfzeit) aufgebraucht werden können. Der Rest erhärtet im Mischgefäß und wird damit unbrauchbar.

Zwischenauflager. Sie befinden sich zwischen den → Endauflagern von → Durchlaufträgern oder durchlaufenden Platten. Im Stahlbetonbau muß zur Verankerung der Zugstäbe an Z. mind. ein Viertel der maximalen Feldbewehrung

Zwischenlagerung (von → Betonfertigteilen). Sie erfolgt dann, wenn eine sofortige Montage nicht möglich ist. → Montagebau.

Zwischenschichtwasser. Zwischen den schichtförmig aufgebauten Kristallen der Calciumsilicathydrate eingelagerte Wassermoleküle.

Zylinder → Probezylinder.

Zylinderdruckfestigkeit

Zylinderdruckfestigkeit. Betondruckfestigkeit, die an einem zylinderförmigen → Probekörper (→ Probezylinder) ermittelt wurde. Die Z. kann mit der → Würfeldruckfestigkeit über Umrechnungsfaktoren verglichen werden. Zylinder für die Druckfestigkeitsprüfung haben den Vorteil gleichmäßiger Verformung über den Querschnitt, da sie in Einfüllrichtung beansprucht werden, jedoch den Nachteil, daß die obere Druckfläche der Einfüllfläche nicht glatt ist und nachbearbeitet werden muß. → Abgleichen.

Zylinderschalen. Sie gehören zu den → Flächentragwerken und sind einfach gekrümmte → Rotationsschalen. Abschnitte von Z. werden im Hallenbau unter der Bezeichnung Z-Schalen oder Tonnenschalen für großflächige Dachelemente verwendet. Weitere Beispiele für die Verwendung von Z. sind z.B.
Druckkessel, Behälter aller Art, turmartige Bauwerke und → Rohre.

Zylinderverfahren. Prüfverfahren bei Zuschlag für Leichtbeton der Festigkeitsklassen LB 8 und höher. Es wird die Gleichmäßigkeit der Kornfestigkeit der Korngruppen über 4 mm bestimmt. Dabei wird der Zuschlag nach Entfernen von Unterkorn und Überkorn lose in einen Stahlzylinder mit glatter Innenoberfläche und 113 mm Innendurchmesser 100 mm hoch eingefüllt. Mit Hilfe eines den Innenquerschnitt voll überdeckenden Stempels wird in einer Presse der Zuschlag innerhalb von etwa 100 Sek. um 20 mm zusammengedrückt. Die Kraft, die für diese Stauchung erforderlich ist, wird als Druckwert (D) bezeichnet und in kN angegeben. Maßgebend ist das Mittel von 3 Einzelwerten für jede Korngruppe. Die Einzelwerte sind anzugeben.

Weiterführende Literatur

Die Zusammenstellung enthält eine Auswahl von Büchern und Broschüren, die von den Autoren zur Bearbeitung des Beton-Lexikons mit herangezogen worden sind. Normen, Merkblätter und Richtlinien, die überwiegend in den Texten angegeben wurden, sowie Zeitschriftenaufsätze sind nicht enthalten.

Aurich, Heinz:
Kleine Leichtbetonkunde.
Wiesbaden, Berlin: Bauverlag GmbH 1971, 192 S.

Baldauf, Heinrich; Timm, Uwe:
Betonkonstruktionen im Tiefbau.
Berlin: Verlag Wilhelm Ernst & Sohn 1988, 476 S.

Bauberatung Zement.
Hrsg.: Bundesverband der Deutschen Zementindustrie, Köln
Düsseldorf: Beton-Verlag GmbH 1986, 64 S.

Bausch, Dieter; Dietsch Wolfgang:
Lärmschutz an Straßen. Planungsgrundlagen, Systeme aus Beton.
Hrsg.: Bundesverband der Deutschen Zementindustrie, Köln
Düsseldorf: Beton-Verlag GmbH 1988, 2. überarb. Aufl., 164 S.
Schriftenreihe der Bauberatung Zement

Bau- und Baustoffhandbuch.
Hrsg.: Gert Wohlfarth GmbH
Duisburg: Verlag Fachtechnik + Mercator-Verlag 1986, 10. Aufl., 556 S.

Bayer, Edwin; Deichsel, Thilo; Kampen, Rolf; Klose, Norbert; Moritz, Helmut:
Betonbauwerke in Abwasseranlagen.
Hrsg.: Bundesverband der Deutschen Zementindustrie, Köln
Düsseldorf: Beton-Verlag GmbH 1984, 119 S.
Schriftenreihe der Bauberatung Zement

Bayer, Edwin; Donau, Hans; Hallauer, Ottokar; Kaske, Ernst-Dieter; Lenz, Ernst-Udo:
Beton für Bauwerke an Wasserstraßen.
Düsseldorf: Beton-Verlag GmbH 1990, 80 S.

Bayer, Edwin; Kampen, Rolf; Moritz, Helmut:
Beton-Praxis. Ein Leitfaden für die Baustelle.
Hrsg.: Bundesverband der Deutschen Zementindustrie, Köln
Düsseldorf: Beton-Verlag GmbH 1989, 3. überarb. Aufl., 128 S.
Schriftenreihe der Bauberatung Zement

Beton-Atlas.
Bearb.: Friedbert Kind-Barkauskas.
Hrsg.: Bundesverband der Deutschen Zementindustrie, Köln
Düsseldorf: Beton-Verlag GmbH, 1. Bd. 1980, 174 S., 2. Bd. 1984, 248 S.

Beton-Bauteile. Mauerwerk aus Leichtbeton.
Hrsg.: Informationsstelle Beton-Bauteile, Bonn
Düsseldorf: Beton-Verlag GmbH 1988, 39 S.

Beton-Handbuch.
Hrsg.: Deutscher Beton-Verein E.V., Wiesbaden
Wiesbaden: Bauverlag GmbH 1984, 2. Aufl., 480 S.

Beton – Herstellung nach Norm.
Bearb.: Bauberatung Zement
Hrsg.: Bundesverband der Deutschen Zementindustrie, Köln
Düsseldorf: Beton-Verlag GmbH 1990, 8. überarb. Aufl., 36 S.

Beton-Kalender.
Berlin: Verlag Wilhelm Ernst & Sohn 1958 – 1989

Beton-Pflaster – Neue Wege aus Beton.
Bearb.: Rolf Kampen
Hrsg.: Bundesverband der Deutschen Zementindustrie, Köln
Düsseldorf: Beton-Verlag GmbH 1989, 56 S.

Beton — Prüfung nach Norm.
Bearb.: Bauberatung Zement
Hrsg.: Bundesverband der Deutschen Zementindustrie, Köln
Düsseldorf: Beton-Verlag GmbH 1990, 8. überarb. Aufl., 40 S.

Betontechnische Berichte.
Bearb.: Forschungsinstitut der Zementindustrie, Düsseldorf
Hrsg.: Gerd Wischers
Düsseldorf: Beton-Verlag 1989, 253 S.

Beton- und Fertigteil-Jahrbuch.
Wiesbaden, Berlin: Bauverlag GmbH 1952 — 1989

Betonwerkstein-Handbuch. Hinweise für Planung und Ausführung.
Bearb.: Martin Ihle, Lothar Pesch, Ulrich Pickel, Klaus Titze
Düsseldorf: Beton-Verlag GmbH 1983, 2. überarb. Aufl., 54 S.

Bischofsberger, W.; Hegemann W.:
Lexikon der Abwassertechnik.
Essen: Vulkan-Verlag GmbH 1979, 2. Aufl., 561 S.

Blaut, Hans:
Statistische Verfahren für die Gütesicherung von Beton.
Berlin: Bauverlag GmbH 1968, 94 S.

Blind, Hans:
Wasserbauten aus Beton. Handbuch für Beton-, Stahlbeton- und Spannbetonbau.
Hrsg.: Herbert Kupfer
Berlin: Verlag Wilhelm Ernst & Sohn 1987, 493 S.

Bonzel, Justus; Bub, Heinrich; Funk, Peter:
Erläuterungen zu den Stahlbetonbestimmungen.
Berlin: Verlag Wilhelm Ernst & Sohn 1972, 7. Aufl., 1096 S.

Brandt, Jörg; Heene, Gerd Volker; Kind-Barkauskas, Friedbert; Kuschel, Elmar; Schwerm, Dieter; Werner, Jürgen:
Fassaden — Konstruktion und Gestaltung mit Betonfertigteilen.
Hrsg.: Fachvereinigung Betonfertigteilbau im Bundesverband Deutsche Beton- und Fertigteilindustrie, Bonn
Düsseldorf: Beton-Verlag GmbH 1988, 96 S.

Brandt, Jörg; Krieger, Rudolf; Moritz, Helmut:
Wärmeschutz nach Maß. Hochbauten aus Beton — Planungsgrundlagen, Konstruktionshinweise, Rechenbeispiele.
Hrsg.: Bundesverband der Deutschen Zementindustrie, Köln
Düsseldorf: Beton-Verlag GmbH 1990, 6. Aufl., 177 S.
Schriftenreihe der Bauberatung Zement

Brandt, Jörg; Lohmeyer, Gottfried; Wolf, Heinrich:
Keller richtig gebaut. Planen, Konstruieren, Ausschreiben.
Hrsg.: Bundesverband der Deutschen Zementindustrie, Köln
Düsseldorf: Beton-Verlag GmbH 1984, 206 S.
Schriftenreihe der Bauberatung Zement

Brandt, Jörg; Luley, Hanspeter; Preis, Werner; Tegelaar, Rudolf Arthur; Tietze, Klaus; Wolf, Heinrich:
Betonfertigteile — Herstellung und Anwendung.
Köln-Braunsfeld: Verlagsgesellschaft Rudolf Müller 1982, 104 S.

Brux, Gunther:
Vacuum-Concrete-Verfahren und Anwendungsgebiete.
Düsseldorf: Beton-Verlag GmbH 1966, 127 S.

Buksch, Herbert:
Wörterbuch für Bautechnik und Baumaschinen. Band 1.
Wiesbaden: Bauverlag GmbH 1968, 4. Aufl., 1180 S.

Czernin, Wolfgang:
Zementchemie für Bauingenieure.
Wiesbaden: Bauverlag GmbH 1977, 3 Aufl., 194 S.

Dartsch, Bernhard:
Praktische Betontechnik. Ein Ratgeber für Architekten und Ingenieure.
Düsseldorf: Beton-Verlag GmbH 1977, 207 S.

Eisenmann, Josef:
Betonfahrbahnen. Handbuch für Beton-, Stahlbeton- und Spannbetonbau.
Hrsg.: Herbert Kupfer
Berlin: Verlag Wilhelm Ernst & Sohn 1979, 305 S.

Frommhold, Hanns; Gareiß, Erwin:
Bauwörterbuch. Begriffsbestimmungen aus dem Bauwesen.
Düsseldorf: Werner-Verlag GmbH 1978, 2. Aufl., 300 S.

Gesundes Bauen und Wohnen.
Hrsg.: Bundesministerium für Raumordnung, Bauwesen und Städtebau, Bonn 1986, 43 S.

Gesundes Wohnen. Wechselbeziehungen zwischen Mensch und gebauter Umwelt. Ein Kompendium.
Hrsg.: Johannes Beckert, Fridolin P. Mechel, Heinz-Otto Lamprecht
Düsseldorf: Beton-Verlag GmbH 1986, 417 S.

Gösele, Karl; Schüle, Walter:
Schall-Wärme-Feuchte. Grundlagen, Erfahrungen und praktische Hinweise für den Hochbau.
Wiesbaden, Berlin: Bauverlag GmbH 1989, 9. erw. Aufl., 282 S.

Graf, Otto:
Die Eigenschaften des Betons. Versuchsergebnisse und Erfahrungen zur Herstellung und Beurteilung des Betons.
Berlin, Göttingen, Heidelberg: Springer-Verlag 1950, 318 S.

Hähnle, Otto:
Baustoff-Lexikon.
Stuttgart: Deutsche Verlags-Anstalt GmbH 1961, 424 S.

Härig, Siegfried; Piltz, Herbert; Schulz, Wolfgang:
Technologie der Baustoffe. Eigenschaften und Anwendung.
Heidelberg: Straßenbau, Chemie und Technik Verlagsges. m.b.H. 1971, 445 S.

Hbl-Handbuch. Mauerwerksbau mit Beton-Bausteinen.
Bearb.: Jörg Brandt, Hans-Jörg Irmschler, Lothar Pesch, Gerhard Pötzsch
Hrsg.: Bundesverband Deutsche Beton- und Fertigteilindustrie, Bonn
Düsseldorf: Beton-Verlag GmbH 1984, 3. überarb. Aufl., 131 S.

Hummel, Alfred:
Das Beton-ABC.
Berlin: Verlag Wilhelm Ernst & Sohn 1959, 12. Aufl., 288 S.

Iken, Hans; Lackner, Roman; Zimmer, Uwe:
Handbuch der Betonprüfung.
Düsseldorf: Beton-Verlag GmbH 1987, 3. überarb. Aufl., 317 S.

Jungwirth, Dieter; Beyer, Erwin; Grübl, Peter:
Dauerhafte Betonbauwerke. Substanzerhaltung und Schadensvermeidung in Forschung und Praxis.
Düsseldorf: Beton-Verlag GmbH 1986, 255 S.

Karsten, Rudolf:
Bauchemie für Studium und Baupraxis.
Heidelberg: Straßenbau, Chemie und Technik Verlagsges. m.b.H. 1970, 5. Aufl., 527 S.

Klose, Norbert:
Sulfidprobleme und deren Vermeidung in Abwasseranlagen.
Düsseldorf: Beton-Verlag GmbH 1981, 84 S.

Koncz, Tihamér:
Handbuch der Fertigteil-Bauweise mit großformatigen Stahl- und Spannbetonelementen. Konstruktion, Berechnung und Bauausführung im Hoch- und Industriebau.
Wiesbaden, Berlin: Bauverlag GmbH 1962, 459 S.

Kordina, K.; Meyer-Ottens, C.:
Beton-Brandschutz-Handbuch.
Düsseldorf: Beton-Verlag GmbH 1981, 437 S.

Krieger, Rudolf:
Last, Biegung, Spannung. Architekten konstruieren Stahlbeton.
Wiesbaden: Bauverlag GmbH 1967, 129 S.

Kühl, Hans:
Der Baustoff Zement. Eine Einführung in die Herstellung und Verarbeitung.
Berlin: Verlag für Bauwesen 1963, 400 S.

Kühl, Hans:
Zement-Chemie.
Berlin: Verlag Technik 1952, Bd. 1 306 S., Bd. 2 667 S.; 522 S.

Lamprecht, Heinz-Otto:
Betonprüfungen auf der Baustelle und im Labor.
Hrsg.: Bundesverband der Deutschen Zementindustrie, Köln
Düsseldorf: Beton-Verlag GmbH 1972, 2. Aufl., 109 S.

Lamprecht, Heinz-Otto:
Opus Caementitium. Bautechnik der Römer.
Hrsg.: Römisch-Germanisches Museum, Köln
Düsseldorf: Beton-Verlag GmbH 1987, 3. erw. Aufl., 224 S.

Lamprecht, Heinz-Otto; Kind-Barkauskas, Friedbert; Pickel, Ulrich; Otto, Horst; Schminkke, Peter; Schwara, Herbert:
Betonoberflächen – Gestaltung und Herstellung.
Grafenau: Expert-Verlag 1984, 142 S.
Kontakt & Studium, Bd. 124

Leonhardt, Fritz:
Spannbeton für die Praxis.
Berlin: Verlag Wilhelm Ernst & Sohn 1955, 472 S.

Linder, Richard:
Stichwort Schalung.
Wiesbaden: Bauverlag GmbH 1973, 109 S.

Lohmeyer, Gottfried:
Betonböden im Industriebau. Hallen und Freiflächen.
Hrsg.: Bundesverband der Deutschen Zementindustrie, Köln
Düsseldorf: Beton-Verlag GmbH 1988, 3. überarb. Aufl., 127 S.
Schriftenreihe der Bauberatung Zement

Lohmeyer, Gottfried:
Flachdächer einfach und sicher. Konstruktion und Ausführung von Flachdächern aus Beton ohne besondere Dichtungsschicht.
Düsseldorf: Beton-Verlag GmbH 1982, 115 S.

Lohmeyer, Gottfried:
Stahlbetonbau – Bemessung, Konstruktion, Ausführung.
Stuttgart: B.G. Teubner – Verlag 1983, 3. erw. Aufl., 434 S.

Lohmeyer, Gottfried:
Weiße Wanne einfach und sicher. Konstruktion und Ausführung von Kellern und Becken aus Beton ohne besondere Dichtungsschicht.
Düsseldorf: Beton-Verlag GmbH 1985, 237 S.

Löwenberg, Heinrich:
Weiße Straßen. Die Entwicklung des Betonstraßenbaus.
Düsseldorf: Beton-Verlag GmbH 1989, 211 S.

Luley, Hanspeter; Kampen, Rolf; Kind-Barkauskas, Friedbert; Klose, Norbert; Otto, Horst; Tegelaar, Rudolf Arthur:
Instandsetzen von Stahlbetonoberflächen. Ein Leitfaden für den Auftraggeber.
Hrsg.: Bundesverband der Deutschen Zementindustrie, Köln
Düsseldorf: Beton-Verlag GmbH 1989, 4. überarb. Aufl., 105 S.
Schriftenreihe der Bauberatung Zement

Mauerwerk-Kalender. Taschenbuch für Mauerwerk, Wandbaustoffe, Schall-, Wärme- und Feuchteschutz.
Bearb.: Peter Funk
Berlin: Verlag Wilhelm Ernst & Sohn 1975 – 1989

Neck, U.:
Baulicher Brandschutz mit Beton.
Hrsg.: Bundesverband der Deutschen Zementindustrie, Köln
Düsseldorf: Beton-Verlag GmbH 1979, 14 S.

Pesch, Lothar; Schmincke, Peter:
Straßenbau heute. Vorgefertigte Betonbauteile.
Hrsg.: Bundesverband der Deutschen Zementindustrie, Köln
Düsseldorf: Beton-Verlag GmbH 1982, 192 S.
Schriftenreihe der Bauberatung Zement (Straßenbau 3)

Pötzsch, G.:
Leichtbeton-Mauerwerk.
Düsseldorf: Beton-Verlag GmbH 1978, 14 S.

RWE-Bau-Handbuch – Technischer Ausbau.
Hrsg.: Rheinisch-Westfälisches Elektrizitätswerk AG, Essen
Heidelberg: Energie-Verlag GmbH 1989, 780 S.

Schmidt-Morsbach, Jürgen:
Sichtbeton- und Tapezierbeton-Schalungen. Vom Brett bis zur Kunststoff-Form.
Wiesbaden, Berlin: Bauverlag GmbH 1972, 2. erw. Aufl., 456 S.

Scholz, Wilhelm:
Baustoffkenntnis.
Düsseldorf: Werner Verlag 1987, 11. Aufl., 829 S.

Schubenz, Dieter; Scheiblauer, J.:
Straßenbau heute. Tragschichten mit hydraulischen Bindemitteln.
Hrsg.: Bundesverband der Deutschen Zementindustrie, Köln
Düsseldorf: Beton-Verlag GmbH 1990, 2. überarb. Aufl., 222 S.
Schriftenreihe der Bauberatung Zement (Straßenbau 2)

Schwanda, Fritz:
Kleines Beton-Lexikon.
Düsseldorf: Beton-Verlag GmbH 1966, 236 S.

Schwarz, Bernhard:
Wärme aus Beton. Systeme zur Nutzung der Wärmeenergie.
Düsseldorf: Beton-Verlag GmbH 1987, 102 S.

Schwerm, Dieter:
Technische Information Beton-Bauteile − Decken.
Hrsg.: Informationsstelle Beton-Bauteile, Bonn.
Düsseldorf: Beton-Verlag GmbH 1987, 1. Aufl., 19 S.

Sichtbeton. Merkblatt für Ausschreibung, Herstellung und Abnahme von Beton mit gestalteten Ansichtsflächen.
Hrsg.: Heinz-Otto Lamprecht, Reinhard Kraft-Metzner / Bundesverband der Deutschen Zementindustrie, Köln; Deutscher Beton-Verein, Wiesbaden
Düsseldorf: Beton-Verlag GmbH 1986, 3. überarb. Aufl., 16 S.

Sill, Otto:
Parkbauten. Handbuch für Planung, Bau und Betrieb von Park- und Garagenbauten.
Wiesbaden, Berlin: Bauverlag GmbH 1968, 2. Aufl., 274 S.

Straßenbau von A−Z. Sammlung Technischer Regelwerke und Amtlicher Bestimmungen für das Straßenwesen.
Bearb.: Herbert Kühn, Ernst W. Goerner
Berlin, Bielefeld, München: Erich Schmidt Verlag 1967 − 1990

Tegelaar, Rudolf Arthur; Wolf, Heinrich:
Radwege aus Beton.
Düsseldorf: Beton-Verlag GmbH 1982, 84 S.

Vollpracht, Alf; Knopp, Wolfgang; Lamprecht, Heinz-Otto; Moritz, Helmut; Schmincke, Peter:
Straßenbau heute. Betondecken.
Hrsg.: Bundesverband der Deutschen Zementindustrie, Köln
Düsseldorf: Beton-Verlag GmbH 1986, 3. überarb. Aufl., 84 S.
Schriftenreihe der Bauberatung Zement (Straßenbau 1)

Weber, Robert; Schwara, Herbert; Tegelaar, Rudolf Arthur; Soller, Rolf:
Guter Beton − Ratschläge für die richtige Betonherstellung.
Hrsg.: Bundesverband der Deutschen Zementindustrie, Köln
Düsseldorf: Beton-Verlag GmbH 1990, 16. Aufl., 134 S.

Wendehorst, R.:
Baustoffkunde.
Bearb.: Helmut Spruck
Hannover: Curt R. Vincentz Verlag 1986, 22. überarb. Aufl., 679 S.

Wesche, Karlhans:
Baufstoffe für tragende Bauteile. Bd. 2 Beton.
Wiesbaden, Berlin: Bauverlag GmbH 1981, 2. neubearb. Aufl., 408 S.

Zement-Merkblätter.
Bearb.: Bauberatung Zement
Hrsg.: Bundesverband der Deutschen Zementindustrie, Köln
Düsseldorf: Beton-Verlag GmbH 1954 − 1990

Zement-Mitteilungen.
Bearb.: Bauberatung Zement
Hrsg.: Bundesverband der Deutschen Zementindustrie, Köln
Düsseldorf: Beton-Verlag GmbH 1966-1990

Zement-Taschenbuch. Ausg. 1 − 48.
Hrsg.: Verein Deutsche Zementwerke, Düsseldorf
Wiesbaden, Berlin: Bauverlag GmbH 1911 − 1950 (Zementkalender) 1952 − 1984